山東大學中文專刊

曾繁仁学术文集

文艺美学论集

第十二卷

人民出版社

2020年，与王德胜博士毕业时的合影

关于当前美学、文艺学学科（的）理论创新的几点思考

山东大学文艺美学中心　　曾繁仁

学习十六大有关理论创新的有关内容，所受启发很大。现结合美学、文艺学学科建设谈几点看法。

1. 关于突破前人。要创新就必须突破前人这是一条规律。当前美学、文艺学学科的现状要有发展、应突破。还应进一步符合思路看得到的突破。当前阻碍我们发展且需要突破的则应是什么呢？那以为那些多年来我们所习惯了的认识框架，认识框架。那些是讲从过去以认识论取代或变相取代美与艺术，重视反对以建立以认识论为依据。譬如主客二元对立、以认识论领域里为主，但是审美与文艺实践现状仍为主。而啊啊、你们的两年还将跨界问题和文学批评由了美术、文艺。现在影响我们多年来实践中美学反映论文艺学等以哪有突破，也同以有突。现在已有大量了更话呢，审是以文学运用以认识论里思想尽，代快以仅是从面凡前认识，而是会将有的丰富内涵，我同以以美学。西方自从结以际的更于大都主不是认识论框架文艺学、也即是章识。

2. 关于与时俱进。我觉得创新的核心是与时俱进，这句话说得特别好。这里所说的"时"就是创新的前提与基础，即根据不断现实，包括社会现实、文艺现实、学科自身的现实，这就是创新的出发点，要求我们与现实现实、文艺现状，这也是创新的出发点。还是中国传统文化的出发。而所谓"进"，即根据前进、发展也那是建设，我觉得多年来，我们前进发展、建设不够，那以为主要是以议论较多，论新论实得起，也作为主要事。我觉得要根据新建设。为艺前人已较多。

1

本卷编辑说明

本卷收录了《文艺美学论集》一部著作,系首次出版。

《文艺美学论集》收录了作者从 1977 年至 2020 年撰写的有关文艺学、文艺美学、文艺评论等方面的文章,这些文章本文集前 11 卷中未曾收录。其中,第五编"学术会议致辞和发言"为作者参加多类美学学术会议的致辞和发言,大多未公开发表。

编者对本卷所有收录的文章都进行了认真校订,整合了相关论述,修正了一些错误,修正了引文和注释,对若十论述和原文段落做了调整。

目　录

第一编　文艺美学发展

第二编　文艺美学问题

第三编　文艺美学对话

第四编　文艺与文化论评

第五编　学术会议致辞和发言

第 一 编

文艺美学发展

中国文艺美学学科的
产生及其发展①

　　文艺美学学科是 1980 年春,在昆明召开的全国首届美学学会上,由原北京大学胡经之教授首次提出来的。1982 年,胡经之教授又在北京大学出版社出版的《美学向导》中发表《文艺美学及其他》一文,该文指出:"文艺学和美学的深入发展,促使一门交错于两者之间的新的学科出现了,我们姑且称它为文艺美学。"1986年 5 月,山东大学中文系等六家学术单位在山东泰安发起召开首届全国文艺美学讨论会,围绕文艺美学的研究对象和范围等问题展开深入讨论。此后,围绕文艺美学学科出版了一系列专著,发表了大量的文章。直到 2000 年 12 月,教育部批准在山东大学建立文艺美学重点研究基地。二十年来,文艺美学学科由草创到深入研究,到再度成为热点,倾注了众多专家学者的心血。据目前不完全的统计,二十年来,有关文艺美学的学术论文有 200 多篇,学术专著 10 余部,全国性的会议 4 次以上。回顾二十年的历史,文艺美学学科之所以应运而生并得以发展,的确有其历史的必然性。同时文艺美学学科经过二十年的发展建设,也使其具有了崭新的学科内涵。

---

① 原载《文学评论》2001 年第 5 期。

一

　　文艺美学学科的发展是挣脱传统的主客二元对立旧的认识论束缚的需要,也是我国新时期学术研究冲破旧的僵化理论紧箍的重要成果。西方古代从古希腊的柏拉图、亚里士多德开始就倡导一种主客二元对立的哲学模式。因而主观与客观、感性与理性、再现与表现、模仿与理念、理想与现实等矛盾关系成为贯穿西方古典美学的中心线索。而柏拉图在《大希庇阿斯篇》中提出的对"美本身"的追问则成为西方古典美学永恒的课题。在此基础上才出现了以强调理性为主的大陆理性主义的理性派美学与强调感性为主的英国经验主义的感性派美学。但无论是理性派还是感性派,都将人类的审美活动局限于认识论的范围,不同程度的将美学与哲学、审美与认识相混淆。第一个对这种主客二元对立的认识论模式发起冲击的是康德。康德在《纯粹理性批判》与《实践理性批判》之外,提出《判断力批判》。第一次为审美开辟了不同于认识(知)和意志(意)的情感判断领域。这是康德的划时代贡献。当然,康德的批判哲学还是要借助"主观先验原理"的"调和",而所谓超越"知性"的"理性"也归之为神秘的"信仰领域",因此对主客二元对立认识模式的突破并未真正实现。黑格尔同康德相比,在这一方面可以说是一种退步。他尽管把"美学"称作"艺术哲学",但仍是将美界定为绝对理念自发展、自认识的一个特定阶段。他的美学还是在其绝对理念论的哲学框架之内。正是这种主客二元对立的旧的认识论才为美学构建了美论、审美论、艺术论的理论框架,才将抽象的在审美主体之外的"美的本质"的探讨提到美学学科"元范畴"的高度。

本来,马克思主义的实践理论早已突破了主客二元对立的旧的认识论模式。马克思在《关于费尔巴哈的提纲》中指出:"从前的一切唯物主义——包括费尔巴哈的唯物主义——的主要缺点是:对事物、现实、感性,只是从客体的或者直观的形式去理解,而不是把它们当作人的感性活动,当作实践去理解,不是从主观方面去理解。"①这就一针见血地指出了对于包括美的事物在内的一切事物不能只从客体的或直观的角度去理解,而应从主观方面和实践的角度去理解。在《1844年经济学哲学手稿》中,马克思从审美的角度论证了主体的决定性作用。他说,"对于没有音乐感的耳朵说来,最美的音乐也毫无意义,不是对象"②。而西方当代美学家更是明确地将这种主客二元对立的旧的认识模式批判为"形而上学"。"他们很少研究'美的本质'这种所谓形而上学问题,主要集中在对艺术和审美的研究上。审美的研究也主要通过艺术(艺术品、艺术史)来验证和进行。"③新中国成立以来,我国美学和文艺学的发展一方面确立了马克思主义的指导地位,有着一系列重要建树。但也不可忽视地受到苏联教科书和美学研究僵化教条模式的影响。这实际上是一种被曲解了的马克思主义,表面上强调唯物主义"客观第一",实质上是主客二元对立的旧唯物主义和认识论的回潮,是在马克思主义实践观上的倒退。在这种僵化模式的影响下,几次大的美学讨论和美学学派的建立都围绕抽象而非主体的"美的本质"和"客观美"的问题展开。在这种情况下的我国美学和文艺学研究必然

①《马克思恩格斯选集》第1卷,人民出版社1972年版,第16页。
②《马克思恩格斯全集》第42卷,人民出版社1979年版,第126页。
③李泽厚:《美学三书》,安徽文艺出版社1999年版,第547页。

要走上曲折的道路。学术研究中出现以哲学规律代替美学规律,以政治代替艺术的情形,艺术与艺术性的研究处于附庸的地位。美学的主要课题是美与审美孰先孰后,文艺学的主要课题是文艺的源泉等,而将作为审美物化形态的艺术及鲜活生动的审美经验放到极为从属的地位。同时将政治性与艺术性严重对立,从而提出"政治标准第一"的原则,各种文学史、艺术史及研究论著都在艺术作品研究中将思想内容与艺术形式截然分开。改革开放以后,美学与文艺学领域清除苏联教科书僵化教条理论和其他"左"的影响,完整地准确地理解马克思主义美学思想,同时吸取西方当代理论中的有益成分。特别是重新学习了《关于费尔巴哈的提纲》和《1844年经济学哲学手稿》中的有关论述,总结回顾我国美学与文艺学研究的得与失,从而提出建设文艺美学学科的课题。最近,杜书瀛、钱竞主编的《中国20世纪文艺学学术史》对这一段历史作了较好的总结。他们指出:"新时期以前几十年一直是认识论文艺学和政治学文艺学处于主流地位甚至霸主地位。这种情况决定了文学理论研究的重心必然是文学与现实生活,文学与政治,文学与经济基础,文学与道德,文学与哲学等关系。用某些学者的话说,研究的重心是文学的'外部关系'或'外部规律',即文学与它之外的种种事物的关系;而相对来说对文学的'文学性',文学自身的要素和特点,文学自身的内在结构,文学的文体、体裁,文学的叙事学问题,文学的语言和言语问题,文学的修辞学问题,文学不同于其他文化现象、精神现象,乃至其他艺术现象的特征等,则关注得不够,甚至不关注不重视,用某些学者的话说,就是不太关心或忽视了文学的'内部关系'或'内部规律'的研究","直到1978年改革开放,整个时代的思想文化环境发生了根本变化之后,这种情况才有了改变。"①当然，所谓"内部规律"与"外部规律"的说法正如杜书瀛、钱竞所说未必科学，但只不过以此譬喻新时期美学、文艺学突破"左"的束缚"由外向内"转型的趋势。因此，我们认为文艺美学学科的发展也是新时期学术研究突破旧的僵化理论紧箍的重要成果。胡经之教授在回顾自己于20世纪80年代初提出"文艺美学"学科建设的背景时写道："改革开放给中国带来了新的憧憬和希望，审美理想之光引发了20世纪80年代的新的美学热潮。但这时的美学已不是停留在哲学思辨，而是着眼于思想的自由解放，美被看成了自由的象征。"②又说，"从我自己的经验出发，如果美学只停留在争论美是客观的还是主观的这样抽象的水平上，这并不能解决艺术实践中的复杂问题"，"这种艺术活动的审美本质和审美规律，应该获得系统的研究。为了和其他美学相区别，我把这称之为文艺美学"③。由此，文艺美学作为美学与文艺学之间的交叉学科，将传统美学中处于次要位置的文艺提到中心位置，以其作为自己的研究对象。其不同于文艺学之处在于，文艺美学并不从社会学与写作技巧的角度，而是从文本、创作与接受的不同层面及文艺的历史发展过程，揭示其内在的审美规律。

二

　　文艺美学学科的发展是中国传统美学在新时期发扬光大的

---

①《中国20世纪文艺学学术史》第4部，上海文艺出版社2001年版，第141—143页。
②胡经之：《文艺美学的反思》，《江苏社会科学》1999年第6期。
③胡经之：《文艺美学论》，华中师范大学出版社2000年版，《自序》第5页。

需要。中国有着悠久丰厚的美学遗产。在新时期，继承发展这一遗产使之发扬光大，是我们的历史责任。而目前不仅我国丰厚的美学遗产没有真正走向世界，而且在我国自己的美学与文艺学领域也主要运用西方的概念和话语。其主要原因就是我国传统美学理论与西方美学理论有着完全不同的历史文化哲学背景与范畴体系。在"五四"以后西学东渐的形势下，我国传统美学反而失去了自己的阵地。改革开放以来，随着中华民族伟大复兴历史任务的提出和我国政治经济的逐步强大，我国美学遗产的继承发扬与现代转型日益提到议事日程。而文艺美学学科的发展则有利于我国传统美学在新时期的发扬光大。众所周知，我国传统美学没有西方古典美学那样的以主客二元对立哲学为基础、以抽象的"美的本质"为中心概念的美学理论体系，也没有美、丑、崇高、悲剧、喜剧、再现、表现等概念范畴。也可以这样说，我国古代没有西方那样的"纯美学"。但我国古代却有着大量的文艺美学遗产。这些美学遗产完全以文学艺术为其研究对象，从我国传统的"天人合一"哲学思想出发，形成以"致中和"为其核心的理论体系，包括诗教、乐教、诗话、词话、乐论、书论、画论等极其丰厚的美学传统。这里，所谓"致中和"包含着深刻的哲理：情感的含蓄性、适度性与对天地万物"天人合一"根本规律的反映。这就是"中和论美学思想"深层的内涵。这种"中和论美学思想"迥异于西方古典美学以事物本身外在形式的比例、对称为其内涵的"和谐论美学思想"。"中和论美学思想"在"致中和"的中华哲学与美学精神之下，包含着"意象""意境""妙悟""气韵"等极为丰富的美学范畴。

文艺美学学科的发展可以使我们充分继承中国古代"中和论美学思想"的有价值成分，借鉴吸取西方美学的优秀内容，立足于中国当代现实基础，逐步形成具有中国特色的当代美学思想体系。这既是文艺美学学科发展的现实需要，也是文艺美学学科所肩负的历史重任。诚如著名美学家宗白华所说，"研究中国美学史的人应当打破过去的一些成见，而从中国极为丰富的艺术成就和艺人的艺术思想里，去考察中国美学思想的特点。这不仅是理解我们自己的文学艺术遗产，同时也将对世界的美学探讨做出贡献。现在，有许多人开始从多方面进行探索和整理，运用了集体和个人结合的力量，这一定会使中国的美学大放光彩"①。可以这样说，从"五四"以来的八十多年，中国传统美学的现代转型一直成为困扰我们的难题，而中国美学领域被西方话语主宰的现状又不免使我们多少有几分尴尬。而中国文艺美学学科同中国传统美学的高度衔接性，就使它的发展成为打破这种难堪局面的重要途径，以期创造出真正意义上的"中国美学"。

三

文艺美学学科的发展也是学科自身的一种内在要求。文艺美学学科同美学、文艺学、艺术学都密切相关。从某种意义上可以说是以上三门学科的交叉学科。这已为众多专家所论述。但文艺美学的学科内涵并不清晰。在我国学科界定中具有权威性的、由国务院学位委员会办公室和教育部研究生工作办公室编辑的《授予博士硕士学位和培养研究生的学科专业简介》中，对文艺美学的界定就不明晰。在中国语言文学之下的二级学科"文艺学"的主要研究方向中列入"文艺美学"，在艺术类的二级学科"艺术学"的学科研究范围中有"艺术美学"，而在哲学类的美学学科

①宗白华:《艺境》,北京大学出版社1987年版,第275页。

中只在学科研究范围内有"文学艺术各个部门中的美学问题",而没有文艺美学①。但也由此可见文艺美学同文艺学、艺术学、美学密切相关。但它又绝不仅仅局限于以上三门学科的分支学科地位,也不是它们的简单相加。而是正如胡经之教授最近所说是一种"全新的统一"。而且,这种"全新的统一"会从根本上影响乃至改造以上三门学科,使之适应新的时代要求,更具现代性。

首先,文艺美学学科的发展意味着思维模式的调整,从传统的主客二元对立僵化模式调整到马克思主义实践的主观能动的当代思维方式之上。正是从这个意义上,我们说文艺美学学科在思维模式上是崭新的。这种思维模式崭新性的特点必然影响并改造传统的美学、文艺学、艺术学学科。包括美学领域对美的本质纯客观性的无解式的追问、文艺学领域政治与艺术孰重孰轻的权衡、艺术学领域内容与形式关系的探寻,等等。

其次,文艺美学学科的发展意味着文艺在学科研究中地位的调整。文艺美学学科无疑必然以文学艺术为其最主要的研究对象,这本身就是具有当代意义的重大调整,必然对其他相关学科发生重大影响。因为传统美学是以所谓"美论"放在首位,而"艺术论"放在"审美论"之后。而传统文艺学沿袭前苏联的理论传统,实际主要研究对象是叙事性的文学,因此,文艺学实际是"文学学",即"文学理论"。而传统的艺术学尽管研究对象是艺术,但又多从艺术的外部规律与创作技巧入手。文艺美学研究对象的进一步明确必然影响到其他有关学科进一步思考自己的研究对象。

再次,文艺美学的中心范畴——"艺术"的确定,又将影响其

---

①《授予博士硕士和培养研究生的学科专业简介》,高等教育出版社1999年版,第7、83、116页。

他有关学科。文艺美学学科的中心范畴是"艺术"，即美的艺术，是具有审美属性的艺术本身，而不是艺术的审美本质。也就是说，文艺美学学科的研究对象是具有美学属性的鲜活具体的艺术品，主要从美学的角度探索文本的结构、创作与接受的规律等。这样的中心范畴，不同于传统美学中"美的本质"、文艺学中"文艺的本质"、艺术学中"艺术的本质"这样的脱离艺术品的抽象的本质界定。所谓"本质的探寻"是人类对事物的哲学发问，伴随人类的始终，只要有人类就会有这样的哲学发问，不同的时代都会对这种哲学发问提出自己具有相对真理性的回答。这种哲学发问及其回答当然有其意义，但又决不能以其代替具体学科自身的规律探讨。实际上，马克思、萨特、海德格尔等当代大哲学家都已抛弃西方古代以哲学代替其他学科的"形而上"传统，而将"人的本质"与"美的本质"紧密相联，将哲学之思与诗学之思密切结合。这正是文艺美学赖以发展的文化背景。

文艺美学学科提出不同于美学学科"艺术美"的研究对象，而将"美的艺术"作为自己的研究对象，这标志着文艺美学学科具有了自己的崭新内涵和独立性。正如恩格斯所说："一门科学提出的每一种新见解，都包含着这门科学的术语的革命。"①正是从这个意义上，我们认为也不宜将"文艺美学"与"艺术哲学"等同。同时文艺美学学科的发展也是一种学科研究出发点的重大调整。我国美学、文艺学、艺术学都属于人文学科，但在传统思维模式的影响下都更多地承担起思辨哲学的任务，都要在不同的程度上受到物质第一还是意识第一这一唯物唯心哲学路线的影响，致力于论证唯物主义哲学路线的正确性。诸如美学学科中美与审美的

———————

① 《马克思恩格斯全集》第 23 卷，人民出版社 1972 年版，第 34 页。

关系，文艺学中文学与生活的关系，等等。而文艺美学却真正地担当起人文学科的使命，通过对文艺审美特性的研究，对人类的命运与前途给予终极关怀。正如胡经之教授最近所指出："文艺美学将从本体论高度，将艺术看作人把握现实的方式、人的生存方式和灵魂的栖息方式。"①

四

　　文艺美学学科的发展是现实艺术发展的需要。文学艺术是广大人民群众的精神食粮，特别在物质生活日益改善的今天，文艺越来越贴近大众，成为大众生活不可缺少的组成部分。当前，市场经济与大众传媒的发展，一方面为文艺的繁荣提供了动力，同时也为文艺的健康发展提出了新的挑战。从市场经济的角度说，文艺作品逐步具有了商品的性质，在要求社会效益的同时也要求经济效益，而且经济效益愈来愈显重要。而且，在市场经济大潮中，人们在紧张的生活节奏之下对文艺作品的娱乐性要求越来越多，甚至产生单纯追求官能刺激的倾向。在这样的情况下，导致了文艺大众化、通俗化以致低俗化的倾向，出现了以追求感官刺激为目标、甚至是反映颓废糜烂生活的文艺。同时，信息时代的迅速到来，电视与计算机的快速普及，文艺传播更多地借助电视与光盘。这就导致文艺作品生产的工业化，出现新兴的文化产业。这一方面使文艺的受众空前扩大、文艺作品的影响力空前增大，同时又导致生产的粗俗化、不健康的艺术产品毒害作用的普泛化。新兴文化产业在生产文化精品的同时，也制造了大量的文化垃圾，毒害污染人们的精

---

① 胡经之：《文艺美学》，北京大学出版社1989年版，第1页。

神生活环境,特别是戕害青少年的灵魂。面对这样的情势,文艺
美学学科的发展承担起在市场经济与信息时代的新形势下,从审
美的创造与接受的角度,探索通俗性与审美性、娱乐性与陶冶性
的有机统一等问题。使得新时代的文学艺术在适应时代与大众
文化消费需求的同时,提高作品的美学品位。在满足人们娱乐需
要的同时,起到美化人生、培育青年一代健康的审美观的作用。

五

　　文艺美学经过二十年的发展历程。近二十年来,从文艺美学
学科提出之后,对于这一学科的内涵及其界定即有不同看法。一
种认为,文艺美学是一般美学的一个分支,是对艺术美独特规律
的探讨。第二种认为,文艺美学是当代美学、诗学的全新统一。
第三种认为文艺美学是美学与文艺学的交叉,或是两者的桥梁。
第四种认为,文艺美学就是当今的美学。第五种认为,文艺美学
就是用哲学—美学的观念和方法研究文学艺术,在学科层次上等
同于"艺术哲学"。第六种认为,我们与其说"文艺美学"是一种新
的美学或文艺学的分支学科,倒不如说文艺美学研究是中国美学
在自身现代化发展之路上所提出的一种可能的原理方式或形态,
它从理论层面上明确指向了艺术问题的把握①。其他还有诸多

---

①提出以上看法的代表性学者是:周来祥(《文学艺术的审美特征和美学规
　律》,贵州人民出版社 1984 年)、胡经之(《文艺美学》,北京大学出版社
　1989 年)、柯汉琳(《文艺美学的反思》《文艺研究》,1999 年第 12 期),姚文
　放(《论文艺美学的学科定位》《学术月刊》2000 年第 4 期)、王德胜(《定位
　的困难及其问题》《文艺研究》2000 年第 2 期)。

学者提出许多精辟见解。这不仅反映了学术界对于文艺美学学科的广泛关注,同时也说明它是一种发展中的学科,还有待于长期而扎实的科研工作和在此基础上的深入讨论,使之逐步丰富成熟。

但我个人认为,迄至目前,如果要给文艺美学学科的内涵以一种界定的话,那就是文艺美学是中国 20 世纪 80 年代改革开放以来,在特有的历史文化背景下产生的一门新兴边缘交叉学科。它来源于美学、文艺学、艺术学,吸取了以上三门学科的重要内容,在一定意义上可以说是以上三门学科在新时期交叉融合的产物。但它又是一门独立的新兴学科,有着自己特有的内涵。正是从这个意义上,我们认为,文艺美学不能取代美学、文艺学、艺术学,同时它也独立于以上三门学科而有着自己的特有的发展规律。

20 世纪后半期,由于信息技术与生命科学的快速发展以及二次大战后人类对自身命运的深切关怀。因此,无论在自然科学、社会科学、还是人文学科领域都发生重要变化,主要是学科的交叉、综合的速度加快,新兴学科层出不穷。学科的交叉、融合与打通,互相吸取营养、借鉴方法恰恰是新时代的一种需要。文艺美学学科的出现,也正是以这种学科的交叉、融合、渗透为其大的背景。而文艺美学学科的产生又有其自身的背景。那就是在前文已经论及主要是同美学与文艺学学科国内外的转型有着直接的关系。从国际上来看,美学与文艺学已经完成了由古典到现代的转型。由古代的理性的和谐美转到现代形态的对精神生存状态改善的追寻。同时,也由对美的思辨的本质思考转到对艺术作为精神家园作用的探索。我国从新时期开始,美学与文艺学研究也逐步开始了由古典到现代的转型。其重要标志就是由对美的抽象哲学思考转到对文学艺术的更为实际的研究,然后再深入到理论的更深的层面,探讨美与艺术所蕴含的深厚人文精神。这就是我国新时期美学、文艺学"由外到内再到外"的"之"形转变过程,从1980年至今已有二十多年的历史。二十多年来,中国在经济上进入了工业化中期,市场经济逐渐成熟,城市化程度加快,大众文化正在勃兴。在这种情况下,科技拜物与市场本位逐步抬头,价值取向低俗,人们的焦虑与紧张加剧。这一切都要求文艺不能再仅仅局限于纯粹的审美,而应在审美的前提下弘扬一种新的人文精神,以对人们精神生活中的人文精神缺失以某种弥补。钱中文先生将这种新的人文精神称作"新理性精神"。他说:"新理性精神极端重视审美,但不是所谓'纯粹的审美'。纯粹的审美是可能的,但其意义、价值有限,甚至可能是一种语言游戏。"又说:"新理性精神意在探讨人的生存与文化艺术的意义,在物的挤压中,在反文化、反艺术的氛围中,重建文化艺术的价值与精神,寻找人的精神家园。"①钱中文先生的分析是十分精辟的,实际上指出了当前文艺美学应从20世纪80年代的"由外向内"再到今天的"由内向外"。也就是从20世纪80年代初的社会学视角转到审美的视角,当前再由"纯粹的"审美视角转到审美中蕴含深厚的人文精神。这种"由内向外"的转变迥异于"文革"前过分着重政治与哲学的层面,而侧重于对于人的生存状态的关怀与文化的视角,恰同西方当代文化研究的兴起相衔接。只有实现了这种"由内向外"的转变,文艺美学学科才能适应时代的需要,从而具有生气勃勃的前进的活力。随着我国美学由抽象思辨到艺术研究以及由

---

① 钱中文:《新理性精神文学论》,华中师范大学出版社2000年版,第20、23页。

哲学逻辑到人文精神的转变,必然带来对我国古代传统美学与文艺学遗产的关注。因为,我国古代美学与文艺学遗产抽象思辨的理论极少,多是对具体文艺现象的体悟。而且极富人文精神。正如宗白华所说:"在中国,美学思想却更是总结了艺术实践,回过来又影响着艺术的发展。"①这些遗产完全可以作为新时期发展我国美学与文艺学的丰富思想资料。而这些丰富遗产本身也可以说就是我国古代形态的文艺美学。因此,文艺美学学科的产生也正好同我们改造借鉴我国传统的美学与文艺学遗产紧密衔接。

文艺美学作为一种新兴学科,当然不能取代传统的美学、文艺学与艺术学学科,反而从以上三门学科吸收丰富营养。而文艺美学学科的发展也必然对美学、文艺学与艺术学的发展产生重要影响。那么,文艺美学学科同以上三门学科相比较有些什么新的内涵呢? 我在下面提出五个方面,供各位同行学者批评。

第一,新的视角。传统的美学、文艺学与艺术学一般主要取哲学的视角,将美、文学与艺术的哲学与社会学本质作为研究的出发点。而文艺美学学科则将文艺的哲学与社会学本质的研究作为前提,将哲学、社会学的探讨放到学科基础的层面之上。作为学科本身则取美学的视角,对文学艺术进行全方位的美学的研究。这种视角的调整关系到文艺美学学科的发展方向,它应该有别于我国传统的美学、文艺学的纯理论研究,而主要面对鲜活生动的文学艺术现实。首先应该立足于具体的文艺作品,立足于文艺作品的审美解读,从中提炼出极富价值的美学思想。犹如莱辛之读《拉奥孔》,王国维之读《红楼梦》。再就是从重要的艺术范畴为切入点,诸如西方的"艺术的审美经验",中国的"意境"等。这

①宗白华:《艺境》,北京大学出版社1987年版,第275页。

就为文艺美学学科注入了无穷的生命力与活力。

第二，新的方法。传统的美学、文艺学与艺术学尽管也取自下而上的方法，但主要取自上而下的方法，以概念、范畴、逻辑的推演为其理论轨迹。而文艺美学并不排除自上而下的逻辑推演方法，但主要采取自下而上的研究方法，着重从具体作品的创作、文本与接受出发探寻其规律。同时，借助新时期比较流行的文化研究、心理学研究、原型研究的方法、比较的方法等。总之在方法上力争做到自上而下与自下而上的统一，以自下而上为主、同时兼取其他方法，做到具有更大的包容性。在这里需要特别说明的是文艺美学学科尽管面对具体的文学艺术事实，主要采取自下而上的方法，但并不排斥自上而下的方法。因为，任何学科的建设都离不开逻辑思辨，而人文精神探索与文化研究所涉及到的广泛社会层面又都是文艺美学学科发展所须臾难离的。

第三，新的资源。我国当代的美学、文艺学与艺术学从研究资源上各有其特点。美学主要借助西方的理论资源与近百年我国研究成果。文艺学除了借助西方理论资源，主要以文学作品为其研究对象。艺术学的理论资源来源于西方概念，同时兼及各个部门艺术。而文艺美学学科在资源的利用上应包容以上三个学科的所有范围，因而更加宽泛。也就是说，文艺美学学科所使用的资源包括西方理论范畴、中国当代成果、中国古代美学与文艺学的优秀遗产以及各类部门艺术的成果。特别是当前具有广泛影响的电视文艺与网络文艺。

第四，新的体系。文艺美学要成为具有独立性的新兴学科，必须具有自己的崭新的学科体系。其中心范畴是美的艺术，从历时性考察其古代、现代与未来的发展形态，从共时性考察文本、创作与接受中的不同表现，从比较的角度考察中外艺术审美经验的互相影响及平行发展中的参照借鉴。特别是其中心范畴——"艺术",着重从美学的角度考察艺术经验的发生、内容、影响与作用,及其所包含的政治、思想与文化内涵。上面我们已经初步涉及到文艺美学学科的对象(美的艺术)、研究内容、研究方法、研究目的及学科的发展趋势(建设有别于西方美学的具有中国特色的文艺美学学科)。这样,一门学科的五个基本要素我们都大体涉及到,但仍是极不完善。这正说明文艺美学学科作为新兴学科的特性。它是一门尚在建设发展中的学科,诸多问题尚需丰富完善。但学术界对于文艺美学是一个重要的理论问题却是一致的看法。在这种一致性的前提下更加深入地探讨,肯定会极大推动文艺美学学科的建设。

第五,新的精神。文艺美学学科作为一门新兴学科,应该贯穿激荡着一种新的时代精神。这种时代精神就是人文主义、科学主义、实践精神与中华民族精神的高度统一。人类已经跨入新的世纪,社会取得极大进步,但和平与发展还是重大课题。而战争、贫穷、环境恶化、精神疾患蔓延仍对人类命运提出严重的挑战。因此,对人类的人文关怀是新世纪的永恒主题,应成为文艺美学的思想基石。而作为信息时代的迅速到来,科技的快速发展,求实创新的科学精神也早已成为人类前行的宝贵财富,理应贯串于文艺美学学科之中。文艺美学学科产生于"改革开放"的新时期,以"实践是检验真理的唯一标准"作为其理论动力。因此应该富有实践精神,摆脱传统的美学、文艺学"经院式研究"的束缚,更好地关注现实生活、回应现实的要求,将鲜活生动的文艺现实与正在勃起的影视文化、大众文化纳入自己的视野。十分重要的是21世纪中华民族面临伟大复兴的时代课题,这是炎黄子孙一百多年来的理想。文艺美学学科作为人文学科应该激荡着这种民族振兴的精神。在科学研究的扎实基础上,力求将更多的中国古代优秀美学与文艺学遗产经过改造,吸收到文艺美学学科之中,并介绍到全世界。

正是从文艺美学作为新兴学科的基本特征及其所具有的五个方面的新的内涵出发,我们认为,今后,文艺美学学科建设着重解决以下三个大的方面的问题:1.在基本理论方面,着重探讨马克思主义及其美学、文艺学理论对文艺美学学科的指导作用;文艺美学的学科定位及其发展趋势,文艺美学与美学、文艺学、艺术学以及部门美学的关系;文艺美学的基本理论、范畴与体系建设。2.在史的方面,着重探讨中国文艺美学的发展历程;中国古代文艺美学的现代价值;西方美学与文艺学思想对中国文艺美学学科建设的影响。3.在实践方面着重探讨各艺术门类创作与接受实践同文艺美学学科建设的关系;文艺美学与中国当代文化产业及审美文化的关系;审美教育的当代意义及实践。

最重要的,文艺美学学科长远发展的生命力之所在是要适应现实的需要。这也是文艺美学学科当前"由内向外"转向的必然要求。要认真研究经济全球化所带来的更加广泛的不同文化的交流对话问题。随着经济全球化的加速,网络与信息高速公路的发展,各种文化的交流对话必然加速。随之而来的一元与多元、民族文化与西方中心、国家利益与文化霸权的斗争必然加剧。某些发达资本主义国家凭借其经济、科技与语言强势,必然加强文化的同化与渗透。在这样的形势下,中国文艺美学学科应很好地研究在进一步扩大交流对话的同时发扬文化自觉性,使我国文艺美学优秀遗产在新时期进一步发扬光大,走向世界。同时,还有一个应对在经济与文化的转型期,文化与文艺领域所出现的一系列现象,诸如大众文化与文化产业的迅速发展等。文艺美学学科应将其纳入自己的视野,并有相应的研究成果。再就是面对国际、国内美学、文艺学领域所发生的一系列理论转向,文艺美学学科要给予研究并做出回答。诸如,现代性转向、语言学转向、审美性转向、社会学转向、文化研究转向等。当然,文艺美学学科只能从自己的角度对以上问题做出回答。文艺美学已经成为现实存在,而如果它对一系列重大现实问题做出了富有价值的回答,那么它就具有更大的合理性,从而更加加重了其学科现实存在的重要意义。

　　总之,文艺美学学科产生在新时期中国思想文化的土壤之上,具有鲜明的中国特色。它运用比较综合的方法,吸取古今中外、各个学科的长处,力求做到哲学与美学、自上而下与自下而上、中国与外国、古代与当代、人文与科学的有机统一。我们相信,在马克思主义基本理论的指导下,经过学术界同仁的联合攻关,文艺美学学科建设一定会取得新的进展,使之成为中国美学与文艺学学者贡献于世界学术的一块具有特色并富有生气的园地。

党的思想路线与文艺美学
学科的建立和发展①

文艺美学学科,这是一个历史上未曾有过、国外也未曾有过,而是我国新时期在党的"解放思想、实事求是"思想路线推动下,在中国的现实土壤里所产生的一门新兴学科。它来源于美学、文艺学、艺术学,但又不同于以上三门学科,而是一门正在发展建设的交叉边缘新兴学科。1980年春在昆明召开的全国首届美学学会上,由北京大学胡经之教授提出,并进行具体阐发。二十多年来,文艺美学学科经历了由草创到深入研究,到再度成为热点的历程,据不完全统计,有关文艺美学的学术论文有200多篇,学术专著近20部,全国性的会议4次以上。2000年12月,教育部批准在山东大学建立全国百个文科科研基地之一——山东大学文艺美学研究中心。这标志着文艺美学学科进入了一个新的发展时期。

---

① 原载《代表中国先进文化前进方向的中国共产党:中国人文社会科学界著名专家学者纪念中国共产党建党八十周年高级论坛》,程天权主编,中国人民大学出版社2002年版。

（一）党的"解放思想、实事求是"的思想路线推动了文艺美学学科的创立

文艺美学学科是新时期在党的"解放思想、实事求是"思想路线推动下,美学与文艺学学科领域冲破"左"的思想禁锢的重要成果。建国以来,我国美学与文艺学学科领域在建设有中国特色的马克思主义美学与文艺学理论体系方面进行了富有成效的探索,取得丰硕成果,但也受到以苏联教科书为代表的"左"的思想的干扰。表现在学科领域则是以哲学与政治原则代替文艺的自身规律,将美学研究与文艺研究局限于抽象的哲学思辨性的"本质"探讨,着重于研究美与审美、文艺与生活的关系,用以论证唯物唯心的哲学路线。同时,提出"文艺从属于政治""政治标准第一,艺术标准第二"等论题,用以取代文艺自身的审美特性。自党的十一届三中全会以来,我们党重新确立了"解放思想、实事求是"的思想路线,并决定实行"改革开放"的重要政策,批判了长期以来紧箍人们头脑的"左"的路线。在这样的形势下,美学与文艺学领域才得以冲破长期以来的"左"的束缚,将美学与文艺学从单纯的思辨哲学、哲学认识论与社会学之中转到关注自身的审美特性。这就是我国20世纪80年代初期,美学与文艺学领域由抽象本质到艺术作品,由外部关系到内部规律,由政治到审美的转变。正是在这样的转变中,文艺美学学科才应运而生。

同时,文艺美学学科的产生也是坚持实事求是的思想路线,正确对待西方现代美学与文艺学,吸取其有价值成分的成果。在"左"的思想的束缚下,美学与文艺学领域对西方现代美学与文艺学研究成果一度持全盘否定态度。而只有在改革开放的新时期,

冲破"左"的束缚,才能够以实事求是的态度对待西方现代美学与文艺成果,给予正确评价并吸收其有益成分。西方从20世纪以来,美学与文艺学领域实现了由抽象到具体,理性到非理性的转向,早已由对艺术的文本与接受的研究代替了抽象的艺术本质的探讨。改革开放以来,介绍引进、批判吸收西方现代美学与文艺学研究成果,为文艺美学学科的产生与发展提供了丰富的营养。

文艺美学学科的产生也与用实事求是的态度重新审视我国美学与文艺学传统,正确评价其成果有着直接的关系。在"左"的思想的干扰下,美学与文艺学领域同样以"封资修"的罪名,全盘否定我国古代传统。只有新时期,在冲破"左"的束缚之后,我们才得以正确评价我国传统的美学与文艺学遗产,出现新的研究热潮。我国作为文明古国,有着丰厚的美学与文艺学遗产,足以在世界文化之林引以自豪。但由于文化与哲学背景的不同,我国没有西方那样的以"美""审美""崇高""优美""摹仿""表现"为范畴体系的美学理论。但我国却有着以"天人合一""位育中和"为哲学基础,以诗教、乐教、诗论、乐论、画论、书论为理论形式,以"意境""意象""妙悟""气韵"为其深刻内涵的美学理论。正是从这个意义上,我们可以说,我国可能没有西方那样的"纯美学",但却有着十分丰厚的文艺美学资源。新时期,文艺美学学科的产生正是继承发扬我国优秀的文艺美学传统的结果。

（二）新时期文艺美学学科的发展

文艺美学学科业已产生,但其发展任重道远。面对新的世纪,文艺美学学科的继续深入发展仍要贯彻党的"解放思想、实事求是"的思想路线,坚持马克思主义指导,适应时代与社会的需要。

第一,必须坚持马克思主义唯物主义实践观的指导。马克思主义是迄今为止人类思想的最高成就,是发展的开放的理论。文艺美学学科的健康发展必须坚持马克思主义指导,特别是马克思主义唯物主义实践观的指导。马克思早在 1845 年《关于费尔巴哈的提纲》中就深刻阐述了唯物主义实践观。毛泽东 1937 年在《实践论》中结合中国实际作了进一步阐述,邓小平在新时期加以继承发展,提出了党的思想路线,产生了巨大的精神力量。文艺美学学科的建设与发展应该坚定不移地以其为哲学基础。

第二,要适应时代与社会的需要。要认真研究经济全球化所带来的更加广泛的不同文化的交流对话与碰撞的问题,特别是随之而来的一元与多元、民族文化与欧洲中心、国家利益与文化霸权斗争的加剧等问题。某些发达资本主义国家凭借其经济、科技与语言优势,必然加强其对我国的文化同化与渗透。在这样的形势下,文艺美学学科应很好地研究在进一步加强交流和对话的同时,发扬民族文化自觉性,使我国悠久丰厚的文艺美学遗产进一步发扬光大,走向世界。还要在我国经济与文化的转型期,将方兴未艾的大众文化与文化产业纳入自己的视野,给予应有的研究,并真正发挥引导作用,为提高广大人民群众特别是青少年的审美能力与文化品位而贡献力量。

第三,要适应美学与文艺学学科发展的需要。改革开放初期,由于学科发展的需要,美学与文艺学经历了"由外向内"的发展过程,即由政治与社会层面的研究转向审美与艺术的研究。20世纪 90 年代以来,由于社会的发展,工业化、市场化与城市化的加速,在社会高速发展的同时带来某些负面影响,新的人文精神的发扬已成为美学与文艺学的时代责任。在这样的情况下,单纯的审美研究已难以适应需要,必须实现"由内到外"的转向,在审美的研究中包含文化与社会的内涵,发扬新的人文精神,对社会发展进行必要的人文补缺。

第四,文艺美学学科自身的建设也必须贯彻"解放思想,实事求是"的原则,应以新时期二十多年来的研究为出发点,以中国传统文艺美学遗产为主要资源,吸取西方有益成果,实现学科体系的创新。应以"美的艺术"为核心范畴,从具体的艺术事实出发,诸如从具体的艺术作品与艺术范畴出发,吸取各种研究方法的长处,构筑具有中国特色的文艺美学体系。我们相信,这样的文艺美学理论体系可能就是未来的自立于世界文化之林的中国美学。

当代社会文化转型与
文艺学学科建设①

最近,我参加了一个"全球化时代文艺学学科建设研讨会",会议围绕信息化与大众文化兴起的背景下文艺学学科的发展讨论得十分热烈,争论得不可开交,在美与非美、文学与非文学,乃至文艺学学科的哲学根据、对象、方法与主要范畴等基本问题上都难以统一。有一位与会的从事现当代文学研究的学者会后对我说,他对这种情况深感惊异,认为文艺学学科目前已到了崩溃的边缘。我对他的这一评价也深感震动,不免引起对当前文艺学学科建设的一番思考。

我认为首先应该正视我们所面临的当代社会文化转型的形势,才能正确认识文艺学学科当前所出现的争论与今后的发展。从社会的角度说,当前所面临的是从传统的计划经济到社会主义市场经济、由农业社会到工业社会与后工业的信息社会以及由乡村状态到大幅度城市化的转变。而从文化的角度说,则是从印刷的纸质文化到电信与网络文化、由知识阶层的精英文化到受众空前的大众文化、由文化的封闭到全方位开放的转变。而对文艺学学科来说更为重要的是当代出现的哲学理论形态的转型,即哲学

---

① 原载《文学评论》2004年第3期。

领域由古典形态到现代形态的转型,表现为由主客二分到有机整体、由认识论到存在论、由人类中心到生态中心、由欧洲中心到多元平等对话的转变等。这些社会与文化的转型必然对传统的文艺学理论体系形成巨大冲击。从传统的文艺学来讲,历来以认识论作为其哲学根据,在权威的教材中宣布"艺术就是作者对于现实从现象到本质作典型的形象的认识"。但当代形态的文艺理论对于这种混淆文学艺术与科学的认识论文艺观是否定的。而对于文艺学的对象——文学艺术现象,由于电影电视、网络文化与大众文化的勃兴,审美进一步走向生活,走向经济,出现了一系列在文艺、生活与商品之间难以划清界限的广告、服饰乃至影视剧、影片、VCD 等。因而,文艺学的研究对象也难以厘清。而在传统文艺学的主要范畴上,由于上述文化现象的出现与对主客二分"解构"的各种现代理论的流行,因而也出现诸多歧异,乃至于颠覆传统的情形。例如,文学与生活、形象与典型、文本与读者等,由于审美的生活化与当代存在论美学的意义的追寻、接受美学的阐释本体等理论现象的传入,以上传统范畴的固有内涵均难以成立。在研究方法上,由于文化研究的盛行,也导致了对传统的审美的内部的研究方法的解构等。凡此种种,都说明在新的形势下文艺学学科建设的确面临空前尖锐的挑战。

这种挑战可以说是一种冲击,但其实也正是一种发展的机遇,促使我国当代文艺学学科,面对新时代,改革旧体系,充实新内涵,真正走上与时俱进之途。因为,社会的发展与需要恰是推动科学前进的最大动力。恩格斯在 1894 年曾经说过:"社会一旦有技术上的需要,则这种需要就会比十所大学更能把科学推向前进。"其实,上述社会文化的转型就意味着当代社会对文艺学学科的需要发生了根本的变化,文艺学学科应主动适应这种需要与变化,而不是不闻不问,更不是去抵制,当然也抵制不了。我觉得这里有一个对文艺学学科现状的自我审视问题。我想从三个角度来说。从马克思主义文艺学建设的角度,无疑我们取得了巨大成绩,产生了毛泽东文艺思想与邓小平文艺思想等具有中国特色的马克思主义文艺理论形态。但也不可否认,我们在具体研究中出现过以西方古典形态的主客二分思维模式和僵化教条理论模式误解马克思恩格斯基本理论的现象。例如,在我国美学与文艺学领域影响深远的"实践美学",其主要提出者就认为"美学科学的哲学基本问题是认识论问题","从分析解决主观与客观,存在与意识的关系问题——这一哲学根本问题开始"。这显然在对马克思的实践观的理解上是一种倒退和误解。而对于20世纪以来的西方现代文艺思想,我们也不能做到正确评价,虽然这种理论思想在改革开放以来大量传入,迅速传播。但对其理解和评价总难统一,长期以来我们从传统的思维定式出发总体上对其持否定态度,对其价值意义缺乏客观公允的评价,特别对其克服主客二分认识论思维模式,走向存在意义的追寻与"非人类中心"所具有的重要价值认识不够。在中国古代文论的研究中,以钱钟书、宗白华为代表的一大批学者做出了不可磨灭的贡献。但也存在用西方古典形态"感性与理性"对立统一的"和谐论"美学与现实主义文学理论等硬套中国古代建立在"天人之际""阴阳相生""位育中和"基础之上的"中和论"美学与文艺思想的情形。以上回顾旨在说明我国当代文艺学学科自身的确存在不适应时代要求,相对落后,急需改革的一面。而新时代的社会文化转型又的确给文艺学学科建设注入了新的活力与营养。影视与网络的发展无疑是文艺传播的革命,而大众文化的发展则是对传统精英阶层文化霸权的一种冲击,并使文学艺术的参与者从未有过的扩大,而文化诗学则给文艺研究增添了十分强有力的新视角和新方法。当然,社会文化的转型也有其不可否认的负面作用。其表现为大众文化的低俗趋势、文化产业对经济效益的盲目追求、工业化所导致的工具理性泛滥、城市化与社会竞争所形成的精神疾患蔓延、网络化所造成的文化的平面化等,集中表现为当代人的生存状态的非美化现实。这一切恰恰为当代文艺学学科的发展提出了新的课题。海德格尔认为,面对当代工具理性的泛滥必将有一种新的美学和文艺学形态应运而生。他说:"一旦我们始终去沉思这一点,就会产生一种猜度,即:在那种促逼的暴力中,亦即在现代技术无条件的本质统治地位中,可能有一种嵌合的指定者(das Verfugendeeiner Fuge)起着支配作用,而从这种嵌合而来,并且通过这种嵌合,整个无限关系就适合于它的四重之物。"这就是"天、地、人、神"的四方游戏及由此形成的人的"诗意地生存"。这正是当代形态的存在论美学与文艺学的应运而生。

文艺学学科的当代发展还必须转变观念。面对新的社会与文化现实,传统形态的文艺学将逐步得到改造。在哲学根据上,主客二分的传统认识论将代之以现代形态的有机整体哲学。而传统的文艺学学科自身严密而清晰的超稳定的边界也将打破,而代之以跨学科与多学科的交叉融合。当然,文艺学学科也不是无任何边界,让人无法把握,而是具有相对的学科边界。例如,在美与非美、文艺与生活的边界问题上,可以具有社会共通感的"审美经验"与"人的诗意地生存"作为其方向。在文艺学学科的理论形态上也不应是一元的,而是在马克思主义基本理论统帅下呈现多元共存、多姿多彩之势。而随着对当代西方"解构"理论的某种认同,文艺学学科领域的"欧洲中心"也将逐步打破,而代之以中西平等对话,特别是在摈弃主客二分西方传统思维模式后,应进一步加强对中国古代"言志说""意境说"与"气韵说"等古典存在论文艺观与现代文艺学优秀遗产的重新阐发与继承弘扬。

为了应对当代社会文化转型的挑战,当代文艺学学科的发展应立足于建设。最重要的是确立马克思主义基本理论的指导。首先是确立完整的准确的马克思主义实践观对当代文艺学学科建设的指导,剔除长期以来对马克思主义实践观的误解,还其本来面貌。事实证明,马克思主义实践观恰是对传统主客二分思维模式的突破,突出地强调了一种抛弃物质的或精神的实体的主观能动的社会实践活动,标志着由古代传统的客观性、主观性范畴到现代的关系性与实践性范畴的过渡,恰是对西方现代哲学—美学对于社会实践的严重忽视,是一种根本性的弥补与纠正。特别是马克思主义实践观中的美学观,对于当代文艺学学科的建设更加具有极其重要的意义。我认为从完整的准确的理解马克思主义实践观与美学观出发,应该将《1844年经济学哲学手稿》与《关于费尔巴哈的提纲》结合起来理解,将前者作为后者的重要补充。由此,我们认为应该这样来全面概括马克思的实践观:哲学家们只是用不同的方式解释世界,而问题在于改变世界,人也按照美的规律来建造。这样,审美观就成了马克思的实践观的必不可少的、有机的组成部分,从而马克思主义实践的审美观就理所当然地成为马克思主义美学与文艺学的基石。按照马克思的理论,包括文艺在内的审美是产生于社会实践基础之上的、人同世界的一种特有的"人的关系"——审美的关系,这种审美的关系是人的一种极其重要的生存方式,即"诗意地生存"。当然,我们也应该继承发扬我国现代毛泽东和邓小平文艺思想所创立的"文艺为人民"的正确方向。我们认为,恰是新的时代为我们完整的准确的理解马克思主义实践观及建立在其基础之上的美学观和文艺观提供了必要的前提,从而也为马克思主义文艺学学科的建设奠定了更加坚实的基础。

写到这里,我想起当代理论家伽达默尔讲过的一句话:"当科学发展成全面的技术统治,从而开始了'忘却存在'的'世界黑暗时期',即开始了尼采预料到的虚无主义之时,难道人们就可以目送夕阳的最后余晖——而不转过身,去寻望红日重升的时候的最初晨曦吗?"我想过去的主客二分的工具理性时代已是必然要变成历史,那就让我们逐步目送其夕阳的余晖,而转身以自信的勇气在马克思主义实践观与"文艺为人民"正确方向的指导之下,从"人的诗意地生存"出发建设当代形态的文艺学学科,作为新时代文学艺术发展的理论指导,创造更加美好的人与社会、自然及自身和谐协调的生存状态,去迎接21世纪朝阳的最初晨曦。

社会主义核心价值体系与
文艺学建设①

马克思主义认为"任何真正的哲学都是自己时代精神上的精华"。党的十六届六中全会提出的社会主义核心价值体系就是我国改革开放新时期时代精神的集中体现，是包括文艺学在内的各种文化形式建设的指南。它是在毛泽东思想、邓小平理论与"三个代表"理论基础上，结合新时代特点一种新的理论发展。建立社会主义核心价值体系，是建设社会主义和谐社会的需要，是社会和谐的重要价值导向与理论支撑，是当代人民追求的精神目标和行为准则。它必将成为中华民族伟大复兴所必需的文化复兴的重要精神武器。

新时期以来，马克思主义文艺学建设在"解放思想，实事求是"思想路线的指引下取得瞩目的成就，探索出一条紧密结合中国实际的以马克思主义理论为指导的综合比较创新之路，目前呈现出繁荣发展的局面。但我国当代文艺学的发展距离社会文化的现实需要仍有较大差距，在国际学术论坛上我国文艺学界的声音仍然较为微弱，对于古今中西资源之间的关系的处理缺乏更为成熟的经验，西方资源的本土化与当代理论的民族化仍是需要进

① 原载《人民日报》2007年1月18日第9版。

一步解决的课题。在这种情况下，认真学习有关社会主义核心价值体系的论述就具有特别重要的意义，它必将成为我们当前艰苦探索的重要指南。

学习社会主义核心价值体系最重要的是要充分发挥它的建设功能，通过学习领会重要理论内涵，在我国当代有中国特色的马克思主义文艺学建设中进行必要的吸收借鉴。可以说，社会主义核心价值体系作为"时代精神的精华"对于我国文艺学建设具有重要的理论指南与启示作用，也为我国当代有中国特色的马克思主义文艺学的建设进一步指明了发展的方向。它首先提出了"马克思主义指导，中国特色社会主义理想"。这就进一步明确地确立了我国当代文艺学建设的方向。

"马克思主义的指导"是指作为社会主义意识形态组成部分的文艺学必须坚持马克思主义基本的立场、观点与方法。而"中国特色社会主义理想"是要求我们在我国当代文艺学建设之中必须贯彻作为马克思主义在中国当代发展的毛泽东思想、邓小平理论、"三个代表"理论与科学发展观。这就告诉我们我国文艺学建设只能是马克思主义一元指导下的多样性，而不能是多元化。当然，这种马克思主义一元指导下的多样性还是非常重要的，因为只有多样性才有可能允许理论的创新与探索的存在，我国当代文艺学建设才能在现有基础上进一步走向繁荣发展，这是完全符合我国长期以来所认真执行的"双百方针"的。

从我国当代有中国特色的马克思主义文艺学建设的内容来说，社会主义核心价值体系也具有重要的指南作用。它明确地提出了以爱国主义为核心的民族精神和以改革开放为核心的时代精神，以及社会主义荣辱观这样三个紧密相联的重要内容。"以爱国主义为核心的民族精神"指明了我国当代文艺学建设中对待民族文艺学遗产的基本立场与态度，解决了长期争论的我国古代文艺学遗产要不要与能不能"转换"的问题。事实证明在当前经济"全球化"日益发展的形势下，中华民族要走向新的崛起与复兴就必须重振民族文化，使我们民族以独具特色的姿态自立于世界民族之林，这恰是一种爱国主义的立场。当然在民族文化遗产的使用上我们也不能全盘吸收，而是有明确的取舍，那就是必须包含爱国主义内容的文化，对这样的文化进行改造吸收使之焕发新的活力。这样的工作对于我国当代文艺学建设来说尽管非常艰难，但出于爱国主义的立场与中华民族伟大复兴的需要，我们也应义不容辞地担当起来。"以改革开放为核心的时代精神"指明了我国当代包括文艺学在内的文化建设所特具的与时俱进的品格。"改革开放"是我国新时期文艺学拨乱反正并走向繁荣发展的根本动力，它使我国当代文艺学具有了"与时俱进"的基本特征，而我国当代文艺学的新的发展也应继续更好地坚持这样的思想路线，才能走向进一步的繁荣。"社会主义荣辱观"是我国当代一切社会文化工作价值评判的基本要求，不仅反映了社会主义社会的基本价值取向，而且包含着普世的内容，成为我国当代文艺学所必然包含的内容。同时，这也解决了马克斯·韦伯所提出的社会科学的"价值中立"观点对于我国当代文艺学建设的不良影响。事实证明，文艺学作为人文学科是以其明确的价值判断功能为其特性的，就连特别强调形式特征的康德在其《判断力批判》中也指出了审美是"道德的象征"，更不用说当代著名美学家对于文艺的道德功能的强调。诸如叔本华提出"艺术是人生的花朵"、尼采提出"艺术是生命的伟大兴奋剂"，海德格尔提出"人的诗意地栖居"等，不胜枚举。当前，我国文艺活动中的价值缺失，乃至价值颠倒，更加呼唤我国当代文艺学要在社会主义核心价值体系指导下发挥自己的价值评判功能。

从我国当代有中国特色的马克思主义文艺学建设目标来说，社会主义核心价值体系为我们进行了明确的界定，那就是"社会主义核心价值体系是建设和谐文化的根本"。胡锦涛总书记在中国文联第八次、中国作协第七次全国代表大会上的讲话中指出"繁荣社会主义先进文化，建设和谐文化，为构建社会主义和谐社会做出贡献，是现阶段我国文化工作的主题"。这就点明了社会主义核心价值体系建设的最终目标和落脚点是建设社会主义和谐文化，进而建设社会主义和谐社会。这种建设和谐文化与和谐社会的目标对于我国当代文艺学建设所带来的指导与启示可以说是空前的，它必然引起一系列文艺观念的转变。因为，在和谐文化与和谐社会的建设中，"和谐"成为社会建设、文化观念与哲学思想的"关键词"，而"和谐"的理念也必然引起我国当代文艺学在理论观念上的重大调整。"和谐"包含人与人、人与自然以及人与自身的和谐协调，必然超越原有的人与人的"斗争"观念、人与自然的"对立"观念、人与自身的"漠视"态度，走向人与人矛盾的化解、人与环境的友好相处、人对自身生存状态的重视等。这就必然对原有的以"人化自然"为其特征的"实践美学"以及以单纯认识为其指归的文艺思想有所补正。从而呼唤新的立足于和谐的关系性美学与生态美学的发展。

早在1942年，毛泽东同志就指出了马克思主义与文艺学建设的关系。他说"学习马克思主义，是要我们用辩证唯物论和历史唯物论的观点去观察世界，观察社会，观察文学艺术，并不是要我们在文学艺术作品中写哲学讲义"。同样，今天我们建立社会主义核心价值体系也不是要我们在当代文艺学建设中照搬这些理论，而是要求我们以其为理论指导，紧密结合文艺学的学科特点进行符合学科规律的科学的建设工作。正如党的十六届六中全会决议中所说："坚持把社会主义核心价值体系融入国民教育和精神文明建设全过程、贯穿现代化建设各方面"。也就是说要将社会主义核心价值体系融入文艺学学科建设的过程之中。众所周知,文艺学是以研究文艺的审美特性为其内容的,而文艺的审美特性按照康德的说法就是一种审美的个人性与共同性的二律背反,黑格尔认为康德在此说出了关于美的第一句合理的话。那就是说审美过程中一切的价值判断都只能融会在审美的个人性之中,而不能直接地表现出来。也如恩格斯所说"倾向应当从场面和情节中自然而然地流露出来,而不应当特别把它指点出来"。将社会主义核心价值体系与文艺的审美特性有机地融合就是我们文艺学建设的目标。

当然,广大文艺学理论工作者还有一个重要任务就是按照社会主义核心价值体系来规范我们自己的思想行为。"做好文先要做好人",这是一个规律。我们长期以来都将文艺家称为"人类灵魂的工程师",这在建设社会主义精神文明和构建和谐社会的伟大事业的今天仍然是应该大力倡导的。每一个作家与文艺理论家都自觉地朝着这个方向努力,我们坚信社会主义核心价值体系的提出必将开创我国马克思主义文艺学建设的新局面。

我国社会主义文艺应在对外开放的新形势下更加健康地发展①

江泽民同志《在庆祝中国共产党成立七十周年大会上的讲话》中提出了建设有中国特色的社会主义文化的基本要求,明确指出:"必须继承发扬民族优秀传统文化而又充分体现社会主义时代精神,立足本国而又充分吸收世界文化优秀成果,不允许搞民族虚无主义和全盘西化。"这一要求,深刻地阐述了建设有中国特色的社会主义文化与继承民族优秀传统文化及吸收世界文化优秀成果的关系,对于我国社会主义文艺在新的形势下更加健康地发展具有重要的指导意义。

改革开放和社会主义现代化建设的深入发展,为我国社会主义文艺的进一步发展提供了极好的条件。文艺发展规律证明:任何国家、任何时代的文艺,都是在吸收别国优秀文艺的前提下,得到进一步发展的。我国古代汉唐两代的文艺,闪烁出特别耀眼的光芒,重要原因就是及时吸收、融会了西域与印度的优秀文化。我国"五四"以后革命文艺的发展,也是同俄国革命民主主义文艺理论与现实主义文艺传统的影响密切相关。特别是当代,由于经

①原载中共山东省委宣传部文艺处编《继往开来》,山东文艺出版社1992年版。

济与科技的发展,早已打破了传统的地域界限,随着经济上世界市场的形成,文艺领域也逐步形成了一种世界的文艺,为各民族文艺的互补、交汇与吸收提供了更大的可能。马克思曾说,"资产阶级,由于开拓了世界市场,使一切国家的生产和消费都成为世界性的了","物质的生产是如此,精神的生产也是如此。各民族的精神产品成了公共的财产。民族的片面性和局限性日益成为不可能。于是由许多种民族和地方的文学形成了一种世界的文学"。① 我国自实行对外开放政策以来,在介绍与吸收世界各国优秀文艺方面取得了令人瞩目的成绩,是使我国新时期文艺取得较大发展的重要原因之一。

　　以上是对外开放的形势对我国文艺带来的一个方面的影响。另一方面,由于国门的打开,资产阶级文艺的传入也不可避免地形成了对社会主义文艺的挑战。同时,由于西方敌对势力一刻也没有放弃其对我进行"和平演变"的策略,图谋打一场"没有硝烟的战争",通过文艺渠道散布其政治观念、价值观念与艺术观念,达到改造我国青年一代思想与社会主义文艺性质的目的。在这样一场严重的斗争面前,我国社会主义文艺理应坚持马克思主义的立场,认真贯彻"洋为中用"的方针,对外国文艺真正做到剔除其糟粕、吸收其精华。一方面有力地迎击西方错误文艺思潮的挑战,同时又利用对外开放所提供的条件促使社会主义文艺进一步健康地发展。

　　前一段时期,由于资产阶级自由化思潮的泛滥,使一些人一度在西方错误的文艺思潮的挑战面前放弃了必要的斗争,有的人甚至起到推波助澜的作用。这集中表现在从1982年绵延到1989

①《马克思恩格斯选集》第1卷,人民出版社1972年版,第254—255页。

年的围绕西方现代派所展开的一场论争。这场持续六七年之久的大论争,的确十分复杂。许多文艺工作者在这场论争中努力坚持马克思主义观点,从不同的角度批评各种错误的理论,也有一些文艺工作者试图从学术的角度认真探讨我国现代文艺中长期引起重视的如何正确评价西方现代派的问题。但也有的论者,离开了马克思主义的立场,提出"全盘西化"的理论。其代表性的口号就是"现代化需要现代派",错误地将我国文艺的现代化与全盘接受西方现代派相提并论。一开始,这一问题的讨论还不乏学术气息,基本上围绕西方现代派与我国当代文艺的关系展开论争。但随着思想政治领域斗争的激化,这场有关西方现代派的论争也被少数论者从学术领域推到了政治斗争的前沿,试图以西方现代派改造我国文艺与我国政治制度。有的论者明确地将这场论争称作是一场"学术价值很低政治色彩很浓文化意义深远的文艺论争"。这种将文艺论争演化为政治斗争的事实再次说明,某些文艺论争的确包含无产阶级与资产阶级两种思想尖锐斗争的性质。

主张全盘接受西方现代派的论据之一,是认为西方现代派代表着 20 世纪的文明,是一种进步的文化形态。这是对西方现代派文艺性质的歪曲。西方现代派是 19 世纪末开始出现在西方的一种复杂的文艺现象。就社会根源来说,它是垄断资本主义时代的产物;就思想根源来说,它直接渊源于康德的主观唯心主义以及由此派生的尼采的权力意志论、柏格森的生命哲学、弗洛伊德的精神分析心理学、萨特的存在主义等西方现代思潮;就艺术创作说,它主张表现"自我",强调直觉和下意识,认为形式就是内容,刻意追求形式创新,反对以往的文艺传统,特别反对现实主义文艺传统。马克思主义认为,生产力与生产关系的矛盾是任何社会的基本矛盾。这一矛盾在资本主义社会中具体表现为高度发展的社会化生产与生产资料的私人占有之间的矛盾。帝国主义时期,由于资本的空前集中,这一矛盾变得愈加尖锐。它的高度垄断的生产关系正在愈来愈大地成为高度社会化生产进一步发展的桎梏,因而愈来愈具有腐朽性。这种腐朽性,同时决定了建立其上的上层建筑,包括意识形态也必然具有相应的腐朽性。诚如马克思所说,"每一历史时代的经济生产以及由此产生的社会结构,是该时代政治的和精神的历史的基础"。① 这就告诉我们一个真理:尽管处于帝国主义阶段的资本主义社会的生产与科技水平处于先进地位,但它的上层建筑及其意识形态却并不同时处于先进地位;相反,还因其赖以产生的生产关系的腐朽性而具有了腐朽性。在这里,我们还必须看到西方现代派的另一特性,那就是,它并非产生于对资本主义物质文明的肯定,而恰恰产生于对资本主义物质文明的否定。在西方现代派作家看来,资本主义的现代文明破坏了原始的自然美,扼杀了人的本性,导致了各种"异化"现象的发生。正如美国存在主义者巴雷特和扬凯洛维奇所说,"现代科学技术把理性的智慧抬高到了其他一切之上,从而制造了一个可怕的怪物。有技术的人发动了一场统治自然的狂热的斗争,并虚伪地把这场斗争等同于进步"。"集团的文明同现代技术一道使我们生活在一种缺乏真实性的存在中。个人变成了完全失去人性的对象,他丧失了自己的统一性,被他的社会和经济职能所吞没"②。有人因此认为,西方现代派起到了揭露与反对资本主义制度的作用,因而具有某种进步性。这其实也是一种误解。因为西方现代派固然对资本主义社会种种不合理的现

①《马克思恩格斯选集》第1卷,人民出版社1972年版,第232页。
②转引自刘放桐等编《西方现代哲学》,人民出版社1981年版,第538页。

象有所揭露,但其目的不是批判资本主义制度的唯利是图的本质,而是鼓吹一种极端自私的唯我主义;不是批判资本主义社会所宣扬的"理性"的虚伪,而是进一步张扬一种植根于"原始冲动"的非理性;不是旨在消灭不合理的资本主义剥削制度,而是引导人们逃避现实。正如美国著名的完形心理学美学的代表人物鲁道夫·阿恩海姆所说,现代派艺术"决不是反映了艺术家对一个平衡的世界所持的天真观点,而是他们为了从自身和周围世界的错综复杂性中逃避出来而产生的必然结果"①。当然,西方现代派是一种十分复杂的文艺现象。它对于我们认识资本主义社会中人们的内心世界的确具有一定的作用。它所包含的某些艺术观念与创作技法也同新科技的发展所导致的人们的情感状态密切相关,因而有着重要的参考价值。

论据之二,是认为我国现代文艺面临着严重失落的局面,只有借助于外来的西方现代派方可使其"涅槃再生"。这里所谓的严重失落,无非是指我国现代革命文艺对政治功能的强调和对别、车、杜与欧洲批判现实主义文艺的推崇等。而对于以毛泽东同志《在延安文艺座谈会上的讲话》为指导的延安文艺及其代表作家赵树理,某些人则特别加以贬损。这显然是一种不顾事实的歪曲和攻击,其错误非常明显。因为,我国"五四"以后的革命文艺在马克思主义指导之下开始走上了一条为人民服务的康庄大道,特别是在《讲话》指引下的延安文艺,它所坚持的为工农大众服务的方向具有巨大的历史意义与现实意义。70多年来,革命文艺尽管历经曲折,但所取得的巨大成绩是举世公认的。现在让我

---

① [美]鲁道夫·阿恩海姆:《艺术与视知觉》,滕守尧译,中国社会科学出版社1984年版,第167页。

们来看一下,试图以西方现代派使我国文艺获得"涅槃再生"的观点是如何的荒谬。西方现代派的性质我们已在上面作过分析,说明它不可能成为拯救别国文艺危机的良药。即使西方现代派是一种优秀的文化,也决不能代替我国文艺的发展。中外文艺史告诉我们,一个民族的文艺传统是一个民族的情感与审美趣味的集中表现,是一种经过长期积累而形成的借以反映特殊心理方式的独特形式,常常同一个民族的起源、历史与命运紧密相连。古希腊的《荷马史诗》、英国的莎士比亚剧作与我国的古代神话、《诗经》《离骚》《红楼梦》等无不如此。因此,任何人都永远不可能剥夺一个悠久民族的文艺传统。试问,具有五千年文明史的中华民族的优秀传统,难道能够被西方现代派所代替吗? 更何况,一切真正的爱国主义者都应该从更充分地发扬本民族的优良文艺传统出发来思考如何吸收与借鉴外国文艺的问题,因为,愈是具有民族特色的文艺才愈能走向世界。鲁迅曾说:"现在的文学也一样,有地方色彩的,倒容易成为世界的,即为别国所注意。"①如果我国文艺真的被西方现代派所取代,难道还有她应有的地位吗?

　　在当前,我们理应反对"全盘西化"的倾向。这同我们有力地迎击资本主义思潮的挑战,深入地批判各种资产阶级自由化倾向,进一步推动社会主义文艺的健康发展密切相关。正如江泽民同志在"七一"讲话中所说:"我们党历来重视意识形态工作,这方面工作做得好不好,直接关系社会主义事业的成败。意识形态领域是和平演变与反和平演变的重要领域。"而文艺又属于意识形态领域的一个特殊的战线。它的特殊性在于,文艺在形式上是具有愉悦特征的审美形态,在内容上是一种蕴含着深刻理性的高度

---

①《鲁迅全集》第 12 卷,人民文学出版社 1981 年版,第 391 页。

凝练的情感。因而文艺具有潜移默化、寓教于乐的作用,总是在不知不觉的审美享受之中进行了价值观、伦理观与政治观的教育。由此,西方敌对势力十分重视利用文艺作为"和平演变"的武器;而在其"和平演变"策略中,西方当代资产阶级文艺又的确发挥了自己特有的作用。因此,我们决不能忽视文艺战线反"和平演变"的斗争。但我们又应按照毛泽东同志的要求,始终坚持在两条战线作战。目前,我们应清醒地认识到以下三点:一是肯定对外开放以来,我国在研究与借鉴外国文艺包括西方现代派文艺中所取得的成绩。它在拓宽我国文艺反映的领域、丰富创作技法、改变某些陈旧观念方面还是有其积极作用的。二是充分认识我国目前对外国文艺包括西方现代派的研究还远远不够。从量上来看,我们对许多作家与作品仍知之甚少,掌握的资料不足。而从质上看,我们的研究水平还不太高。许多研究局限于一般的介绍,缺乏以马克思主义为指导的深入的富有见解的探讨。即使对西方现代派这一复杂的文艺现象,我们的研究也有待于深化。从学术和艺术的角度对西方现代派展开进一步的讨论乃至于争鸣,都是完全必要的。我们一定要以马克思主义为指导,真正占领外国文艺研究这一十分重要的阵地。三是充分认识我们向世界介绍我国古代与现当代优秀文艺也还远远不够。我国作为具有悠久历史的大国,成为东方文明的代表之一,创造了无数人类文艺的奇葩,理应将这些优秀成果更好地推向世界。使我们的开放与交流成为双向的全面的,而不是单向的片面的。

总之,我们应在马克思主义的指导下,坚持四项基本原则,有力地抵制意识形态领域中的资产阶级思想的侵蚀,充分利用对外开放的大好形势,使我国的社会主义文艺更进一步地走向世界,并因此而得到更加健康的发展。

关于全球化语境中我国文艺学
学科发展的思考①

一

经济全球化是历史的必然,在当前,它已是不争的事实。在全国九届四次人代会关于十五计划纲要的报告中先后三次提到"经济全球化"问题。事实上,在经济全球化的同时,思想文化与科学技术领域都要受到极大影响。作为文化组成部分的文艺学当然也要在经济全球化的背景下来思考自己的发展。全球化是伴随着工业化和现代化而开始的。早在1848年,马克思与恩格斯就在著名的《共产党宣言》中指出了业已存在的经济全球化趋势及其对包括文学艺术在内的精神生产产生的重大影响。他们指出:"资产阶级由于开拓了世界市场,使一切国家的生产和消费都成为世界性的了","过去那种地方的和民族的自给自足和闭关自守状态,被各民族的互相往来和各个方面的互相依赖所代替了。物质的生产是如此,精神的生产也是如此。各民族的精神产品成了公共的财产。民族的片面性和局限性日益成为不可能,于

①2001年5月完成,原载于曾繁仁著:《美学之思》,山东大学出版社2003年版。

是由许多种民族的和地方的文学形成了一种世界的文学。"①

我国早在 19 世纪末 20 世纪初,文艺学领域就开始了世界性的交流与对话的进程。首先是王国维、蔡元培、鲁迅等人,将西方美学与文艺学理论介绍到中国,后继者有朱光潜、宗白华。到 20 世纪 20 年代,中国共产党成立之后,又有一批马克思主义文艺家将马克思主义的美学与文艺学思想引进中国。当然,也包括对俄罗斯革命民主主义文艺家别林斯基、车尔尼雪夫斯基、杜勃罗留波夫等人美学与文艺学思想的介绍,以及建国后对前苏联季莫菲耶夫《文学原理》的介绍。正是在此基础上,结合我国国情,逐步建立了我国的美学与文艺学理论体系。因此,可以这样说,我国现代的美学与文艺学的许多基本概念、范畴与理论就是世界性交流与对话的产物。当然,我国文艺学体系的建立,还是以我国的当代社会与文艺现实为出发点的。诸如"二为""双百"方针的提出等。因此,我国当代文艺学尽管借鉴了许多西方的概念范畴,但还是具有鲜明的中国特色的。改革开放之后,我国文艺学领域受世界文化进程的影响更大,对西方现当代美学与文艺学成果有了更多的引进与介绍。当前,随着经济全球化步伐的加速与信息革命的到来,文化领域,包括文艺学领域交流对话的进程显得更加紧迫。可以这样说,世界市场的扩大,使得各国人民经济与文化的交流变得从未有过的迅捷与频繁。而网络技术的出现,更是打破了海关与出版的疆界,使得各种思想、观点、信息得以跨越时空交流。特别是近二十年来,我国实行改革开放政策,更加促进了经济、文化(包括文艺学领域)的交流对话进程。我们可以比较一下当前文艺学领域与二十年前文艺学领域的状况,应该说发生

①《马克思恩格斯选集》第 1 卷,人民出版社 1972 年版,第 254 页。

了很大的变化。这种变化无疑同改革开放以来我国文艺学领域加大了同世界各国的对话交流直接有关。

二

如何正确对待这种经济全球化背景下迅速到来的包括文艺学在内的文化领域的世界性的交流与对话呢？我认为，最主要的是坚持马克思主义的指导，认真处理好全球化与本土化的关系，将开放吸收与以我为主相结合，以积极主动的态度参与交流对话进程，最后落脚到建设具有中国特色的当代社会主义文艺学体系。

首先，交流对话并不等于同化。也就是说，交流对话的结果并不是也不可能在全世界形成一种文化、一种文艺学理论体系。实际上，交流对话是一个各种文化，包括各种文艺学思想理论长期共存、竞争互补的过程。全球化不可能代替本土化。交流对话与本土化有相互对立的一面，但更是共生互补的关系。正如鲁迅所说，"有地方色彩的，倒容易成为世界的，即为别国所注意"①。事实上，任何一个民族，只要这个民族还存在，那么，它的民族文化是不可能被迅速同化的。因为，民族文化是一个民族的最重要的标志。过去，我们研究民族特征提出共同语言、共同地域、共同经济生活与共同文化四个要素，现在看来最主要的是"共同文化"。也就是说，作为一个民族，最主要的是一种文化认同。一个民族的文化只要是具有深厚的根基，独具的特色，那就一定会有着无穷的魅力与长久的生命力，在全球化的过程中，在世界文化

①《鲁迅全集》第 12 卷，人民文学出版社 1981 年版，第 391 页。

百花园内成为一朵争奇斗艳的奇葩。中国文艺学,在古代具有浓厚的哲学基础与人文积淀,成为著名的儒道学派的有机组成部分,是东方智慧的结晶之一,早已被诸多西方美学与文艺学家所称赞与吸收。当代中国文艺学,尽管吸收了大量西方的概念范畴,但生存在中国特有的经济、文化思想土壤之上,形成了鲜明的中国特色,目前正在不断地丰富发展。因此,在交流对话的过程中,中国古代与当代的文艺学理论都不可能被同化。我们实在无法想象,当代西方的哪一种理论可以不经改造地马上取代中国现有的文艺学体系,并适合中国的国情。

　　在这里,有一个重要的意思必须说清,那就是虽然在经济全球化背景下交流对话是一种不可避免的历史必然,那我们是不是就可以消极被动地等待呢? 我认为,应该积极主动地参与。因为,从总体上来说,交流对话有利于我国包括文艺学在内的文化的发展。我们都知道,任何事物发展的根本动力都在其内在的矛盾。文化发展的内在矛盾就是一种新质与旧质的冲突斗争,从而推动其前进。而新旧质文化的斗争又常常起因于异域文化的交流影响。我国古代文化历经魏晋、汉唐、明清、近代多次异域文化的交流影响,从而推动了我国包括文艺学在内的文化内部新旧质的矛盾斗争,促进了我国文化的发展。特别是鸦片战争之后的近现代,在西学东渐的形势之下,西方思潮极大地冲击了包括文艺学在内的中国传统文化。其结果,当然难免出现偏颇,但归根结底还是推进了包括文艺学在内的中国新文化的产生与发展。更为重要的是,我国提出了在 21 世纪中期实现中华民族伟大复兴的历史重任。这种复兴当然首先是经济的复兴。随着我国经济实力的增长,我国在世界上的文化地位也会随之提高。但经济的复兴又不能等同于文化的复兴,文化的复兴还有赖于文化自身的发展兴盛。特别在当前，我国文化包括文艺学，还处于弱势文化的地位，在国际上尚未成为主流文化。在这样的情况下，我国包括文艺学在内的文化，更应在世界性交流对话的大潮中，积极主动地参与，努力发展，走向世界，逐步改变弱势文化的地位，迎接新世纪我国文艺复兴的到来。

　　当然，交流对话与本土化毕竟还存在着矛盾斗争，交流对话过程中西方国家从其惯有的"欧洲中心主义"出发，的确存在以其文化对我国文化进行同化的趋势。马克思与恩格斯在《共产党宣言》中对全球化过程中资产阶级的这种动向进行了揭示。他们指出："它迫使一切民族——如果它们不想灭亡的话——采用资产阶级的生产方式；它迫使它们在自己那里推行所谓文明制度，即变成资产者。一句话，它按照自己的面貌为自己创造出一个世界。"①这种同化的趋势对绝大多数西方学者来说是不自觉的；是一种学术惯性。因此，交流对话的过程实际上是一种竞争的过程、挑战的过程。我们唯一的选择就是积极参与竞争，主动迎接挑战。我们的方针是：开放吸收，以我为主，发展壮大，建设具有中国特色的社会主义文艺学体系。所谓"开放吸收"，是我们的态度与胸怀，我们在交流对话进程中要以开放的态度对待一切来自异域的文艺思想，进行交流、对话，给予理解，然后择其善者而从，吸收其精华营养自己。而所谓"以我为主"，是我们的原则，那就是对于各种来自异域的文艺思想，以是否有利于我作为选择的标准。也就是说，要看这种文艺思想是否适合我国的国情，是否有利于我国文艺事业的发展。所谓"发展壮大，建设具有中国特色的社会主义文艺学体系"，是我们的落脚点。我们在交流对话进

①《马克思恩格斯选集》第1卷，人民出版社1972年版，第255页。

程中的开放吸收,其目的就在于发展壮大,并建设具有中国特色的社会主义文艺学体系。也可以说,这就是我们在包括文艺学在内的文化领域里处理交流对话与本土化关系的基本原则。

三

在全球性的文化交流对话的趋势中,文艺学学科建设应做好异域文艺思想的引进吸收、中国传统文艺思想的继承发扬与队伍培养这样三件工作。

关于异域文艺思想的引进吸收,就是鲁迅所说对异域文化的"拿来主义"。在这一方面,我们已经做了很多工作,但远远不够。当前应更加系统地对各种来自异域的文艺思想认真加以梳理、研究,批判吸收。我认为对西方当代文艺思想更应进行深入研究,进一步解放思想。西方当代文艺学在研究方法上是由"自上而下"调整到"自下而上";也就是说由古代的围绕美与文艺本质的、纯思辨的本体论研究调整到个体的审美经验的研究以及对现象学整体意识方法的更多采用。这固然有其明显的弊端,但对西方古代传统的"主客二元对立"思维模式的突破却对我们深有启发。西方当代文艺学研究内容由理性调整到非理性。因此,西方当代文艺思想,大多是非理性主义思潮,过去我们对其批判较多。但作为文艺的创作与欣赏又的确存在大量非理性因素,并已被当代神经科学所证明。因而,西方当代非理性思潮中必然有其有价值的成分。西方当代文艺学还有一个由认识论调整到语言论的问题。这种倾向在科学主义与人本主义两种文艺思潮中都同样存在。将语言作为文艺的本体,固然有其偏颇,但摆脱传统的语言"媒介论",突出语言的位置,这就拓展了文艺学的文化内涵,使之包含语言学、人类学、考古学、史学、心理学等多重内容。西方当代文艺学还有一个由文本调整到读者的倾向。过分强调读者接受的作用的确有其片面性,但传统文艺思想将读者视为完全被动也不全面。而由此发展的接受美学,确有许多值得借鉴之处。再就是西方当代文艺学由精英文化到大众文化的调整。这种调整确有其适合信息时代、市场经济的重要意义,我们也应借鉴吸收其有价值成分。另外,西方当代存在论美学也正处于兴盛发展之时。西方当代文艺学还有其他种种值得我们借鉴与重视之处,在全球化进程中应进一步研究、引进、吸收。

关于中国传统文艺思想的继承发扬,从全球化的语境看,就是同"拿来主义"相对,在吸收引进的同时,还应有一个将我国优秀传统文艺思想的"送出主义",也就是传播到世界去,逐步为各国同行学者乃至人民所接受。这应该是我们适应全球化趋势所要重点做的工作,也是我们同吸收引进异域文艺思想相比更加薄弱的环节。所谓"同交流对话相对应的本土化",就是要在交流对话的过程中发扬传统的优秀文化,使之在世界文化园地里放出异彩,并使其精华被世界认同、吸收。犹如我国的神话小说《西游记》中的孙悟空形象和著名民歌《茉莉花》那样传遍全世界。这就是我国著名社会学家费孝通教授在论述全球化背景下中华文化发展时所提到的"文化自觉"。他说:"'文化自觉'指的是生活在一定文化中的人对其文化有'自知之明',并对其发展历程和未来有充分的认识。同时,'文化自觉'指的又是生活在不同文化中的人在对自身文化有'自知之明'的基础上,了解其他文化及其与自身文化的关系。"①费孝通教授所论的"文化自觉",就是指在全球

──────────

①《新华文摘》2001年第1期,第19页。

化背景下人们所必须具备的一种"认识高度"(自觉性);具备了这样的"认识高度",才能以正确的态度应对世界文化的交流对话。他所说的"文化自觉"的前半部分内容就是指对传统文化的态度,包括科学研究定位、现代转型、今后发展及其在世界范围的发扬等。我国传统的文艺思想同西方文艺思想相比,尽管在理论系统上有所欠缺,但却有其悠久的历史积淀、深厚的人文基础与独特的学术风貌。我们将我国传统文艺思想概括为"中和论文艺思想"。它以我国古代"天人合一""中和位育"的哲学理论为其基础,以儒家的"礼乐教化"和道家的"道法自然"为其内容,以"文质彬彬"的君子的培养为其指归,具体体现在诗教、乐教、诗话、词话、乐论、书论、画论等极其丰厚的文化遗产之中。这一"中和论文艺思想"将文学艺术与君子的修养、社会的和谐稳定、人的内在精神世界的改善紧密相联,具有极强的实践性与当代价值。由此,已引起当代世界一些大理论家的关注与吸收。德国著名理论家海德格尔的"天、地、神、人四方游戏说"和西方正在兴盛的"生态批评"理论就吸收了我国古代"中和论文艺思想"和"天人合一"理论的丰富营养。对于这一宝贵遗产,我们应有高度的"文化自觉",给予足够的重视,对其进行深入的研究,并结合当代实际,予以认真的梳理开发,在全球化进程中将其推向世界,加以发扬。我想它将成为世界文艺思想宝库中独具价值的东方智慧,从而引起全世界更多国家理论工作者的关注。

关于队伍培养,也是当前全球化语境中文艺学学科建设的极其重要的方面,甚至带有基础的性质。当然首先要从根本上扭转当前业已存在的重理轻文的倾向,及由此造成的人文基础学科队伍不稳、后继乏人的问题。而从学科本身来说,为了迎接全球化背景下的人才挑战,一定要大力培养相当数量的能适应世界文化交流对话的学术人才。这些人才要有爱国主义情操、高尚的学术道德、扎实的学术功底、优秀的外语素养与掌握中外学科前沿的能力。这样的人才应该首先从我们当前正在文艺学学科第一线工作的青年一代中产生,再辅之以培养引进。我相信,在现有人才的基础上,文艺学学科迎接全球化挑战的学科队伍一定会逐步成长起来,并利用这一学科发展的大好机遇,在新的世纪将我国文艺学学科建设推向一个新的高度。

回顾与反思①

——文艺美学 30 年

文艺美学是新时期以来由中国学者提出的、具有中国特色的新兴学科,是中国学者对世界学术发展的一个贡献。近三十年来,经过老中青三代学者的辛勤耕耘,已经产生了一批重要成果,学科建设也有新的推进。回顾与反思近三十年来文艺美学学科发展走过的历程,对于文艺美学学科的建设发展以及与之相关的文艺学、美学学科的建设发展都是有着深远意义的。

一

文艺美学产生于我国 20 世纪 80 年代初,是在"拨乱反正"的政治背景下,在党的十一届三中全会召开及其所提出的"解放思想,实事求是"思想路线指引下产生的。它的产生具有历史的必然性,受到广大学术界同行的支持与积极参与。经过大家的努力,近三十年来取得累累硕果,据不完全统计,有关文艺美学的学术论文有 200 多篇,标明文艺美学的专著、教材 10 余部,召开以文艺美学为标题的学术会议 7 次以上,在全国近百所文学院系都

①原载《华中师范大学学报》2007 年第 5 期。

开设了文艺美学的本科与研究生课程。下面我们按照文艺美学学术发展的历程将其大体分为三个阶段。

第一阶段是 20 世纪 80 年代，为文艺美学的提出与初创时期。1980 年春，胡经之教授在昆明召开的中华美学学会成立暨第一届美学大会上倡言在高校建立和发展文艺美学学科，并写进了会议简报。此后，胡经之教授等在北京大学出版《美学向导》《大学生丛刊》等，发表影响颇大的《文艺美学及其他》与《文艺美学是什么》两篇论文，探讨了文艺美学的学科性质与研究对象。同时在北京大学中文系开设文艺美学课程并招收文艺美学研究生。还在北京大学成立文艺美学研究会，在全国开风气之先并产生很大影响。胡经之非常谦虚与实事求是地指出，他提出文艺美学学科除了在北京大学的学术氛围中长期思考文学艺术的审美规律之外，还与台湾学者王梦鸥于 1971 年在台湾新风出版社出版的《文艺美学》一书的启发有关。王梦鸥这本书主要介绍中外重要美学与文艺思想，并没有对文艺美学学科的性质与对象进行界定，但胡经之教授认为光是"文艺美学"这一名称的提出就具有首创的意义。其后，于 1986 年山东大学等六单位在泰安召开全国首届文艺美学研讨会，集中就文艺美学的学科定位、研究对象与研究范围进行讨论。这一阶段在文艺美学的具体内涵上还处于探索的过程，虽然胡经之已经感到美的客观与主观的本质的讨论极大地脱离了艺术实践，但还没有提出明确的取而代之的理论范畴。总体上还是在原有的美与艺术的本质的范围内探索，周来祥在题为《文学艺术的审美特征与审美规律——文艺美学原理》一书中认为"文艺美学则是以艺术本质作为它的逻辑起点"就是这一时期具有代表性的理论观点。

第二阶段是 20 世纪 90 年代，为文艺美学的发展建设时期。

这一阶段主要围绕文艺美学的学科定位特别是内涵进行深入的探索与建设,吸收了一系列国内外的文艺学与美学资源,取得学科建设的明显进展。代表性论著是胡经之的《文艺美学》与杜书瀛主编的《文艺美学原理》。这两本书都不约而同地将艺术的"审美活动"作为文艺美学的基本内涵。这就标志着文艺美学学科对于美的探讨已经由对于美的实体性界定进入了关系性的界定,是一种历史的进步与学术的深入。

　　第三阶段是新世纪以来,为文艺美学进一步深入发展和进入国家体制内建设时期。这一段的标志是两件事情。一件是文艺美学正式进入我国国家的学科建设体制,得到教育部与中宣部社科规划办公室的大力支持。首先是教育部于1999年出版《授予博士硕士和培养研究生的学科专业简介》中将文艺美学列入中国语言文学之下的"文艺学"的主要研究方向。这就使得早就招收的文艺美学研究生得到学科体制的正式认可。2000年12月经过教育部批准山东大学文艺美学中心被列入教育部百个人文社科重点研究基地之一。基地成立7年来已经完成有关文艺美学基础理论研究的基地重大项目一项,并正在进行有关学科定位、中西比较、古代资源、学科关系与学术史等五个重大项目的研究工作,有关文艺美学的主要问题已经基本涉及到。教育部还将由我主编、以中心成员为主编写的《文艺美学教程》列入普通高等教育"十五"国家级规划教材。该教材于2005年在高教出版社出版,后又被确认为研究生使用教材。中心还以书代刊出版《文艺美学研究》,已经出版3期。与此同时,中宣部社科规划办先后为两项文艺美学研究课题立项。在文艺美学内涵研究方面,《文艺美学教程》第一次将艺术的审美经验作为文艺美学学科的基本范畴,并对艺术的审美经验的内涵做了新的阐释。应该说这是对于文艺美学学科研究一种新的探索。

二

　　近三十年来在文艺美学学科内涵的探索方面也有许多新的进展。首先是对文艺美学学科定位的探索。在文艺美学的学科定位上学术界有七八种提法之多,但我们认为文艺美学是 20 世纪 80 年代以来产生的一个正在建设中的新兴学科。它既不是美学与文艺学的分支,也不是两者之间的中介,更不同于传统的艺术哲学,而是既同文艺学、美学、艺术学密切相关,但却同其有着质的区别的新兴学科。它具有新的视角、新的时代精神、新的资源、新的方法与新的体系,基本具备了华勒斯坦对学科提出的具有相对稳定的学科内涵、相对稳定的方法与相对稳定的研究群体等基本要求。

　　其次是有关文艺美学学科的研究对象的探索。所谓研究对象也就是文艺美学的基本范畴。这是至关重要的,苏联美学家鲍列夫认为由于文艺美学没有自己独特的范畴因而不能成立。在文艺美学的基本范畴问题上此前曾有艺术的审美本质、审美活动等多种说法。目前我们则将其界定为艺术的审美经验。主要借助康德的有关审美经验是无目的与合目的的二律背反、杜威有关审美经验是与日常经验相联的一个"完整的经验",特别是杜夫海纳有关主体构成的现象学的审美经验等主要理论观念。并对这些观念以马克思主义为指导进行必要的改造,增强审美经验中的实践性与理性内涵,克服其主观唯心色彩。

　　再次是有关文艺美学的学术资源。文艺美学作为一个新兴的学科,其所凭借的资源是十分广泛的,既有传统的中西马以及

现代理论的学术资源，还有过去有所忽视的古今中外艺术作品中
反映出来的丰富的审美意识，再就是各个艺术门类的理论与实践
资源，当代大众文化、影视与网络文艺的资源等。

最后是有关文艺美学的研究方法。文艺美学以艺术的审美
经验作为其研究对象与基本范畴就决定了它必然在马克思主义
的指导下采取审美经验现象学的研究方法。这是一种由具体的
审美经验出发的研究方法。从而使研究资源也在传统的理论文
本基础上扩充到鉴赏文本，并进一步扩充到理论家自身对于文艺
作品的审美体验。这种研究方法更加全面，更加符合文艺美学的
学科实际，也会更加彰显理论家的理论个性。它是自下而上与自
上而下研究方法的统一。从艺术的审美经验出发必然是一种自
下而上的方法，但完全的自下而上又会成为只有个人能够理解的
自言自语，因此必须借助必要的具有共通性的理论规范，而文艺
美学作为人文学科的本性又使其必然具有某种超越性并包含对
于人类的终极关怀。

三

文艺美学作为一个正在建设中的新兴学科，它的产生与发展
对于与之有关的美学、文艺学以及其他学科的学科建设有着十分
重要的理论贡献与借鉴意义。

首先是进一步推动了美学与文艺学领域的综合创新。历经
新时期三十年，回顾我国美学与文艺学的发展历程，应该说是突
破与创新并取得丰硕成果的三十年。在这些丰硕成果之中，"文
艺美学"就是标志性成果之一。而在文艺美学的综合创新过程
中，其提出者与倡导者所表现出来的理论勇气、识见以及与时俱

进的精神对我们今后的理论创新都具有重要的借鉴意义。

　　其次是进一步推动了我国美学与文艺学的现代转型。众所周知，在西方古代，"艺术"是包含技艺与美的艺术的，两者没有区分。从18世纪开始才将美的艺术与手工业、哲学、历史区别开来，而康德则进一步将美与真善相区别，这标志着美学与文艺学走向独立，是一种美学与文艺学发展历史上的由古代向现代的转型。我国从20世纪初王国维等人就吸收西方成果，克服古代文笔不分的传统，探索审美与文艺的独立。但社会发展的复杂性决定了这一过程的漫长性。直到20世纪70年代占优势地位的仍然是"工具论"与"从属论"的理论观点。而文艺美学的提出与发展突出强调了文艺与审美的"自律性"与相对独立性，这标志着在特定的时代条件下，我国理论界自觉地推动我国美学与文艺学走向现代转型的发展道路。

　　再次是进一步推动我国美学与文艺学与世界学术接轨的步伐。众所周知，包括人文学科在内的所有的文明成果都是属于全人类的，而所有的文明成果也都应在世界范围内通过交流对话才能得到真正的发展，本土性与世界性、民族性与国际性应该是统一的。我国由于特定的历史情况长期以来人文学科是在相对封闭的情况下发展的，但这并不是我们特别情愿的。改革开放打开了国门，使我们开始了在人文学科领域与国际交流对话的广阔天地，使我们的学科建设逐步在保持特色的前提下与国际接轨。文艺美学的提出与发展进一步推动了这一接轨的步伐。例如，我们以艺术的审美经验作为文艺美学的基本范畴就是吸收国际学术发展成果的探索。诚如李斯特威尔在《近代美学史评述》中所说，"整个近代思想界，不管有多少派别，多少分歧，都至少有一点是共同的。……这一点就是近代思想界所采用的方法，因为这种方法不是从关于存在的最后本性的那种模糊的臆测出发，不是从形而上学的那种脆弱而又争论不休的某些假设出发，不是从任何种类的先天信仰出发，而是从人类实际的美感经验出发的"。① V.C.奥尔德里奇也认为，审美经验已经成为当代"讨论艺术哲学诸基本要领的良好出发点"。② 事实证明，艺术的审美经验尽管比较模糊，但却具有极大的包容性，给我们对艺术的阐释提供了广阔的空间。而且，艺术的审美经验都首先是个人的，从而彰显了文艺美学作为人文学科重视人的实际生存状态的基本特征。

最后是为我国传统美学在现代发挥作用提供了一个重要平台。我国是一个有着悠久而丰富的美学与文艺学资源的国度。但我国古代并没有西方那样的构成严密逻辑体系的美学与文艺学理论，诸如现实主义、浪漫主义、形象、典型、美与美感等理论范畴。但我国却有着以艺术体悟为其特征的美学与文艺学资源。对于这些宝贵的文化资源的当代价值，近代以来的诸多学者进行了可贵的探索。例如，王国维对"境界说"的阐发，宗白华对"艺境说"的研究，朱光潜对"诗境说"的界说等，都为古代美学思想的当代运用提供了宝贵的经验。当代文艺美学、特别是其有关艺术的审美经验的理论，为我国古代美学思想在当代发挥作用提供了重要的平台。因为，我国古代体悟式的美学思想实际上就是艺术的审美经验，可以通过"旧瓶新酒"或"新瓶旧酒"等不同的途径进行某种转换。海德格尔对道家思想的大量运用应该给我们以启发。

---

① [英]李斯托威尔：《近代美学史评述》，蒋孔阳译，上海译文出版社 1980 年版，第 1 页。
② [美]V.C.奥尔德里奇：《艺术哲学》，程孟辉译，中国社会科学出版社 1987 年版，第 22 页。

我们应该借鉴海氏的经验继承王国维等前辈学者的精神在文艺美学研究中大胆地进行这方面的探索。

四

　　目前，人类社会已经进入新的世纪，社会经济与文化文艺现实正在发生着巨大的变化，文艺美学的发展在这些巨大变化面前面临着一系列挑战。主要是受到四个方面的挑战。第一，现实生活中大众文化的兴起，网络文化的勃兴，广告与服饰文化的发展，使艺术与非艺术、美与非美的边界变得模糊起来，在这种情况下文艺美学的研究对象及其存在的必要性也都变得模糊起来。第二，经济全球化进一步促使发达国家文化的渗透与挤压，而民族的振兴又要求文化的振兴，使得包括美学在内的民族文化走向世界显得愈加迫切，这就增加了文艺美学建设中传统美学思想转换并迅速走向世界的紧迫性。第三，艺术终结的理论使文艺美学存在的必要性受到挑战。目前，丹托的"艺术终结论"、迪基的"艺术制度论"、卡罗尔的"艺术解释论"以及小便器作为艺术品"泉"的事实，都使得文艺美学及其研究对象审美经验受到质疑。第四，文化理论的发展、特别是文化研究与文化批评思潮的兴起，在拓展了美学与文艺学边界的同时呈现出逐步取代美学与文艺学理论之势，也使文艺美学存在的必要性受到质疑。

　　我们对于上述挑战的应对是立足于三个方面的建设。第一，理论建设。恩格斯说，社会的需要"就会比十所大学更能把科学推向前进"①。所以我们要面向变化着的现实适时地调整我们的

────────

①《马克思恩格斯选集》第4卷，人民出版社1972年版，第505页。

理论观念。例如，我们长期将康德的"判断先于快感"的理论看成美学的铁律，当今面对迅速审美化的生活，我们应该认识到康德的理论毕竟是工业革命时期的产物，不可免地受到主客二分思维模式的影响。有关判断与快感关系的理论也是如此。在当代审美语境与艺术现实中应该将其调整为"判断与快感相伴"，以此建设我们的审美经验理论。而与此同时，我们也应坚持一些基本的东西，如人文学科应有的价值判断功能以及审美是人性的基本特征等基本理念。总之，我们不能走到另一个极端，强调所谓"快感先于判断"，这不仅将精神与生理混淆，而且在理论上也是没有跳出另一种二分对立。第二，学科建设。我们要在当前后现代的语境下建设文艺美学学科，避免使其成为封闭性的传统学科，而要使其既有相对稳定性，同时又具有开放性的一种全新的"竞争性的学科结构"，不完全以"自洽性"为其目标，而以其对现实的阐释力为其方向，不断地吸收新鲜思想，不断地发展前进。第三，队伍建设。最重要的是建设好一支思想与理论素养俱佳的中青年学术队伍，文艺美学的发展寄托在这些中青年学人身上。文艺美学三十年最重要的收获是成长起来一批优秀的中青年学者，他们是文艺美学发展的希望所在。我们衷心期望他们抓住当前大好时代的极好机遇，以开拓进取，严谨扎实的良好学风将文艺美学这一具有中国气派的学科进一步推向新的高度，并使之走向世界。

坚持"洋为中用",发展
中国特色文学理论①

西方文学理论,简称西方文论,是西方文学研究与阐释的结晶。发展中国特色文学理论,要坚持"洋为中用",吸收借鉴西方文论的优秀成果。

西方文论不是孤立的现象,而是产生于广阔的经济、社会与文化背景之上。为探索西方文论发展的根本动因,《西方文学理论》从西方社会经济发展的角度,以马克思主义的立场、观点和方法为指导来认识和评价西方文学理论现象,把握西方文论的发展线索和理论范畴。

教材编写工作凝聚了集体智慧,在提纲的确定、范本的推敲与内容的审定等方面均经过多次集体讨论;同时,注重发挥个人专业特长,保证教材具有较高的学术水平。

思想性与学术性的统一是教材的最大特点。教材将西方文学理论现象置于特定的社会时代经济与文化背景中加以审视,坚持以马克思主义的立场、观点和方法阐释其理论内涵背后的社会经济动因;以文学与现实的关系为基本理论线索,从作品、读者、世界与作家等四个维度梳理西方文学理论现象及其与社会现实

①原载《光明日报》2015年11月5日16版。

的关系,并对文学理论现象进行思想性和学术性评价。

《西方文学理论》在写作过程中,结合教学特点吸收当前在西方文学理论领域研究的最新成果;在知识点的安排上,将教材内容延伸到后结构主义和后现代文论,包括广受关注的文化诗学与生态批评,使教材具有鲜明的时代意义。

史论统一是本教材的另一特点。教材按照史的线索来阐述,在深刻揭示西方文论在不同历史时期的不同表现形态的同时,尽量将历史上重要文论家的主要文学理论观点加以呈现,注重各个理论家之间的历史关联。教材注重理论评述,以期帮助学生学习掌握马克思主义文论,学习吸收西方文论中的优秀成果,建设发展中国特色文学理论。

第 二 编

文艺美学问题

关于艺术典型本质的初步思考①

关于艺术典型问题，多年来一直众说纷纭。近年来，在"四人帮"的反动影响下，更被搞得极其混乱。

毛泽东同志认为，如果不研究事物的特殊本质就无从辨别事物，无从区分科学研究的领域②。而近年来，在典型问题上恰恰就是抹杀了它的特殊性。在"四人帮"的影响下，充斥于报纸杂志的观点无非是："典型性是阶级性的集中表现"③；典型塑造主要是表现出人物的共性④；共性就是"人物所属的一定阶级、阶层的本质的思想面貌"⑤。这就在实际上根本无法划清一般的社会科学与文艺之间的界限，因而不可能掌握艺术典型的本质。在这种理论的指导下，文艺创作必然会走上公式化、概念化的死胡同。近十多年来，我国文艺界没有创作出可以在文学史上占有地位的典型形象，就同这种典型论的影响直接有关。因此，重新认真地探讨一下艺术典型的本质就是一个十分迫切的任务。

———————

① 原载《山东大学文科论文集刊》1979 年第 1 期。
② 参见毛泽东：《矛盾论》，人民出版社 1975 年版。
③《人民日报》，1970 年 5 月 8 日第 2 版。
④ 参见《光明日报》，1974 年 1 月 15 日。
⑤ 参见《光明日报》，1974 年 1 月 15 日。

　　艺术典型既是文艺这一特殊领域的现象，就须抓住文艺的特性去探讨、研究它的本质。众所周知，文艺同其他社会科学不同，有一种特殊的社会作用，就是美感教育作用。也就是说，优秀的文艺必须引起人们感情上的某种激动，使其惊醒起来，感奋起来，去实现改造自己的环境。因此，产生这种美感教育作用的艺术美就是文艺的特殊本质，就是典型的本质。而艺术形象的典型意义也就是它的美学价值。由此，我们提出"典型即美"的命题并认为，只有从艺术美的角度去研究典型，才能真正地把握住它的本质。

　　其实，我们所提出的"典型即美"也并不是一个新的命题，而是早就为古代与近代的许多文论家所论及。歌德就曾认为"成功的艺术处理的最高成就是美"①。康德则以"美的理想"代表我们所说的典型的概念。黑格尔在《美学》一书中更是明确地将典型与艺术美同等看待。我国文艺理论家蔡仪则在其《新美学》审提出："美的本质就是事物的典型性。"而毛泽东同志在其名著《在延安文艺座谈会上的讲话》中则将艺术美与典型作为同一序列的范畴对待。他一方面以六个"更"字对艺术美进行了概括，同时又以六个"更"字作为对艺术典型化的要求。

　　下面，我们就试图从艺术美的角度来探讨一下艺术典型的本质。

一、艺术美的基础与前提是
个别性、具体性和可感性
——这是艺术典型的本质特征之一

　　众所周知，艺术典型是普遍性与个别性的统一。但在普遍性

---

①朱光潜：《西方美学史》下卷，人民文学出版社 1964 年版，第 321 页

与个别性这两个方面中，到底是以普遍性作为基础与前提呢，还是以个别性作为基础与前提呢？这是从古代以来就有争论的一个问题。在欧洲，以席勒为代表的一些文艺家主张艺术典型的基础与前提是普遍性，因而在创作中都是从普遍性出发。其结果就是使自己的人物"变成时代精神的单纯的传声筒"。我国文艺理论界早在解放初就受到苏联的"典型即社会本质"的错误理论的影响。这一错误理论长期以来并未得到彻底肃清，反而在"文化大革命"中由于"四人帮"的鼓吹得到了恶性的发展，出现了所谓"主题先行""从路线出发"等荒谬主张，致使文艺创作完全走上了模式化的歧途。但是，这种"典型即社会本质"的理论早就为无数深谙艺术创作的理论家所否定。著名的康德认为，艺术典型"不能用概念来表达，只能在个别形象里表达出来"。他甚至更明确地指出，艺术典型"不基于概念而基于形象显现"。这就很清楚了，康德是将个别性作为艺术典型的基础的。伟大的列宁也极其深刻地指出，义艺创作"全部的关键在于个别的环境，在于分析这些典型的性格和心理"。

　　为什么个别性、具体性和可感性是艺术典型的前提与基础呢？因为，艺术实践证明，只有个别的、具体可感的形象才能唤起读者或观众的再建性的想象活动①。这种再建性想象活动就是平常所说的艺术欣赏。它只有在已有形象的刺激之下才可发生。而且，形象的个别性、具体性和可感性越突出就越能唤起再建性的想象活动，也越能在读者或观众中激起更强烈的感情波澜，从而产生更大的美感作用。如果一部作品完全是缺乏个别性和具

───────────────

①参见柯尼洛夫等《高等心理学》，何万福等译，商务印书馆1952年版，第
　255、256页

体可感性的空洞说教,那么,即便这种说教是百分之一百的正确,也不会引起读者或观众的再建性的想象活动,也就是说,读者或观众感到其味同嚼蜡,对其不欣赏。因此,这些正确的说教作为艺术来说就根本没有价值。因而,它就不是美的,当然也就谈不到是什么艺术典型了。例如,有人从生物学的角度探讨老虎的习性及人类制服老虎的手段等。尽管有其学术的或实用的价值,但这些抽象的概念不能使我们对其进行艺术欣赏,因而就没有美学价值。但是,如果我们阅读了《水浒》中有关武松景阳冈打虎的绘声绘色的描写,或看了盖叫天先生《打虎》一戏的炉火纯青的演出。因为都是极其生动具体的,所以我们就会在想象中同武松一起经历一场同老虎的殊死战斗,从而同武松一样享受到胜利的喜悦。由此可知,个别性、具体性和可感性的确是艺术美的基础与前提,因而也就应该是艺术典型的本质特征之一。德国大诗人歌德曾经很有体会地指出,文艺创作只有从个别出发"才特别适宜于诗的本质"。他还要求文艺家"应从显出特征的东西开始,以便达到美"。总之,在歌德看来只有以个别性为基础和前提才能达到艺术美,才能适合文艺的本质。事实上,许多大文豪在塑造自己的典型形象时无一不是从个别出发的。例如,鲁迅就曾明确地说过,在《阿Q正传》产生之前,阿Q的具体形象就曾在他心目中已有了好几年了。高尔基也说,他的小说《母亲》中尼洛夫娜的形象就是以索尔莫沃革命事件中的工人领袖扎洛莫夫的母亲为基础的。而且,他"还能举出几十个这样的母亲的名字","其中有一部分还是作者亲自认识的"。正是由于他们所塑造的人物都是以大量的个别的事实为前提与基础,所以,这些人物都是有血有肉、栩栩如生的,都能产生巨大的美感作用,从而具有极高的典型意义。总之,以个别性和具体可感性为基础与前提,就是典型创作的一条基本规律。

如果违背这一规律,以所谓"典型即社会本质"的理论为指导,从普遍性出发,那就会出现极为恶劣的后果。其一是创作出图解式的作品。这种作品中人物的思想不是通过个别的具体的场面和情节表现出来,而是直接地说出来。例如,某些戏剧中大段的脱离情节的"核心唱段",就完全是直抒胸臆式的某些概念的赤裸裸的表白。再如,我国目前的有些反特片,仍然没有摆脱图解的窠臼,人物的个别性和具体可感性完全消融到某些大同小异的情节模式和抽象说教之中。甚至像刘心武这样的近年来取得了一定成就的青年作家,也仍然受到图解化的不良倾向的影响,以致常常将活灵活现的性格描写淹没于烦琐而冗长的抽象分析。其二是产生恩格斯所严厉批评的"暗喻式"的作品。这种作品也不是通过个别的、具体可感的形象描绘来表现某种思想,而是通过暗喻,曲折地指明某种思想。例如,京剧《龙江颂》就以所谓"巴掌山"暗喻李志田的本位主义思想。而"四人帮"一伙则更以暗喻来炮制"阴谋文艺"。他们精心摄制的反动电影《反击》,就是以黄河大学的斗争暗喻他们在全国的篡党夺权斗争,以赵昕、江涛暗喻反革命野心家江青、迟群,以韩凌暗喻老一辈无产阶级革命家。如此种种,纯系反革命政治的赤裸裸宣传,哪里还有什么艺术和美感可言。面对着近年来"典型即社会本质"的荒谬理论在我国影响之深,我感到有必要重温俄国伟大的民主主义者别林斯基在《一八四七年俄国文学评论》中说的一段话:"艺术首先应该是艺术,然后才能成为某一时代社会精神和倾向的表现。"而要使艺术成为艺术,首先就要使其具有个别性和具体可感性。

二、艺术美必须表现某一类人
具有时代意义的心理特征

——这是艺术典型的本质特征之二

艺术典型除了具有个别性和具体可感性之外,还要表现普遍性,这是古今中外绝大多数文论家所共同承认的。但对普遍性的理解却有不同。目前,在我国流行的看法就是将普遍性与阶级性等同起来,并将阶级性看作是某一阶级的平均数。甚至,常常以政治课本中关于阶级属性的条条作为创作人物形象的唯一依据。总之,在许多人看来,同一阶级中人物的普遍性都只能是同一的概念式的几条。例如,在这些人看来,只要出无产阶级英雄人物,那么,不论是方海珍,还是江水英,还是柯湘,他们的普遍性都是一样的具有"高度的路线觉悟""无限忠于"等。这样创作出来的人物就必然成为干巴巴的某种阶级类型。

其实,艺术典型作为一个特殊的范畴,不仅在具有个别性上同其他社会科学不同,而且它所概括的普遍性也有自己的特点。这个特点就是,它不像其他社会科学那样揭示客观社会的抽象本质,而是侧重于表现某一类人的共同的心理特征。这种共同的心理特征即指这一类人之间共同的感情、愿望和要求,也就是他们内心世界的共同之处。高尔基曾经将文学称为"人学",并明确指出"文学以肉和血饱和着思想,比较哲学和科学更能给予思想以巨大的明瞭性,巨大的说服性"。黑格尔更具体地说,"艺术也可以说是把每一个形象看得见的外表上的每一点都化成眼睛或灵魂的住所，使它把心灵显现出来"①。别林斯基则深刻地指出，一部只有思想而没有感情的作品是不能称之为文艺的。因此，他认为，"热烈的充满着爱和恨的思想在今天已变成一切真正诗的生命"②。而伟大的马克思主义者斯大林则干脆把作家称作"人类灵魂的工程师"。这就是说，他要求作家致力于深入地解剖人的灵魂，并借此去影响与改造千千万万读者和观众的灵魂。这就说明，只要是艺术形象都是侧重于表现人的心理特征的。因此，它的普遍性也就应该是侧重于表现某一类人共同的心理特征。

艺术形象的普遍性之所以要侧重于表现某一类人共同的心理特征，这也是十分清楚的。许多古代的文论家在谈到文艺时都特别强调艺术感染力。罗马的贺拉斯认为，艺术应该有魅力，"能按照作者愿望左右读者心灵"。而列夫·托尔斯泰则更将感染力作为衡量艺术价值的唯一标准。他认为，"感染越深，艺术则越优秀"，而这种感染力"实际上只决定于最后一个条件，就是艺术家内心有一个要求，要表达出自己的感情"。这些看法虽不免有偏颇之处，但却较正确地揭示了感情、感染力与艺术价值之间的关系。说明只有饱和强烈感情的形象才具有巨大的艺术感染力量（即美感作用），也才能具有较高的艺术价值（即典型意义）。例如，我国古典名著《红楼梦》中关于黛玉之死的描写，作者就饱和着强烈的感情，通过月明灯暗人单影孤的环境烘托和黛玉临死前悲号"宝玉，宝玉，你好"的点睛之笔，深刻而细致地揭示了一个纯洁少女对万恶封建制度的满腔悲愤。这种悲愤不仅属于黛玉个人，而且在所有的封建叛逆者中都具普遍意义。同时，也正因其

①［德］黑格尔：《美学》第1卷，朱光潜译，商务印书馆1979年版，第193页。
②朱光潜：《西方美学史》下，人民文学出版社1964年版，第189页。

饱和着强烈的感情,所以给广大读者以巨大的感染。再如,短篇小说《伤痕》,尽管还有许多不足之处,但却较细致地刻画了某类青年的内心世界,真挚地表达了他们的爱憎感情。因而,这部作品具有较强的艺术感染力量。从这一角度说,它较好地体现了文艺的特性,因此,其地位就应高于刘心武的某些长于"思考"的作品。而当前某些人对《伤痕》的指责,我看仍不免受到阶级类型说的影响。

上面说到艺术典型的普遍性侧重于表现某类人共同的心理特征。那么,是否一切的带共同性的心理特征都能成为艺术典型的普遍性呢?问题还得回到"典型即美"的命题上来。因为,在现实生活中每一个活着的人都有自己的心理特征,但并非都是美的;而绝大多数艺术形象也都有心理刻画,但也并非都能引起美感。所以,并非一切带共同性的心理特征都能成为艺术典型的普遍性。事实证明,只有同一定时代本质规律相联系的共同的心理特征才能成为艺术典型的普遍性。早在两千多年前亚里士多德就在《诗学》中指出:"普遍性是指某一类型的人,按照可然律或必然律,在某种场合会说什么话,做什么事。"这就是说,亚里士多德十分精辟地将普遍性与必然性联系了起来。而恩格斯的著名命题"再现典型环境中的典型人物",则更进一步地将典型性同一定时代的本质联系在一起。列宁也在《列夫·托尔斯泰是俄国革命的镜子》中要求作家"至少反映出革命的某些本质的方面"。艺术典型的普遍性为什么必须是同一定时代本质规律相联系的共同的心理特征呢?因为,马克思主义的历史唯物主义认为,社会存在决定社会意识,人的心理活动完全不同于动物的心理活动,它在人类的社会实践中产生和发展,必然被一定的社会所制约和决定。所以,只有反映一定时代本质的共同的心理特征才能体现人类改造社会的本质力量,才是人的心理活动的本质内容,才能给读者与观众以鼓舞并激起其健康的感情。一句话,才能产生美感教育作用。我们这里所说的时代本质是指反映特定时代历史发展趋势的阶级斗争。而艺术典型普遍性对于时代本质的反映则主要是指在心理活动的描写中表现出具有时代意义的阶级特征,也就是时代性与阶级性的统一。当然,人的心理特征中除了阶级的因素之外还有非阶级的因素。对于这种非阶级的因素,我们不是不可以写,而是可以写,并且应该写,但却必须同时代性与阶级性紧密相联并受其制约。但如果文艺所表现的人物的共同的心理特征离开了时代性与阶级性;就会成为毫无社会意义的个人的感情。这种感情只会使人萎靡不振,甚至会瓦解人们的精神,当然不会产生什么美感教育作用。苏联20世纪20年代拉甫列涅夫在小说《第四十一》中所描写的爱情就是如此。这部小说以苏联国内战争为其背景。它尽管是以英勇的赤卫军女射手马柳特迦射死第四十一名敌人作题,但整部小说所着力描写的都是马柳特迦同其第四十一名射死者近卫军中尉郭鲁奥特罗之间的奇特的爱情。这种爱情的产生完全是由于郭鲁奥特罗"有着最蓝最蓝的眼珠","一见就钻到人心里去了",因而马柳特迦主动地爱上了他。于是,郭鲁奥特罗就由她"死簿上的第四十一名变成了爱情簿上的第一名"。他们在荒岛上"过着兽一般的快乐的生活"。尽管《第四十一》中所写的这种爱情关系中的青春吸引是客观存在的,但它只有联系到时代的、阶级的本质才有价值。《第四十一》恰恰就违反了这一点,对它作了不适当地强调,以致有悖于无产阶级以鲜血和生命战胜白党匪帮的时代与阶级的本质。所以,这种在离开尘世的荒岛上所发生的爱情就不能产生美感教育作用,也就不具有典型意义。同样,1978年苏联的丘赫拉伊导演的电影

《泥潭》也脱离了时代的、阶级的轨道而去歌颂一种庸俗无聊的"母子爱"。这部影片主要描写在苏联卫国战争最严酷的年月里,农妇马特列娜出于"母爱"把小儿子米佳藏起来以逃避兵役,"让别人流血来保护自己的亲骨肉"。影片尽管在最后谴责了这对母子,但从形象整体看,所着力表现的还是这种离开时代性与阶级性的"亲子爱"。它无疑是同卫国战争的时代本质背道而驰的,因而不会使人产生美感,也不具有典型意义。

在这里,还需要特别说明的是,如果所表现的人物的心理特征虽然具有阶级性但却不能反映出时代的本质,那也是没有典型意义的。例如前几年许多作品中的一个共同特征就是将"英雄人物"的优秀品质加以理想化,但因脱离具体时代的现实,所以都不给人留下深刻的印象。这是因为,阶级性向来都是随着时代的发展而变化,都是在不同的时代具有不同的本质内容。所以,我们决不能离开时代性去表现人物的抽象的阶级性,而要将两者结合起来,表现出人物心理活动中具有时代意义的阶级特征。

而且,艺术典型的普遍性也并不等于阶级性,而是多样的、丰富多彩的。马克思认为,人的本质就是"一切社会关系的总和"。而社会关系除了阶级关系之外,还有民族、家庭、爱情等多种其他的关系。在这一系列的关系中,阶级关系当然是处于为主的、统帅的地位。但它只有同其他的社会关系结合起来,才能组成现实的人的本质。因此,尽管阶级关系对于人的心理活动有着决定性的影响,但其他关系也程度不同地给人的心理活动以一定的影响;尽管时代本质主要通过阶级关系表现,但也可以通过其他关系表现。这就要求我们在塑造典型形象时不仅要着重表现阶级关系对心理特征的决定性影响,而且要适当地表现出其他关系对心理特征的影响。如果只注意前者,就会流于简单化,这样塑造出来的人物必然脱离社会现实,甚至缺乏人间烟火气味。如果写"英雄人物",就是天生的"圣哲"、超凡出世的"神仙",而写到"反面人物"则是罪恶的化身、地狱的"魔鬼"。这样的人物形象就完全失去了真实性,因而就起不到美感教育作用,也就谈不到是什么典型。因而,我们一定要抛弃这种只写阶级性而完全排斥其他因素的做法。而是一方面写出时代性、阶级性是人物心理特征的主要因素,写出时代性、阶级性对于其他因素的制约作用,同时又要表现出心理活动的相对独立性,表现出其他因素对于心理特征的影响。这样塑造出来的人物,就会更准确地反映出现实的社会关系,因而就具有更大的真实性。而真实则是艺术美的基础。所以,这样的人物就更加丰满充实、活灵活现,有血有肉,从而给人以更大的艺术感染,也就具有更大的典型意义。例如,雪克所著小说《战斗的青春》就大胆地在时代性与阶级性的制约下表现了爱情关系在主人公许凤与胡文玉的精神世界中所打下的印记,细微地描写了年龄、外貌、爱好等因素给他们的爱情生活所带来的欢乐、痛苦、思考、犹疑。甚至在许凤发现胡文玉动摇后,她在气愤之余还仍怀柔情。直到胡文玉成了叛徒,许凤才完全地同其割断了感情的联系。但这部小说又同《第四十一》不同,它的主要笔墨还是描写的我党所领导的艰苦的抗日战争,爱情关系完全同这一斗争紧密相联,并被人物各自的阶级性所制约。因而较正确地处理了统帅与被统帅、主与次的关系,表现了人物普遍性的多样性、丰富性。这就使人感到,共产党员许凤尽管英勇顽强,但她是人而不是神,从而给予这个艺术典型以坚实的生活基础。英国女作家伏尼契所著的《牛虻》则较好地表现了亲子关系对于人物心理活动的影响。革命者亚瑟与红衣主教蒙泰里尼之间既是针锋相对的阶级仇敌,又是父子关系。而且,他们在尖锐的斗争中还曾几度腾起父子之情,甚至在亚瑟被处决之前他们还曾父子相认。这一切都是真实可信的,但并未占去作者的主要注意力,她着重描写的还是亚瑟与蒙泰里尼之间的殊死斗争,并通过整个形象体系有力地向读者证明了血缘关系终究会被阶级关系所制约和决定。

现在,我们在探讨了艺术典型普遍性中时代的、阶级的与非阶级的诸种因素的关系之后,就可以进一步来研究普遍性的概括范围问题。我们认为,尽管每个典型人物本身都具有阶级性,它的心理特征中阶级的因素也是主要的,但它的借以体现时代性的性格核心却不一定就是阶级性,这种性格核心所概括的范围也比人物的阶级性有更宽泛的内容。因此,艺术典型普遍性的概括范围就呈现出了较为复杂的情形,大体说来有如下三种:

第一种情形,典型人物的具有时代意义的心理特征同某一阶级的心理特征完全一致。我们可以称之为阶级的典型。这种典型形象是一定阶级的代表人物,或则是革命阶级中的先进分子,或则是反动阶级中的顽固分子。但他们之所以成为典型却不是因为表现了一定阶级共同的心理特征,而是由于这一定阶级共同的心理特征反映了时代的本质,具有时代的意义。例如,俄国冈察洛夫所塑造的奥勃洛摩夫的形象,就集中地反映了俄国封建制度后期地主阶级饱食终日无所用心的懒惰的心理特征,表现了当时没落地主阶级的本质特点,因而成为彪炳于世界文学史的著名典型。再如小说《红岩》,形象地描写了许云峰、江姐等人对党和人民深厚的爱、对阶级敌人无比的恨,集中地表现了我国民主革命时期无产阶级革命者的本质特征,因而这些艺术形象成为鼓舞亿万人民的英雄典型。这种阶级的典型不是某几条干巴巴的阶级性的刻板表现,而是各自反映出所属阶级本质特征的某一侧面,并适应当时表现出某些非阶级的共同因素,因而充分表现了艺术典型普遍性的多样性。所以,这种阶级的典型是决不同于一个阶级只有一种普遍性的阶级类型的。

第二种情形,典型人物具有时代意义的心理特征同人物所属的阶级性不完全一致,而是某一时代特征在超出一定阶级范围的一类人心理上的反映。我们可以将其称之为社会的典型。这是因为,在阶级社会中每一个人的思想不仅要打上阶级的烙印,而且要打上时代的烙印。一定时代政治与经济的某些本质特征必然要在该社会每一个成员的心理上反映出来,而使不同阶级中的一部分人具有某种共同的心理特征。当然,作为反映这种心理特征的具体的典型人物都是有着明确的阶级性的,但在他身上所反映出来的最突出的心理特征所概括的范围却超越了他所属的阶级,而表现了属于不同阶级的某类人的共同特征。这种共同特征超越了阶级性,但具有社会性。这种典型人物不是阶级的代表人物,而是反映了社会上某类人共同的心理特征。例如,在半封建半殖民地的旧中国,列强入侵,国弱民穷,我们的民族、国家和人民都处于受欺侮的地位,而社会上又流行着以老大帝国自居妄自尊大的思想。这种矛盾而又复杂的时代特点反映到当时各阶级的一部分人的心理之中,就形成了精神胜利的共同的心理特征。这就是鲁迅在当时所看到的一种"国民性"。他将这种"国民性"体现在阿Q的身上,就成为我们通常所说的阿Q主义。作为这种阿Q主义体现者的阿Q,当然有着明显的阶级性,他属于落后的农民。因此,精神胜利法是同他农民的阶级性不完全一致的。但在他身上表现出来就必然打上农民阶级的阶级烙印,而同地主阶级身上表现出来的精神胜利法有所不同,我们看到,尽管同是精神胜利法,但阿Q却主要表现在被统治阶级压迫时的自欺,而赵太爷、假洋鬼子却主要表现为压迫劳动人民时的欺人。但是，阿Q的精神胜利法又毕竟同赵太爷和假洋鬼子的精神胜利法一样，有着共同的特征，那就是盲目的自我陶醉。可见，精神胜利法之中存在着各个阶级所共有的东西。再如，刘心武的小说《班主任》中的谢惠敏，也是一种表现了时代特点的社会典型。在"四人帮"大搞蒙昧主义、愚民政策的日子里，干部和群众中许多人都不同程度地受到过影响、蒙蔽和毒害，以至于思想僵化、半僵化。当时，不仅会发生小说中所写的"好学生"谢惠敏同小流氓宋宝琦一样将进步作品《牛虻》看作"黄书"的事件，而且一些具有较高文化教养的成年人都曾接受过一些极端荒谬可笑的观点。因此，谢惠敏这个人物的主要心理特征就同其所属的阶级性不完全一致，而表现了各个不同阶级之中某类人的共同特征。可惜的是谢惠敏的形象还不够丰满充实。这种社会的典型意义完全是由其所反映的时代特征的深度决定的。随着产生这种典型的时代的消失，尽管它的心理特征还可能再次出现，但已失去了典型意义。

　　第三种情形，典型人物的具有时代意义的心理特征包含了人类某种共同的属于认识范畴的心理规律，因而具有更大的超越时代的概括意义。我们可以将其称之为认识的典型。前面我们已经谈到，人们的心理活动在受时代与阶级制约的前提下有其相对独立性。这种相对独立性就包括属于认识范畴的某些心理活动规律。表现这种心理特征的典型普遍性的概括意义不仅可以超越阶级的范围，而且可以超越时代的范围。当然，作为具体的典型形象，他们本身还是有着鲜明的阶级性的，甚至是一定阶级的代表人物，而他们的心理特征也是产生于一定时代与阶级的土壤之上。并且，他们的心理特征之所以具有典型意义也是由于反映了时代的某一方面的本质。但其中却概括了某些超越阶级与时代的内容。例如,文艺复兴时期塞万提斯所创作的堂·吉诃德。这个形象基本上属于没落的封建骑士阶级,当然还同时包含某些人文主义因素。他的想入非非到处碰壁的吉诃德主义也产生于资本主义兴盛封建主义衰亡的文艺复兴时期。因此,这个形象的典型意义就首先是因为表现了这个时代的某些本质方面。但是,这种主观幻想的吉诃德主义却是属于主观唯心主义范畴,是可以超越阶级与时代的范围的。因为,不仅在文艺复兴时期会产生吉诃德式的人物,到了共产主义,消灭了阶级,还会有主观主义的吉诃德式的人物。再如《三国演义》中所写的足智多谋的诸葛亮。作为具体的人物形象,当然有其特定的封建阶级的阶级属性和时代内容。但其性格中的足智多谋却反映了人类认识与战胜客观世界的共同心理。因此,不仅会产生社会主义时期足智多谋的诸葛亮,还会产生共产主义时期足智多谋的诸葛亮。

由此说明,何其芳同志的典型"共名"说是有一定的道理的。因为,一切的艺术典型都必须要概括某一类人的心理特征。这一类人的范围,可以具体到一个阶级中的一部分人,也可以具体到特定时代的一部分人,甚至还可以在更大的范围内包括不同时代的某些人。这些典型人物在各自的范围内都可起到"共名"的作用。同时,由于意识形态的相对独立性,尽管产生某种心理特征的时代已经消失,但这种心理特征还会对后代发生影响。例如,某些无产者会受到没落的地主阶级奥勃洛摩夫式的懒惰思想的影响,而某些革命者则可能沾染旧时代的阿Q气。这样,"共名"的作用就更为广泛。因此,别林斯基认为,许多典型人物的名字"好像已不是个人的名字,而成了普通的名词,即能说明一定的现实现象特征的总名称了"。

综上所述,关于艺术典型的普遍性可以概括如下四点:

1.艺术典型的普遍性侧重于表现某一类人共同的心理特征。这是文艺同其他社会科学的区别之一,是艺术形象的普遍性是否具有美学价值(即典型意义)的前提。

2.艺术典型所表现的某一类人的共同心理特征必须具有时代意义。这是艺术典型同一般艺术形象的重要区别之一,是它的普遍性是否具有美学价值(即典型意义)的最重要的条件。

3.艺术典型所表现的某一类人的共同的心理特征除了具有时代与阶级的含义之外还要具有多样性。这里所说的多样性是在时代性与阶级性的制约之下的,也就是除了主要表现时代的阶级的因素之外,还要在其统帅下适当表现非阶级的因素。这样可使典型形象更真实更丰满感人。

4.艺术典型所表现的某一类人具有时代意义的心理特征的概括范围可以同阶级性一致,也可以超越阶级性与时代性的范围。这就使无数成功的艺术典型出现"共名"的现象,从而使这类艺术典型的普遍性具有更高的概括作用,更大的美学价值和典型意义。

三、艺术美是主观性与
客观性的完全融合

——这是艺术典型的本质特征之三

长期以来,由于"典型性是阶级性的集中表现"的理论的影响,在文艺界流行着这样一种观点,就是完全将典型性同作品中人物的阶级性等同起来,从而认为只有无产阶级英雄人物才能成为艺术典型,并且是写的越高大典型性越强。诸如"根本任务论"

"三突出"的创作原则等就是以这种理论为其立论的根据之一。这样一来,文艺创作的题材就受到了极大的限制,文艺反映生活的深度与广度也受到了极大的影响。甚至直到现在许多作家在塑造反面典型的问题上还是缩手缩脚。

其实,这种将典型人物的典型性同其阶级性混为一谈的观点是无视艺术典型是主客观统一这一根本特征的。这种观点完全将艺术典型看作是客观社会生活的照搬,而将主观性从艺术典型的内容中一笔勾掉。这是十分荒谬的。因为,文艺尽管同其他社会科学一样都是属于意识形态的范畴,都是人类对于客观世界的认识,从认识的过程来看也都是主客观的统一;但从认识的内容来看,一般说来其他社会科学只是客观规律的正确反映而并不包括主观因素,但文艺却不仅要求正确反映客观社会生活,还包含着浓厚的主观因素。这就是文艺家本人对所写客观事实的爱憎褒贬的态度。别林斯基在评价果戈里的《死魂灵》时曾经正确地指出:"果戈里的最大成功和跃进在于在《死魂灵》里到处渗透着他的主观性。"这种主观性就是文艺家"把外在世界现象引导到他自己的活的心灵里走一过,从而把这活的心灵灌注到那些现象里去"①。列夫·托尔斯泰更明确地指出,一切作品要写的优美就"应该从作家的心坎里唱出来"。艺术形象中的这种爱憎褒贬的主观因素就是文艺家的美学理想。当然,这种美学理想还必须同对于客观现实的真实描写相统一。也就是说,文艺家的美学理想不是特别地说出来,而是渗透于对于客观现实的艺术概括之中。这种美学理想与形象描写的统一就是艺术美高于自然美的根本原因。美学理想与形象描写统一的程度有多高,艺术美也就有多

---

①转引自朱光潜《西方美学史》下卷,人民文学出版社1964年版,第188页。

高,人物的典型化程度也就有多高。

不仅如此,文艺家在创作过程中还可以通过美学理想将自然丑变成艺术美。也就是说,在现实生活中本来是丑的东西,经过文艺家打上自己的美学理想的印记,在作品中就可以成为美的,从而达到典型的高度。这就是通常所说的反面典型。这种反面典型的"美",不是指这个人物本来的意义,也就是说不是指它的客观描写对象,而是指作为主客观统一的艺术形象。并且,文艺家的美学理想不是像对于正面人物的描写那样直接地体现于反面人物之上,而是曲折地表现于对于他的鞭挞之上。常常是采用抓住本质给予适当夸张的手法达到讽刺的效果,使读者或观众不仅看到这类人物本来的丑恶本质,更重要的是领悟到了作者对于他的彻底否定的态度。正如亚里士多德在《诗学》中所说,"事物本身原来使我们看到就起痛感的,在经过忠实描绘之后,在艺术作品中却可以使我们看到就起快感"。例如,被别林斯基称为"艺术性喜剧最高超的范本"的果戈里的名作《钦差大臣》就是如此。果戈里在《钦差大臣》中抓住小人物赫列斯达可夫被错当成钦差大臣的喜剧情节,将沙皇官僚制度中的一切贪赃枉法、弄虚作假等等丑恶本质统统抖搂出来,加以无情地讽刺,使观众对于反面人物的丑恶行径发出一阵阵鄙夷的笑声。正是在这种笑声中否定了丑恶的事物,曲折地向观众启示了美好的事物,给观众以健康的美的享受。正如果戈里自己所说,"在我的作品中有一个唯一的正面人物,就是笑"。因此,这类作品中人物形象的典型性不是由人物本身的属性所决定,而是由作者通过作品所表现出来的美学理想及其同形象的关系所决定。如果作者的美学理想是进步的健康的,并能做到同形象的高度的有机的统一,那么,所写的反面人物同样可以是美的,可以被称之为艺术典型。古今中外文艺史上已经出现的无数反面典型就充分地证明了这点。反之，即使所写的客观对象是无产阶级，并且是"高大完美"的，但如果作者的主观思想是反动的，或者主观思想是进步的但却不能同形象有机地结合，那么，所写人物就决不会是美的，因而不能达到典型的高度。"文化大革命"十多年来许多作品中的主人公就是如此。

应该完整地准确地理解"文艺是阶级斗争的工具"的理论[①]

——兼与《上海文学》评论员商榷

　　《上海文学》评论员在该刊 1979 年第 4 期发表了题为《为文艺正名》的文章,认为"'文艺是阶级斗争的工具'这个提法,如果仅仅限制在指某一部分文艺作品(对象)所具有的某一种社会功能这个范围内,那么,它是合理的。如果把对象扩大,说全部文艺作品都是阶级斗争的工具,说文艺作品全部功能就是阶级斗争的工具,那么,原来合理就变成了歪理"。这篇文章的出发点无疑是试图批判林彪、"四人帮"的"左"的修正主义文艺理论与路线,克服在文艺与政治关系问题上的简单化、绝对化和庸俗化的倾向。但它却涉及到一个十分重要的理论问题,那就是"文艺是阶级斗争的工具"这个提法是否正确。《上海文学》的评论员同志是认为这个提法是错误的。但是,我们却是肯定这一提法的。我们认为,林彪、"四人帮"及其御用文人之所以在文艺与政治的关系问题上造成了一系列严重问题,关键不在于"文艺是阶级斗争的工具"这个理论本身,而在于林彪、"四人帮"对于这一理论进行了绝对化、简单化与庸俗化的歪曲和篡改。因此,我们今天批判林彪、

---

①原载《上海文学》1979 年第 8 期。

"四人帮"在文艺与政治关系问题上的谬论,不是抛弃"文艺是阶级斗争的工具"的理论,而是应该完整地准确地理解与运用这一理论。

一

"文艺是阶级斗争的工具"这一命题最早来源于列宁于1905年写的《党的组织与党的文学》一文。列宁在这篇划时代的著作中明确地指出,"文学事业不能是个人或集团的赚钱工具",而"应当成为无产阶级事业的一部分,成为一部统一的、伟大的、由整个工人阶级的整个觉悟的先锋队所开动的社会主义机器的'齿轮和螺丝钉'"。1942年,毛泽东同志《在延安文艺座谈会上的讲话》中,不仅直接引用了列宁的上述观点,而且强调指出:"在现在世界上,一切文化或文学艺术都是属于一定的阶级,属于一定的政治路线的。"无产阶级作家高尔基也称作家为"阶级的眼睛、耳朵和声音"。他说:"作家也有由于没有意识到这一点而对此否认。但是,他往往不可避免地是阶级的器官和感官。他感受自己的阶级和集团的气氛、欲望、不安、期待、热情、利害、缺点和美点,赋予它以形式而表现出来! 他自己也在发展过程中受着这一切的限制。"①

列宁、毛泽东和高尔基之所以都认为"文艺是阶级斗争的工具",这决不是偶然的,而是以马克思主义关于经济基础与上层建筑的学说作为其理论根据的。马克思主义的历史唯物主义将一

---

① [苏]高尔基:《论现实》,[苏]密德魏杰娃编《高尔基论儿童文学》,孟昌译,中国青年出版社1956年版,第50页。

切社会现象划分为经济基础与上层建筑两部分，上层建筑中又分为政治法律制度和意识形态。经济基础与上层建筑的关系是经济基础决定上层建筑，而政治则是经济的集中反映。因此，意识形态就不仅要被经济基础所决定，而且首先要被政治所决定。由此可见，作为意识形态的文艺是首先阶级与阶级之间斗争的政治所决定的。这里所说的"决定"就是要从属于阶级斗争、服务于阶级斗争，也就是必须作为阶级斗争的工具。上述马克思主义的基本常识说明，坚持文艺是阶级斗争的工具实际上就是坚持马克思主义关于经济基础与上层建筑关系这一历史唯物主义的基本原理。

但是，问题并没有到此结束，如果人们只是掌握文艺从属于政治、是阶级斗争的工具，那是远远不够的，甚至会走上错误的歧途。因为，文艺不仅从属于政治，而且还有自己的相对独立性；它也不是一般的阶级斗争的工具，而是一种特殊的工具。如果忽视了这后一点，就会成为恩格斯所严厉批判的"最新'马克思主义者'"。这些所谓"马克思主义者"，在经济、政治及其他因素中以为"只要掌握了主要原理，而且还并不总是掌握得正确，那就算已经充分地理解了新理论并且立刻就能够应用它了"。恩格斯指出，这样做的结果"的确也引起过惊人的混乱"①。林彪、"四人帮"一伙就是抓住文艺从属于政治、是阶级斗争工具这一点，而一笔抹杀了文艺对于政治的相对独立性，抹杀了文艺的特点，从而在实际上否定了文艺，这是一种极端恶劣的绝对化、简单化和庸俗化的倾向。其结果就出现两种荒唐的现象：一是在文艺的内容

---

①恩格斯：《致约·布洛赫》，参见《马克思恩格斯选集》第 4 卷，人民出版社1972 年版，第 479 页。

上要求一切文艺形式都无例外地直接表现"阶级斗争";二是在文艺的作用上片面地强调为"中心任务"服务,提出所谓"写中心"的口号。我们今天就是要拨乱反正,彻底肃清上述恶劣倾向,充分认识到文艺对于政治的相对独立性,强调文艺的特性。但是,也要防止走到另一个极端,出现另一种绝对化的倾向,那就是反过来又完全否定了文艺对于政治的从属关系,否定了文艺是阶级斗争的工具。应有的态度是将文艺从属于政治和文艺对于政治的相对独立性这两方面有机地统一起来,以便做到科学地辩证地处理好文艺与政治的关系。

二

　　上面我们说到,要将文艺从属于政治、是阶级斗争的工具与文艺具有相对独立性、有自己的特点这两个侧面有机地统一起来。怎样统一呢?就是文艺在从属于政治的前提下具有相对的独立性并通过自己的特点起到为阶级斗争服务的作用。早在1885年恩格斯就将这两个方面统一了起来,他在《致敏·考茨基》的信中,一方面强调了文艺的政治倾向性,另一方面又指出"倾向应当从场面和情节中自然而然地流露出来"①。列宁在《党的组织与党的文学》一文中,在提出"文学是革命机器的齿轮和螺丝钉"的著名命题之后,似乎早就预计到会遭到反对,紧接着指出可能有人"对这种比方大叫大嚷",于是提出了不能把文学同无产阶级的其他事业"刻板地等同起来",而应有自己的"广阔天地"。但是列宁又特别强调地指出,这一切"决没有推翻""文学事业必须

①《马克思恩格斯选集》第4卷,人民出版社1972年版,第454页。

无论如何一定成为同其他部分紧密联系着的社会民主党工作的一部分"这一基本的原理。① 毛泽东同志则一贯强调政治与艺术的统一，号召我们开展"两条战线"的斗争，"既反对政治观点错误的艺术品，也反对只有正确的政治观点而没有艺术力量的所谓'标语口号式'的倾向"。② 周恩来同志也一方面肯定了"文艺为政治服务"，同时又指出"要通过形象，通过形象思维才能把思想表现出来"，教育文艺工作者"通过典型化的形象表演，教育寓于其中，寓于娱乐之中"③。这就说明，文艺为政治服务、文艺作为阶级斗争的工具，不仅仅是在直接表现阶级斗争和为"中心任务"服务的狭义的范围之内，而是有其更广泛的含义。那就是，我们所说的文艺为政治服务、是阶级斗争的工具，主要是指所塑造的艺术形象的思想意义而言。也就是说，我们要求一切革命文艺塑造的艺术形象所包含的思想意义都要有利于无产阶级、劳动人民和社会主义事业，而不要起到相反的作用。

按照我们上述的从广义的范围所理解的文艺作为阶级斗争工具的社会功能，是不是还存在《上海文学》评论员同志所说的"不能起到阶级斗争工具作用"的文艺作品呢？事实的回答是否定的。因为，不论是从文艺史来看还是从各种文艺品种来看都决不存在任何不包含思想内容的艺术形象。

例如，童话、神话和寓言。它们常常以动物、植物、甚至是超

---

① 《列宁选集》第1卷，人民出版社1962年版，第648页。
② 毛泽东：《在延安文艺座谈会上的讲话》，《毛泽东选集》第三卷，人民出版社1963年版，第826页。
③ 周恩来：《在文艺工作座谈会和故事片创作会议上的讲话》，《文艺报》1979年第2期。

现实的神魔作为描写对象。这些描写对象尽管同阶级与阶级斗争没有直接的联系,但作者所写的这一切非人间的事物实际上统统都是人格化了的,通过描写所塑造的艺术形象也都是包含着思想内容的。当然,这种思想内容都只能是有利于一定阶级的利益。

再如,历史题材的作品。这些作品写的无疑不是现实的阶级斗争,而是已经过去的历史事实。作家在写作这类作品时应该坚持马克思主义的历史主义,不能按现实的某种需要随意摆弄历史。但是,这种历史的形象就绝非完全没有现实的意义。因为,作家在选材与提炼中都必然会受到现实的阶级斗争的影响,而所塑造的形象又总是符合某一阶级的利益。姚雪垠先生的《李自成》就以历史唯物主义的观点歌颂了农民起义的领袖,而曹禺先生的《王昭君》则十分明显地表现了民族团结的主题。

就拿十多年前争论不休、而今天还在继续争论的山水诗、风景画来说吧!尽管所描写的自然景物本身没有阶级性,这些作品也包含某些不带阶级性的形式美的因素。但总的来说,这些作品还是寄情于景、寓内容于形式,在情景交融、内容与形式统一的意境中渗透着一定的感情。这种感情是绝不会不带有政治的、阶级的色彩的。

上面举到的几种作品,从新中国成立以来对其社会功能的认识就发生分歧。"文化大革命"中也被林彪、"四人帮"以不能为现实阶级斗争服务为由而一笔抹杀。今天,又有一些同志认为它们不能为阶级斗争服务。但事实上,这几种作品所塑造的艺术形象都是具有思想内容的。这种思想内容都只能是有利于一定的阶级。从这样一种广义的角度来说,它们也完全起到了"阶级斗争工具"的作用。

三

　　除了上面谈到的理由之外,《上海文学》评论员同志还给"文艺是阶级斗争工具"的理论列举了一系列的弊病。我们认为这些弊病也是不存在的,现择其要者简单辩驳如下:

　　关于"唯心主义的文艺观"。《上海文学》评论员认为,文艺与生活的关系是首先和基本的关系,而"工具说"把文艺与阶级的欲望、意志的关系作为首先和基本的关系考察,这在实质上是唯心主义的文艺观。这事实上讲的是文艺的政治性与真实性的关系问题。林彪、"四人帮"一味地强调政治性而否定真实性,以致使得文艺成为对现实的歪曲。但我们今天是否又要反过来强调真实性而否定政治性,甚至认为一谈政治性就是唯心主义呢? 我们认为,这样做也不合适,还是应该坚持毛泽东同志在《在延安文艺座谈会上的讲话》中指出的无产阶级文艺的政治性与真实性相统一的原则。这里所说的"统一",首先是无产阶级文艺的政治性决定了真实性。也就是说,文艺只有服务于无产阶级政治才能做到反映生活的真实。因为无产阶级的立场、观点与历史发展的本质规律是一致的。事实证明,在今天,一个作家只有以马克思主义为指导并遵循唯物主义的创作路线,才能在创作中做到真实地反映现实。否则,就不可能。即便是被理论界某些人看作是真实性与政治性矛盾的典范的巴尔扎克,恩格斯也认为,"他看到了他心爱的贵族们灭亡的必然性","他在当时唯一能找到未来的真正的人的地方看到了这样的人"①。

---

　　①恩格斯:《致玛·哈克奈斯》,参见《马克思恩格斯选集》第 4 卷,人民出版社 1972 年版,第 463 页。

这里所说的"看到",当然是指认识。可见在资产阶级作家的创作中,真实性也还是要被政治性所制约和决定的。当然,我们还需同时看到真实性对于政治性的相对独立性。也就是说,文艺的真实性除了被政治性决定之外,还有生活积累和表现技巧等各种因素。因此,文艺的真实性有时不免同政治性不完全一致。这就要求革命文艺工作者在努力树立无产阶级世界观的同时还要长期地深入生活、刻苦地提高自己的技巧,以便使文艺的政治性与真实性更好地统一起来。

关于"文艺的多样性和丰富性"。《上海文学》评论员认为,"如果把'文艺是阶级斗争的工具'作为文艺的基本定义""就会忽视文艺的多样性与丰富性,就会仅仅根据'阶级斗争'的需要对创作的题材与文艺样式做出不适当的限制"。这里实际上涉及到了贯彻党的"百花齐放、百家争鸣"方针中的政治方向与文艺的形式、风格、题材多样性的关系问题。在林彪、"四人帮"统治文坛时期,这个问题确实被搞得很混乱。他们常常在政治方向一致性的借口之下完全否定了形式、风格与题材的多样性。《上海文学》评论员同志批判这种恶劣的行径,当然是十分正确的。但认为不能强调政治方向一致性,而只能提倡形式、风格与题材的多样性;认为强调了政治方向一致性,就会限制形式、风格与题材的多样性,这却是我们不能同意的。事实上,在我们看来,文艺的政治方向的一致性与形式、风格、题材的多样性是一致的。所谓"一致",就是政治方向一致性是形式、风格、题材多样性的前提。也就是说,要求各种各色的文艺题材、形式和风格都程度不同、方式不同地表现有利于无产阶级和人民大众的内容,通过不同的途径服务于社会主义的事业。在今天,就是要求一切文艺都要服务于实现四个现代化的宏伟斗争。同时,也要求它们在可能的范围内着重表现现实的重大政治任务。如果说,这也是"限制"的话,那么,这种"限制"是必要的,是可以促进社会主义文艺沿着健康的道路发展的。如果没有这样的"限制",倒反而不利。

关于"全盘否定文艺遗产"。《上海文学》评论员认为,"如果把'阶级斗争工具'看成是文艺的唯一功能,那就会对本国的外国的一切优秀的文化艺术遗产采取全盘否定的态度。'四人帮'在文艺遗产问题上的'扫荡论'就是'文艺是阶级斗争工具'说的必然产物"。我们认为,林彪、"四人帮"大搞反历史主义的罪恶勾当,以现实的范畴取代历史的范畴,以今天的政治需要去苛求于古人,以致鼓吹什么"扫荡论",全盘否定了中外优秀文艺遗产,这样的罪行是应该批判的。但这并不意味着我们在批判地继承文艺遗产时应全部地丢掉无产阶级的现实需要。因为,强调无产阶级的现实需要并不能导致对文艺遗产的全盘否定,造成这种全盘否定的原因是完全地抛弃了历史的发展的观点。事实上,毛主席制定的"古为今用、洋为中用"的批判继承文艺遗产的方针,是包含着两个方面不可分割的内容的。一个方面是按照对待人民的态度、在历史上有无进步意义给遗产以应有的历史地位;另一个方面是按照无产阶级的现实的阶级利益和发展文艺的需要确定我们对于遗产的取舍与利用。只要将这两个方面有机地结合起来,就为我们分析评价和利用文艺遗产确立一个正确的标准。有了这样的标准,我们就可以在批判地继承文艺遗产时做到革命性与科学性的统一而避免走上"全盘肯定"或"全盘否定"的歧途。

总之,我们认为,从文艺只能表现阶级斗争和为"中心任务"服务的狭义的意义上来说,"文艺是阶级斗争工具"的理论是错误的,是束缚社会主义文艺的发展的。但这恰恰是对马克思主义关于"文艺是阶级斗争工具"的理论的歪曲。因为,马克思主义关于

"文艺是阶级斗争的工具"的含义是从文艺都具有有利于一定阶级的思想内容的广义范围来说的。从这种广义的范围说,"文艺是阶级斗争工具"的理论是正确的,是能够促进社会主义文艺发展的。因此,我们只应完整地准确地理解与运用这一理论,而不应轻率地将其否定,以免造成不必要的理论混乱。

形象思维初论①

毛泽东于 1965 年 7 月 21 日给陈毅谈诗的一封信中三次肯定了要用形象思维方法反映现实生活的问题。他说:"要作今诗,则要用形象思维方法。"②众所周知,形象思维是由俄国民主主义理论家别林斯基首次明确提出的一个文艺创作的特殊概念。许多西方美学家曾经从不同的角度阐述过这个概念。我国古代的许多文论典籍中也有着大量的同这一概念意思相近的论述。

我们打算从马克思主义认识论的角度谈几点对于形象思维论的粗浅看法。

一、形象思维与逻辑思维是人类
认识世界的两种形式

它们之间是互不相同、各有特点的。问题的关键在于,形成它们之间不同的原因到底是什么呢? 弄清楚了这一点就能真正从理论上论证这两种思维之间的区别。

马克思主义在论述内容与形式这一对范畴的关系时认为,内

---

① 原载《美学之思》1980 年完成。
② 毛泽东:《给陈毅同学谈诗的一封信》,《诗刊》1978 年 1 月号。

容决定形式,形式从属于内容。在认识领域中,当然也是如此。列宁曾在《黑格尔〈逻辑学〉一书摘要》中指出:"认为思维形式是'外在的形式'(只是附着于内容而非内容本身的形式),这也是不对的。"①由此可见,形象思维与逻辑思维这两种认识形式之间的区别主要是由其内容上的不同造成的。形象思维是文艺用以反映生活的思维形式,而逻辑思维则是科学用以反映生活的思维形式。文艺与科学都是以客观社会生活作为反映对象的。在认识世界的目的上,文艺与科学都是为了改造世界。正如马克思在《关于费尔巴哈的提纲》中所说,"哲学家们只是用不同的方式解释世界,而问题在于改变世界"②。因此,在反映对象与认识目的上,文艺与科学都是相同的。但两者在实现改造世界的目的时所起的作用却是不同的。科学的作用是帮助人们掌握客观世界的规律性。文艺虽也有帮助人们认识世界的作用,但主要的则是一种鼓舞与推动的作用,即帮助人们提高认识规律的自觉性,鼓起其运用规律改造世界的信心。这正如毛泽东《在延安文艺座谈会上的讲话》(以下简称《讲话》)中所说,"例如一方面是人们受饿、受冻、受压迫,一方面是人剥削人、人压迫人,这个事实到处存在着,人们也看得很平淡,文艺就把这种日常的现象集中起来,把其中的矛盾和斗争典型化,造成文学作品和艺术作品,就能使人民群众惊醒起来,感奋起来,实行改造自己的环境"③。这里所说的"惊醒"和"感奋"就是一种鼓舞和推动的作用。文艺与科学的不同作用就决定了它们在认识内容上有所差异。科学对于客观世

①列宁:《黑格尔〈逻辑学〉一书摘要》,人民出版社1965年版,第9页。
②《马克思恩格斯选集》第1卷,人民出版社1972年版,第19页。
③《毛泽东选集》第三卷,人民出版社1964年版,第863页。

界的认识,着重于正确的揭示客观世界的规律。因为,只有正确地揭示了规律,才能使人们认识规律、运用规律。文艺对于客观世界的认识则着重在通过具体可感的形象深刻地反映人类按照客观规律改造世界的能力,即人的本质力量。这就是说,科学的内容是一种合规律的"真",而文艺的内容则是合规律与合目的、感性与理性直接统一的"美"。而任何美的形象都具有巨大的感染力量,可以起到使人们惊醒和感奋的作用。艺术实践以充分的事实向我们证明了文艺在认识内容上的这种特殊性。例如,我们的祖先原始人,他们把自己的狩猎过程以壁画或舞蹈的形式反映出来。从内容上看,并不是精确地记录狩猎过程以借此教会人们掌握狩猎技术,而是着重表现人类战胜自然的力量,以便从中获得鼓舞。再如,画家创作一幅栩栩如生的肖像画,其作用决不同于一幅人体生理解剖图。人体生理解剖图的作用是为了帮助医生准确地掌握人体生理结构而有利于治病,因而要求它在内容上准确无误地将身体的各个部位都精确无误、毫无遗漏地表现出来。而作为艺术的肖像画就不必如此。它应通过线条的勾勒和色彩的烘托,寓情于景,情景交融,表现出某种精神神态,借以给人们以强烈的感染。不用说现代派的肖像画艺术是重在表现某种精神神态,就是著名的现实主义名著《蒙娜丽莎》,那神秘而感人的微笑,难道不是一种永具魅力的精神神态吗?这就说明,文艺在认识内容上是有其特殊性的,这种特殊性就是造成形象思维区别于逻辑思维的根本原因。

二、形象思维的特征

自有人类社会以来,一切自然现象和社会现象都成为人类社会实践的对象。在许多自然现象与社会现象之上留下了人类社会实践的痕迹,从不同的方面、在不同的程度上体现了人类按照客观规律改造世界的意志、愿望与能力。马克思指出:"因此,一方面随着对象性的现实在社会中对人说来到处成为人的本质力量的现实,成为人的现实,因而成为人自己的本质力量的现实,一切对象对他说来也就成为他自身的对象化,成为确证和实现他的个性的对象,成为他的对象,而这就是说,对象成了他自身。"①但是,又不是一切的自然和社会现象都能达到感性形象与人的本质力量的高度统一,从而产生使人惊醒与感奋的作用。这就要求文艺家对客观的、自然形态的社会生活进行艺术加工,创造出更完美的艺术形象。正如毛泽东所指出的那样,尽管生活和艺术两者都是美,"但是人民不满足于前者而要求后者"②。因为,只有这种经过头脑重新创造的,更加集中地体现了人的本质力量的艺术形象才能更好地发挥使人感奋与惊醒的美感教育作用。例如,贺敬之与丁毅等人在原始的白毛仙姑传说的基础上经过艺术加工,创造了完全崭新的新歌剧《白毛女》,就产生了更大的感染与教育作用。而这种创造更集中地体现人的本质力量的艺术形象的过程就是运用形象来思维的过程,也就是人们按照艺术的方式对于客观世界的加工改造。马克思在《政治经济学批判导言》中论述希腊神话时曾经指出:"希腊艺术的前提是希腊神话,也就是通过人民的幻想用一种不自觉的艺术方式加工过的自然和社会形式本身。"③马克思的这段话对于我们理解形象思维的特征是具有

---

① 《马克思恩格斯全集》第 42 卷,人民出版社 1979 年版,第 125 页。
② 《毛泽东选集》第三卷,人民出版社 1964 年版,第 863 页。
③ 《马克思恩格斯选集》第 3 卷,人民出版社 1972 年版,第 113 页。

指导意义的。我们认为,马克思在这里讲了三点意思:第一,希腊神话是当时人们的一种幻想;第二,希腊神话是人们对自然界和社会的一种艺术的加工;第三,在这种艺术加工的过程中,自然和社会现象始终是以其本身的形式出现的。由此可知,形象思维的特征就是,文艺家通过艺术想象(在神话中艺术想象以幻想的形式出现),按照自然和社会现象本身的样式创造出一种新的能够更集中地体现人的本质力量的艺术形象。

由此可知,形象思维所能凭借的手段是艺术形象,而艺术形象的基本特征乃是思想感情与具体形象的直接统一。所谓"形象",乃是个别的具体的活生生的生活图画。在这样的生活图画之中,没有给作者留下涉足其间直接陈述其思想观点的位置,但却给作者提供了通过形象的描写间接表现其思想倾向的无限广阔的天地。这就是"寓思想于形象"。而形象的描写除了题材的选择,亦即"写什么"之外,主要是指"怎样写",亦即人物的塑造和情节的提炼等。作家主要通过这种"怎样写"来表现自己对于所写事物的评价。这就是恩格斯所说的,倾向不要特别地说出来,而要从场面和情节中自然而然地流露出来。例如,《红楼梦》写林黛玉之死,作者表现了自己对于封建统治者的满腔悲愤之情。但自始至终,作者却没有直接说出"悲愤"二字,而是通过气氛的对比、环境的渲染与人物的刻画等形象描写的手段间接地流露出来。从气氛的对比来看,先写宝玉那里是鼓乐齐鸣,十二对宫灯并排着进来,显得既热闹又新鲜致。而黛玉那里,却只有几个丫头伴着奄奄一息的病人,显得冷冷清清。这实际上是以"热"反衬出"冷",在无言中表现了作者的感情天平是完全倾向于孤独冷清之中的黛玉的。从环境渲染上看,写探春、李纨等出院,唯见"竹梢风动,月影移墙"。这完全用的是我国古典诗歌以动衬静的手法,用竹梢的微微摆动,月影在墙上的慢慢转移,衬托出院中死一般的沉寂,突出地表现了一片凄凉之情。从人物刻画来看,作者错落有致、层层递进地描写了黛玉的痴情、迷性、病发、焚稿。特别是对她临终前的描写,以"宝玉,宝玉,你好"六字作结,就更是寓倾向于描写的妙笔,用评诗的语言说,真是一个"好"字境界全出。这个"好"字是反语,说明黛玉认为宝玉、贾母等人已坏到极点;没有更合适的词表达,因而反说一个"好";它也是恨语,是对宝玉及封建统治者们恨到极端的表现。当然,这个"好"字也寄寓了作者对于封建叛逆者黛玉的深厚同情,对于封建统治者的无比怨恨。就是这样,作者虽没有直接说出"悲愤"二字,但悲愤之情却充溢于客观描写的字里行间,蕴含在形象的刻画之中。这就更生动有力地表现了作者的思想倾向。周恩来曾经深刻地阐述了艺术思维中形象的重要作用及形象与思想的关系问题。他说,文艺"要通过形象,通过形象思维才能把思想表现出来。无论是音乐语言,还是绘画语言,都要通过形象、典型来表现,没有了形象,文艺本身就不存在"①。通过我们对艺术形象基本特征的分析,就解除了"只有通过概念的手段才能够进行思维"的误解。其实,只要排除了"是就是、不是就不是"的形而上学公式的束缚,我们就会实事求是地看到,艺术形象既是形象又是思想,是两者的直接统一。它尽管是形象,但其中却蕴含着思想因素,完全可以成为形象思维的手段。

　　事实证明,在艺术创作中如果离开了这种用形象来思维的对于世界的特殊的艺术方式的加工,那就会使作品成为某种政治观点的赤裸裸的记录,也就一定会使其失去文艺的本质而走向失

---

①《周恩来论文艺》,人民文学出版社1979年版,第91页。

败。恩格斯在《诗歌和散文中的德国社会主义》一文中,批判了德国所谓"真正社会主义"的作家破坏艺术本质的种种错误做法。他尖锐地指出:"因此,'真正的社会主义者'在自己的散文中极力避免叙述故事。在他们无法规避的时候,他们不是满足于对哲学结构组织一番,就是枯燥无味地记录个别的不幸事件和社会现象。"①由此可见,对于世界的把握是按艺术的方式加工,即形象思维,还是按哲学结构组织,即逻辑思维,两者之间是有着明显的区别的。

　　那么,它们之间在思维的过程中到底有哪些明显的区别呢?毛泽东认为:"任何运动形式,其内部都包含着本身特殊的矛盾。这种特殊的矛盾,就构成一事物区别于他事物的特殊的本质。这就是世界上诸种事物所以千差万别的内在原因,或者叫做根据。"②因此,我们要准确地抓住形象思维与逻辑思维之间的根本区别,就必须深人地分析它们各自在思维的过程中有何矛盾的特殊性。事实告诉我们,构成逻辑思维特殊矛盾的是概念之间的运动,即由概念自身的抽象与具体的内在矛盾,逐步由抽象的反映事物低级本质的概念发展到具体的反映事物高级本质的概念。而构成形象思维特殊矛盾的则是形象之间的矛盾,即由形象自身的感性与理性的内在矛盾,从两者一般性统一的形象逐步发展到两者高度统一的、在生动而完美的感性中直接渗透着理性(人的本质力量)的典型形象。黑格尔按自己的理解,在他的《美学》中,将形象思维中形象之间的矛盾运动描述成"一般世界情况到动作

①《马克思恩格斯论文学艺术和美学》,文化艺术出版社 1982 年版,第
　　215 页。
②《毛泽东选集》第一卷,人民出版社 1966 年版,第 283—284 页。

到性格"的"正、反、合"过程。逻辑思维与形象思维的这种矛盾的特殊性就是它们之间最根本的区别。正如别林斯基所说,逻辑思维与形象思维"一个是证明,另一个是显示,他们都在说服人,所不同的只是一个用逻辑论据,另一个用描绘而已"①。这就准确地说明了逻辑思维的概念之间的矛盾运动是以逐步深化的逻辑证明的方式存在的,而形象思维的形象之间的矛盾运动则是以同生活本身一样的图画的方式逐步显示。

在这里需要特别强调的是,形象思维过程中这种形象之间的矛盾运动同逻辑思维一样是思维的发展和深化,而不是像某些人所指责的是什么直觉。因为,形象思维过程中的形象已不是自然界和社会生活中客观存在的形象,而是以自然形态的形象为基础,经过头脑的艺术加工,能够在不同的程度上完美地体现理性精神(人的本质力量)。它已经是不同于生活形象的艺术形象。当然,这种艺术形象仍是以个别的现象的形态出现的。从表面上看,它同自然形态的形象一样,是具体可感的,有声、有色、有形、有体,可以直接作用于人们的感官。这一点恰恰是形象思维不同于逻辑思维之处。因为,逻辑思维作为理性的认识阶段,一开始就完全舍弃了事物的具体可感的特性而凭借抽象的概念。形象思维中却始终不离开具体可感的形象。但形象思维过程中的形象却同逻辑思维过程中的概念一样,也具有高度的概括性。因为,经过文艺家的艺术想象的再创造,形象思维过程中的形象已能在不同的程度上很好地体现理性精神(人的本质力量)。作为自然景物,是在栩栩如生的景象中寄寓着人类的某种理想和情

---

① 《外国理论家作家论形象思维》,中国社会科学出版社 1979 年版,第79 页。

操;作为人物,是在鲜明独特的个性中表现了某种社会的和阶级
的本质;作为事件,则是从偶然性中表现了某种必然的规律。毛
泽东针对文艺的这种高度的概括性指出,文艺作品同实际生活相
比是"更高、更强烈、更有集中性,更典型,更理想,因此,就更带普
遍性"①。因此,形象思维的过程同时也是个性化与概括化的高
度统一。此外,自然界和社会现象都是纯粹的客观存在,逻辑思
维所反映的也完全是客观规律。在逻辑思维的过程中,对于客观
规律,不允许人们加进任何主观的色彩和有半点的夸张。但是,
形象思维由于其成果艺术品具有使人惊醒和感奋的特殊社会作
用,因此它的成果虽以自然和社会生活本身的形式出现,但却渗
透着作者鲜明的褒贬与爱憎,有着浓厚的主观色彩。文艺家在创
作中总是伴随着强烈的感情活动的,他们常常为自己所描写的人
物激动得彻夜不眠,以至痛哭流涕。正因为如此,所以一切较为
优秀的文艺作品总是具有巨大的感染力的。它对于人们不仅是
晓之以理,更重要的是动之以情。我们每一个人不是都有过被优
秀的文艺作品激动得热泪盈眶的切身感受吗?有人说过,没有感
情就没有诗。实际上,没有感情就不会有一切文艺作品。但文艺
作品中的主观因素又不是直接地说出来,而是通过形象的描绘间
接地流露出来。因此,形象思维同逻辑思维的另一个重要区别就
是它是主观因素与客观因素的高度统一。

　　形象思维的理想的成果就是创造出艺术的典型。艺术典型
既能反映出人和社会的本质,同时又具有鲜明的个性特征。它具
有强烈的潜移默化的作用,使人们从具体而直接的感受中领悟到
人类按照客观规律改造世界的巨大能力,从而获得鼓舞,增强前

_____

① 《毛泽东选集》第三卷,人民出版社 1966 年版,第 818 页。

进的勇气和胜利的信心。艺术典型的这种特有的巨大作用,充分地说明了形象思维同逻辑思维一样完全可以把握世界的本质。因此,如果有谁否定了形象思维的特征,实际上也就是否定了文艺,其结果必将有损于文艺事业的发展。

三、形象思维的过程就是
艺术想象的过程

我们已经谈过形象思维的过程就是艺术想象的过程。可见,把艺术想象搞清楚也就有利于我们进一步搞清楚形象思维。因此,我们要专门地探讨一下艺术想象。

马克思曾说,最低劣的建筑师胜过最高级的蜜蜂之处就在于劳动的结果在开始时就已存在于建筑师的头脑之中。可见,想象是人区别于动物的根本特性之一,是其自觉性的表现。人的一切活动都要有想象,但想象在艺术创作活动中有着特殊的地位。尽管我们不能把艺术创作活动完全归结为想象,但其主要部分就是想象。艺术创作活动只能依靠想象来构成自己的形象体系。别林斯基在谈到文艺与科学的区别时曾说:"事情是这样:在艺术中,起着最积极和主导的作用的是幻想,而在科学中,则是理智的判断……"[1]

那么,艺术想象的内涵是什么呢? 首先,艺术想象是一种以形象为唯一手段的思维活动。这就说明,艺术想象与形象思维是属于同一逻辑层次的,艺术想象的过程就是形象思维的过程。所谓"想象",本来是一个心理学的名词,是指在过去知觉的基础上

①伍蠡甫等编:《西方文论选》下卷,上海译文出版社 1979 年版,第 389 页。

一种新的形象的创造。这就是说,想象是在已有大量感性材料的基础上,经过大脑的加工改造,创造出新的包含丰富理性内容的感性形象。总之,想象是从已有形象到新的形象,其整个过程都始终贯穿着感性的形式。就是从语义学的角度看,"想象"一词也带有这样的含义。《韩非子·解老》中较早地对"想象"一词作了解释。该书是这样说的:"人希见生象也,而得死象之骨,案其图以想其生也。故诸人之所以意想者,皆谓之象也。"①这就是说,所谓"想象",其原始含义是以死象之骨的图像为基础,想其生时之形象。可见,"想象"一词在其原始含义中就是从形象到形象。正是从这个意义上,许多人认为形象思维是通过想象来实现的。高尔基曾经说过:"想象在其本质上也是对世界的思维,但它主要是用形象的思维,是艺术的思维。"②可见,想象是以个别的具体可感的形象图画为其唯一手段的,在其整个过程中始终贯串着感性的形象图画的活动,而理性内容就直接地渗透和融贯于这种感性的形象图画之中。这也就是黑格尔所说的概念与形象的"直接统一"③,是艺术的最主要的本质特征。如果什么时候以抽象的理论思考代替了感性的形象图画的浮现,那就是艺术想象活动的中止,也就是艺术创作活动的中止。其结果写出来的不会是真正的艺术品,而只能是概念的图解物。那么,文艺家又是怎样运用形象的手段来思维呢? 艺术想象的具体过程到底是怎样的呢?这当然是一个十分复杂的文艺心理学的问题,需要对其进行深入的研究。但简要地说有这样三个阶段:一、追忆,即知觉阶段,使

---

①《韩非子》,中华书局 1965 年版,第 299 页。
②[苏]高尔基:《论文学》,人民文学出版社 1978 年版,第 160 页。
③[德]黑格尔:《美学》第 1 卷,朱光潜译,商务印书馆 1979 年版,第 126 页。

感性材料在脑中复现;二、取舍,即理性活动的初级阶段,对感性材料进行必要的过滤或选择;三、虚构,理性活动的高级阶段,是新的形象的创造。对于这一过程,我们举梁信创作《红色娘子军》中琼花的形象为例说明。梁信谈到,他创作琼花依据这样四个原型:第一个是海南岛女英雄刘秋菊,这是一个传奇式的人物。第二个是原娘子军某烈士,该同志从小丧父,被迫嫁给已经死去的陈家侄儿,只好同公鸡拜堂。15岁逃跑,被抓回活埋,未死。17岁又逃。第三个是广东的一个劳模,被迫7岁嫁给木头人。第四个是1947年东北整风整军期间,一天晚上,作者找3位女同志谈话,这3位女同志一位是丫头,一位是孤儿,一位是童养媳。那个丫头出身的,逃过十几次,被暴打十几次。她顾不得女孩子的害羞,愤怒使她决然地给同志们看她被鞭打的伤痕。当她诉说这一切时,在黑夜中闪动着火辣辣的与旧社会势不两立的目光。这目光给作者以极深的印象。作者创作时,首先对这些感性材料进行了追忆,在追忆的基础上取舍选择,然后经过虚构创造了琼花的形象。作家的艺术想象活动就是以那一双火辣辣的目光为出发点,在脑海中浮现了一幅幅具体而生动的画面,形成了完整的人物性格。在这一幅幅画面中渗透着一个革命战士自觉成长的理性思想,但这完全融于画面之中,由画面流露出来。这种理性与感性的直接统一,同时也给读者或观众留下了自由想象的余地。

艺术想象的另一内涵是带有特别强烈的感情色彩。这是因为,在艺术想象中,艺术家总是把自己想象为对象,于是同对象一起感同身受,从而产生强烈的感情活动。高尔基曾说:"科学工作者在研究公羊时,没有必要把自己想象为一只公羊。但是文学家,虽然是慷慨的,却必须把自己想象成是吝啬鬼,虽然是毫不贪

婪的,却必须感觉到自己是一个贪婪的守财奴,虽然是意志薄弱
的,却必须令人信服地描写出一个意志坚强的人。"①这样的例子
真是太多了。法国小说家福楼拜在写《包法利夫人》时,写到主人
公服毒自杀,自己也感到一嘴的砒霜气味,就像中了毒一样,把晚
饭全呕出来了。我国明代戏剧家汤显祖写《牡丹亭》第二十五出
"忆女"时,写到春香说:"小姐临去之时,吩咐春香长叫唤一声。
今日叫她:'小姐,小姐啊,叫的一声声可曾闻也。'"汤显祖不禁哀
哀痛哭起来。当代作家杨沫自称,她在创作小说《青春之歌》时,
写到卢嘉川在牺牲前写给林道静的最后一封信时,"我的泪水滚落
在稿纸上,一滴一滴把纸都打湿了"。总之,在艺术想象中既有形象
的逻辑,也有感情的逻辑,是形象的逻辑与感情的逻辑的统一。

　　文艺家要成功地进行艺术想象活动就必须有丰富而深厚的
生活积累。因为,艺术想象归根结底还是一种思维活动。而任何
思维都只能开始于感性阶段。只有感性的材料积累得多了,丰富
了,才能在此基础上发生一个创造新形象的由感性到理性的飞
跃。总之,没有生活积累,感性材料贫乏,巧妇难为无米之炊,那
是很难进入艺术想象的。宋人葛长庚在《波罗蜜诗》中风趣地说:
"君不见北人不梦象,南人何处梦骆驼? 蜀犬吠日越吠雪,识与不
识吾奈何!"这就形象地说明,从未见过的东西连梦境也不会进入
的,更不能借以去想象了。同时,文艺工作者还应在长期的生活
实践与创作实践中注意改造自己的主观世界,借以提高自己对生
活的认识能力和概括能力,并做到创作中从个别的形象出发而不
是从抽象的概念出发,以免违背艺术想象的规律,使形象成为概

---

① 《外国理论家作家论形象思维》,中国社会科学出版社 1979 年版,第
　79 页。

念的装饰品。

四、形象思维与逻辑思维的关系

因为形象思维与逻辑思维在各自的思维过程中存在着不同的推动认识深化的矛盾运动，所以，它们之间就是一种平等的关系，不存在着谁统帅谁、谁指导谁的问题。如果要说统帅和指导的话，倒是形象思维与逻辑思维都受一定世界观的统帅和指导。因为，世界观作为人们对于客观世界的总看法，它对人类认识世界起到制约的作用。这种制约作用集中地表现为不论是形象思维还是逻辑思维都有一个遵循着什么认识路线的问题。这就是说，是遵循着从物到感觉和思想的唯物主义认识路线，还是遵循着从思想和感觉到物的唯心主义认识路线。事实证明，不论是形象思维过程中的由低级的形象到高级的形象的矛盾推移运动，还是逻辑思维过程中的由低级的概念到高级的概念的矛盾推移运动，都有一个认识（即概念或形象）是建立在客观现实的基础上，还是建立在主观臆断或绝对理念的基础之上的问题。遵循着不同的认识路线就决定了一定的认识形式对于客观世界反映的正确与否。当然，作为艺术对世界的反映来说，创作方法在被世界观指导的前提下，还具有一定的相对独立性。有时文艺家本人发表的政治观、哲学观同其实际运用的创作方法并不完全一致，甚至会出现文艺家本人发表的哲学观是唯心的，但其却按照现实主义的创作方法，反映出社会的某些本质方面。这种不一致说明，文艺家在实际创作中有可能违背自己所声明的唯心主义世界观而去运用某种真实地反映世界的艺术方法。但这种情形不能得出否定世界观对创作具有指导作用的结论，而只能证明这时文艺家运用真实地反映世界的艺术方法是不自觉的。同样,也会发生文艺家所声明的世界观是唯物的,但其实际创作却背离现实的情形。这也不能由此否认确立唯物主义世界观的重要性,而只说明,一切正确的认识来源于实践,一切文艺工作者都必须在长期深入社会实践的过程中,改造自己的主观世界,同时获取丰富的创作材料,真正掌握现实主义的创作方法。

同时,形象思维与逻辑思维又不是对立的,它们作为对于世界的不同的认识形式完全可以互相补充。因此,在文艺创作中,逻辑思维完全可以而且应该作为形象思维的一种补充的形式运用。例如,需要研究一些同描写对象有关的政治文件、历史资料,或是拟定必要的创作大纲等。这一逻辑思维的活动,无疑对文艺家在创作中捕捉富有意义的生活现象和创作反映本质的典型形象具有一定的帮助。但是,这种帮助,只不过是以其逻辑思维的认识结果来武装文艺家的头脑,而作为认识形式来说,文艺创作归根结底还是要依靠形象思维的。这就是说,作为艺术地对世界的反映,只能是思维过程中的形象之间的矛盾推移运动,而决不能脱离具体可感的形象插入抽象的概念。因为,这样做的结果必然破坏思维过程中形象之间的推移运动,而使作品出现公式化、概念化的倾向。可见,逻辑思维只能补充而决不能代替形象思维。而且,在文艺创作中对于逻辑思维的认识结果,也是要以是否符合形象思维自身的发展规律为标准来进行取舍的。有时,逻辑思维的认识结果是同形象思维自身的发展规律相违背的,那就要毫不犹豫地舍弃。例如,法捷耶夫在创作《毁灭》时,曾设想过美谛克最后的结局是自杀,但进入艺术创作后,美谛克这个形象自身的发展规律告诉作者,这样的极端个人主义者最后只能是叛变而决不会自杀。作者根据形象自身的发展规律对原设想进行了修改。这样的例子，在中外文艺史上都是常见的。这就说明，形象思维是艺术构思的特有规律。还有这样一种情形，那就是有些作品中出现某些议论。这些议论当然属于逻辑思维范畴。但是，它也只能作为作品的一个极其次要的辅助成分，从分量上来说，要尽量减少，在内容上则要求这种议论必须同作品的形象体系相一致，而不能游离于外。

真、善、美的统一[①]

从文艺的本质与功能看,文艺与政治的关系涉及到文艺的社会功能问题,也就是说,涉及到文艺是否为政治服务的问题。而要弄清楚文艺的功能就须首先弄清楚文艺的本质。

那么,文艺的本质是什么呢? 有这样两种看法。一种看法认为,文艺的本质是"真"。"自然主义"的倾向和"真实是文艺创作的最高原则"的观点就是如此,主张这种理论的必然结果,是否定作品的政治倾向性和文艺必须为政治服务。还有一种看法,认为"美"是文艺的本质。这就是所谓的"唯美主义"和"形式主义"的文艺观。其基本主张是鼓吹"为艺术而艺术",完全排斥文艺与政治及社会生活的必然联系。这两种观点在我们看来都是片面的、错误的。

我们认为,文艺的本质是真、善、美的统一。这里,所谓"真",是指艺术的真实;所谓"善",是指所表现的阶级利益、即政治倾向;而所谓"美"即指文艺的艺术感染力量。但真、善、美在文艺中的地位是不同的。其中,"美"是文艺的主要标志和手段。但是,"美"又不能脱离"真"与"善"而孤立地存在,它是以"真"与"善"作为其基础与前提的。其中,尤以"善"作为其最核心的因素。这就

---

① 原载《文艺理论研究》1980 年第 3 期。

是说，一个事物，只有首先是真的，特别是善的，才能是"美"的，否则就不可能。正如俄国伟大的民主主义者别林斯基所说，"凡有生活的地方必有诗；但是，只在有思想的地方才有生活"①。而车尔尼雪夫斯基则更明确地将"美"归结为"我们在那里面看得见依照我们的理解应当如此的生活。"②这就说明，在文艺作品中，作为政治倾向性的"善"是处于核心地位的。当然，"善"又决不能脱离"真"与"美"。因为，一切虚假的东西不可能"善"，而一切丧失了"美"的作品，也就不成其为文艺。尽管其中包括有进步的政治倾向，但也不会对人产生任何的艺术感染力量。

　　总之，文艺的本质还是真、善、美的有机统一。文艺的这一本质就决定了它的功能是认识、美感和教育作用的统一，亦即通过美感的途径，达到认识和教育的目的，而在认识和教育作用中，教育作用又是主要的。这就是说，任何一个作者，不管其自觉不自觉，创作作品的目的决不单纯是为了传授知识和使人愉悦，而主要是为表达自己的感情，而读者也恰恰是通过作品对现实的描写和形象的刻画而感受到作者的感情的脉搏，从而受到感染和启发。这就正如罗马的贺拉斯所说"寓教于乐，既劝谕读者，又使他喜爱"。当然，文艺作品由其题材和体裁的差异，其中所包含的真、善、美的比例是不平衡的。有的作品直接描写政治斗争，侧重于善的内容，其政治教育作用就较为突出；有的作品则以无政治色彩的山水、花鸟等自然现象为其描写对象，如山水诗、花鸟画等。这些作品从内容上来说，侧重于表现对象的美、甚至是对象

_____

①《别林斯基论文学》，新文艺出版社 1958 年版，第 75 页。
②［俄］车尔尼雪夫斯基：《生活与美学》，周扬译，人民文学出版社 1957 年
　版，第 6 页。

的形式美。因而,美感作用较为突出,而政治教育作用则不太明显。但是,即使是这类作品,也仍然是真、善、美的统一。也就是说,作者在对客观自然的描摹中,必然会寄寓着自己的某种感情,即所谓"情景交融""寓情于景"。因此,尽管从单个的齐白石的虾、徐悲鸿的马和李可染的山水画中也许不能立即分析出明显的政治倾向,但从他们一个时期作品的总体来看,不仅会渗透着一种明显的审美趣味,而且还会倾注着对于政治生活的某种独特的感受。正是这种审美趣味和生活感受使得广大群众在观赏他们的作品时,不仅会有美的享受,而且还会受到高尚的情操陶冶和进步的思想感染。

关于"时代精神"问题的
几点浅见^①

最近,欣喜地看到学术界对于一度被"四人帮"搞乱了的"时代精神"问题重新展开了讨论,并读到了周谷城与金为民等同志的文章。^② 这实在是在党中央领导下认真贯彻"双百方针"的新气象之一。因此,自己也不揣浅陋,提出几点不成熟的看法参加这一讨论。

一、重新讨论"时代精神"
问题的必要性

"时代精神"问题的再讨论,不是偶然的、没有意义的,而是必然的、十分重要的。

首先,"时代精神"问题本身是文艺创作和评论中的一个重要问题。它涉及到题材、典型与批判地继承文艺遗产等一系列文艺的根本问题。从题材方面说,就是题材的选择与表现时代精神的

---

① 原载《新文学论丛》1980 年第 2 期。
② 参见周谷城:《时代精神的解释》和金为民:《对时代精神问题的几点再认识》,《南京师范学院学报》1979 年第 4 期。

关系问题,也就是选择什么样的题材才能表现时代经典的问题。
从典型方面说,则是典型共性与时代精神的关系问题,也就是共
性只有表现时代精神才具典型意义的问题。从文艺遗产的批判
继承说,涉及到分析评价文艺遗产的标准问题,亦即什么样的遗
产才表现了时代精神而应该肯定的问题。当然,还涉及到其他的
一些问题。由此可知,"时代精神"问题本身就非常重要,实有从
理论上深入进行探讨的必要。

　　其次,关于"时代精神"问题的再讨论,对于进一步贯彻"双百
方针"、澄清理论是非具有重大的现实意义。早在1962年,周谷
城先生针对当时文艺界的形而上学、教条主义倾向,发表了《艺术
创作的历史地位》一文①,谈到了"时代精神"的问题。此后,围绕
这一问题展开了讨论。讨论中,姚文元抢起极"左"的理论棍子对
周谷城等同志的意见胡砍乱批。1966年初,江青与林彪勾结炮制
的《纪要》中正式将周谷城先生的观点定名为"时代精神汇合"论,
作为所谓修正主义文艺黑线的"黑八论"之一。从此,在"时代精
神"问题上就充斥着各种极"左"的理论。除了"四人帮"及其御用
文人的亲自鼓吹,有些受其影响的文章和书籍也曾大量散布过这
种理论。例如,有一本流行极广的小册子就曾声言:"'时代精神
汇合'论的要害,就是妄图反对无产阶级在思想文化领域对资产
阶级实行全面专政。"并宣称:"表现社会主义时代精神,关键在于
塑造高大完美的无产阶级英雄形象,这是社会主义文艺的根本任
务","当前特别要注意表现无产阶级英雄人物和党内走资派的斗
争",等等。② 即使在打倒"四人帮"之后,文艺界对于"时代精神"

①参见周谷城《艺术创作的历史地位》,《新建设》1962年第12期。
②引自《修正主义文艺路线代表性论点批判》,北京人民出版社1976年版。

问题在看法上也不尽一致。某些在文艺界有一定影响的同志就曾继续对周谷城先生的观点表示过否定的意见,有的同志肯定了过去对于"时代精神汇合"论的"批判"①;有的同志则更明确地表示:"'时代精神汇合'论——这是一种修正主义的哲学观点'合二而一'论的变形。"②直到最近,仍有人认为,"'时代精神汇合'论是背离马克思主义的"③。凡此种种,都说明文艺界对于"时代精神"问题的看法分歧颇大。这样,围绕这一问题进一步展开讨论就具有重大的现实意义。能够使我们通过同志式的讨论,在这个问题上更准确、更深入地肃清极"左"理论的余毒,更好地贯彻"双百方针"、分清理论是非。

至于我个人,首先对于周谷城先生等在极"左"理论的强大压力下敢于坚持真理的精神至为钦佩。并且,通过十多年的耳闻目睹,也确实痛感到姚文元等人在"时代精神"问题上的形而上学的极"左"理论的危害之深。但出于学术上的探讨或请教,我也认为周谷城先生等关于"时代精神"的意见中,一方面是不乏真知灼见,但同时也不够全面、完善和准确。为此,我打算从两个方面具体地谈谈自己关于"时代精神"问题的看法。

二、什么是"时代精神"

什么是"时代精神"? 周谷城先生认为"各种思想意识,汇合

---

① 贺敬之:《必须彻底批判"文艺黑线专政论"》,《人民日报》1977年12月12日。
② 张光年:《驳文艺黑线专政论》,《人民日报》1977年12月7日。
③ 《文艺报》评论员:《文艺为实现四个现代化服务》,《文艺报》1979年第2期。

而为当时的时代精神"；金为民同志认为是一定时代"占主导地位的精神力量"。① 当然，还有姚文元所断言的"时代精神""是革命阶级改造世界的一种精神力量"，"是历史变革中代表时代前进方向的新的、革命的阶级、阶层的思想、情感、理想在文艺作品中的集中表现"。② 这样，关于"时代精神"的概念就有了"各种思想的汇合""一定时代占主导地位的精神""革命阶级的精神"三种不同的解释。

在这三种解释中，姚文元的解释是貌似革命实质极"左"的、荒谬的，而周、金二位的解释也不全面。我则认为，就文艺创作的范畴来说，"时代精神"应指文艺作品所表现出来的一种进步的思想倾向，它总是将文艺作品的进步的思想倾向称之为体现了"时代精神"。这一观点，马恩早在1859年给拉萨尔的信中就曾谈到。马克思在批评拉萨尔的剧本《冯·济金根》的概念化倾向时指出，"这样，你就得更加莎士比亚化，而我认为，你的最大缺点就是席勒式地把个人变成时代精神的单纯的传声筒"。很明显，马克思是否定席勒的概念化倾向的，但同时也认为他的作品表现了"时代精神"。而席勒作为德国狂飙突进运动的代表人物，激荡于他的作品之中的则是资产阶级的革命精神。同时，马恩还深刻地批判了拉萨尔将济金根这样的没落骑士作为"时代精神"的代表者。马克思认为，济金根的覆灭"是因为他作为骑士和作为垂死阶级的代表起来反对现存制度"。恩格斯则认为，济金根的悲剧在于"历史的必然要求和这个要求的实际上不可能实现"。③ 这

①均引自《南京师院学报》1979年第4期周、金二文。
②姚文元：《略论时代精神问题》，《光明日报》1963年9月24日。
③以上均引自《马克思恩格斯选集》第4卷，人民出版社1967年版。

就是说,在马克思看来,像济金根这样的没落阶级的思想不能代表时代精神。因为他们是垂死的、同历史的必然要求相对立的。由此可见,所谓"时代精神"就应该或多或少地符合"历史的必然要求"。而这一点,只有进步的阶级、阶层和个人的思想才能做到。周恩来同志在谈到"时代精神"问题时,曾以曹禺同志的《雷雨》《日出》为例,认为"这是合乎那个时代进步作家的认识水平的",因而是具有时代精神的。①

基于上述认识,我们认为周谷城先生关于"时代精神"是"各种思想汇合"和金为民同志关于"时代精神"是"一定时代占主导地位的精神"的看法,尽管在打破形而上学和教条主义理论中有其战斗的意义,并且较充分地考虑到了文艺现象的复杂性和历史具体性,但却忽视了从文艺的作用的角度来进一步考虑"时代精神"的问题。因而,他们的意见也是不够全面的。

至于姚文元关于"时代精神"即革命阶级精神的解释,表面看似乎"革命"得出奇,但细细一推敲,实在是荒谬绝伦。

首先,从理论上看,这种观点是违背马克思主义的基本理论的。上面我们已经说到,根据马克思主义的基本观点,我们认为所谓"时代精神"就是指对于社会发展能够起到一定推动作用的思想。而所谓推动社会发展的作用就是指促进生产力发展和生产关系变革的作用。而能起到这种作用的,除了主要是革命阶级的思想之外,还有其他一些阶级、阶层和个人的思想。列宁在《打着别人的旗帜》一文中指出,"但是我们能够知道,而且确实知道,哪一个阶级是这个或那个时代的中心,决定着时代的主要内容,时代发展的主要方向,时代的历史背

---

①《周恩来论文艺》,人民文学出版社 1979 年版,第 113 页。

景的主要特点等"。① 由此可知，革命阶级的思想只是"时代精神"的主要部分，并非是唯一的部分；作为次要部分的，还有其他进步的阶级、阶层和个人的思想。从这个意义上说，"时代精神"确实不是纯净单一的，而是各种进步的阶级、阶层和个人的思想的"汇合"。这就说明周先生的"汇合论"并非毫无道理。但姚文元却一方面别有用心地将革命阶级的思想是"时代精神"的主要部分说成是唯一部分，从而在实际上歪曲了列宁的原意。另一方面，姚文元又将"时代精神"是"各种思想的汇合"不加分析地攻击为"阶级调和"。我们尽管不同意周谷城先生将反动阶级的思想也包括在时代精神的范围之内的观点，但却认为，"时代精神"是各种进步的阶级、阶层和个人的思想的"汇合"。这决不是什么"阶级调和"，而是"有联合又有斗争"。所谓"联合"，是指各种进步思想在推动生产力发展和生产关系变革上有其一致性。因此，在封建社会中，许多剥削阶级、甚至是统治阶级的作家的作品同样能拥有许多劳动人民的观众和读者。而所谓"斗争"，就是各种进步思想常常因思想体系不同而要发生矛盾。

其次，从文艺的实际情况看，"时代精神"是革命阶级的精神的观点也是不符合文艺史的实际的，我们先来看看革命时期的情形。这属于旧的制度腐朽，新的制度逐步诞生的时期。此时，除了革命阶级代表了生产力发展的方向和生产关系变革的要求之外，还有一些作为革命阶级同盟军的阶级和阶层也在不同的程度上代表了生产力发展的方向和生产关系变革的要求。因而，反映了这些阶级和阶层的思想的文艺作品也就在不同的程度上体现了"时代精神"，而应给予肯定。例如，俄国伟大的现实主义作家

①《列宁全集》第21卷，人民出版社1959年版，第123—124页。

托尔斯泰就生活在 19 世纪后半期资产阶级革命时期。托尔斯泰所代表的并不是这场革命的领导阶级——无产阶级的利益,而是在自己的作品中深刻地反映了千千万万宗法制农民的利益、愿望和要求。但由于宗法制农民在这场资产阶级革命中,在特定的俄国社会中有着较强的改变旧的沙俄制度的愿望,因而,它们是可以作为俄国资产阶级革命的同盟军的。所以,托尔斯泰的作品就能够在一定的程度上表现出"时代精神"而具有较大的社会意义。伟大的导师列宁不仅将托尔斯泰的作品称作"俄国革命的镜子",而且明确指出托尔斯泰"在自己的作品中至少反映出革命的某些本质的方面"①。接着,我们再来看看平常时期的情形。这时,代表新的生产关系的阶级尚未诞生,新制度代替旧制度的条件尚未成熟。这是一种社会制度缓慢发展的时期,是十分漫长的。这时,虽然社会的发展主要依靠劳动人民的反抗和斗争来推动。因此,劳动人民的反抗与斗争的思想就反映了时代精神。但是,在这时,统治阶级中的一部分人也是可以在一定的程度上反映生产力发展的方向和生产关系变革的要求的。因此,表现了这一社会阶层的政治要求的文艺作品就在一定的程度上表现了"时代精神",而应给予肯定。例如,在我国漫长的封建社会中,统治阶级中的一部分人要求适当地减轻压迫与剥削,有限制地改善人民生活条件,使之安居乐业,以便缓和阶级矛盾、巩固封建统治。这些主张有利于调剂生产关系与生产力的矛盾,在一定的程度上能促进生产力的发展,因而是进步的。像杜甫、白居易、王安石、苏轼、李伯元等著名作家就在自己的作品中程度不同地表现了这一思

---

① 《马克思恩格斯列宁斯大林论文艺》,人民文学出版社 1980 年版,第79 页。

想。外国的批判现实主义作家也是类似的情形。这些作家在文学史上占有较高的地位,他们的作品有着深远的影响。其中的许多人得到了无产阶级革命导师的极高评价。难道还能说他们的作品没有反映"时代精神"而给予否定吗？最后,还有处于民族矛盾尖锐时期爱国的剥削阶级作家及其作品。这时,民族矛盾高于阶级矛盾而占据主导地位。抗敌救国成了时代的迫切要求。只有保卫祖国,才能使人民免遭涂炭,生产力免受破坏。因此,只要是反映出爱国主义的思想,即便是出自剥削阶级作家之手的作品也是具有"时代精神"的,而应给予肯定。例如,对于我国历史上著名的爱国主义诗人陆游、文天祥等就应这样评价。难道还因这些作家是剥削阶级而抹杀他们充满爱国主义激情的诗作吗?!

总之,我们认为,"时代精神"不能事先主观限定,而应根据时代特点进行具体的分析;它也决非只是革命阶级的思想,而有其更宽泛的内容;同时,它也不能兼收并蓄一切阶级的思想,而是反映历史发展必然要求的各个进步的阶级、阶层和个人的思想的一种有联合又有斗争的"汇合"。

三、怎样表现"时代精神"

除了在什么是"时代精神"问题上有着原则的分歧,在怎样表现时代精神的问题上也是有分歧的。以姚文元为代表的形而上学的极"左"理论在这一方面表现得也非常突出。他们公然断言,只有革命阶级才"必然是时代精神的体现者"。① 由此得出只有描写革命阶级才能表现时代精神的结论。"文化大革命"中,他们

---

① 胡锡涛:《评"关于时代精神的几点疑问"》,《解放日报》1964 年 8 月 1 日。

更进一步地将对"时代精神"的表现同所谓写英雄人物的"根本任务"和"写与走资派的斗争"联系了起来。有的同志尽管不同意上述观点而认为描写一切阶级、阶层的人物都可表现"时代精神"，但却认为这些人物本身就能表现时代精神。例如，有的同志就认为"鲁迅先生的《阿Q正传》，那里面的阿Q精神，难道不是辛亥革命时期时代精神最科学的体现吗？"

我们认为，这些看法都是错误的。其错误在于以作品中人物的思想代替了整个作品的倾向，以某一个别事物代替了典型环境。这就违背了文艺创作的客观规律，必然堵塞文艺事业发展的广阔道路。现在我们来正面地阐述一下自己的看法：

首先，我们认为，"时代精神"作为文艺作品的思想倾向，是通过作家对于客观描写对象（主要是人物）的主观评价流露出来，而不是客观描写对象自身所包含的客观意义。这应该属于常识范围的问题。因为，一切文艺作品都决不是纯客观的摹写，而是作家在一定世界观指导之下对于客观社会生活的选择、提炼、加工、描写。所以，一部文艺作品的倾向不是表现于写什么，而是主要表现于怎样写。也就是说，作品的倾向并不表现于客观描写对象，而是主要表现于作家通过具体描写对客观对象所流露出来的爱憎褒贬、歌颂暴露的主观评价。因此，只要作家站在进步的立场之上，就可以在自己的作品中描写各个阶级的各种人物，而都能表现出"时代精神"。有的作家在自己的作品中着重描写革命阶级，通过对于他们的歌颂表现出"时代精神"。例如，梁斌在《红旗谱》中所写的朱老忠、柳青在《创业史》中所写的梁生宝等。同时，作家也可以把落后阶层、剥削阶级乃至反动阶级作为自己作品的主人公，通过对于他们的不同程度的批判来表现"时代精神"。例如，鲁迅在其名著《阿Q正传》中就为我们塑造了落后农民阿 Q 的典型形象。在这个阿 Q 身上，最突出的性格特征就是自欺欺人的精神胜利法。这种精神胜利法本身是一种消极因素，当然不能像某些同志所认为的那样可以体现出"时代精神"。但是，鲁迅通过阿 Q 的悲剧一生的形象描写，给予这种精神胜利法以空前深刻的揭露和批判。正是通过这种揭露和批判，表现了彻底的反帝反封建的时代精神。如果按照只有描写革命阶级才能表现"时代精神"的理论，像鲁迅的《阿 Q 正传》这样的具有国际影响的作品岂不是也没有表现"时代精神"而应否定？这显然是极其荒唐的！相反，如果作家的立场是反动的，那么，即便是以革命阶级为描写对象，也只能进行歪曲而不会表现出"时代精神"。例如，"四人帮"一伙炮制的《反击》《春苗》等作品，其主要描写对象江涛、田春苗尽管都挂着工人和贫下中农的牌号，但由于作者的反动立场所决定，使得这些人物都是名副其实的野心家和闹派人物。这种作品所表现的只是反动的精神，而决不是什么"时代精神"。

　　其次，"时代精神"不能通过孤立的个别事物表现，而只能通过典型环境表现。姚文元等人的"只有描写革命阶级才能表现时代精神"的看法恰恰就违背了这一观点，实际上是一种孤立的形而上学的理论。在这个问题上，周谷城先生当时对于姚文元的批判是十分尖锐而深刻的。周先生正确地指出，"统一整体"中的各个部分"不是彼此分立，各不相犯，而是互相联系着，互相依靠着，互相斗争着，互相制约着"。① 周先生所说的"联系、依靠、斗争、制约"在文艺作品中就表现为人物之间的关系，亦即社会环境。但周先生没有进一步看到不是一切的环境都能体现"时代精神"，

---

① 周谷城：《统一整体与分别反映》，《光明日报》1963 年 11 月 7 日。

而只有典型环境才能体现"时代精神",而所谓典型环境也是共性与个性的统一。这里所说的"共性"即是"时代精神",也就是符合历史发展必然要求的思想,而"个性"则是指作品中的具体环境。这就是说,所谓典型环境就是通过作品中的具体环境表现出符合历史发展必然要求的思想。这样,就能表现出时代精神。只要这样做了,即便在具体环境中不是以革命阶级作为主要人物,也可表现出"时代精神"。例如,茅盾的《子夜》,其主要笔墨就不是写的无产阶级,而是写的资产阶级代表人物吴荪甫、赵伯韬。但作者却通过作品中特定而具体的环境描写,正确地揭示了我国民族资产阶级的软弱地位和社会日益半殖民地化的必然趋势。因而,从一个侧面表现了我国新民主主义时期的"时代精神",相反,如果不能通过具体环境表现出符合历史发展必然要求的思想,即便在具体环境中所写的主要人物是无产阶级,但这种具体环境也不具典型意义,因而也就不能表现出"时代精神"。例如,众所周知的英国女作家哈克奈斯的小说《城市姑娘》,其中的主要人物都是伦敦东头的工人,但由于没有表现出工人阶级反抗斗争的历史必然趋势而不具典型意义,当然也就不能表现出"时代精神",并因而受到了恩格斯的批评。我们可以这样设想:如果哈克奈斯通过伦敦东头的具体环境的描写正确地表现出整个工人阶级的觉醒对这个特殊角落的影响,不是也会具有典型意义而从一个侧面表现出"时代精神"吗?

总之,姚文元等人认为"只有描写革命阶级才能表现时代精神"的荒谬观点对于文艺创作的危害是极大的。它完全否定了作家深入生活和改造世界观的必要,因为,依照这种观点,只要描写革命阶级就可表现"时代精神",哪里还需要深入生活和改造世界观呢?其结果就使文艺创作完全从抽象的政治概念出发,或者使作品变成图解式的"时代精神"的号筒,或者更为严重的是使作品变成狂热宣传反革命思想的工具。同时,这种理论对于文艺作品所描写的具体环境也必然是一个很大的限制,使得作家只能描写以革命阶级为主角的具体环境,从而使文艺创作的题材变得越来越狭窄。

寓思想于形象①

任何文艺作品都是要表现一定的思想观点的,这是文艺同其他一切意识形态的共同之处。但文艺又是以形象来表现思想观点的,这是文艺的特性,是其不同于其他意识形态之处。正如俄国伟大的民主主义理论家别林斯基所说,"艺术首先应该是艺术,然后才能成为某一时代社会精神和倾向的表现……"②。这就深刻地揭示了思想必须通过艺术形象表现的客观规律。我们只有遵循这一客观规律才能真正发挥革命文艺的战斗作用。文艺的这种寓思想于形象的特性,具体说来,有这样相互紧密联系的两个方面:

第一,文艺所表现的思想侧重于一定阶级的感情。

文艺作品的思想观点是通过对形象的主观评价来表现的。而形象却是个别的,具体的,所以,文艺这种主观评价就不能是肯定或否定的判断式的理论评价,而只能是爱憎褒贬的感情评价。这样,文艺的思想性就只能是侧重于一定阶级的感情方面了。例如,话剧《于无声处》的思想倾向就是明显地表现为对梅林、欧阳平与何是非等具体的艺术形象的爱憎褒贬的感情评价。作者通

①原载《山东文学》1980 年第 4 期。
②转引自朱光潜《西方美学史》下卷,人民文学出版社 1963 年版,第 606 页。

过梅林、欧阳平与何是非在对待敬爱的周总理、丙辰清明天安门事件以及"四人帮"等一系列重大问题上不同态度的描写,鲜明地表现了对优秀共产党人梅林母子深厚的爱、对新时期叛徒何是非满腔的恨。尤其是作者在话剧的结尾处,匠心独运地安排了"空中迸出一声惊天动地的炸雷",何是非则恐惧万状地缩在角落里战栗。这一声惊雷,就是作者对何是非的无比憎恶、唾弃的感情评价。在这里,作者没有站出来肯定什么否定什么,但爱憎褒贬却是那样鲜明、强烈。这种集中的无产阶级感情评价所产生的艺术力量,远远胜过对何是非一百句一千句的声讨。

当然,我们所说的文艺所表现的思想侧重于一定阶级的感情,并不是说只有感性的内容而无理性的内容。感性同感情不是一个概念。感情可以有直觉式的感性的感情,也可有深入到事物本质的理性的感情。文艺所表现的感情,不是前者而是后者。文艺的这种深入到事物本质的理性的感情,是情与理的统一,是寓理于情。请看,在话剧《于无声处》中,不是通过对梅林母子与何是非的爱憎褒贬,蕴含着一切反动派决不能永远欺骗人民的深刻哲理吗?

但我们的许多作者则常常是离开了情来表现理,放弃了对于形象的爱憎褒贬的感情评价,而搞什么判断式的理论评价。这样,作品所表现的"理"就失去了感情的根基,作品就决不会给人以艺术感染的力量。其实,形象与感情从来都是血肉相连的孪生兄弟,是密不可分的。丢掉了感情,也就丢掉了形象,所表现的思想观点也就没有了艺术上的实际意义。正因为如此,我们完全可以把别林斯基关于没有感情就没有诗的名言改成没有感情就没有文艺,文艺若没有感情,实际上也就没有文艺的思想性。

　　第二,文艺是以间接流露的方式来表现思想的。

　　由于文艺是通过形象来表现思想的,因而,它的思想的表现就不是直接的而是间接的。因为,所谓形象乃是个别的具体的活生生的生活图画。在这样的生活图画之中,没有给作者留下插足其间直接陈述其思想观点的位置,但却给作者提供了通过形象的描写间接表现其思想倾向的无限广阔的天地。这里所说的形象的描写除了题材的选择,亦即"写什么"之外,主要是指"怎样写",亦即人物的塑造和情节的提炼等。作家主要通过这种"怎样写"来表现自己对于所写事物的评价。这就是恩格斯所说的,倾向不要特别地说出来,而要从场面和情节中自然而然地流露出来。例如,《红楼梦》写林黛玉之死,作者表现了自己对于封建统治者的满腔悲愤之情。但自始至终,作者都没有直接说出"悲愤"二字,而是通过气氛的对比,环境的渲染与人物的刻画等形象描写的手段间接地流露出来。从气氛的对比来看,先写宝玉那里是鼓乐齐鸣,十二对宫灯并着进来,显得既热闹又新鲜别致。而黛玉那里,却只有几个丫头伴着奄奄一息的病人,显得冷冷清清。这实际上是以"热"反衬出"冷",在无言中表现了作者的感情天平是完全倾向于孤独冷清之中的黛玉的。从环境渲染上看,写探春、李纨等出院,唯见"竹梢风动,月影移墙"。这完全用的是中国古典诗歌以动衬静的手法,用竹梢的微微摆动,月影在墙上的慢慢转移衬托出院中死一般的沉寂,突出地表现了一片凄凉之情。从人物刻画来看,作者错落有致、层层递进地描写了黛玉的知情、迷性、病发、焚稿。特别是对她临终时的描写,以"宝玉,宝玉,你好"六字作结,就更是寓倾向于描写的妙笔。用评诗的语言说,真是一个"好"字境界全出。这个"好"字是反语,说明黛玉认为宝玉、贾母等人已坏到极点,无更合适的词表达,因而反说一个"好"。它是恨语，是对宝玉及封建统治者们恨到顶端的表现。当然，这个"好"字也寄寓了作者对于封建叛逆者黛玉的深厚同情，对于封建统治者的无比怨恨。就是这样，作者虽没有直接说出"悲愤"二字，但悲愤之情却充溢于客观描写的字里行间，蕴含在形象的刻画之中。这就更生动有力地表现了作者的思想倾向。

但我们的许多作者却不是通过形象的描写使思想倾向间接地流露出来，而是借助于议论将思想观点直接地说出来。林彪、"四人帮"统治文坛时期，这种情形更为普遍。在当时上海，出了一部理论论述完全淹没了形象的不三不四的怪物——《虹南作战史》，这部"小说"居然得到了某些人的大肆吹捧。于是，一时间文艺作品中议论成风，形象的描写几乎丧失殆尽。直到今天，这种直述式的文艺作品仍未绝迹，并且还继续得到某些人的首肯与鼓吹。肯定的理由无非是思想倾向如何鲜明。的确，这类作品中的思想倾向倒是有的，但艺术的特性却没有了。为此，我们有必要重申：首先应该重视文艺的形象性！因为，文艺的思想性只能通过形象的描写间接地流露出来，这是唯一的途径，其他任何的"捷径"都是对文艺特性的背离。

敬爱的周总理早在"文化大革命"前就曾十分深刻地批判了那种否定文艺特性的恶劣倾向。他说："文艺为政治服务，要通过形象，通过形象思维才能把思想表现出来。无论是音乐语言，还是绘画语言，都要通过形象、典型来表现，没有了形象，文艺本身就不存在，本身都没有了，还使什么为政治服务呢？"①重温周总理的指示，真是倍感亲切，仿佛觉得这段话不是在十余年前说

①《周恩来论文艺》，人民文学出版社1979年版，第91页。

的,而是针对当前的现实说的。总之,我们既要重视文艺的思想性,又要重视文艺的形象性,要很好地将两者有机地结合起来,寓思想于形象,做到政治与艺术的高度统一,使我们的文艺在实现四个现代化的伟大长征中,发挥更大的鼓舞教育人民群众的作用!

文艺与政治是平等的
兄弟关系吗?①

——也谈文艺与政治的关系

李广鼐同志的《文学不做政治的奴婢》②一文,提出了一个在创作和评论中经常出现的问题,那就是如果一篇作品的题旨同某项政策或指示不符,作者、编者或评论者应怎样对待。这是个值得讨论的问题。李广鼐同志认为,"我们的政治和文学应该是互相促进的两兄弟",应该"把文学和政治放在一个平等的位置上"③。这种文艺与政治的"平等"说或"平行"说,由来已久。最近一段时间内,首先由王若望同志于 1980 年初在《文艺研究》的一篇文章中提出。在去年 8 月上旬,在庐山召开的"全国高等学校文艺理论学术讨论会"上,又有不少同志重申了这一观点。我是不同意这一观点的。我的看法是,文艺与政治既不是"主从"关系,也不是"平等的兄弟关系"。我认为,在"两为"总口号的前提下,文艺为政治服务仍然是其主要的社会功能之一,不能忽视。由于这一问题涉及的面很多,因而只能简要地从如下三个方面阐

---

① 原载《山东文学》1981 年第 3 期。
② 李广鼐:《文学不做政治的奴婢》,《山东文学》1981 年第 1 期。
③ 李广鼐:《文学不做政治的奴婢》,《山东文学》1981 年第 1 期。

明自己的观点。

一、从文艺与政治的社会地位来看，文艺和政治绝不是"平等""兄弟"关系。马克思主义关于这一方面的论述很多，但概括起来无非包含这样三个方面的含义：经济基础决定上层建筑、上层建筑反作用于经济基础，及上层建筑各个部分之间的相互影响。其中，上层建筑各个部分之间相互影响这一个方面过去常常被人们所忘记，但却是我们用以说明政治与文艺不是平等的关系的理论根据。恩格斯在晚年，在《路德维希·费尔巴哈和德国古典哲学的终结》与1890年《致康·施米特》的信中作了明确的阐述。1921年，列宁在同托洛茨基辩论时又提出了"政治是经济的集中表现"的著名命题。根据恩格斯和列宁的这些论述，可以得出如下结论：第一，哲学、文艺等意识形态比政治法律制度更抽象，因而距离反映物质关系的经济基础更远，而政治法律制度则是经济基础的集中表现、直接反映；第二，哲学、文艺等意识形态与经济基础的关系是模糊的、间接的，是要经过一些中间环节的，这些中间环节就是政治；第三，经济基础对于哲学、文艺等意识形态的支配作用不是直接的，而是必须通过政治。因此，尽管决定哲学、文艺等意识形态的终极原因是经济，但作为直接的原因则是政治。这就说明，从理论上看，简单地把文艺与政治说成是平等的兄弟关系恐怕是有悖于马克思主义关于经济基础与上层建筑关系的基本原理。

二、从各个阶级对文艺的要求看，任何阶级都无例外地要求文艺为本阶级的政治利益服务。各个阶级要求文艺为本阶级的政治利益服务，这在文艺史上是一个规律。翻开文艺史，可以说，其例俯拾皆是。例如，我国先秦时期最著名的思想家、教育家孔丘就提出了"思无邪"和"兴观群怨"的文学主张，要求一切文学作品都要符合他的"仁""礼"的要求,并能起到教育群众,团结群众和改善政治的作用。我国唐代的著名诗人白居易则有"文章合为时而著,歌诗合为事而作"的理论主张。在西方,其最著名的理论家之一柏拉图就非常强调"教化"说。当然,这些理论本身的优劣尚待研究。但却说明了一切阶级无不要求文艺为其政治利益服务。我们无产阶级和革命人民当然也要求文艺为我们的政治利益服务。在这个问题上,我们不同于其他没落阶级之处是公开地提出这一点,强调文艺自觉地为无产阶级和广大人民的政治利益服务。远的从巴黎公社文艺、苏联早期以高尔基为代表的无产阶级文艺,近的从我国现代无产阶级文学运动、建国后的社会主义文艺及打倒"四人帮"后的为"四化"服务的文艺,无不如此。而且,一切阶级对于违背自己政治利益的文艺都要进行干涉,只不过是方式不同而已。封建阶级通过专制主义方式。资产阶级则通过其有条件和有限度的资产阶级民主的方式。我们无产阶级则通过贯彻"双百"方针,在竞赛和有说服力的文艺批评中扶植社会主义新文艺、抵制腐朽的封建主义资本主义文艺。目前,在健康发展的文艺主流中就有极个别的作品在内容和形式上都存在低级、庸俗和不健康的因素,这都是应该引起我们注意的。

三、从作家的创作动机看,不论是自觉或不自觉、明显或不明显,但都是有一定的政治目的的。文艺是人类对于客观世界的一种特殊的认识,马克思主义的革命的能动的反映论告诉我们,人类认识世界本身不是目的,目的还在于改造世界。因而,作家创作的目的决不单纯地是为了自娱和娱人,而主要是为了通过艺术形象表达出某种观点、见解和感情,借以说服读者或观众。当然,正如别林斯基所说,这种说服是通过形象的显示,而不是像理论

那样通过逻辑证明,但仍然是为了说服①。这种"说服"主要依靠
作品通过形象所表现的思想性。而这种思想性就是作家的政治
目的和政治动机的体现。例如,短篇小说《班主任》所塑造的谢惠
敏的形象之所以具有如此巨大的教育意义,其主要原因就是作者
自觉地要求自己"写出'四人帮'给我们教育战线造成的'内
伤'"②。而话剧《丹心谱》之所以具有如此强烈的艺术感染力量,
其主要原因就在于作者怀抱着"歌颂一片丹心为人民的周总
理"③的满腔激情。当然,由于历史的局限性,在长期的文艺史
上,许多作家对其政治目的的表现是不自觉的,但不自觉并不等
于没有。而且,也由于题材与体裁的原因,有些作品对于政治内
容的表现非常隐晦。例如,山水诗、花鸟画,是以无政治色彩的山
水、花鸟等自然现象为其描写对象,在内容上侧重于表现对象的
美,甚至是形式美。因而这类作品中的政治含义不太明显,甚至
难以把握。但决非"有些文学样式可以脱离政治而单独存在"④。
因为,即便是这类山水诗、花鸟画,也必然同作者的政治目的或情
绪有着某种联系。作者在对客观自然的描摹中,仍然寄寓着自己
的某种感情,即所谓"情景交融""寓情于景",因此,尽管从单个的
齐白石的虾、徐悲鸿的马和李可染的山水画中也许不能立即分析
出明显的政治倾向。但从他们一个时期作品的总体看,不仅会渗
透着某种明显的审美趣味,而且还会倾注着对于政治生活的某种

---

① 《外国理论家、作家论形象思维》,中国社会科学出版社 1979 年版,第
　79 页。
② 参见《北京文艺》1978 年第 6 期。
③ 参见《人民戏剧》1978 年第 5 期。
④ 李广鼐:《文学不做政治的奴婢》,《山东文学》1981 年第 1 期。

独特的感受。

　　这里还要回到李广鼐同志在文章开始时所提出的问题,那就是一旦作家所写作品的题旨同党的某项政策或指示不一致怎么办? 李广鼐同志认为,"不能用现实的政治观点代替自己对生活的认识和分析"①。这样把政治和作家对生活的认识和分析对立起来,显然是不妥当的。而实际上,从总的方面来讲,政治作为人民利益的集中表现,是与生活一致的,是在广泛深入地总结生活斗争的基础上形成的。而个人的生活及在此基础上形成的认识有时具有普遍意义,有时则带有局部性和偶然性。因而,当一部作品的题旨同某项政策或指示相矛盾时,还是应该从总的政治利益考虑。

　　上面谈了自己对于文艺与政治关系的粗浅看法,目的是试图引起对这一问题的深入讨论,并进一步求教于文艺界的同志们。

---

① 李广鼐:《文学不做政治的奴婢》,《山东文学》1981年第1期。

毛泽东同志论艺术典型化①

毛泽东同志关于艺术典型化的理论，是他关于文艺与生活关系理论的重要方面，是对马克思、恩格斯、列宁的艺术典型论的继承、丰富和发展。建国以来，许多同志对这一理论作了精辟的研究。但也经历了"四人帮"对它的一系列歪曲。近年来，也有个别同志对其中的某些观点提出了疑义。因此结合毛泽东同志的有关著作，特别是结合邓小平同志有关文艺的论述，对其进行全面准确的阐发就是十分必要的了。

一

艺术典型化，是美学和文艺理论中的重要课题。它所研究的对象，是由生活到艺术的创作过程。对此，马克思、恩格斯、列宁都有过论述。恩格斯在其著名的《致玛·哈克奈斯》的信中提出："据我看来，现实主义的意思是，除细节的真实外，还要真实地再现典型环境中的典型人物。"②他还在另一封《致敏·考茨基》的

---

① 原载《文苑纵横谈》9，山东人民出版社 1984 年版。
② 恩格斯：《致玛格丽特·哈克奈斯》，《马克思恩格斯全集》第 37 卷，人民出版社 1971 年版，第 41、42 页。

信中指出，"每个人都是典型，但同时又是一定的单个人，正如黑格尔所说的，是一个'这个'"①。列宁也在著名的《列夫托尔斯泰是俄国革命的镜子》的论文中提出："如果我们看到的是一位真正伟大的艺术家，那么他就一定会在自己的作品中至少反映出革命的某些本质的方面。"②他还在《给印涅萨·阿尔曼》的信中认为："在小说里全部的关键在个别的环节，在于分析这些典型的性格和心理。"

毛泽东同志的艺术典型化的理论是1942年《在延安文艺座谈会上的讲话》（以下简称《讲话》）中提出的。它是在深刻总结我国革命文艺运动的基础上，对马、恩、列的艺术典型论的继承和发展，使其成为毛泽东文艺思想体系的不可分割的组成部分。这一理论以毛泽东同志发展了的马克思主义实践论和矛盾论为理论基础，以文艺为人民服务为出发点和落脚点，以达到六个"更"字的艺术美为核心，形成了一系列崭新的观点。由于在马恩和列宁所处的时代，无产阶级文艺尚处于萌芽和发展的初期，因此难以提出较系统的无产阶级文艺的典型化的理论。而这一历史的重担则由毛泽东同志承担了起来。他紧密结合中国无产阶级文艺运动的经验，使这一理论较为系统，日趋成熟。

二

毛泽东同志的艺术典型化理论，首先是建立在马克思主义的

①恩格斯：《致敏·考茨基》，《马克思恩格斯选集》第4卷，人民出版社1972年版，第453页。
②《列宁选集》第2卷，人民出版社1962年版，第369页。

唯物论的反映论的基础之上的。按照唯物论的反映论,人类的一切认识(包括文艺)都是客观世界的反映,概莫能外。由此,毛泽东同志在《讲话》中指出:"一切种类的文学艺术的源泉究竟是从何而来的呢?作为观念形态的文艺作品,都是一定的社会生活在人类头脑中的反映的产物。"又说:"这是唯一的源泉,因为只能有这样的源泉,此外不能有第二个源泉。"①这就充分肯定了客观的社会生活是文艺创作,当然也是典型创造的唯一基础。这就将唯物主义的艺术典型论同形形色色的唯心主义的艺术典型论划清了界限。因为,在美学史和文艺理论史上,唯心主义者是一直否定艺术典型创造的现实生活的基础的。不仅有过黑格尔以超验的"绝对理念"作为艺术典型化的基础,而且弗洛伊德的现代精神分析学派竟然完全脱离现实,以"梦幻"作为文艺创作的源泉。因此,艺术典型创造的源泉或基础问题,就是承认物质第一性还是承认意识第一性的问题,成为划分唯物主义与唯心主义的最基本的前提。毛泽东同志的艺术典型化理论在这一最基本的问题上是坚定地站在唯物主义一边的。

　　提出客观社会生活是艺术典型创造的唯一基础,还进一步解决了在艺术典型化中到底是从个别性出发还是从普遍性出发的问题。本来,在唯物辩证法看来,个别性与普遍性的关系问题从来就是事物矛盾问题的精髓。毛泽东同志认为,"不懂得它,就等于抛弃了辩证法"②。在艺术典型化问题上同样碰到了这样的问题。在美学史和文艺理论史上,就曾发生过歌德与席勒关于典型

①《毛泽东选集》第三卷,人民出版社1966年版,第817页。
②毛泽东:《矛盾论》,《毛泽东选集》第一卷,人民出版社1966年版,第295页。

创造是从个别出发还是从一般出发的著名争论。歌德曾在《关于艺术家的格言和感想》中记录了这一争论。他说：

> 我和席勒的关系建立在两人的明确方向都在同一个目的上，我们的活动是共同的，但是我们设法达到目的所用的手段却不相同。

> 我们过去曾谈到一种微细的分歧，席勒的通信中有一段又提醒我想起这个分歧，我现在提出以下的看法。

> 诗人究竟是为一般而找特殊，还是在特殊中显出一般，这中间有一个很大的分别。由第一种程序产生出寓意诗，其中特殊只作为一个例证或典范才有价值。但是第二种程序才特别适宜于诗的本质，它表现出一种特殊，并不想到或明指到一般。谁若是生动地把握住这特殊，谁就会同时获得一般而当时却意识不到，或只是到事后才意识到。①

这样的争论实际上直到几百年后的今天仍然没有结束。"四人帮"一伙不是提出了"主题先行"的荒谬命题吗？今天，不是还有人鼓吹什么从"自我"出发吗？而公式化、概念化的作品就从来未曾绝迹。凡此种种，都恰恰是违背了毛泽东同志关于客观社会生活是文艺创作的唯一源泉、艺术典型化的唯一基础的重要思想。其实，只要坚持上述基本观点，就必然承认艺术典型化必须由活生生的个别的现实事物出发，而在具体的艺术典型中也必须以个别性为基础。试问，作为以像似生活的艺术形象为反映生活的手段的文艺，离开了个别性还有什么存在的余地？！这就正如几千年前亚里士多德批判他的老师柏拉图的唯心主义的"理念

---

① 转引自朱光潜《西方美学史》下卷，人民文学出版社1963年版，第415—416页。

论"时所问,难道在个别的房子之外,还有一个作为"单独的个体"的普遍的房子吗? 由此说明,将普遍与个别"分离",并否定个别是普遍的基础,同样是文艺上的唯心主义的重要特征之一。

上述观点应该说是马克思主义一贯的基本观点,毛泽东同志在这一方面的杰出贡献在于首次提出了革命文艺的艺术典型创造应以人民生活作为基础和出发点。他在《讲话》中明确指出:"革命的文艺,则是人民生活在革命作家头脑中的反映的产物。"①这就特别地指出了革命文艺的典型创造的特点,在典型创造的源泉和基础的问题上划清了革命文艺与其他文艺的界限。这不论在当时,以及在今天都有着重要的意义。毛泽东同志的这一观点当然不仅指在题材上,革命文艺的典型创造首先应该从人民的生活与斗争中获取丰富的源泉,吸取无穷的营养。而且,更重要的是从艺术典型创作的目的和革命文艺家立场的角度提出问题。他极其严肃地告诉我们,革命文艺工作者的艺术典型创造,不是无目的的,也不是为少数人的,而是为着广大人民大众的,以反映人民生活为己任的,是承担着人民的忠实代言人的重大职责的。由此,毛泽东同志以其光辉的马克思主义实践论为指导,号召与要求广大革命文艺工作者长期地、无条件地深入到人民群众中去,观察、体验、研究、分析一切人,一切阶级,一切群众,一切生动的生活形式与斗争形式,一切文学和艺术的原始材料,"然后才有可能进入创作过程"②。这是毛泽东同志对马克思主义的艺术创造和艺术典型理论的重大发展,且有极大的理论的与实践的价值。邓小平同志在新的历史时期发展了这一重要思想,

①《毛泽东选集》第三卷,人民出版社1966年版,第817页。
②《毛泽东选集》第三卷,人民出版社1966年版,第817—818页。

《在中国文学艺术工作者第四次代表大会上的祝辞》中指出，"人民是文艺工作者的母亲。一切进步文艺工作者的生命，就在于他们同人民之间的血肉联系。忘记、忽略或是割断这种联系，艺术生命就会枯竭"①。这是社会主义新文艺的典型创造的必由之途，我们每个革命文艺工作者必须牢牢谨记。

三

客观社会生活作为源泉或基础，只是艺术典型创造的前提，而其核心则是现实生活与艺术典型的关系问题。这实际上就是我们为什么需要探讨艺术典型及艺术典型的本质特性的问题。毛泽东同志在这个问题上的杰出贡献在于极其深刻而准确地将由生活到典型看作是由现实美到艺术美的过程，并将其具体内容概括为著名的六个"更"字。而且，毫不含糊地宣布：典型高于生活，艺术美高于现实美。他说："人类的社会生活虽是文学艺术的唯一源泉，虽是较之后者有不可比拟的生动丰富的内容，但是人民还是不满足于前者而要求后者。这是为什么呢？因为虽然两者都是美，但是文艺作品中反映出来的生活却可以而且应该比普通的实际生活更高，更强烈，更有集中性，更典型，更理想，因此就更带普遍性。"②这就进一步将马克思主义的辩证唯物主义的艺术典型论同机械直观的唯物主义典型论划清了界限。因为，机械直观的唯物主义文艺观也承认文艺是现实生活的反映。但他们认为这只不过是一种刻板的、机械直观的镜子式的映现，由此得

①《邓小平文选》第二卷，人民出版社1983年版，第183页。
②《毛泽东选集》第三卷，人民出版社1966年版，第818页。

出了生活高于艺术、现实高于典型的结论。车尔尼雪夫斯基虽然提出了"美是生活"的著名命题，但却以《艺术与现实的审美关系》的数万字的长篇论文论述了现实美高于艺术美。而在我国，也有吕正操等一些同志主张此种观点。

毛泽东同志在《讲话》中是旗帜鲜明地反对上述观点的，主张艺术高于生活、典型高于现实。他立论的根据就是革命的能动的反映论。他在著名的《实践论》中坚持了马克思主义关于人类不仅认识世界，而且改造世界的观点，并进一步认为，人类的一切认识也都只能通过改造世界的实践活动获得。而这里的所谓"改造""实践"就正是人类主观能动性和创造性的表现。毛泽东同志在《讲话》中明确地将文艺创作看作是一种"创造性的劳动"。这种"创造性的劳动"的特点就在于按照人类的理想将客观现实"改造"得更好，作为文艺创作来说就是"改造"得更美。正如马克思在《1844年经济学哲学手稿》中所说，"人也按照美的规律来建造"。正是从这样的意义上，毛泽东同志在《讲话》中将艺术典型与艺术美放在同一逻辑层次之上。这就明确地告诉我们，文艺比生活、典型比现实更美。这正是人类在客观现实生活之外还需要文艺的根本原因。请问那些主张现实高于文艺的人们，既然现实高于文艺，那么还要创作文艺干什么呢?! 这就正如黑格尔在辛辣地讽刺"妙肖自然"的理论家们时所说，如果文艺仅仅是"妙肖自然"，那文艺创作就完全是一种"多余的费力"，还不如亲自去看一看原来的现实生活。著名的无产阶级作家高尔基也是主张文艺高于现实的，他说:"我不是自然主义者，我主张文艺高于现实，能够稍稍居高临下地去看现实，因为文学的任务不仅在于反映现实。光描写现存的事物还不够，还必须记住我们所希望的和可能产生的事物，必须使现象典型化，应该把微小而有代表的事物写成重大的和典型的事物——这就是文学的任务。"①

　　毛泽东同志深刻地以著名的六个"更"字概括了艺术高于生活、典型比现实更美的原因。有的同志对这六个"更"字一一作了明确地解释，似乎难以贴切准确。实际上，这正是同自然形态的、粗糙的、原始的生活相比较而言的。如果硬要做出明确地解释，我认为这六个"更"字就是指艺术典型所包含的反映本质、合规律、合目的、具有强烈感情的极为丰富的"真、善、美"高度统一的内容。这也正是艺术美所包含的内容，是典型高于现实、艺术美高于生活美的根本原因。毛泽东同志认为，正是由于艺术典型同生活相比具有这样的特性，所以才能"使人民群众惊醒起来，感奋起来"。这里所谓的"惊醒""感奋"就是艺术典型特有的熏陶感染的美感教育作用，是其强有力的社会效果的表现。这就为我们每一个革命文艺工作者在艺术上指明了所要达到的目标。

四

　　既然艺术典型具有这样强大的社会效果，那么，我们怎样才能将它创造出来呢？毛泽东同志在《讲话》中指出了"把这种日常现象集中起来"的艺术概括的具体途径。当然，由于《讲话》的主旨在于阐述党的文艺方针，因此在涉及具体文艺创作过程的这一部分讲得比较简略。但我们从他在《讲话》中要求"创造出各种各样的人物来"可知，他所讲的"集中"就是指以人物形象作为主要手段的艺术概括。结合毛泽东同志《矛盾论》中的有关观点，要求

---

① ［苏］高尔基：《和青年作家谈话》，《文学论文选》，人民文学出版社 1958 年版，第 307 页。

对于任何事物都要找出其内在的特殊矛盾才能把握其本质。据此,我们认为艺术典型化所要解决的特殊矛盾就是感性与理性、个性与共性之间的矛盾。因为,它所凭借的手段是形象,在艺术典型化的整个过程中始终不离开具体可感的形象。因此,典型化中艺术概括的过程就是感性化与理性化、个性化与共性化同时进行的过程。最后形成的艺术典型就是感性与理性、个性与共性的直接统一、互相渗透为整体。这正如有的同志所比喻的那样,"就像把群山粉碎而又重新塑造出来,而且塑造得更雄浑,更和谐,却又几乎看不出人工的痕迹"。只有这样,艺术典型性才能具有上述艺术美的六个"更"字的特性,产生使人民"惊醒""感奋"的巨大作用。

在相当长的一段时间内,对于经过这样的艺术概括所创造出来的艺术典型所包含的具体内容、特别是对所谓"共性",分歧较大。有的认为是"阶级性",有的认为是"社会本质",有的认为是"人性",如此等等。关于这个问题,毛泽东同志没有作明确地回答,只在批评"人性论"时认为"在阶级社会里就是只有带着阶级性的人性,而没有什么超阶级的人性"。对于人性的这种回答当然有其时代的原因。而从实际情形来看,艺术典型所概括的内容是极其广泛的。在这里,可借用黑格尔的一句话来表达。他说:"每一个人都是一个整体,本身就是一个世界,每个人都是一个完满的有生气的人,而不是某种孤立的性格特征的寓言式的抽象品。"① 由此可见,在艺术典型(包括共性)之中当然包括"阶级牲""社会本质"等内容,但决不止此。而是还包括着人的其他一切特性,"知、情、意""七情六欲"等各个方面,丰富多彩,千差万别,决

———————————

① [德]黑格尔:《美学》第1卷,朱光潜译,商务印书馆1981年版,第303页。

不能用一个公式去框,一个模子去套。当然,所谓"抽象的人性",那是根本不存在的。至于艺术典型所概括的范围,总的可分为概括阶级的特征、时代的特征和人类的某种共同社会特征这样三种类型,三个层次。但一般地来说,任何成功的艺术典型都多少超出本阶级的范围而概括出时代的和人类的某种共同社会特征,从而走出自己的生活圈子,乃至于对任何的时代都具有永久的魅力。例如,阿 Q 的精神胜利法,奥勃洛摩夫的懒散,乃至于武松的义气,无产阶级英雄江姐的宁死不屈,虽然都各有其特定的阶级含义,但作为概括的广度和深度来说,不是远远超出其本阶级的范围,而对不同时代、不同阶级的许多人都同样具有感染作用吗?高尔基说:"在这些人物身上,从历史的观点正确地反映出时代,在每个人物身上明显地表现出他的阶级的和'职业的'特征,他们远远的走出时代的范围以外,同时一直活到我们今日,就是说,他们已经不是性格,而是典型。"①

　　在这里,我们要特别指出的是,毛泽东同志还同一切辩证法大师一样,将其矛盾冲突的理论渗透于一切事物和一切领域。在艺术典型化当中,他也特别地强调了矛盾和斗争的典型化问题。这是艺术典型化的一个重要课题,是毛泽东同志对马克思主义的艺术典型论的又一杰出贡献。唯心主义的辩证法大师黑格尔曾经把矛盾冲突作为他的艺术典型化的中心环节。但其矛盾冲突的动力却是"绝对理念",因而是唯心的,当然也不免是荒谬的。但毛泽东同志的矛盾冲突说却是奠定在唯物主义的基础之上的。他的艺术典型化中矛盾冲突的典型化完全是以现实生活中的矛盾为基础与动力的,因而同黑格尔的矛盾冲突说在思想体系上截

---

① [苏]高尔基:《论剧本》,《剧本》1953 年 9 月号,第 77—78 页。

然不同。但恰恰由于特别强调了矛盾斗争的典型化问题,才使其艺术典型化理论放出了异彩。因为,感性与理性、个性与共性的真正统一,只有通过矛盾冲突的典型化才能实现。只有在矛盾冲突中感性与理性、个性与共性才能通过矛盾的否定达到真正的统一,人物也才会展示出性格的历史,典型化才成为一个立体式的过程。这样创造出来的人物才能站立起来,呼之欲出。因此,我们认为毛泽东同志的艺术典型论在其《矛盾论》对立统一规律的指导下同样具有巨大的历史感。这正是我们今天特别要珍视并加以研究、继承、发扬之处。

五

毛泽东同志的艺术典型化理论还包含着一个极其重要的内容,就是关于塑造新的无产阶级英雄典型的问题。这是毛泽东同志对马克思主义艺术典型化理论的又一重大贡献。众所周知,马克思恩格斯时期,由于无产阶级尚处于被压迫的地位,因此,他们只能愤慨地斥责当时某些小资产阶级作家"只歌颂各种各样的'小人物',然而并不歌颂倔强的、叱咤风云的革命的无产者"[1]。同时,要求将工人阶级的叛逆的反抗"应当在现实主义领域内占有自己的地位"[2]。但毛泽东同志所处的时代却是无产阶级夺取政权的时代。在他发表《讲话》之时,不仅苏联无产阶级已经有了

---

[1] 恩格斯:《诗歌和散文中的德国社会主义》,《马克思恩格斯全集》第4卷,人民出版社1958年版,第224页。

[2] 恩格斯:《致玛哈克奈斯》,《马克思恩格斯选集》第4卷,人民出版社1972年版,第462页。

二十多年的掌握政权的历史,而且在我国以延安为中心的革命根据地,工人阶级和广大人民群众也已当家做了主人。正是基于这样的历史条件,毛泽东同志在《讲话》中明确要求革命文艺工作者努力表现"新的人物,新的世界",并且认为这是一个如何正确认识时代的历史唯物主义的"根本问题"。这就将表现新的人物、塑造无产阶级英雄典型的问题提到了历史唯物主义的高度加以认识。因为,这些新的无产阶级英雄典型反映了时代发展的必然趋势,在他们身上不仅凝聚着合规律的真,而且反映了人类理想的善,是社会美的集中表现。而且,对于具体的文艺家来说,毛泽东同志还将是否塑造和歌颂无产阶级英雄典型问题提到了"为什么人服务"的根本立场的高度。他说:"你是资产阶级文艺家,你就不歌颂无产阶级而歌颂资产阶级;你是无产阶级文艺家,你就不歌颂资产阶级而歌颂无产阶级和劳动人民;二者必居其一。"①问题也的确如毛泽东同志所说的那样壁垒分明,塑造与歌颂哪个阶级的英雄典型的问题从来都同文艺家的立场、观点紧密相关。这样,毛泽东同志从文艺的源泉出发要求革命文艺工作者从"人民生活"中吸取艺术典型创造的丰富题材,最后又提出塑造哪个阶级的英雄典型的严肃问题,将他的艺术典型论重又归结到文艺为人民这一根本问题之上。

在新的历史时期,邓小平同志继承和发展毛泽东同志塑造无产阶级英雄典型的基本观点,在《祝辞》中提出了描写和塑造社会主义新人的重大课题。他说:"我们的文艺,应当在描写和培养社会主义新人方面付出更大的努力,取得更丰硕的成果。"又说:"要通过这些新的人物形象,来激发广大群众的社会主义积极性;推

①《毛泽东选集》第三卷,人民出版社1966年版,第829页。

动他们从事四个现代化建设的历史性创造活动。"①邓小平同志的上述意见反映了社会主义"四化"建设的新的历史时期对文艺的根本要求,也反映了我们党的实现共产主义事业的伟大奋斗目标对文艺的根本要求。因为,我们伟大的社会主义事业不仅要创造极大丰富的物质财富,而且要培养一代具有共产主义觉悟的社会主义新人。这样,我们无数革命先烈为之奋斗终生的伟大共产主义事业才得以代代相传。因此,我们今天学习研究毛泽东同志关于艺术典型化的理论,最重要的现实意义就是按照邓小平同志在《祝辞》中的要求,以极大的政治责任感和革命热情,努力深入生活,为塑造出千姿百态、光彩夺目的"四化"建设的新人形象而努力,使社会主义文艺发挥出更大的推动"四化"发展的巨大作用。

恩格斯在1893年为《共产党宣言》所作的序言中认为意大利诗人但丁的出现宣告了封建中世纪的终结和现代资本生义纪元的开端,并预期着:"一个新的但丁来宣告这个无产阶级新纪元的诞生。"我们坚信,继高尔基与鲁迅之后,一定会有更多的新的伟大革命文艺家以自己的彩笔为社会主义新人的画廊增添新的光辉,给广大人民以巨大的激励、鼓舞和教育,并以此证明社会主义事业的不断发展和共产主义事业的一定胜利!

---

①《邓小平文选》第二卷,人民出版社1983年版,第210页。

审美心理过程初探^①

有人说，审美心理是一个认识的过程，有人则说是一个下意识的本能欲求过程。对于以上两说，我都持疑义。我认为，审美心理是一个审美的情感体验与审美的理性评价直接统一的过程。

一、审美体验的过程

审美体验是一种不同于生理活动、认识活动与道德活动的特殊的审美活动。它同任何心理活动一样，表现为层次分明的、由低到高逐步发展的过程。只是它由始至终都贯穿着肯定性的情感体验，而且不离开具体可感的形象。其具体过程，大体可作如下描述：

1. 审美感知是审美体验的开始

所谓审美体验，首先是一种基于感受的、对于对象的遭遇和情感的亲身体会，因此任何审美都是由感官对于审美对象的感受开始的。没有感受就没有审美。人们对于外界事物的感受凭借着眼、耳、鼻、舌、身等五种感官，并由此形成视、听、嗅、味、触等五种感觉。对于审美感受来说，在这五种感官中主要凭借

---

①原载《文学评论家》1985 年第 2 期。

眼、耳(即视、听)两种感官。车尔尼雪夫斯基认为:"美感是和听觉、视觉不可分离地结合在一起的,离开听觉、视觉,是不能设想的。"①这可以说是审美体验同生理快感与认识活动的重要区别之一。为什么会这样呢?那是因为,视、听器官是较高级的器官,同对象相隔距离较远,可以在一定的程度上超越生理需求对于对象进行高级的精神性的审美观照。而嗅、味、触等器官则属于较低级的感官,同对象距离较近,较多地局限于生理性的感受,而难以进行精神性的审美观照。当然,在审美的感知中尽管以视觉与听觉为主,但并不排斥其他感觉的参与。法国著名雕塑家罗丹在谈到他对古希腊雕塑"维纳斯"的审美感觉时说道:"抚摸这座像的时候,几乎会觉得是温暖的。"②而在对文学形象的审美感知时,则更多地需要调动各种感觉的经验。例如,著名的革命小说《红岩》描写国民党特务严刑审讯女共产党员江姐,将她倒吊在屋梁上,用竹签一根根地对准她的指尖钉入。读到此处,我们就不仅要调动自己的视觉、听觉,而且要调动自己的触觉,仿佛感到根根竹签插到了我们的手指之中,从而更深刻地感受到了江姐在酷刑下的肉体痛苦和她那超凡的、坚韧不拔的意志力量。

　　正因为审美体验开始于审美感知,并且是一种肯定性的情感体验,所以,在审美体验中尽管不以生理快感为主要条件,但也要以生理快感为必要条件之一。当然,我们所说的审美感知中的生理快感并不是某种饮食男女之类的本能需要的满足,而主要是指

①北京大学哲学系美学教研室:《西方美学家论美和美感》,商务印书馆1980年版,第253页。

②《罗丹艺术论》,罗丹口述,葛塞尔记,沈琪译,人民美术出版社1978年版,第31页。

审美对象的外在形式能对感官（主要是视听器官）起到积极的作用，引起某种肯定性的快感。例如，对于音响来说，要引起审美的感知，总应是一种和谐的乐音而不是刺耳的噪声；对于色彩来说，也应是冷暖色搭配适宜，给视觉以肯定性的刺激，而不是光怪陆离。总之，审美对象首先应做到使人赏心悦目，这应该是在审美感知中导向肯定性的审美体验的一个不可或缺的条件。因此，在审美体验中，对象应该是符合形式美规律的又在感官上引起快感的。相反，那种违反平衡、对称、和谐等形式美规律的怪谲的色彩、刺耳的噪音、扭曲的形体，首先引起生理上的反感，因而不可能引起主体的肯定性的审美的情感体验。但审美体验也决不能停留在生理快感之上。它应在此前提下很快地朝前发展，导向更广阔的精神领域。因此，在审美的情感体验中常常是不自觉地忽略了、忘却了对象的形式美所引起的生理快感的因素。这种因素虽不占主要地位，但却是审美体验的生理方面的根据，是不容忽视的。

2. 审美联想是审美体验的发展

联想是一种记忆的形式，即所谓追忆。诗人艾青曾说："联想是由事物唤起的类似记忆；联想是经验与经验的呼应。"审美联想即是审美感知与以往的生活经验的某种联系。它是审美想象的前提之一，审美体验的一个不可缺少的环节。只有经过审美联想的环节，审美体验才能在感知的基础上进一步发展，从而使审美主体与审美对象之间进一步超越生理快感，发生更高级的精神性的审美关系。作为审美联想，有一个重要特点就是审美感知着重同情感记忆发生联系。目前，心理学界一般认为记忆分形象记忆、逻辑记忆、运动记忆与情感记忆四种。所谓情感记忆就是一种以情绪、情感为对象，通过人的情感体验而实现的识记、保持及复呈的过程。这就使审美体验更明显地区别于认识活动和道德活动。因为,在认识活动与道德活动中也常常要借助于联想的心理过程,但都并不主要同情感记忆相联系。审美联想中审美感知着重同情感记忆相联系的特点进一步加深了审美体验中的情感色彩。而在认识活动与道德活动中的联想,其感知一般只同逻辑记忆与形象记忆相联系,是客观事物真实映像的较准确的复现。这就是一种客观的"由此及彼"。而审美联想中情感记忆的复呈,却不是客观事物真实映像的准确的复现,而是打上了主观情感的印记、染上了情感色彩的某种主观性印象的复现。在审美联想中审美感知与情感记忆的这种必然联系的结果,一方面使审美体验中的情感色彩更为浓郁,另一方面也在不知不觉中使审美体验距离客观的真实的形象越来越远。

审美联想与一般联想一样,分接近联想、类似联想、对比联想与关系联想四种。接近联想是由经验与经验之间在时间与空间上的接近所引起的联想。类似联想是由经验之间性质相近引起的联想。对比联想是由经验之间相反的特点引起的联想。关系联想则是由经验之间某种从属、因果等特殊的关系而引起的联想。

3.审美想象是审美体验的深化

审美联想只不过是审美感知中获得的新信息与以往的审美经验中信息的往复交流,所起的作用只是对审美感知在量上加以扩展。从主体方面来说,审美联想还是一种自发的、散漫的、较被动的、有时是无意识的心理活动。而审美想象则是在审美联想基础上的一种有目的、有定向性的、意识性的、更加积极主动的心理活动。此时,审美主体已不是局限于审美联想中对审美感知的量的扩展,而是经过大脑的加工、改造、以各种新旧信息为材料,创造出一种新的形象。所以，审美想象是一种新的形象的创造，是审美的情感体验从质上向深度的发展。其实，从心理学的角度看，任何想象都是在原有形象的基础上的一种新的形象的创造，是人特有的创造能力的表现。"想象"一词源出于《韩非子·解老篇》："人希见生象也，而得死象之骨，案其图以想象其生也。故诸人之所以意想者，皆谓之象也。"可见，"想象"的原义就是在死象之骨的基础上想其生时之象。作为审美想象则是在审美感知和审美联想所提供的形象的基础上创造出一种崭新的、饱蘸着审美者主观印记的形象的过程。黑格尔将审美想象比作一座冶炼炉，通过这个炉子可以把感性、理性与情感熔铸成崭新的形象。他说："艺术家必须是创造者，他必须在他的想象里把感发他的那种意蕴，对适当形式的知识，以及他的深刻的感觉和基本的情感都熔于一炉，从这里塑造他所要塑造的形象。"①一般来说，任何创造性的活动都是要经过"想象"这一心理过程的。但审美的想象却是一种特殊的想象。它的特殊性就表现在想象的过程中始终伴随着强烈的感情活动。审美想象中新的形象的创造不像科学活动的想象那样以对客观事物冷静的认识为动力，而是以强烈的情感为动力。在审美想象中，情感犹如"酵母"，将审美感知和审美联想中所提供的审美经验经过"化学"作用，创造出一个带着审美者强烈感情色彩的新的形象。这一整个过程，表面上看，是审美主体将自己个人的情感转移到审美对象之上，实际上是以情感为动力，结合以往的审美经验对审美对象进行加工、制作、改造。这就是所谓"移情"的过程。事实证明，凡是审美都要"移情"，每一个审美者眼里的审美对象都已不是原物的本来面目，而总要印

①［德］黑格尔：《美学》第1卷，朱光潜译，商务印书馆1984年版，第222页。

上审美者的主观感情色彩。因为，没有感情活动就不会有审美体验。这就是通常所谓的"情人眼里出西施"。"移情"，本来是西方唯心主义美学的一个概念。德国唯心主义美学家康德将审美过程中这种主观情感对象化的现象称作"偷换"（Subreption），另一位德国唯心主义美学家立普斯则将此称作"移情"（empathy）。他们所说的"移情"是先有主观情感，然后再把这种情感在审美中"外射"到对象之上。立普斯认为，在移情中实际上对象就是我自己，或者说自我也就是对象，对象由自我决定，先有自我，后有对象。这种观点是唯心主义的、荒谬的。我们也承认"移情"现象，但我们所说的"移情"是建立在审美感知和审美联想的基础之上的。即先有对于审美对象的感知和以往的审美经验作为基础，由此引起审美联想的深化，才能激起强烈的感情而发生"移情"现象。这是不同于唯心主义移情说的唯物主义移情说。正是从这种唯物主义移情说出发，高尔基认为："想象——这是赋予大自然的自发现象与事物以人的品质、感觉甚至还有意图的能力。"[①]这种移情现象在对自然物的审美中就是所谓的"拟人化"，达到一种物我融为一体的境地。例如李白诗《劳劳亭》："天下伤心处，劳劳送客亭。春风知别苦，不遣杨柳青。"这里，"春风"俨然变成了不忍别离的"我"，有意不让杨柳变青，使离人无法折枝送别。正是因为审美想象表现为一种特有的"移情"现象，所以任何审美体验都是有着浓厚的个人色彩的。西方有一句俗语：有一千个观众就有一千个哈姆雷特。我们也可以说，有一千个读者就有一千个林黛玉。事实也的确如此。每个人都是根据在自己的生活经验和

①［苏］高尔基：《论文学》，孟昌、曹葆华、戈宝权译，人民文学出版社1978年版，第160页。

审美感知的基础上形成的特有的情感色彩去对审美对象进行加工、改造的。

　　审美想象中"移情"的心理特征就使审美者进入一种对于审美对象亲身体验的特有状态,即同审美对象同命运、共悲欢,不自觉地加入到对象的行列之中。这就是由"移情"产生的情感体验的高度发展。而其高潮就是审美共鸣。"共鸣"本来是一个物理学的概念,我们借用这个概念来说明审美想象的移情过程中一种极其强烈的感情活动。这种感情活动的强烈,达到了感同身受、出神入化、物我统一的境地。也就是说,审美者完全站到了审美对象的角度去感受、去体验,而似乎是忘记了自我的存在。这在表演艺术中就是所谓的进入"角色"。托尔斯泰曾在《艺术论》中描述了这一现象。他说:"感受者和艺术家那样融洽地结合在一起,以致感受者觉得那个艺术作品不是其他什么人创造的,而是觉得这个作品所表达的一切正是他很早就想表达的。"这种"共鸣"现象还有一个特点就是审美主体在审美想象中不自觉地把自己想象为对象。诚如高尔基所说:"文学家的工作或许比一个专门学者,例如一个动物学家的工作更困难些。科学工作者研究公羊时,用不着想象自己也是一头公羊,但是文学家则不然,他虽慷慨,却必须想象自己是个吝啬鬼;他虽毫无私心,却必须觉得自己是个贪婪的守财奴,他虽意志薄弱,但却必须令人信服地描写出一个意志坚强的人。"①我国古代艺术理论中也有这种在审美想象中把自己想象为对象的记载。宋代罗大经在《画说》中曾记述曾无疑画草虫时将自己想象为草虫的情形。他说:"曾云巢无疑,

---

① [苏]高尔基:《论文学》,孟昌、曹葆华、戈宝权译,人民文学出版社1978年版,第317页。

工画草虫。年迈愈精。余问有所传乎？无疑曰：是岂有法可传哉！某自少年时取草虫，笼而观之。尽昼夜，不厌。又恐其神之不完也。乃就草地观之，于是始得其天。方其落笔之际，不知我之为草虫耶？草虫之为我也？"在审美想象中把自己想象为对象的特点正是由审美体验中情感色彩特别强烈所致，也是导致审美共鸣的重要区别之一。科学的想象虽然也凭借直观的形象，但更多的是一种客观的类推，而不是主观的"移情"。例如，英国的卢瑟福在想象原子的结构时，就曾以太阳系天体的形象来推断原子结构的形象。在这种科学想象的过程中，卢瑟福没有必要把自己想象为原子，也不允许将自己的喜怒哀乐的感情灌注到想象的过程之中。因为，作为科学想象来说，应该是越冷静、越客观越好。但审美想象就不同。在审美想象的过程中，审美主体必须将自己想象为对象，这样才能感同身受，发生共鸣，获得强烈的审美的情感体验。

审美想象中这种"共鸣"现象是比较复杂的。它是建立在审美主体与审美对象之间的认识、道德、感情一致的基础上的一种以强烈的感情活动为其特点的心理现象。而感情的一致则是共鸣的最主要的前提。有时是审美者的情感经验与审美对象所包含的感情完全一致而产生的共鸣现象。例如，革命小说《红岩》中革命烈士的壮烈就义就会触动我们对革命事业的崇高感情而潸然泪下。还有一种情形就是审美者的情感经验与审美对象所包含的感情性质不同，但在某一点上有相似之处。例如，《红楼梦》中的宝黛爱情与我们马克思主义者的爱情生活在性质上是不同的，但在追求美好幸福的生活、争取爱情自由这一点上却有共同之处，因而同样可拨动我们的感情琴弦，引起我们的共鸣。

这种审美共鸣使审美者完全沉浸到审美对象所特有的情感

气氛之中,因而具有某种直感的特点,似乎是不假思索的。例如,巴尔扎克写《欧也妮·葛朗台》时达到了入迷的程度,对突然进屋的人大叫:"是你害死了她(指葛朗台)!"显然,这是未经思索的。不经思索的直感性恰恰是审美共鸣的一个特点。

二、审美评价的特点

从我们关于审美体验的过程的阐述来看,审美似乎完全是一种情感体验的过程了。而作为情感体验的高潮的"共鸣"又具有不假思索的直感的特点。那么,在审美的过程中到底还有没有理性的因素呢? 我们认为,不仅有,而且还是非常重要的成分。但这种理性因素是一种特殊的理性因素,我们把它叫做审美评价。

1. 审美评价是一种寓理于情的特殊的理性评价

审美评价不同于任何其他的理性评价,它是一种寓理于情的情感的评价,情感的判断,所凭借的是形象而不是概念。有人不相信在情感中还会包含理性,在形象中还会包含着评价,并将此看作是唯心主义。这是不正确的,是一种形而上学的观点,忽视了审美所具有的内在的辩证统一的特性。在这些持形而上学观点的人看来,情感只能是情感,不能同时是理性;形象也只能是形象,不能同时是评价。但是,按照辩证唯物主义的观点,任何事物都不是孤立的、静止的,而是在各种对立因素的辩证的联系中发展的。恩格斯曾经十分深刻地批评了这种持孤立静止观的形而上学家们。他说,形而上学家们"在绝对不相容的对立中思维;他们的说法是:是就是,不是就不是;除此之外,都是鬼话。在他们看来,一个事物要么存在,要么不存在;同样,一个事物不能同时是自己又是别的东西"①。事实是,在审美的体验中,情感同时包含着理性,形象同时包含着评价。但这是一种寓理于情的审美理性、寓思想于形象的审美评价。

人的情感从大的方面分两类,一类是完全建立于感知之上的接近于生理快感的低级的情感。这种低级的情感也可能具有某种积极的愉悦性,但它是更多地带有直接的感官愉悦的特点。当然,这种低级的情感也带有某种理性色彩而不同于动物的快感。马克思认为,人的感官已经是不同于动物的社会性的感官。他说:"不言而喻,人的眼睛和原始的、非人的眼睛得到的享受不同,人的耳朵和原始的耳朵得到的享受不同,如此等等。"但还有一种包含着更多、更明显的理性因素的高级的情感。这种高级的情感又分两种。一种属于科学、政治、伦理道德范围,表现为科学研究的热忱、成功后的欣慰以及崇高感、伦理道德等。这些都是在认识与思考之后,经过深思熟虑而产生的,带有明显的理智与思想色彩的情感。再一种就是同低级情感有相似之处的、具有某种直感性的、由审美体验所产生的审美情感。这也是一种完全不同于低级情感的高级情感。它的特点是不具备明显的理智与思想色彩,而是在这种情感本身就直接包含、渗透着深刻的认识和伦理道德因素,即所谓寓理于情。

2.理性因素在审美体验中的表现

理性因素在审美体验中不是作为独立的阶段出现,而是直接渗透于审美体验之中。有人认为,先有对于审美对象的理性认识,然后才发生审美体验。这是不符合实际的。事实上,在审美的情感体验中,理性因素不会、也不应该作为一个独立的阶段出

①《马克思恩格斯选集》第3卷,人民出版社1960年版,第66页。

现。尽管如此,它在审美体验中的表现还是十分明显的。首先,它决定了审美体验能否发生。对于同一对象,由于审美者立场、观点和情趣的不同,有的能发生审美体验,有的就不能发生审美体验。诚如鲁迅所说:"饥区的灾民,大约总不去种兰花,像阔人的老太爷一样。贾府里的焦大,也不爱林妹妹的。"而且,政治观点的对立还会导致审美体验的根本对立。1830年3月15日,巴黎法兰西剧院首次上演雨果的浪漫主义戏剧《欧那尼》。在演出过程中革新派与保守派由于政治观点与艺术观点的不同,反应迥然相异。革新派公开赞赏该剧,保守派则公开反对该剧,两派互相争吵、指责,闹得不可开交,成为法国戏剧史上一次重大事件。这是政治理论观点决定审美体验能否发生的明显例证。其次,理性因素决定了审美的情感体验的强烈程度。由于立场、观点和情趣的相异,对同一审美对象即使都会产生审美的情感体验,但强烈程度却不相同。有的较强,有的较弱。更重要的是理性因素决定了审美想象所创造的形象的性质。这种形象已经完全不同于现实生活的形象。它既同生活中的形象一样,具有具体可感的特性,同时又凝聚着强烈的感情和渗透着深刻的理性,是感性与理性直接统一的整体,是一种特有的无言之美,包含着理性因素的"意象"。理性因素在这里是不用借助于语言概念而直接渗透于形象之中的。这就是唐人司空图在其《诗品》中所谓的"不着一字,尽得风流"。这里所谓的"不着一字"决不像金开诚同志所理解的是真的不写一个字①,而是指不直接用语言文字表达思想感情,而是运用这些媒介塑造出形象间接地表达出思想感情,更能收到巨大的艺术感染的效果。可见,审美想象所包含的理性因素

---

① 金开诚:《文艺心理学论稿》,北京大学出版社1982年版,第77页。

是完全通过形象流露出来的,因而寓意无穷、耐人咀嚼、发人深省,并能将人引导到一种无限高尚的却又多少有些神秘、难以用语言表述的美的境界。例如,我们在欣赏达·芬奇的名画《蒙娜丽莎》之后,对女主人公的美妙而神秘的笑难以忘怀,感到似乎体现了文艺复兴时代某种崭新的精神,但却难以言状。至于杜甫诗"朱门酒肉臭,路有冻死骨。荣枯咫尺异,惆怅难再述",就更是不仅为我们描绘了一幅贫富鲜明对比的图画,而且其中包含着作者的强烈感情色彩和对社会人生的深刻思考。黑格尔在其《美学》中将审美想象中这种形象、情感与理性高度完美统一的境界称作是一种"无限的、自由的"。① 这里所说的无限性和自由性都是指审美想象中所包含的理性因素的特征。所谓"无限",即指其不受个别形象所包含的感情的有限性束缚,其容量具有极大的丰富性。因为,作为个别形象所蕴含的感情只能是一,而审美想象创造的形象所包含的感情却是十、百、千、万……因而具有某种高度概括性的理性色彩。而所谓"自由",即指其不受作为现实形象所包含的情感的必然性所束缚,在性质上超出这种必然性,达到更高、更深远的理性境界。例如,齐白石老人所画的虾图,表面上看是表现虾的生动活泼,但其深意全不在此,而在某种自由的精神,对生命的热爱。这就是所谓"象外之象""景外之景""味外之味"。这正是审美体验中理性因素最高的表现,所达到的最高境界。它是一切审美者所追求的目标,也是审美作为人类理性生活的一个重要方面。

3.理性因素在审美体验中发挥作用的特点

理性因素在审美体验中既然不是作为独立的阶段出现的,而

---

① [德]黑格尔:《美学》第1卷,朱光潜译,商务印书馆1984年版,第143页。

是直接渗透于审美的体验之中，那么，它如何渗透于审美体验之中，又具有哪些特点呢？我们认为，理性因素是以理性积淀的特殊形式发挥作用的。那就是，审美者在长期的生活经历中形成了自己的立场和世界观，主要以概念的形式贮存于大脑皮层之中，也渗透于感性的形象记忆之中。这种立场与世界观等理性因素在认识和道德活动中总是以自觉的、明显的、概念的形式发挥其制约的作用。但在审美体验中，在大多数情况下，却常常是在不知不觉中，即在暗中发挥作用。首先，在审美的感知中就已经包含着理性因素。尽管审美的感知要以某种生理快感为基础才能产生肯定性的情感评价，但如前所说，一方面人的生理快感本身就已经社会化、理性化了，根本不同于动物的快感，更重要的是，审美感知的快感同生理快感的明显区别在于它是以视听觉为主的、精神性的，同审美对象之间是有距离的。其次，在审美联想中，审美者的"追忆"尽管主要同情感记忆发生联系，但逻辑记忆也对审美联想发生制约作用。这是审美中情与理的矛盾的对立统一的表现之一。巴金在写作《激流三部曲》时一打开记忆的闸门就发生了这种情与理的矛盾。从情感的记忆来看，他在记忆中对自己的祖父还保留着"旧社会中的好人"的印象。但从逻辑记忆的角度，从当时已经接触到的各种社会科学的知识来看，他又清楚地认识到他的祖父是这个家庭的"暴君"。最后，巴金在以自己的祖父为原型创造的高老太爷的形象中虽还留下了同情的痕迹，但呈现在我们面前的毕竟是一个封建的卫道者，造成无数悲剧的祸首。这是逻辑记忆制约情感记忆、理制约情的明显例证。在审美想象中，尽管以情感为动力，但积淀在大脑中的各种理性因素仍然会不知不觉地起制约的作用，决定了审美者在审美想象中对审美对象的取舍和加工。康德把这种情形称为在审美的活动中没有明显的规律，但却"暗合"某种规律，是一种看不出规律的规律，不露痕迹的规律。这就是我国古代文论中所谓的"无法之法"。恰如宋人严羽《沧浪诗话》所说，"古人未尝不读书，不穷理。所谓不涉理路，不落言筌者，上也。诗者，吟咏情性也。盛唐诸人惟在兴趣，羚羊挂角，无迹可求"。他认为，古人作诗不是完全排斥理性的因素，只不过是没有明显的理性的痕迹，好像是一只被兽追赶的羚羊，挂角树上，虽找不到痕迹，但实际上却有其痕迹。应该说，这样的阐述是深得审美真谛的。

理性因素在审美想象时暗中发挥作用，首先要求审美的想象符合形象的形式美的规律，如平衡、对称、和谐等。否则，审美想象的产品不会引起强烈的肯定性的情感体验。更重要的，作为理性因素的表现，是要求审美想象符合生活本身的逻辑，这里也包括情感的逻辑。因为，所谓情感的逻辑不可能单独存在，须借助于形象的逻辑方可实现。同时，情感而有逻辑就成为合理性的高级情感。例如，电影艺术中蒙太奇手法的运用，形象的连接就应是合逻辑的。如果描写一次战争的决策，当镜头呈现出指挥员下决心"狠狠地打"时，接着镜头应该是万炮齐发或千军万马的出击，而不应是一群青蛙从池塘中跳出。如果是后者，就既违背了生活的逻辑，也违背了情感的逻辑。这种形象自身所具有的理性的逻辑就是许多文艺家在创作中人物违背原来的设想而自己活动的原因。名著《毁灭》的作者法捷耶夫把个人主义者美谛克写成由于幻灭而自杀，但理性却向他提示，这样写不符合形象自身的逻辑。因为，像美谛克这样的胆小鬼不会去自杀而只会叛变。于是，法捷耶夫毅然改变原来的写法，写到整个队伍被打散后，美谛克把手枪扔进了草丛，逃离了部队，向白军驻扎的方向跑去。鲁迅在一开始也没有想到要给他的阿Q以大团圆的结局。他在

《〈阿Q正传〉的成因》一文中说："其实'大团圆'倒是'随意'给他的；至于初写时可曾料到，那倒确乎也是一个疑问。我仿佛记得：没有料到。"但阿Q终于以"大团圆"结局，这是形象自身的逻辑，也是理性因素暗中发挥作用的结果。因为，鲁迅作为一个激进的革命民主主义者，是清醒地看到了辛亥革命的悲剧的，阿Q的大团圆正是辛亥革命悲剧的曲折表现，是作者对辛亥革命的理性认识给人物带来的必然结局。

　　当然，我们还需要看到，在对不同的审美对象的体验中，理性因素所占的比例是不同的。一般来说，在对自然美与形式美的审美中，体验多于理解，情感多于理性。而在对艺术品的审美中，理解又多于体验，理性又多于情感。但在对音乐、建筑、诗歌等表现艺术的审美中，理性因素更隐晦一些，情感因素更突出一些。而在对绘画、雕塑、小说等再现艺术的审美中，理性因素又相对地明朗一些。

三、结　语

　　综合上述，我们对审美心理过程可以得出如下几点看法：第一，审美心理过程具体表现为审美体验的过程，是由审美感知到审美联想，再到审美想象的逐步发展、递进的过程。

　　第二，在审美体验中始终贯串着理性的因素，并逐步加深。这就使审美体验不同于生理快感体验，成为人类的一种高级的精神活动。但理性因素在审美活动中不是作为独立的阶段出现，而是直接渗透、融化于审美体验之中。这就是审美的理性评价与审美的情感体验的直接统一。

　　第三，理性因素在审美体验中始终是以理性积淀的形式发挥作用的。亦即在不知不觉中或暗中发挥作用,使审美体验不凭借任何概念但却趋向于某种概念,没有明显的规律但却暗合某种规律。

第四,整个审美心理过程是形象逐步鲜明的过程,也是情感逐步发展的过程,同时也是理性因素逐步加深的过程。形象、情感、理性,三者融为一体,情感与理性又都寄寓于形象,形象是审美的心理活动所凭借的主要手段,而情感则是审美心理活动的根本的特征。

艺术欣赏浅谈①

　　艺术欣赏是培养、提高人们审美能力的主要手段。因为艺术品是艺术家创造性劳动的产物，是美的集中表现，人们通过对于艺术品的欣赏就能直接接触到无限丰富多样的美的对象，从而受到熏陶、启迪。可见，人类创造了艺术，而艺术又反过来教育、启发了人类的审美能力。这就是人类与艺术之间的辩证关系。正如马克思在《〈政治经济学批判〉导言》中所说："一件艺术品——任何其他的产品也是如此，创造了一个了解艺术而且能够欣赏美的公众。"

一

　　什么是艺术欣赏呢？艺术欣赏就是人们对于艺术作品的一种肯定性的感情评价。它不同于一般的认识活动。认识活动是以把握对象的真实情形与内在规律为其特点，而艺术欣赏则主要是以感动为其特点。用毛泽东同志的话来说，欣赏就是一种"惊醒""感奋"。往往会发生这样的情形：尽管人们对某部戏剧、电影或作品的大致情节和结局已有了解，但仍然要买票看演出或购书

---

①原载《柳泉》1983年第2期。

阅读,其原因就在于人们愿意受艺术美的吸引,去经历一番情感上的感动。而且,这种感动还应是肯定性的,也就是同欣赏者的情感一致,能拨动心弦、扣触心扉,使人愉悦与享受。对于艺术欣赏的这种感情评价的特点,茅盾同志在《茅盾评论文集》中曾作过很好的说明。他说:"我们都有过这样的经验:看到某些自然物或人造的艺术品,我们往往要发生一种情绪上的激动,也许是愉快兴奋,也许是悲哀激昂,不管是前者,还是后者,总之我们是被感动了,这样的情感上的激动(对艺术品或自然物),叫做欣赏,也就是,我们所看到的事物起了美感。"①这种感动常常是十分激烈的,以至于"快者掀髯、愤者扼腕、悲者掩泣、羡者色飞"。

艺术欣赏中这种情感激动的美学现象似乎是一种不可思议的"魔术"。高尔基在《论文学》中曾经生动地描写了自己少年时期,在热闹的节日里,避开人群,躲到杂物室的屋顶上,被福楼拜的小说《一颗纯朴的心》迷住了。当时,他由于无知,误以为这本书里藏有一种不可思议的"魔术",以致曾经好几次"机械地把书页对着光亮反复细看,仿佛想从字里行间找到猜透魔术的方法"。② 那么,这种使人激动不已的"魔术"到底是什么呢?其实就是艺术形象。因为,艺术形象是客观因素的形象与主观因素的情感的直接统一,不论是造型艺术中的形象、文学作品中的人物形象,还是音乐形象、舞蹈形象,无不浸透着饱满的情感。例如,杜甫诗《春望》,劈头四句:"国破山河在,城春草木深。感时花溅泪,恨别鸟惊心。"表面上看,诗人是在写长安春景,但实际上却情

①《茅盾评论文集》上,人民文学出版社1978年版,第5页。
②〔苏〕高尔基:《论文学》,孟昌、曹葆华、戈宝权译,人民文学出版社1978年版,第182—183页。

景交融,寄寓着诗人满腔的忧国忧民的悲愤之情。面对这样的情景交融的艺术形象,人们怎么能不被感动呢!

二

　　现在,我们再从心理活动的角度来进一步分析艺术欣赏中情感评价的特点。众所周知,从心理过程来说,艺术欣赏是一种再造性的想象。想象作为人的心理过程有创造性的想象与再造性的想象之分。创造性的想象是在记忆的基础上新的形象的创造,艺术创作属于这一类。再造性的想象则是在已有形象的基础上的形象再造,艺术欣赏属于这一类。但不管哪一种想象,从心理活动的特点来说都是体验与评价的直接统一。所谓体验是一种基于感受的对于对象的遭遇和情感的亲身体会。因此,又叫情感体验。这种体验,首先凭借于人的各种感觉。对于造型艺术,人们首先凭借视觉来体验。对于音乐,人们则主要凭借听觉来体验。对于语言文学,由于其主要诉诸于文字,人们在想象中就凭借各种感觉来体验。总之,在这种情感体验的基础上,欣赏者逐步地同对象一起同命运、共悲欢,不自觉地加入到对象的行列,而其强烈者则是一种"共鸣"。所谓"共鸣"就是在欣赏者与对象之间感情大体相近或相似的情况下所引起的一种感同身受式的强烈的感情活动。也就是说欣赏者完全设身处地地同对象融为一体了。这里所说的思想感情大体相近,是指思想感情的阶级性质相近。如同是被剥削阶级,在反抗压迫、剥削中产生的思想感情就相近。《水浒传》就表现了某些被剥削阶级的思想感情,可以引起我们的共鸣。而所谓"相似",则是指被剥削阶级与剥削阶级之间在思想感情的某一点上有相似之处。如《红楼梦》中的宝黛爱情与我们无产阶级的爱情生活,属于两个不同的阶级范畴,但在追求美好的生活、争取爱情自由上却有共同之处,因而就可拨动我们感情的琴弦,引起我们的共鸣。这种基于感受的体验或共鸣有某种直感的特点,似乎是不假思索的。例如,《水浒传》中描写燕青带李逵到东京桑家瓦子勾栏听《三国志平话》,听到关云长刮骨疗毒,李逵在人丛中情不自禁地高叫:"这个正是好男子!"这是冲口而出,不假思索的,如果经过思索,就决不会高声大叫。因为他们是以朝廷反叛者的身份化装潜入东京的,一旦暴露身份就有杀身之祸。而且,这种直感式共鸣的强烈程度甚至会发展到欣赏者诉诸行动的地步。例如,1822年8月的一天,巴黎一剧院演《奥赛罗》,当演到奥赛罗掐死苔丝德梦娜时,门口站岗的士兵突然开枪打死了扮演者。但这只是一种现象,并不意味着艺术欣赏中完全排除理性的思考。事实上,艺术欣赏不仅仅局限于基于感受的情感体验,而是同时伴随着理性的评价。只是这种理性的评价不是作为单独的阶段独立出现的,而是同体验直接统一在一起,渗透于体验之中的,因此,常常是不自觉的,由此给人造成了艺术欣赏中没有理性评价的错误印象。其实,这种理性评价是作为情感体验的前提并贯穿于体验的始终,它对体验能不能发生和体验的强度都有制约作用。例如,对于同一作品甚至同一人物形象,不同的读者或观众会有完全不同的态度。有的喜欢,从而产生情感体验,甚至发生共鸣。但有的人则不喜欢,因此不会产生情感体验。这就正如鲁迅所说,"饥区的灾民,大约总不去种兰花,像阔人的老太爷一样,贾府上的焦大,也不爱林妹妹的"。而且,即便对某一艺术形象发生体验,也会因思想上的差别,而有强弱的不同。正是因为艺术欣赏中的体验是有理性评价参加的,这就将欣赏中的感受同生理快感划清了界限,使其成为一种包含着理性因素的比较高级的感受,而不是完全基于感官的生理快感。

三

　　艺术欣赏的体验与评价直接统一的特点就决定了艺术欣赏对人的作用是娱乐与教育的直接统一。任何文艺都不是无目的的、为艺术而艺术的,都要包含着某种思想内容,因而也会从不同的角度和方面给人以某种教育。但文艺作品对人的教育不同于政治理论,它不是以直接的理论教育的形式出现,而是以娱乐的形式出现,是娱乐与教育的直接统一。这就是政治道德教育的目的直接渗透、溶解于无目的的娱乐之中。正如古罗马的贺拉斯在《诗艺》中所说,文艺是"寓教于乐"。狄德罗则将这种情形称作"以迂回曲折的方式打动人心"。① 周恩来同志《在文艺工作座谈会和故事片创作会上的讲话》中也指出:"群众看戏、看电影是要从中得到娱乐和休息,你通过典型化的形象表演,教育寓于其中,寓于娱乐之中。"这些意见都告诉我们,艺术欣赏的整个过程对于欣赏者来说都是以娱乐的形式出现的。而所谓娱乐,从目的来说是为了情感上的轻松愉悦,精神享受,而不是为了刻苦出力;从形式上来说完全是一种自觉自愿,没有外在的规范强制而是出自内在的心理欲求。原因就在于艺术欣赏是一种强烈的感情体验,是一种动之以情,而不是政治教育那样的诉之以理。因此,可以说没有娱乐就没有欣赏。但艺术欣赏又不是单纯的娱乐,而是在娱乐中包含着教育、渗透着教育。这是一种熏陶感染心灵的教育。

----

①伍蠡甫、胡经之主编:《西方文论选》上,上海译文出版社1979年版,第350页。

这样的教育我们称之为潜移默化。也就是在娱乐中不知不觉地、暗暗地，当然也是逐步地使欣赏者接受、改变，培养起某种感情。人们曾经借用杜甫的诗句，把这种作用比作细雨滋润大地，即所谓"润物细无声"。也有的人将其比作战场上的一种出其不意、猝不及防的战术：对人的感情的"偷袭"。这都说明在艺术欣赏中人们常常是不知不觉地被某种感情所征服，当了它的"俘虏"。正因为艺术欣赏具有这样特殊的、重大的作用，所以人们常常把文艺家称作"人类灵魂的工程师"。因此，我们应十分地重视艺术欣赏，很好地利用它来培养广大群众、特别是青年的健康的审美趣味，陶冶他们的美好心灵。

四

艺术欣赏既然是欣赏者主观对于客观的艺术品的情感评价，那它就反映了客观艺术品和主观审美力两个方面的关系。这样，艺术欣赏能力的培养也必须从主客观两个方面着手。

首先，从客观方面来说必须选择优秀的艺术品。因为，审美能力尽管具有某些先天的因素，但总的来说还是在后天形成的。存在决定意识，只有面对美的对象，生活于美的环境之中，人的审美能力才能通过耳濡目染，逐步形成。由此可知，人们审美能力的强弱同审美对象水平的高低直接有关。只有通过真正美的艺术品才能培养较强的审美能力和健康的审美趣味。因此，在艺术欣赏中不能采取来者不拒的方针，而是对于艺术品要进行必要的选择。因为，并不是一切的艺术品都是美的。我国魏晋南北朝的钟嵘就曾在《诗品》中将诗歌分为上、中、下三品。其实，不仅诗歌中有上、中、下三品之分，一切的艺术中也都有上、中、下三品。我们要尽量选择艺术中的上品作为自己的欣赏对象,而要拒绝接触下品、甚至是有毒的艺术品。

其次,应通过不断地参加艺术欣赏活动提高自己的艺术感受力。艺术欣赏是以艺术的感受为基础的,而艺术也贯串于艺术欣赏的由始至终。因此,可以说没有艺术感受就没有艺术欣赏。正如狄德罗所说,艺术欣赏力就是"由于反复的经验而获得的敏捷性",这种敏捷性表现为对于审美对象能"迅速而强烈地为它所感动"。因此,要提高自己的艺术欣赏力,就必须提高自己的艺术感受力。正如马克思所说:"如果你想得到艺术的享受,那你就必须是一个有艺术修养的人","对于没有音乐感的耳朵说来,最美的音乐也毫无意义,不是对象……因为任何一个对象对我的意义(它只是对那个与它相适应的感觉说来才有意义)都以我的感觉所及的程度为限"。① 而提高艺术感受力的唯一办法就是狄德罗所说的要通过"反复的经验",也就是长期的审美锻炼。这就要经常有计划地接触各个艺术门类的一些艺术珍品,不断体味,久而久之,艺术感受能力自然就会逐步提高。例如,我们初次接触某些古典音乐,很可能在感受上是模糊的混乱的,但时间一长,我们就能逐步分辨和掌握其中的节奏和旋律,并进而体会到其中的情感。再如,我们初次接触古典小说,往往注意力集中于故事情节,但时间一长,我们就会被作者的生花妙笔所塑造的栩栩如生的个性所感染。

再次,要不断地提高自己的文化素养和丰富自己的生活经验。艺术欣赏中的感受是和想象联系在一起的。通过感受而唤起想象,又通过想象而加深感受。而想象所包含的内容比感受

---

① 《马克思恩格斯全集》第 42 卷,人民出版社 1979 年版,第 155、126 页。

宽泛得多。它不仅需要感受，而且还需要高度的文化素养和丰富的生活经验等。文化素养对于欣赏许多历史题材的作品显得尤为重要。例如，有的人不理解为什么在《哈姆雷特》中主人公哈姆雷特的复仇老是犹豫不决。这是由于他们不了解，这部作品作于 17 世纪初，描写 12 世纪末丹麦宫廷的事件。当时封建主义在力量上大于新兴的资产阶级。因此，哈姆雷特作为新兴资产阶级的代表面对强大的封建势力，他的"复仇"是艰难的。这样，任务本身的艰难性就导致了行动的犹豫不决。再就是有些青年人由于缺乏必要的生活经验，因而对于某些艺术形象所包含的思想感情难以理解。例如，对于唐代诗人贺知章的著名诗篇《回乡偶书》就体会不深。这就是由于缺乏生活经验的原因。其实，作者在这首诗中所寄寓的思想感情还是很丰富的。诗云："少小离家老大回，乡音无改鬓毛衰。儿童相见不相识，笑问客从何处来。"作者通过对比和反衬的手法，为我们描绘了一幅老大还乡、父子相见不识的凄苦的图画，寄寓了作者对于岁月易逝的深深感触，从而流露出了对离家出仕的悔恨和辞官归田之意。

最后，要提高自己的艺术欣赏能力就必须加强思想道德修养。因为，艺术欣赏是体验与评价的直接统一。理性评价尽管是渗透于情感体验之中，但却对情感体验具有明显的制约作用。这种理性评价就是指政治与道德的评价。为此，要提高自己的艺术欣赏能力还必须加强自己的政治道德修养，这样才能使自己在艺术欣赏中的情感体验沿着正确的方向发展。同时，作为欣赏对象的艺术形象的特殊性也要求欣赏者必须加强自己的政治道德修养。因为，艺术形象都是思想与形象、感性与理性的直接统一。有些作品所包含的政治道德倾向是不健康的，甚至是违背四项基本原则的。但这种倾向却不是直说,而是通过形象流露。这样,如果欣赏者的政治道德水平不高就不可能对其鉴别,而照样会被其打动,也就在这种"被打动"的过程中不知不觉地受到浸染腐蚀。但如果具有较高的政治道德水平,那就会具有一定的辨别能力。当然,这主要不是一种凭借概念的推理能力,而是对于艺术形象的分析能力。

艺术人类学研究与
文艺美学发展①

　　何明与吴晓同志的文章《从实践出发：开启艺术人类学研究的新领域》是一篇论述艺术人类学这一新兴交叉学科的有一定见地的论文。文章从价值取向、研究对象与研究方法等多个维度探讨了艺术人类学建构的合理性与合法性。我认为文章的亮点在对于艺术人类学所运用的田野民族志方法的论述。它从"行为作为观察与描述的焦点""场域作为描述与解释的坐标"与"惯习作为研究与阐释的指归"三个方面论述了艺术人类学的独特方法，颇具创意与启发。云南大学向以民族学的研究见长，云南作为我国西南少数民族的聚居地，又以其历史悠久、绚丽多彩的少数民族文化资源而为我国民族学与人类学的研究提供了丰富的资料。我们对云南大学在民族学与人类学方面的学术建树寄予厚望。而本人作为一名美学与文艺学工作者也对艺术人类学的发展有着浓厚的兴趣。因为，艺术人类学作为从人的行为的独特视角探讨艺术起源与发生的重要学科，在美学与文艺学的发展中具有本源性的地位，它的发展在某种程度上对于美学与文艺学具有基础

---

① 本文是作者为《文史哲》2007年第3期所写的"特约评论人语"，标题是收入《文集》时所改。

性的作用。因为，它的发展必将对于文艺的起源与文艺的本质的探索提供极具权威性的实证材料。文艺何为？它的产生是劳动、巫术，还是游戏？它的存在是为了快感、审美、认识、理想、生存状态的反映，还是情感的表现？它的存在方式是形象、经验，还是感性？这些问题目前已经成为世界诸多美学家与文艺学家终生为之探寻的永恒课题。我想，艺术人类学的发展肯定会对艺术之谜的解答有所助益。从当代美学与文艺学的发展来说，诚如何、吴二位在文中所说，当前美学与文艺学"长期盘桓在纯思的逻辑推论的狭小园地"。因而，艺术人类学的实证的以田野调查为主的研究路径就必将对当代美学与文艺学研究带来新的风气，并提供有价值的材料。

　　但我对于该文也有两点不成熟的建议。一个就是文章作为艺术人类学的建构似乎还应进一步细化和深入。因为，作为一个相对独立的学科必然具有相对独立的范畴、方法与研究群体。但田野的民族志的方法则是作为文化人类学的普适性的方法，并非艺术人类学所独有。因而，艺术人类学特殊性的彰显还需进一步探讨。再就是艺术人类学到底是人文学科，还是社会科学，也有待于进一步明确。目前看来，艺术人类学更加接近社会科学，是以较为客观的规律的探讨为其指归。但人类学特别是文化人类学之中的科学与人文的关系历来是有待于解决的重要课题。人类学是以"人"的研究为其宗旨的，实现科学与人文的结合是其必然的路径。作为艺术人类学，其人文的分量应该更重。因此，在其田野的民族志的方法中如何贯彻人文的精神则是需要努力研究的课题。而人类学作为从西方引进的学科，不可避免地有着浓郁的"欧洲中心主义"，因此实现包括文化人类学在内的整个人类学研究的中国化则是必须探索的重要课题。何、吴二位所在的云南大学完全有条件进一步深入进行这一探索,而且我相信已经在这一方面取得了很大进展。

最后我想就本文某些概念的使用谈一点看法。首先是关于"实践"概念,这是一个大家所熟知的概念,文章将其作为建构艺术人类学的出发点,应该说放到了非常重要的位置,但到底是在什么意义的角度使用这一概念呢?是哲学的,还是人类学的?从论文来看,显然不是从哲学的角度使用。而从其将"实践"归结为"人们在现实生活中所参与的和观察体验到的社会文化实际运行过程"来看,应该说是从人类学的意义上使用"实践"这一概念的,但在这一方面又显然缺乏更为深入的阐发与说明,也缺乏更多材料的支持。再就是对于现象学"生活世界"概念的运用。这也应该是现象学哲学中一个具有特指性的概念,是指意向性之中所建立的"生活世界"是胡塞尔试图突破主观性的努力,但最终并没有真正实现突破,它与马克思主义哲学中的"实践世界"概念是有着本质的区别的。我想,作者在这里是想强调艺术人类学田野民族志方法中的主观构成作用,但"生活世界"的方法不仅与"实践世界"的方法相抵牾,而且与田野的实证方法也难统一,起码在这些方面有待于进一步论证。此外,文章对于当代诠释学的论述也需进一步思考。

论华兹华斯与柯勒律治的诗歌理论^①

英国浪漫主义文论的产生有其经济社会以及文化的原因。首先从经济上看,以蒸汽机的发明和改进为标志,英国的工业革命进入深入发展阶段,迅速的工业化、城市化与大规模的圈地运动使得传统的田园经济受到极大冲击,田园牧歌式的乡村迅速消失,社会阶级迅速分化。而1789年的法国大革命,则使得"自由、平等、博爱"成为普遍接受的社会价值。德国古典哲学与耶拿浪漫派也在欧洲产生广泛影响。由此,在英国逐步酝酿产生了以追求田园生活、激情表现与自由想象为标志的浪漫主义文论。这种文论以突破新古典主义为其目的,主要以被称为"湖畔派"的华兹华斯与柯勒律治为代表。

一、情感与自然

华兹华斯(1770—1850)出身于律师家庭,曾就读于剑桥大学。童年失去父母,生活孤独,寄情于大自然之中。早年受到法

---

① 本文为作者所撰写的《西方文学理论》(高等教育出版社2015年版)的第7章第2节,收入《文集》时改为现名。

国启蒙运动影响,对于法国大革命表示同情。长期隐居乡间,与柯勒律治等诗人一起曾在英格兰北部湖区居住,其诗多以湖区为描写对象,因此,被称作"湖畔派"诗人。在这派诗人中,华兹华斯是最孚众望和最有代表性的一个。他与柯勒律治共同出版的《抒情歌谣集》是英国浪漫主义的代表作,他为《抒情歌谣集》第二版所写的《序言》以及其后所写的《序言附录》被认为是英国浪漫主义的宣言与纲领。

(一)论诗的题材

新古典主义以贵族的高雅生活为其文学题材,而浪漫主义在题材方面则有着重要突破,是一些"本质上与今日一般所称赞的诗完全不同的诗歌"①。华兹华斯在《〈抒情歌谣集〉序言》中明确提出以日常生活特别是田园生活为诗歌的题材。他说:"我在这些诗中提出的主要目的,是从日常生活中选取一些事件和情景……我一般地是选择卑微的和乡村的生活。"②之所以在题材上做出如此重大的调整,是因为在华兹华斯看来,作为一名秉持"人类心灵之某些固有而不可磨灭的品质"的作家,面对激烈变化而日益颓废的社会现实,理应做出如此反应。他将这些社会现实归结为城市人口的积累、日常事务的单调,以及文学作品的颓废。诸如,狂妄的小说、病态而愚蠢的悲剧、无聊的故事诗的泛滥,等等。为此,他试图以清新的日常生活与乡村的田园生活对这种颓

---

① [英]华兹华斯:《〈抒情歌谣集〉序言》,《缪朗生文集》第 3 卷,中国人民大学出版社 2011 年版,第 4 页。

② [英]华兹华斯:《〈抒情歌谣集〉序言》,《缪朗生文集》第 3 卷,中国人民大学出版社 2011 年版,第 5 页。

废之风有所矫正。他认为,乡村生活与大自然离得最近,也最朴实无华,可以借以矫正时下颓风。"因此,乡村情况中,人们的激情往往与大自然的美丽而恒久的形式结合起来。"乡下人的"社会地位卑微,身份相同,交际范围狭小,而受到社会虚荣的影响也较少,所以他们都用朴素无华的词句来表达自己的感情和见解"①。另外一个重要原因,就是出于人与自然亲近的本性。他说:"人与自然根本上是彼此适应的,而人的心灵本来就是反映大自然的最美丽最有趣的景象的一面镜子。所以,诗人在研究自然之时,这种快感自始至终伴随着他,受到快感的鼓舞,他就与自然万象交谈,其热情正像科学家终生与作为他的研究对象的大自然那些部分交谈,而在心中养成了热爱那样。"②这就从作家反思、批判社会现实的社会责任与热爱大自然的本性等两个层面论证了他选择日常生活特别是乡村田园生活作为诗歌题材的原因。其中,对于人类亲近大自然本性的论述具有重要的理论意义与价值。

(二)论诗的本质

诗的本质是什么呢?古希腊将之归结为模仿,新古典主义认为是理性,但华兹华斯则认为是激情的直接流露。这就是浪漫主义文论著名的表现说。"一切好诗都是强烈感情的自然流露。"③

---

① [英]华兹华斯:《〈抒情歌谣集〉序言》,《缪朗生文集》第3卷,中国人民大学出版社2011年版,第5页。
② [英]华兹华斯:《〈抒情歌谣集〉序言》,《缪朗生文集》第3卷,中国人民大学出版社2011年版,第12页。
③ [英]华兹华斯:《〈抒情歌谣集〉序言》,《缪朗生文集》第3卷,中国人民大学出版社2011年版,第5页。

诗人"一般是因现实事件唤起的激情而写作的"①。"诗人之作诗只受到一种限制，那就是，他必须把直接的快感授给一个人，使之获得所期望于他的见识。"②在这里，他提出了一个"直接的快感"的概念，并认为这在诗歌创作中是非常重要的。为什么会这样呢？华兹华斯认为，首先是由诗歌创作的特点决定的。诗人与律师、医师、航海家、天文家及自然科学家不同，"诗人与事物形象之间绝无障碍，但是传记家及历史家与事物形象之间就有成千障碍了"③，所以，诗人就以常人的姿态、生活原本的样子来表达"直接的快感"，是一种感情的自然流露。这就是诗歌作为艺术创作的特点所在。另外一个重要原因，他认为，是"爱"的人性使然。他认为，诗人都是"以爱的精神来看世界的人"④。"诗人是维护人性的碉堡，他是人性的支持者和保存者，不论到何处都带来亲和爱。"⑤正是由于这种"爱"的人性，所以诗人要传授"直接的快感"，要表达"激情"。他认为，"这是对天赋而又明显的人之尊严的崇拜，对快感的博大基本原则的崇拜"，也是"对宇宙之美的道谢"⑥。

---

① [英]华兹华斯：《〈抒情歌谣集〉序言附录》，《缪朗生文集》第3卷，中国人民大学出版社2011年版，第20页。

② [英]华兹华斯：《〈抒情歌谣集〉序言》，《缪朗生文集》第3卷，中国人民大学出版社2011年版，第11页。

③ [英]华兹华斯：《〈抒情歌谣集〉序言》，《缪朗生文集》第3卷，中国人民大学出版社2011年版，第11页。

④ [英]华兹华斯：《〈抒情歌谣集〉序言》，《缪朗生文集》第3卷，中国人民大学出版社2011年版，第11页。

⑤ [英]华兹华斯：《〈抒情歌谣集〉序言》，《缪朗生文集》第3卷，中国人民大学出版社2011年版，第12页。

⑥ [英]华兹华斯：《〈抒情歌谣集〉序言》，《缪朗生文集》第3卷，中国人民大学出版社2011年版，第11页。

（三）论诗的语言

对于华兹华斯《〈抒情歌谣集〉序言》争论最多的就是有关该文力主诗歌应该运用日常乡间语言的观点，甚至柯勒律治最后也发表了不同看法，这也是柯勒律治写作《文学生涯》一文的重要原因之一。但诗歌语言的确也是作为语言艺术的诗歌的重要要素，新古典主义力主运用所谓典雅高贵的韵文进行创作，这是其重要原则之一。华兹华斯突破了这一点，力主运用日常的乡下人的语言进行写作。他说："我也采用了这些乡下人的语言（当然清除了其中那些似乎是真正的缺点，清除了一切经常会而且必然会使人厌恶或唾弃的因素），因为此等人时时刻刻都接触到最精彩的语言所从出的最精彩的事物。"①他有时也说要采用"日常的语言""真正的语言"等。同时，他也对于新古典主义对韵文的偏爱进行了反驳，主张打破韵文与散文的界限。他说："散文的语言是大可以适用于韵文的；……每一首好诗的大部分的语言同好的散文的语言丝毫没有区别。"②他认为，其实将散文与韵文加以对比不如将韵文与应用文以及科学论文对比更加贴切。

他在语言上做出这样的变革的原因何在呢？除了前面已提到的乡村日常语言具有朴实无华的特点容易产生良好的效果之外，他还认为这是一种艺术创作上抛弃"虚伪的描写"，以期"明达合理"的追求。为此，就要割弃传统的语言和修辞传统，也就是与

① ［英］华兹华斯：《〈抒情歌谣集〉序言》，《缪朗生文集》第3卷，中国人民大学出版社2011年版，第5页。
② ［英］华兹华斯：《〈抒情歌谣集〉序言》，《缪朗生文集》第3卷，中国人民大学出版社2011年版，第8页。

传统的新古典主义划清界限。他说:"这就必然令我割弃了大部分的词藻和修辞格式,而这样的词藻和修辞格式却是父传子子传孙久已被视为诗人们的共同遗产。"①当然,他也认为这是人性使然,也是散文与韵文没有根本差别的原因所在。他说:"这两者都用一样的器官说话,而且诉诸一样的器官;这两者所具备的形骸可以说是一样的物质造成的;它们的感情是类似的,几乎是相同的,甚至在程度上也不一定有区别;韵文所挥洒的不是'天使所泣的'泪,而是自然的,人类的泪,它不能夸耀有什么天国的仙血灵液,所以它的生命血液和散文的有所不同,一样的人类血液循环在它们两者的脉络里。"②最后也是最重要的,就是华兹华斯认为诗歌创作的最重要的原则是思想内容对于词语的决定作用。他说:"思想和感情越有价值,无论作品是散文的或是诗体的,它们就需要而且务求同一的语言。诗作韵律不过是外加的因素。"③

二、想象与天才

　　柯勒律治(1772—1834),出身于牧师家庭,英国著名浪漫主义诗人和批评家。他曾到德国学习哲学,其诗歌理论明显受到康德哲学与耶拿浪漫派诗学影响。早年同情法国革命,后来愈来愈趋向神秘。他的文学批评著述除了1800年与华兹华斯共同出版

①[英]华兹华斯:《〈抒情歌谣集〉序言》,《缪朗生文集》第3卷,中国人民大学出版社2011年版,第7页。

②[英]华兹华斯:《〈抒情歌谣集〉序言》,《缪朗生文集》第3卷,中国人民大学出版社2011年版,第8、9页。

③[英]华兹华斯:《〈抒情歌谣集〉序言附录》,《缪朗生文集》第3卷,中国人民大学出版社2011年版,第24页。

的《抒情歌谣集》的《序言》,主要还有《文学生涯》(又译《文学传记》)、《莎士比亚评论集》等。他的文学理论在英语世界具有很高地位,被认为是亚里士多德之后的第一人。他并不完全同意华兹华斯的观点,在《文学生涯》中明确表示诗歌的主要特点是韵律,但其对于想象与天才的论述却影响巨大,有关艺术创作中人与自然关系的论述也颇有价值。

(一)论想象

对于想象的突出强调是浪漫主义诗歌理论的重要特点,是其突破新古典主义"三一律"等程式化写作的重要理论支撑。柯勒律治在《文学生涯》中运用相当的篇幅论述了艺术想象。什么是想象呢?柯勒律治说:"诗人撒播一种统一的情调与精神,以那综合之魔力来混合一切,并且(仿佛)逐个融合起来,这种魔力我专给予一个名称叫做'想象'。"[1]很明显,他给"想象"确定的两个内涵是统一的精神与融合的魔力,可以将艺术创作中各种因素综合起来加以发酵式地创造出具有无比感染力的艺术作品。他还认为,想象是将作家的主动性与对象的被动性在相当的深度与限度上加以综合的"中间力量"[2]。柯勒律治还进一步分清了想象与幻想以及第一性与第二性想象的关系。对于想象与幻想,他说:"幻想和想象并不是如普通所理解的那样词异而义同,或者至少是同一能力的低级和高级的区别。幻想和想象

---

①[英]柯勒律治:《文学生涯》,《缪朗山文集》第3卷,中国人民大学出版社2011年版,第31页。
②[英]柯勒律治:《文学传记》,伍蠡甫主编《西方文论选》下卷,上海译文出版社1988年版,第30页。

乃是两种截然分立、大不相同的性能。……弥尔顿的头脑富有想象,柯莱的头脑富有幻想。"①可见,在他看来,幻想是一种简单的联想,而想象则是一种创造性的精神活动。接着,他又分辨了第一性与第二性想象。他说:"我把想象看作第一性或第二性的。第一性的想象,我认为是一切人类知觉所具有的活力和首要功能,它是无限的'我在'所具有的永恒创造性活动在有限的心灵中的重现。第二性的想象,我认为是第一性想象的回声,与自觉的意志并存;但它在功能上与第一性的想象完全合一,只在程度上,在形式上,有所不同。"②可见,他的第一性想象即为再现性想象,而第二性想象则为创造性想象,是一种艺术的想象。

(二)论天才

天才是浪漫主义文论的重要内涵,就像新古典主义强调规则一样,浪漫主义文论强调天才。柯勒律治对于天才有着多重阐释,他曾经说天才就是在人们见惯的事物中唤起清新感觉的价值与能力。"因此,天才的首要价值,它的最明白不过的表现形式,就是他能把见惯的事物如此表达出来,使它们能够在人们心目中唤起同样的感觉——即一种经常伴随着肉体与精神健康恢复而来的那样清新的感觉。"③犹如彭斯的诗,"就像雪片落在江上,一

①[英]柯勒律治:《文学传记》,伍蠡甫主编《西方文论选》下卷,上海译文出版社1988年版,第30页。
②[英]柯勒律治:《文学传记》,伍蠡甫主编《西方文论选》下卷,上海译文出版社1988年版,第30页。
③[英]柯勒律治:《文学传记》,伍蠡甫主编《西方文论选》下卷,上海译文出版社1988年版,第30页。

刹那间的白——随即永远消逝!"他又认为天才是一种调和外部
与内部、有意识与无意识的特殊天赋,"能够将两者结合起来的就
是有天才的人;而为了这个缘故,他必须兼有两者"。① 他综合了
天才的素质,是"良知是诗才的躯体,幻想是它的衣衫,运动是它
的生命,而想象则是它的灵魂"②。最后,他也没有否定天才与规
则的联系。他说:"请不要以为我有意把天才与规则对立。……
诗的精神,只要是为了将力量与美结合,就得与其他活力一样,必
须使它自己受一些规则的限制。"③

(三)论艺术活动中人与自然的关系

柯勒律治的诗论中包含着明显的自然论或有机论内涵,这是
非常可贵的。诚如《镜与灯》的作者艾布拉姆斯所说,"如果说柏
拉图的论证是镜子的原野,柯勒律治的则是植物的丛林"。④ 柯
勒律治首先明确界定了艺术与自然的关系:"艺术是隶属于自
然。"⑤这显然是对于新古典主义崇尚理性的反拨,也是其湖畔派
自然诗人的身份使然。接着,他给予自然美一个全新的解释:"样

---

① [英]柯勒律治:《论诗或艺术》,伍蠡甫主编《西方文论选》下卷,上海译文
　出版社1988年版,第34页。
② [英]柯勒律治:《文学传记》,伍蠡甫主编《西方文论选》下卷,上海译文出
　版社1988年版,第32页。
③ [英]柯勒律治:《莎士比亚的判断力与其天才同等》,伍蠡甫主编《西方文
　论选》下卷,上海译文出版社1988年版,第36页。
④ [美]M.H.艾布拉姆斯:《镜与灯》,郦稚牛等译,北京大学出版社1989年
　版,第267页。
⑤ [英]柯勒律治:《文学传记》,伍蠡甫主编《西方文论选》下卷,上海译文出
　版社1988年版,第31页。

子美好的东西与有生命的东西的统一。"①从而,将形式美与生命
美并列,并将生命美放到重要位置。对于如何创造自然美的艺术
作品,他也阐述了自己的看法:"人的心灵是那些散在自然界的各
种形象中智力光线的焦点。"②"艺术家必须首先使自己离开自
然,为的是以充分的力量归返自然。"③"必须先有良好的教育,或
者天赋的敏感,或者两者兼而有之。"④

　　华兹华斯与柯勒律治是欧洲最早的浪漫主义诗人与诗论家,
他们的浪漫主义诗论在整个西方浪漫主义文论发展中具有奠基
的作用。他们提出的有关诗歌题材、诗的情感表现本质、语言、想
象、天才与自然论的观点都具有重要理论价值。但其理论的片面
性、唯心主义的神秘性以及对抽象人性论的鼓吹都是错误的,其
诗歌与文论中对于日渐没落的封建宗法制农村的缅怀也是消
极的。

———————

① [英]柯勒律治:《论诗或艺术》,伍蠡甫主编《西方文论选》下卷,上海译文
　出版社1988年版,第34页。
② [英]柯勒律治:《论诗或艺术》,伍蠡甫主编《西方文论选》下卷,上海译文
　出版社1988年版,第34页。
③ [英]柯勒律治:《论诗或艺术》,伍蠡甫主编《西方文论选》下卷,上海译文
　出版社1988年版,第34页。
④ [英]柯勒律治:《文学生涯》,《缪朗山文集》第3卷,中国人民大学出版社
　2011年版,第35页。

第 三 编

文艺美学对话

襟怀与风度①

——记钱中文先生

改革开放初期,我就在许多重要刊物上读到钱中文先生的文章,知识渊博,内容深刻,十分景仰。但第一次见到钱中文先生,却是 1987 年初夏在深圳大学的《西方文论名著教程》审稿会上。我因参加胡经之教授主编的该书的二章撰稿,因此也参加了会议。钱先生被约请为评审组的组长。在会上,我听到钱先生的多次发言,特别是最后的总结发言。钱先生对书稿不仅指出了长处,进行了总体的肯定,而且对具体章节发表了明确的肯定意见,并对存在的质量不平衡问题等也明确提出,还提出修改意见。对一部书稿的评审,发表如此认真而明快的意见,是什么说什么,这在当时的评审中是不多见的。由此,钱先生给我们第一个印象是他是一个在学术上十分认真,毫不含糊的人。后来就是 1995 年,在山东召开中外文艺理论国际学术研讨会,并成立中国中外文论学会。在会上,大家一致推举钱先生担任学会的会长。这表明钱先生在学术界具有很高的认可度和威信。

1997 年以后,我也参加了国务院学位委员会中文学科评议组

①原载《多元对话时代的文艺学建设——新理性精神与钱中文文艺思想研究》,金元蒲编,军事谊文出版社 2002 年。

的工作,同钱先生一起分工文艺学和比较文学的博士点申报学位的情况介绍工作。我先后两次同钱先生一起参加会议,一同工作。钱先生是上届的老委员,又是召集人之一,学识渊博,比我年长,但我同他合作却感到一种相互的信任、默契与心情的舒畅。在评审中,钱先生表现出来的认真、公正和主持正义的精神更给我深深的感染。他非常厌恶学术活动中的腐败之风,对某些终生追求并有较高造诣,但又不会钻营的学者,钱先生常常给予公正的评价与大力的支持。

钱中文先生对我们山东大学文艺学及我本人的支持也使我终生难忘,并十分感动。老实说,我虽然认识钱先生有十多年的时间,但交往并不很多,真可谓"君子之交淡如水"。但钱先生从山东大学这所老校人文学科的长远发展出发,从我国文艺学学科的布局考虑,对山东大学中文学科,特别是文艺学科的建设发展给予了深切的关怀与大力的支持。特别是2001年5月,山东大学文艺学学术研究中心挂牌并召开了第一次学术研讨会。钱先生在十分繁忙的情况下接受中心学术顾问的聘请并专程参加会议,作了十分精彩的发言。为了准备这个发言,钱先生坚持让我们给他寄去有关背景材料,在此基础上,钱先生对文艺美学发展的历史现状及前景发表了深刻的见解。不仅对我们基地而且对整个文艺学学科的建设都有指导意义,该文已被《文史哲》杂志发表。

我国常用"道德文章"对文人进行评价,我觉得钱中文先生是道德文章俱佳的学者。给我印象非常深刻的一件事是2001年秋,钱先生到济南开会,我们顺道请他给研究生作学术报告。我生怕钱先生太累,因此事先告诉他讲一个小时即可。但钱先生一丝不苟地,有条有理的整整讲了两个多小时,并回答了学生的提问,最后钱先生的嗓音几乎嘶哑。我后来才了解到原来他已连续在兄弟院校给研究生、本科生讲了好几次。钱先生就是这样一位对学生、对学术高度负责的人。而且在先生报告的过程中,他结合自己的体会讲的一段话使我分外感动。钱先生这段话的大体意思是:做学问要有一种坚持真理的精神,要坚持原则而不能跟风,要知错必改而不能执迷不悟。钱先生结合自己的成长过程,十分亲切,并语重心长地向研究生和青年学者讲述了坚持真理,修正错误的道理。听到这里,报告厅鸦雀无声,钱先生深邃的理论和真挚的感情深深地吸引并打动了大家。我听过钱先生的多次学术演讲与发言。我的一个深刻印象是钱先生从来都是讲的真心话,他是一位将做人与做文融为一体的学者。钱先生不仅道德高尚而且文章写得好,是我国当代文艺理论界重要的领军人物,也是我国当代文艺理论界少数在国际上具有重要影响的学者。钱先生从改革开放初期"文学是审美的意识形态"理论的提出,到后来领导文艺学方法论探讨,提出文学发展中的更迭与非更迭现象,直到最近结合我国现代化的进程,从弘扬新的人文精神,改善人的生存状态出发,提出独具特色的"新理性精神",几乎每一步都走在我国文艺学建设的前列,成为旗帜性人物。

写到这里,我想起2001年夏季同钱先生一起在田横岛开会的情形。会议休息期间,我们一起到海边散步。那天尽管是盛夏,但海风仍是很强劲,海浪很大很高,波涛汹涌。钱先生竟然脱掉鞋子,挽起裤腿,迈向拍岸的巨浪,显出从容坚毅的神色。我想,钱先生其实在精力、体力与精神上仍然是充满着青春的活力,他在学术与生活中都是搏击风浪的强者。

朱德发教授在现代文学
研究中的突破与创新①

朱德发老师，各位老师，非常高兴来参加这个会议。

参加这个会有两个目的：一是对朱老师表示祝贺，对山东师范大学的中国现代文学团队表示祝贺；二是对朱老师的学术贡献和学术风格谈一点体会。

我认识朱德发老师是在 1974 年，已经 40 年了。《朱德发文集》，从 1979 年开始到现在，35 年，350 万字。35 年的辛勤耕耘变成文字的东西，出了文集，一年就是 10 万字；没收入文集的还有大量的讲稿、手稿。由此可见，朱老师的勤奋，的确可以称作"劳动模范"，值得我们学习。至于山东师范大学的现代文学团队，它取得的成绩、培养的人才——包括在座的很多人，在全国都有很大的影响，对此我表示衷心的祝贺。这也与朱老师的学术带领和团结包容分不开，是朱老师对于学科建设的重要贡献，

我还想对朱老师的学术贡献和学术风格谈一点体会。因为朱老师皇皇巨著 10 卷本，暑假拿到以后，天气太热，全部看一遍

①原载《拓展现代中国文学研究的新格局——朱德发及山师学术团队与现代中国文学研究学术研讨会论文集》，魏建、李宗刚、刘子凌主编，山东人民出版社 2016 年版。

也有困难,我翻阅了一遍,有些是以前读过的,较熟悉;这次主要是看了一些感兴趣的部分。我觉得朱德发老师最重要的学术贡献和学术特点就是创新、突破,正是因为他的突破和创新,就像刚才温儒敏老师讲到的,你可以不同意他,但是你不能不承认他。另外我还要加一句,你不能不记住他,因为他有自己严格的论证、详细的资料功夫,这就是"言之成理,持之有故"。朱德发老师是学术界一位能够被记得住的学者。做一个能够被大家记得住的学者也是非常不容易的。

朱德发老师学术贡献的创新和突破很多,比如五四文学。民主主义和人道主义在今天看来似乎也寻常,可是放在当时的背景下来看,的确是非常了不起的。我讲朱老师三个方面的突破和我的体会。

第一个是五四文学指导思想的突破,把原来我们一再说的、长期认可的五四文学是无产阶级和马列主义的指导思想,变成多元的、在五四运动刚开始以民主主义和人道主义为主的指导思想。大家知道,前面董健老师也说到,毛泽东《新民主主义论》明确提出,从新民主主义开始——五四运动作新民主主义的开端,就是无产阶级和马列主义的指导思想。朱德发老师通过两方面的工作对这一指导思想问题提出了自己的看法:第一,非常详尽扎实的史料工作,这改变了我们过去一贯的治史习惯和历史观,把"史从论出"变为"论从史出"。朱老师经过详细的考证,包括认真研究胡适、鲁迅、李大钊的文章和讲话,指出其中的主要内容就是民主主义和人道主义。这是一个详尽的史料工作,朱老师用史论结合、论从史出的方式,奠定了自己的五四文学观。第二,他用智慧、机智的论证解决了对毛泽东《新民主主义论》的理解问题,他提出了"整体论":认为并不是从五四运动开始就出现了无产阶级和马列主义的指导思想，而是从五四运动这一个整体出发，逐步地体现无产阶级和马列主义的指导思想，"五四"是一个开端。刚才董健老师说朱老师也有他的机智，这就是一种科学的机智，别人不能说什么，他对《新民主主义论》有着自己的独持而言之成理的阐释。

第二就是文学史观，朱老师是用"现代中国文学史"来代替"中国现代文学史"。猛一看，好像有点文字游戏，但是想一想，因为在座的各位都是搞文学史的，比我本人清楚得多，用"现代中国"来取代"中国现代"是个重大的突破。因为"中国现代"有一个什么是"现代"、什么是"现代性"、什么是"新文学"的概念问题，对"现代""现代性""新文学"这些概念某些人可以有自己独特的理解与使用，从而具有意识形态性。按照这样一套逻辑治史，框定了文学的范围，只有符合某种意识形态要求的才能入史。"现代中国"则是一个中性的概念。在时间上，正如朱老师提出来的，上不封顶，下不封底，解决了文学史写作过程中"现代""当代"的问题（国际上没有"当代"一说）。解决了这个问题，文学史就可以一直延伸下来。文学史是开放的，在地域上不仅是解放区，我们的现代文学和人民的文学，也包括港台、包括整个的中国文学；在形式上，不仅是白话文学，还包括现代创作的古典诗词。所以我觉得以"现代中国"取代"中国现代"是一个很重要的突破，这也解决了到底是"论从史出"还是"史从论出"的问题——如果按照中国现代文学史的原有框架，现代、现代性本身就是"论"，只有符合的才能进入现代史，这就具有主观色彩，强烈的意识形态性，目前有了突破。朱老师这个突破是非常重要的。

第三个是朱老师对20世纪50年代到70年代的英雄人物观念做出的突破。这一时期主要是苏联的社会主义现实主义英雄人物观、大跃进文学的英雄人物观和"文革"文学的英雄人物观（"文革"文学讲"三突出"）。朱老师有一篇专门的长文明确指出，这样的英雄人物观实际上是意识形态先行的英雄人物观，主题先行的英雄人物观。这个英雄人物观实际上是否定了"文学即人学"这样一个基本观念，否定了人性、人道主义、个性、知识分子在文学当中的地位。另外，朱老师还明确指出这种主观的、唯心主义的英雄人物观属于浪漫主义英雄人物观，他倡导一种吸收中外优秀文学的、现实主义的英雄人物观。

朱老师的这三个突破给我的印象非常深，所以朱老师不仅是文学史家，而且是文学理论家，朱老师还有情爱文学史、山水文学史等好多方面的突破，这里就不一一说了。

最后，再次对朱老师表示祝贺，对山东师范大学现代文学团队表示祝贺！

蒋孔阳美学思想评述

　　我国著名美学家蒋孔阳先生逝世已经一周年了。半个世纪以来，蒋孔阳教授在美学领域辛勤耕耘，卓有建树。特别是在晚年历时 14 载撰写的《美学新论》一书，更是其一生美学思想的结晶。该书是对建国 40 多年美学研究的一个总结，也是对跨世纪美学研究的一个开启。它预示着一个以马克思主义为指导的、融会中西古今史论的新的开放的美学理论形态已经诞生。而这个新的开放的美学理论形态的诞生，就是蒋先生长期自觉运用"综合比较"研究方法的丰硕成果。

一

　　什么是综合比较呢？蒋先生指出："目前，我们正处在一个古今巨变，中外汇合的时代，各种思想和潮流纷至沓来，我们面临多种的机遇和选择。这就决定了，我们不能固步自封，我们要把古今中外的成就，尽可能地综合起来，加以比较，各取所长，相互补充，为我所用。学者有界别，真理没有界别，大师海涵，不应偏听，而应兼收。综合比较百家之长，乃能自出新意，自创新派。"蒋

---

①原载《文史哲》2000 年第 5 期。
②蒋孔阳：《美学新论》，人民文学出版社 1993 年版，第 47 页。

先生在这里已经简要地把"综合比较"的背景、内容和目的作了阐明。

　　综合比较，首先是美学理论现代化的需要。蒋先生认为，"鸦片战争以来，我国就面临现代化的问题，也就是从落后变成先进的问题"①。这里所说的现代化当然是指文化和美学理论的现代化。我国是一个美学的大国，有着特别丰厚并独具特色的美学遗产。但由于历史传统的原因，我国美学理论多以点评与感悟的形式出现，缺乏具有现代理论形态的美学体系。加上当今世界科技突飞猛进，文化思想日新月异，各民族思想文化领域的比较、交流、融合已成时代趋势。"因此，比较本身虽然不是现代化，但要现代化，却必须经过比较的研究"②。而近代以来，西方文化的冲击与挑战已成不争的事实。因此，"我们今天面临着西方文化的冲击和挑战，我们要现代化，要建立我们自己的现代美学，我们认为唯一的出路，也就是接受挑战"③。

　　近代以来，面对大量涌入的西方美学思潮，存在着全盘排斥、全盘接受和形式嫁接三种方式。这三种方式都无益于新的美学理论的建设，而只有综合比较才是正确的态度和方法，这已是历史的经验。蒋先生认为运用综合比较取得突出成绩的第一人是王国维。他说："王国维是我国第一个融会中外，而又有所创新的现代美学家。"④王国维运用西方美学的钥匙，开启了中国古代美学的宝库，加以提炼、改造、重新熔铸，提出了优美、壮美、古

---

① 蒋孔阳：《美学新论》，人民文学出版社1993年版，第416页。
② 蒋孔阳：《美学新论》，人民文学出版社1993年版，第417页。
③ 蒋孔阳：《美学新论》，人民文学出版社1993年版，第479页。
④ 蒋孔阳：《美学新论》，人民文学出版社1993年版，第475页。

雅、境界等迄今还在沿用的一些美学范畴,从而成为中西古今综合比较融合的一个范例。而宗白华、钱锺书则是当代在这方面的典范。蒋先生运用历史上的成功范例,说明综合比较研究的必要。

　　蒋先生在《新论》中综合比较的内容涉及的面很宽,包括马克思主义美学与非马克思主义美学、中西美学、古今美学、艺术实践与美学理论等多个方面。蒋先生充分地论述了马克思主义美学的指导地位与开放地吸收其他非马克思主义美学思想的关系。他从历史发展的必然性的高度论述了马克思的不同凡响及其在人类美学思想发展中的历史地位。具体地说,马克思以辩证唯物主义及历史唯物主义为指导,将美学研究从康德的重主观转移到以人的劳动实践为基础的客观之上,建立了完整的美学思想体系,提出了"劳动创造了美"等一系列重要美学观点,"很自然地成为我们建设马克思主义美学思想体系的重要根据"①。同时,蒋先生又坚持马克思主义美学是开放的、发展的。马克思主义只有在综合吸收其他美学思想的基础上才能进一步地丰富成熟。他说,"到了20世纪,科学的分支愈来愈多,日趋分化和专门化,以至美学的研究也愈分愈细,流派众多,思潮林立,真可说是五花八门,琳琅满目。什么心理学美学、人类学美学、发生学美学、语义学美学、分析学美学、现象学美学、解释学美学、接受学美学、解构主义美学,以至科学美学、技术美学、信息论美学、控制论美学等,应有尽有,蔚然大观"②。又说,"科学研究不仅要分,还要有合。正因为这样,所以现代美学经过大分化以后,又在相互交叉,相互

①蒋孔阳:《美学新论》,人民文学出版社1993年版,第492页。
②蒋孔阳:《美学新论》,人民文学出版社1993年版,第27页。

融合，又在走向一体化和综合化的研究。怎样把各门分支美学和各种流派研究的成果，综合起来，把它们各自的长处和优点吸收进来，以建立一个比过去的美学体系更为完整、更为高一个层次的体系，实为我们今天美学研究的任务"①。由此可见，我们今天美学研究的任务就是：以马克思主义美学作重要根据，将其他各个美学流派的成果综合起来，吸收其长处，建立更为完整、更高层次的美学思想体系。蒋先生结合各自的特点，根据实事求是的原则，从四个方面对中西美学进行比较：1.从社会历史背景上，西方社会基本上作为宗教性的商业社会，其美学思想带有神秘的宗教色彩，并不断地追求革新、探讨新的理论；而中国社会基本上作为宗法式的农业社会，其美学思想主要是歌颂朝廷宗庙的礼乐思想和追求"小国寡民、知足常乐"的精神；2.从思想的渊源和传统上，西方美学源于古希腊的柏拉图和亚里士多德，表现出彻底的分析精神，着重于理论上的探讨和注意修辞与逻辑的严密；中国美学源于先秦的孔子和老庄，着重探讨文艺在人生中的地位作用，形成重零星感受、重直观欣赏、重联想的丰富等特点；3.从文学艺术的实践看，西方文艺导源于希腊的史诗、戏剧、雕塑，"摹仿说"成为其美学思想的中心；中国古代艺术实践是《诗经》《楚辞》和书法，其美学思想是偏重于"诗言志"的"表现说"；4.从语言文字结构上来看，西方的拼音文字，使其美学论著分析层层深入，结构丝丝入扣，而中国的表意文字，使其美学论著较多重视个人体验的深微和文字的优美，而缺乏明确的要领和具体的分析。而且，蒋先生从我国美学界的实际情况出发，提出"应当先懂一点西方美学"。这主要因为美学学科从西方输入其名词、概念、范畴，而西

①蒋孔阳：《美学新论》，人民文学出版社1993年版，第27页。

方美学的逻辑分析方法也有值得借鉴之处。蒋先生借鉴鲍桑葵的研究思路,将艺术实践与美学理论加以比较研究,从具体的艺术实践中概括出美学思想与美学精神。这在我国美学研究中具有开创意义,也为蒋先生的综合比较研究增添了崭新的内容。从西方艺术与西方古代美学思想的关系来看,蒋先生认为西方艺术起源于希腊的史诗、戏剧和雕塑,特别是雕塑。由此决定了西方古代美学思想的六大特点:1.希腊雕塑从神话中汲取题材,但其"神"实际上是现实生活中的人。因此,西方的美学思想一直重视形式的美与和谐。2.希腊艺术主要描写人与自然的斗争,作为其最高美学理想的"和谐"来源于对立面的斗争,是经过矛盾的克服才最后达到。3.西方艺术以认识与反映自然作为其主要内容,从而使其美学思想着重于美与真的联系。4.西方美学思想强调"求知",因此大多数从哲学认识论的角度对美学探讨。5.希腊的奴隶制民主社会给艺术带来自由,并使艺术确立独立自主的地位,从而促使各美学流派的自由竞争。6.西方强烈的宗教精神,使艺术作品充满了宗教题材和神秘主义,但也使其艺术家与美学家具有神圣的使命感。从中国艺术与中国古代美学思想的关系来看,诗乐并行,成为我国古代宗法社会生活中文艺的重要特点,由此使其美学具有如下特点:1.具有浓厚的政治伦理色彩;2.具有森严的等级制度;3.强调人与自然的统一;4.在强调森严的等级的同时,重视感情、讲究人情味;5.其美学思想不仅是现世的,而且是世俗的;6.在小农经济基础上产生了以无为、自然为中心的道家美学思想,强调自由、自然,与此相应的闲情诗、山水诗、山水画、花鸟画,着重在个人的消闲遣兴。

关于综合比较的方法,蒋先生提出了系统引进,选择淘汰,接受与发扬并行不悖,引进、融合、创新并举,最后创造出一种崭新的非中非西、亦中亦西美学体系。蒋孔阳先生恰恰是亲自实践，在中西古今的综合比较中，自创出内涵更为丰富、开放而有鲜明时代特色的美学体系。

二

蒋先生自创的美学体系就是"审美关系论美学"。他说："人间之所以有美，以及人们之所以能够欣赏美，就因为人与现实之间存在着审美关系。正因为这样，所以我们认为人对现实的审美关系，是美学研究的出发点。美学当中的一切问题，都应当放在人对现实的审美关系当中，来加以考察。"①

最早比较全面提出"关系论"美学的是法国启蒙主义戏剧家狄德罗，他在《关于美的根源及其本质的哲学探讨》一文中指出："因此，我把凡是本身含有某种因素，能够在我的悟性中唤起'关系'这个概念的，叫做外在于我的美；凡是唤起这个概念的一切，我称之为关系到我的美。"②狄德罗所说的"关系"分为三种：一种是事物本身各部分之间的秩序，安排、对称等形式关系，这是一种真实的美；二是两个自然物之间的比较关系，这是相对的美；三是一事物同人的社会环境的关系，也是相对的美，但内容更为丰富，有意义。狄德罗摆脱了美在感性或美在理性的固见，而将美界定在具有更多变化的"关系"，这是他的贡献，但他的时代决定了他不可能摆脱机械论的束缚，因而他的"美在关系"的定义也不可避免地抽象而贫乏。

<hr>

① 蒋孔阳：《美学新论》，人民文学出版社1993年版，第3页。
② 《狄德罗美学文选》，人民文学出版社1984年版，第25页。

　　蒋先生的"审美关系论美学"同狄德罗旧唯物主义的"关系论"美学有着本质的区别。其原因在于虽然同是坚持唯物论观点,但蒋先生却是以马克思主义的实践论作为指导。他说:"这个客观,和人的劳动实践分不开。有了劳动实践,人才从自然中生成起来,脱离自然和动物,进入社会和历史。也就是说,客观是由人的实践的感性活动,所创造和形成起来的'人类社会或社会化了的人类'。这样,美学研究的逻辑起点,既不是客观的物质世界或精神世界,更不是主观的心意状态,而是社会化了的人的审美实践活动。"①很显然,在蒋先生的理论体系中"人对现实的审美关系"与"社会化了的人的审美实践活动"是同格的。这就是说,人对现实的审美关系就是作为社会实践组成部分的人的主体具有充分的能动的创造性的审美实践活动。这里有两个非常重要的要点。一是坚持了"审美关系论美学"的唯物主义前提。蒋先生一再坚持社会劳动生产实践是人类社会最根本的实践的观点。他认为,在人与现实的实用关系,认识关系与审美关系中最根本的是实用关系。他说,"这样,人对现实的关系,首先是实用关系"。② 为此,他引用了马克思、恩格斯关于人类首先需要衣、食、住,然后才能进行艺术创作和审美实践的观点,从而使他的"审美关系论美学"不同于将符合主体需要放在首位而否定唯物实践前提的价值论美学。二是作为社会化了的人的审美实践活动,人与现实的审美关系是极其丰富多彩的,从而完全不同于僵化而单调的狄德罗的"美在关系说"。蒋先生将人对现实审美关系的特点概括为四个方面:1.通过感觉器官来和现实建立关系。2.审美关

---

① 蒋孔阳:《美学新论》,人民文学出版社 1993 年版,第 490 页。
② 蒋孔阳:《美学新论》,人民文学出版社 1993 年版,第 8 页。

系是自由的。3.审美关系是人作为一个整体来和现实发生关系，人的本质力量能够得到全面的展开。4.审美关系还特别是人对现实的一种感情关系。更为重要的是，蒋先生的"审美关系论美学"又有别于我国20世纪50年代和80年代美学讨论中出现的"实践论美学"。

在这里，我们要特别提出蒋先生有别于"实践论美学"的五个重要观点：1.在有没有固定不变的美的问题上，蒋先生一反包括"实践论美学"在内的传统美学，认为美不是"某种固定不变的实体"，也不是"由某种单纯的因素所构成的某种单一的现象"。他说."与此相反，我们应当把美看成一个开放性的系统"①。2.在美的本质问题上，蒋先生提出美就是人的创造的观点。他说："我们说，美是人的本质力量的对象化，事实上是在说，美是人按照美的规律所创造的形象。"②在这一段关于美的本质的论述中，蒋先生没有涉及惯有的美是主观的还是客观的这样一类问题，也不同于实践论美学关于"美是客观性与社会性统一"的观点，而是从人与现实的审美关系中突出地强调了人的创造性作用。对象化是人的主动性的结果，而形象的创造更是人的能动作用得到极大发挥的表现。美就是人的创造！也是人类文明的标志！这是蒋先生对人的创造能力和人类文明的讴歌，也是其美学思想的最大特点所在。3.在自然美问题上，蒋先生提出，自然美就是"自然的人化"即通过自然"表现出人的思想和感情"的观点。他说："人化并不一定要求对自然本身起作用，而只是通过自然，反映出人的本质力量，在自然中找回人自身的回响和反应，表现出人的思想和

---

① 蒋孔阳:《美学新论》,人民文学出版社1993年版,第136页。
② 蒋孔阳:《美学新论》,人民文学出版社1993年版,第186页。

感情,就是自然的人化了。"①这实际上解决了争论已久的自然美问题,蒋先生从审美的实际出发,并不拘泥于用物质实践性的观点去生硬解释自然美现象,而是从审美实践出发,在人与自然的审美关系中将"人化"理解成通过自然反映出人的本质力量、思想感情,包括审美主体移情等。4.在人的作用问题上,蒋先生明确提出"人是美的各种因素的中心"的观点。他说,"美的各种因素也必须围绕着一个中心转。这个中心是什么呢?这就是人。美离不开人,是人创造了美,是人的本质决定了美的本质"②。这集中反映了蒋先生"审美关系论美学"的"人学原则"和与此相关的"主体性原则"。这在人的作用问题上比"实践论美学"有关"美的社会性"和人的"物质性客观现实活动"的一般强调更加突出。蒋先生认为,美是对人而言的,没有人就没有美,在人类社会之前没有美。他引用马克思关于关系都是为我而存在的,动物不对什么东西发生"关系",而且根本没有"关系"的理论。认为,只有人才有同现实的"关系",从而也才有同现实的审美关系。同时,又从审美的实际出发,指出把自然风景单纯当作审美对象欣赏,在原始人类是不可思议的。只有人类劳动的发展,有了剩余产品,人类才开始从自然的束缚中解放出来,并离开实用的观点,用审美的观点看待自然,欣赏自然的美。蒋先生列举并引用莎士比亚的话:"人是世界的美",也就是说,有了人,世界才有美。5.在美与美感的问题上,蒋先生提出美与美感同生同在的观点。他说,"但从生活和历史的实践来说,我们都很难确定先有那么一个形而上学的,与人的主体无关的美的存在,然后再由人去感受和欣赏它,

---

①蒋孔阳:《美学新论》,人民文学出版社1993年版,第177页。
②蒋孔阳:《美学新论》,人民文学出版社1993年版,第160页。

再由美产生出美感来"①。这涉及到长期以来我国美学研究中十分敏感的美与美感谁先谁后这一唯物论与唯心论两条哲学路线的分野问题。蒋先生十分谨慎,但又十分大胆。他首先从总体上坚持马克思主义实践观,坚持马克思的"劳动创造美""人也按照美的规律塑造""美是人的本质力量对象化"等观点,但这只是作为一种指导原则。至于生产实践对美的决定作用也只存在于发生学的意义上,也就是说人最初的审美活动是在生产劳动中产生,与其相伴,但此后即与其相离。而具体到美与美感等美学学科自身的规律,则要从实际出发,认真研究。他认为,存在与意识的关系,属于认识论和思维科学的范围。从这样一个角度说,当然是先有美然后才有美感。但从审美的实际与美学学科的规律来说,正因为人是美与审美的中心,因此决不可能离开人而有一个美与美感谁先谁后的问题。这样,从审美的实际出发,美与美感就都是人类社会实践的产物。它们像火与光一样,同时诞生,同时存在。蒋先生在这里将他的"审美关系论美学"从一般的认识科学与思维科学中、从通常的存在与意识的关系中剥离出来,成为独有其内在规律与价值的体系。以上五点,有的不同于实践论美学,有的则比实践论美学更加强化、丰富,说明"审美关系论美学"实际上已是一种超越实践论美学的理论形态。

　　蒋先生以人对现实的审美关系为逻辑起点,发展到美论、美的规律论、美感论、审美范畴论、中西艺术与中西美学比较论,形成一个独具特色的美学体系。其中充满各种新鲜而富独创性的观点。诸如,作为美学研究出发点的审美关系论,艺术作为主要

---

① 蒋孔阳:《美学新论》,人民文学出版社 1993 年版,第 252 页。

对象的美学对象论,关于美的创造的多层累突创论,"人化自然"的自然美论,关于美感产生的"多种因素因缘汇合论"等,都值得学习研究与发掘。蒋先生的这样一个"审美关系论美学"体系有这样几个特点:1.始终渗透着强烈的人文精神,对人的地位和作用给予充分重视。这个理论体系实际上由人对现实的审美关系作为逻辑起点,人始终是极其活跃的,具有创造性的决定因素,贯穿于每一个理论观点之中,最后落脚于美感教育。而美感教育正是美感活动的目的,也可以说是美学的目的,美学学科的落脚点。而美感教育就是为了培养人。正如蒋先生所说:"因此,美感教育的目的,最后还在于培养人,发展人,使之成为身心健康的完美的人。"①由此再次充分说明,蒋先生的"审美关系论美学"的强烈的人文精神。这也说明蒋先生的美学体系由人出发,最后归结到人。2.以西学为主,融合中国传统美学理论。蒋先生的整个理论,从基本范畴到理论架构无疑是以他长期对西方美学理论的消化吸收为主的,但又融合着中国的传统。首先,从审美的实例上尽量从中国出发。例如,在讲到美的创造时举出张若虚著名的《春江花月夜》等。在理论论述中也尽量列举中国古代美学的理论观点,在论述美的规律与文艺创作时,以中国古代画论"外师造化,中得心源"作为核心观念加以阐述。3.实践论与存在论统一的可贵尝试。蒋先生以马克思的"人的本质力量对象化"的实践观作为其美学理论的指导,但又注意在此前提下吸收当代存在论美学的某些有益营养。他在论述"对象化"问题时,明确指出"人的对象化,事实上就是不断地把自己的生活、把自己的生命力和创造力,转化为有意义的,具有价值的规范性

<hr/>

①蒋孔阳:《美学新论》,人民文学出版社1993年版,第337页。

的存在"①。因此,对象化就是对人的自身存在的肯定和确证,它既是现实的,又是理想的。也就是说,在蒋先生看来,所有的审美与美的创造都是在对象之中对人的自身存在的确证与肯定。蒋先生在对象化的理解上既不同于古代的思辨哲学,又不同于当代的科学主义哲学,而是力求理性与感性的辩证统一,将最优秀的本质力量对象化,借以改进人的现实存在,"使人的对象世界,成为人所实现的最美好的世界"②。4. 在研究方法上着力于自上而下与自下而上两种方法的结合,但以自上而下的哲学方法为主。蒋先生在论述自己的美学体系时,涉及到西方当代倡导自下而上的科学主义反对自上而下的哲学思考的思潮,但他明确主张两者的结合。他认为,"科学所面对的,是已知、局部和现在的部分,哲学所面对的,则主要是未知、整体和未来的部分。因此,把科学与哲学统一起来,从已知求未知,从局部求整体,从现在求未来,方才能满足人类心灵的需要"③。因此,蒋先生既主张从"人的本质力量对象化"的角度探索美的本质问题,又同时从科学的角度探讨了美感的生理基础,并从审美心理学的角度探讨了美感的心理功能,及其心理特征。

三

　　蒋先生通过综合比较自创"审美关系论美学"是一种十分有意义的探索。朱立元同志将其称作是"第五派"美学理论是有道

①蒋孔阳:《美学新论》,人民文学出版社 1993 年版,第 183 页。
②蒋孔阳:《美学新论》,人民文学出版社 1993 年版,第 183 页。
③蒋孔阳:《美学新论》,人民文学出版社 1993 年版,第 134 页。

理的。但我认为,从实质上说,蒋先生的美学理论不是单纯的"第五派",而是他作为一位有高度责任感的美学家,在新的历史时期综合国际、特别是国内美学研究的成果,当然包括对 20 世纪 50 年代和 80 年代我国美学界形成的四派美学理论的总结梳理,吸收其营养,并加以突破发展,形成具有时代特色的美学理论。应该说,他的美学理论是运用马克思主义实践观对以前各种美学理论在更高的层次上加以整合的产物,是一种不同于过去的理论形态。这就是蒋先生所说的"非中非西、亦中亦西的第三种美学思想"①。当然,实事求是地说,蒋先生的美学理论只是一种突破的开始,仍未完全摆脱旧有理论话语的束缚,而在中国传统美学的定位与评价上仍有见仁见智之处,但已初步形成新的理论形态,这是毫无疑义的。正是从这个意义上,我们认为蒋先生的探索带有方向性的意义。

　　近年来关于"后实践美学"的讨论涉及到如何对待过去的成果并加以超越的一系列问题,充分反映了我国广大中青年学者试图在美学研究上加以突破的强烈要求。我个人认为,要做到超越和突破还是应该以综合比较的研究为前提与基础。因为,综合比较就是在已有基础上的一种新的整合。包括马克思主义美学的中国化、古代传统的现代化和西方美学的本土化。在这种整合的基础上,才有可能创造出新的美学理论。这正是蒋孔阳先生这位为美学奋斗了一生的学者留给我们的最重要的学术遗产。蒋先生十分谦虚,从未标榜自己创造了什么新的美学理论。他几十年如一日,孜孜不倦地学习研究,在广泛综合比较中西各派美学理论的基础上,加以整合,从而自创新派。这位终生不求虚名的学

①蒋孔阳:《美学新论》,人民文学出版社 1993 年版,第 479 页。

者,最后以这份丰厚的理论成果说明了他学养的深厚,也证明了他的矢志不渝的理论创新精神,不仅对 20 世纪的中国美学给予了自己的总结,同时也为新的 21 世纪的中国美学提出了自己的十分宝贵的意见。

胡经之教授与
文艺美学学科①

最近深圳大学文学院约我写一篇有关胡经之教授学术思想的文章,我立即欣然接受。我同胡经之教授认识交往近 20 年,他的道德文章均给我留下深刻印象。可以这样说,胡经之教授是我国美学界真正将所研与所行统一的学者。他毕生从事美学研究,同时又毕生努力按照美学的精神去生活,审美地对待人生。因此,我总是将胡经之教授作为自己的楷模。还有一个更为重要的原因,就是胡经之教授与我国文艺美学学科有着极为密切的关系。可以这样说,任何有见识的学者在论述我国新时期文艺学与美学的发展时,都必然要涉及文艺美学的提出与发展,而又都必然要涉及胡经之教授在文艺美学学科的发展中所做出的重要贡献。我国文艺美学学科的发展之所以会取得今天的成绩,我们山东大学文艺美学研究中心之所以会成为全国人文社科百所科研基地之一,都是与包括胡经之教授在内的前辈学者所作的努力与贡献分不开的。我们山东大学文艺美学研究中心于 2001 年 5 月中旬正式挂牌,胡经之教授不仅欣然接受文艺美学中心专家委员会委员的聘任,而且不远千里从深圳飞到济南参加挂牌仪式,并

①原载《东方丛刊》2002 年第 4 期。

专门撰写了《发展文艺美学》的论文在会上作了重要发言。胡经之教授在发言中指出："经过20年共同努力，如今文艺美学已发展成为文艺学的一个专业方向。山东大学又成立了文艺美学研究中心，为全国文艺美学的研究提供了一个良好基础，这必将有力地推动文艺美学这一富有中国特色的文艺学科方向获得更好的发展。"[1]殷殷之情，溢于言表。我个人认为，胡经之教授是我国美学界和文艺学界对文艺美学学科的形成与发展用力最勤、贡献最大的一位学者。而在文艺美学学科方面的建树也成为胡经之教授近半个世纪学术活动的主要内容。

胡经之教授是我国文艺美学学科的重要倡导者，在大陆他则是首倡者。美学20世纪初传入我国长期以来都作为独立的学科发展。与美学相应，还有文学理论学科。解放后受苏联的影响，文学理论发展为文艺学。到20世纪70年代，才出现"文艺美学"学科这一新的提法。最早，台湾老一代美学家王梦鸥于1971年出版《文艺美学》专著书分上下篇。上篇除义艺审美的历史概述外，还探讨了文艺美学的研究对象；下篇则以"适性论""意境论""神游论"构筑"文艺美学"体系[2]。这本书给胡经之教授以深深的启发。1993年，胡经之教授写道："在我最近参加的一次国际学术会议上我坦率地告诉台湾和香港学者，我所著《文艺美学》的书名就是受台湾著名学者王梦鸥的启发而题。还在20世纪70年代，我集中精力研究《红楼梦》时，就读过老一辈学者王梦鸥的红学著作，甚感敬佩。由此我又读了他的一本文艺评论的书深感他所说的文艺

---

① 《胡经之文丛》，作家出版社2001年版，第64页。
② 古远清：《台湾当代文学理论批评史》，武汉出版社1994年版，第331—334页。

美学实在应发展成一门独立的学科。"①在这里,胡经之教授严谨的学风与不掠人之美的高尚学术道德的确给我们以深深的教益。

　　但是,在中国内地,在十年内乱刚刚结束的特定历史背景下,恰恰是胡经之教授第一个在1980年春昆明召开的极其重要的全国首届美学会上提出,高等学校的文学、艺术学科的美学教授不能停留在只讲授美学原理上而应开拓和发展文艺美学。中华美学学会首届年会的简报中摘登了胡经之教授关于建设"文艺美学学科"的建议。1982年1月,胡经之教授作为北京大学出版社文艺美学丛书编辑委员会的重要成员之一,参与编辑出版了《美学向导》一书。胡经之教授在该书发表重要论文《文艺美学及其他》。该文全面论述了文艺美学与文艺学以及美学的关系,探讨了文艺美学的对象、内容和方法。胡经之教授在有关文艺美学的学科定位问题上指出"文艺美学是文艺学和美学相结合的产物,它专门研究文学艺术这种社会现象的审美特性和审美规律"。在有关文艺美学的对象和内容问题上,胡经之教授指出"探讨文学艺术的作品、创造和享受,亦即产品、生产和消费这三方面的审美规律,这就是文艺美学的对象和内容"。关于文艺美学的研究方法,胡经之教授指出"文艺美学研究文学艺术审美的'自律'不能离开整个社会发展的'他律',不能轻视'他律'对'自律'的制约作用正如研究地球的自转,不能抛开它围绕太阳的公转"。他又说:"文艺美学既需要采取'自上而下',又需要运用'自下而上'的方法分析和综合,演绎和归纳相结合。"②在方法问题上,胡经之教授吸取了韦勒克"内部规律"与"外部规律"、杨晦先生"自转与公

①《胡经之文丛》,作家出版社2001年版,第396页。
②《美学向导》,北京大学出版社1982年版,第26、43、44页。

转"以及门罗"自上而下与自下而上"等各种观点,并加以综合。可以说,胡经之教授的《文艺美学及其他》一文是我国最早的一篇从独立学科的角度,全面论述文艺美学的论文实际上是他的文艺美学学科体系的雏形。

在这里,需要特别说明的是,胡经之教授之所以能在我国20世纪80年代初即提出比较完整的有关文艺美学学科体系的理论观点。这决不是偶然的,而是与他在北京大学30多年的学术生涯与理论熏陶分不开的。北京大学是我国现代美学的发源地,在此不仅诞生了一代美学宗师蔡元培所倡导的"以美育代宗教说",而且当代著名美学家及其美学理论活动无不与北京大学直接有关。特别是1949年新中国成立后北京大学更是人文荟萃、人才辈出,汇集了朱光潜、宗白华、杨晦、游国恩、林庚、季镇淮、王瑶、吴组缃、季羡林、冯至、曹靖华等一大批美学与文学大家,还有中国社科院文学研究所的何其芳、余冠英、俞平伯以及当代理论家周扬、张光年、邵荃麟、林默涵等,前苏联文艺学家毕达柯夫等也曾活跃在北京大学的讲坛之上。胡经之教授1957年作为研究生师从杨晦教授专攻文艺学,1961年又参加周扬主持的人文社会科学教材的编写工作。作为蔡仪主编的《文学概论》的编写人之一,他同时还参加王朝闻主编的《美学概论》的讨论。胡经之教授在20世纪50年代就曾探索古典艺术为何至今还有艺术魅力的问题,并著有数万字的长文发表。北京大学特有的学术氛围又使其思考这样的问题——"当时的文艺学太政治化,而美学又太抽象,只在客观、主观上争来争去。我想寻找一条生路,能否把美学和文艺学贯通、融合起来"①。更为重要的是,1978年在我国开始的

---

① 《胡经之文丛》,作家出版社2001年版,第382页。

改革开放与"实事求是，解放思想"的思想路线，为突破僵化的理论教条的束缚注入了新的活力。在美学与文艺学领域则着重在突破主客二元对立的思维模式，克服以哲学普遍规律代替学术特有规律以及以政治代艺术的错误倾向。这就为胡经之教授及其他学者倡导文艺美学学科提供了良好的社会环境。正如胡经之教授二十年后所写到的，"改革开放给中国带来了新的憧憬和希望，审美理想之光引发了80年代的新的美学热潮。但这时的美学已不是停留在哲学思辨而是着眼于思想的自由解放，美被看成了自由的象征"。他又说："从我自己的经验出发，如果美学只停留在争论美是客观的还是主观的这样抽象的水平上，这并不能解决艺术实践中的复杂问题。"①由此可知，胡经之教授与其他学者对文艺美学的倡导正是适应了时代的潮流，并符合美学与文艺学学科自身发展的规律。因而，文艺美学在20世纪80年代初一时成为热潮，并受到学术界与社会的广泛重视。其对僵化的美学与文艺学思潮的突破与学科发展所起到的重要推动作用也是不容忽视的。这正是胡经之教授为我国美学与文艺学学科发展所做出的重要贡献。

　　胡经之教授不仅是我国文艺美学学科的重要倡导者，而且以自己实际的学术活动，成为文艺美学学科建设的重要推动者。正如胡经之教授自己所说，"文艺美学，成了我学术关注的中心"②。可以这样说，他这种对文艺美学的关注从20世纪80年代初一直贯穿到今天，历时二十多年。二十多年来，胡经之教授为文艺美学学科的建设与发展倾注了自己的全部心血，取得了十分显著的

---

①胡经之：《文艺美学的反思》，《江苏社会科学》1999年第6期。
②胡经之：《文艺美学论》，华中师范大学出版社2000年版，"自序"第5页。

实绩。胡经之教授于 1980 年首次在北京大学为研究生和本科生开设"文艺美学"课程,受到普遍欢迎。他还与其他学者一起在北京大学首次招收了文艺美学方向的硕士研究生。当年的这些研究生,今天大都成为美学、文艺学与文艺美学学科的重要学术带头人,如,王岳川、王一川、陈伟、张首映、丁涛、王坤、谢欣等人。同时,胡经之教授还同江溶、叶朗等学者一起在朱光潜、宗白华、杨晦等学术前辈的指导下,编辑出版了《文艺美学丛书》,为我国文艺美学学科提供了第一批高质量的学术成果。1984 年,由胡经之教授与盛天启等人发起成立北京大学文艺美学研究会,胡经之被推为会长,负责主编《文艺美学论丛》。这是我国第一个文艺美学学术研究团体。二十多年来,胡经之教授还自觉地为文艺美学学科的发展进行文献资料方面的准备工作。他说:"文艺美学要发展,不仅需要掌握西方的思想资料,也需要掌握中国自己的思想资料,更需要掌握当下现实中不断涌现出来的艺术实践的活生生的现实资料","这些都是在为有志于发展中国文艺学的有识之士,提供些许理论资料"。① 为此,胡经之教授付出了相当多的精力,在其他诸多学者的积极参与合作下,他先后主编出版了《西方文艺理论名著选编》(1986)、《中国现代美学丛编》(1987)、《中国古代美学丛编》(1988)、《文艺学美学方法论》(1994)。这些宝贵资料为我国文艺美学学科的进一步发展奠定了重要基础。

　　胡经之教授从 1980 年首倡文艺美学学科,并开设"文艺美学"课程,编写"文艺美学"教材,至 1983 年已写出教材第二稿。出版社催其及早发稿付排,但胡经之教授却并未交稿,因他感到"全书的内在逻辑尚嫌不足,脉络尚需进一步理顺,一些关键问题

①《胡经之文丛》,作家出版社 2001 年版,第 127 页。

还需深一层展开讨论"。他认为："文艺美学并非就是美学原理和文艺学原理的简单相加，需要寻找自己的逻辑起点和思想脉络，这就需要思考和研究。"①这一思考就思考了五年，胡经之教授前后历经八年的漫长岁月，交出了一部35万字共11章的《文艺美学》论著。这部论著在迄今所见的十余部文艺美学专著中是一部具有全新面貌和深厚学术含量的论著，成为我国文艺美学学科的重要代表性论著之一。这也是胡经之教授对文艺美学学科建设所做出的另一重要贡献。

　　胡经之教授坚持马克思主义历史唯物主义方向，认为审美活动是整个社会生活的一个方面。他说："审美现象、审美活动是整个社会生活中的一个方面。文学艺术的审美规律离不开社会生活中的其他社会规律经济的、政治的、道德的等。"②同时，他又借鉴当代系统论，将艺术审美活动看作是一个有机的系统。他说："无论是艺术创造者和艺术欣赏者，都是属于社会的，不是孤立的个人。把艺术活动放到社会系统中就成了这样的系统社会创作—作品—欣赏—社会。"③更应引起我们注意的是，该书的基本观点与逻辑结构。胡经之教授一反以艺术形象作为逻辑起点，再进入创作与欣赏，由静到动的常规。他直接从审美活动入手，剖析艺术把握世界的方式进而探究审美体验的特点，寻找艺术的奥秘，然后再转入艺术美、艺术意境等的论述。这是一种由动态分析走向静态考察的过程。问题在于，胡经之教授为什么要采取这样的逻辑结构，何以要为了探寻这样的逻辑体系而耗费了八年的

①胡经之：《文艺美学》，北京大学出版社1999年版，第3页。
②胡经之：《文艺美学》，北京大学出版社1999年版，第15页。
③胡经之：《文艺美学》，北京大学出版社1999年版，第10页。

时光,其意义与价值又在哪里? 我认为,胡经之教授《文艺美学》一书的创新之处在于,他从本体论的崭新角度来论述文艺美学问题,这就决定了他的基本立论与理论构架。这也是胡经之教授历数年之久苦苦探寻的成果。他说:"因此,文艺美学将从本体论高度,将艺术看作人把握现实的方式,人的生存方式和灵魂栖息方式。"①所谓本体论的高度,就是将审美与艺术看作人的一种最基本的生存方式。正如胡经之教授所说,"因此,在我看来,艺术的要点在于揭示历史与生命何以才能达到一定程度的透明性,并在艺术体验之中,开启自己的本质和处境的新维度。这样,艺术活动就不是人的一件外部操作活动,而是成为人的生命意义赋予活动。艺术直接成为人的一种特殊生存方式"②。将艺术和审美视为人的一种特殊的也是最基本的生存方式,这无疑是对西方当代存在主义本体论美学的一种借鉴但又对其进行了某种改造,抛弃了它所包含的消极内涵,赋予其创造崭新人生的新意。这是一种新的文艺美学学科体系的建立,不仅对文艺美学学科,而且对与之相关的文艺学、美学、艺术学学科都具有极其重要的意义。长期以来,人们都是从认识论和实践论的角度审视审美活动和文学艺术,将文学艺术看作是现实生活的镜子和反映。实践论美学尽管包含了主体的能动创造的内容,但也主要是对客体合规律性的一种反映。但存在论美学却一反常规,将审美与艺术从单纯的认识与实践中摆脱出来,从总体上不是侧重于合规律性的反映,而是侧重于合目的性的存在。正是从这样崭新的视角和维度,胡经之教授才以审美活动这一人类特殊的存在方式作为其整个理论

---

① 胡经之:《文艺美学》,北京大学出版社1999年版,第1页。
② 胡经之:《文艺美学》,北京大学出版社1999年版,第17页。

架构的逻辑起点,由此出发探寻人类如何在审美与艺术中生存。其理论归宿则在于通过艺术与审美这一人类特殊的存在方式去塑造一代"新人"。胡经之教授在全书的最后指出:"艺术,不仅是人对世界的一种反映方式,它也直接是人的一种生存方式和实践形式。艺术不仅是人对世界的一种审美掌握,它也直接是人的感性审美生成。只有在艺术本体与人的本体紧密相契之处,文艺美学才有可能真正展开其垂天之翼。"①在这里,胡经之教授道出了自己的努力方向,力图将本体论的存在论与马克思主义的实践论相结合,同时也道出了自己的期待,希望这样的结合做得更好从而使文艺美学展开其垂天之翼。我们相信,胡经之教授的心血不会白费。有胡经之教授这样的前辈学者打下的坚实基础,以及迄今仍在锲而不舍的努力,加上众多中青年学者的成长与奋进,文艺美学学科的明天一定会更加美好!

　　作为胡经之教授的朋友,同时也是胡经之教授的晚辈,我衷心感谢他近半个世纪以来对文艺美学学科所做出的卓越贡献,同时也要感谢他一贯的以审美的态度对前辈、同辈以及晚辈的深情关爱。

---

① 胡经之:《文艺美学》,北京大学出版社 1999 年版,第 411 页。

钱中文先生的学术贡献与
学者风范①

　　钱中文先生是我国当代文艺学界十分重要的、具有相当代表性的著名理论家。他投身我国文艺学学科建设事业四十多年来，对我国当代文艺学学科建设的贡献是多方面的。

　　首先，钱先生作为我国当代文艺理论界重要领军人物，从新时期以来一直走在我国当代文艺学学科建设的最前沿。改革开放初期，为了冲破左的僵化思想束缚，钱先生就提出了"文学是审美的意识形态"的重要观点，勇敢地恢复文学所固有的审美属性。20世纪80年代中期，钱先生又领导了文艺学方法论的讨论，有力地促进了文艺学领域进一步解放思想，对外开放。近年，钱先生又在长久深入思考的基础上提出了著名的"新理性精神文学论"，我初步感到这一理论有这样几个特点。第一，具有强烈的现实针对性。它完全从当前社会文化和文艺发展的现实需要出发，以现代性为指针，以改变现实的理想失落、价值下滑、"钱性权式暴力"为其旨归。第二，是对传统认识论文艺学和从概念到概念的冷冰冰的本质主义的重要突破。它密切关注人的现实生存状况，呼唤一种关怀人的价值与前途命运的新的人文精神，同时也包含理性

①原载《文学前沿》2003年第2期。

制约下的感性需求,这实际上是对文艺学作为人文学科本质属性的恢复和强化。第三,正确地处理了本土化与全球化的关系。新理性精神具有鲜明的立足于中国民族文化土壤的文化身份和独立自主性,反对全盘西化,"向西看齐",又充分吸取了西方文化、特别是西方美学与文艺学的若干精华。第四,具有极大的开放性。钱先生明确地以交往对话作为新理性精神的思维方式,从而使之成为一个开放的体系。这一理论不仅吸收了中国传统文论与现代文艺学成果,同时吸纳了西方的存在论、现象学、生命体验美学与交往对话理论等诸多理论成果。而且,我认为这一理论的开放性还表现在钱先生以一个"新"字标示了这一理论本身与时俱进的特点。

其次,钱先生作为我国文艺学学科建设的重要领导者和组织者,对我国当代文艺学学科的建设和人才培养倾注了大量心血,做出了不可磨灭的贡献。钱先生对我们山东大学中文学科、特别是文艺学学科点的建设,对我们山东大学文艺美学研究中心这一教育部人文社科研究基地的建设以及文艺学重点学科建设给予了特别的关怀和支持,在百忙中担任中心的学术顾问,参与中心的学术工作,给我们以巨大的帮助,使我们难以忘怀。

钱先生除了以其实际的学术工作和组织工作对当代文艺学学科建设以巨大的贡献之外,还以其特有的人格力量,学者的风范,长者的风度,严谨求实的学风,坦荡真诚的胸怀,给我们文艺学界广大学者以熏陶感染。这其实是一种无形的力量,无声的感召。

胡经之教授的重要学术贡献①

今天,我十分荣幸地代表山东大学文艺美学研究中心20多位同仁参加胡经之教授学术生涯50周年座谈会,向胡经之教授表达我们崇高的敬意。胡经之教授是我国当代著名的美学家、文艺学家,是新中国培养的人文社会科学学者的优秀代表。50年来,胡经之教授对美学与文艺学学科建设的贡献是多方面的。但最引人注目并贯穿其始终的,是胡经之对我国文艺美学学科做出的独具特色的重要贡献。他是我国文艺美学学科的首创者与奠基者之一。单单这一方面的贡献,就足以使胡经之教授在中国学术史上留下自己的足迹,而真正能留下这种足迹的学者其实是不多的。

众所周知,在来自西方的学科体系中是没有"文艺美学"学科的,台湾学者王梦鸥在20世纪70年代初出版《文艺美学》一书,但对文艺美学的学科性质与体系未具体阐述。而胡经之教授却于20世纪80年代初首倡文艺美学学科,并论述了文艺美学与美学、文艺学的关系,探讨了文艺美学学科的对象、内容和方法,开设文艺美学课程,招收文艺美学方向研究生。正是通过胡经之教

①原载《深圳大学学报》2004年第1期。

授和北京大学其他有关学者的共同推动,文艺美学才得以纳入我国人文社会科学学科体系,并在全国开始了文艺美学的学科建设和人才培养历程。

不仅如此,胡经之教授还历经8年的思考和探索,出版了具有重要影响的《文艺美学》教材,构筑了以审美活动为其出发点的文艺美学学科体系;同时,从古今中外等各个方面进行了艰苦而有效的材料梳理工作,推出了一系列资料丛书,对文艺美学学科的进一步发展起到了基础性的作用。胡经之教授培养的文艺美学方向的研究生也逐步成为文艺美学学科建设的重要骨干。因此,胡经之教授对我国文艺美学学科建设的贡献是全方位的。

正是由于他和其他许多学者的共同努力,文艺美学才成为独具中国特色的美学学科,成为在美学领域中国学者发出的特有声音。因为,文艺美学学科不仅符合文学艺术的审美规律,而且恰同中国传统美学从具体的文艺作品和审美活动出发的特点相吻合。因而,恰如胡经之教授所强调的,文艺美学是一种不同于美学、文艺学和艺术哲学的独具特色的学科,其特色就是对于文艺审美性的突出和中国传统美学特点的强调。这就是胡经之教授长期努力的方向,也显示了文艺美学学科的强大生命力。

胡经之教授在文艺美学学科的建设中贯彻了一种"与时俱进"的精神。他有着强烈的问题意识,不断面对现实生活和国内外学术前沿。20世纪80年代初,胡经之教授针对"十年文革"否定文艺审美特性的"左"的倾向,借鉴韦勒克有关文艺外部规律和内部规律的论述,提出文艺的"自律"问题。20世纪90年代后期,胡经之教授对现代化过程中人的生存状态给予深切关注,提出

"人的诗意的生存"的问题。最近,胡经之教授针对大众文化的勃兴所出现的种种现象,提出文艺美学的文化美学延伸。由此可见,胡经之教授在坚守文学艺术特有的审美规律这一基点的前提下,其所进行的文艺美学学科建设是开放的、跨学科的,而且是面对现实的。这正反映了当代学科发展的方向,为美学和文艺学的进一步发展提供了宝贵的经验。正是由于胡经之教授等诸多学者的努力,文艺美学学科的发展呈现出良好的态势。所以,2000年教育部在建设100多所全国人文社科重点科研基地时,将我们山东大学文艺美学研究中心列入百所重点科研基地之一,并于2001年初正式挂牌运行。胡经之教授出任基地专家委员会成员,多次参加基地学术活动,给予基地的发展以大力的支持和特有的关爱。他对我们基地所做出的杰出贡献将永远铭记在山东大学的学科发展史上和我们基地每个人的心中。

胡经之教授从20世纪80年代中期开始,因工作需要由北京大学调入深圳大学,先后担任深圳市作协主席、深圳大学中文系主任等重要职务,至今仍担任深圳大学学术委员会副主任。他在深圳的20多年里以其特有的学术眼光和强烈的事业心,对广东省、深圳市和深圳大学的学科建设、文化建设做出了杰出的贡献。首先,他与饶芃子教授等合作申报并建立了广东省第一个文艺学博士点。同时,他又为广东省和深圳市培养了一批硕士和博士生,并积极参与特区的文化建设,为深圳的"文化兴市"贡献了自己的才华和智慧。胡经之教授所做出的贡献充分说明,人文学者在经济和社会发展中特有的不可代替的重要作用,说明人文精神的弘扬业已成为一个地区、一个城市的灵魂。

胡经之教授终身研究并倡导文艺美学,同时他自己又是美学精神的实践者,审美的生存的不断追求者。他以其宽阔的胸怀,自然无为的审美态度,待人、待事、待物,使他具有极强的亲和力。胡经之教授以审美的态度超越名利与物欲,处事平和自然,待人平易热情,团结了美学和文艺学界老中青各类学者,成为大家的良师益友。因此,胡经之教授是真正将其所学、所研和所为统一起来的美学家。我衷心祝愿胡经之教授美学人生永葆青春。

庆祝饶芃子教授从教
50周年的贺词①

尊敬的饶芃子教授,各位老师,各位同学,各位来宾:

今天,我们在这里隆重聚会庆祝我国著名文艺理论家饶芃子教授从教50周年,我代表山东大学文艺美学研究中心,并以我个人的名义向饶老师表示我们最衷心的祝贺与崇高的敬意。

饶芃子教授是我国著名的文艺理论家与教育家。50年来,饶老师在古代文论研究、文艺学基本理论研究、比较文艺学研究与华文文学研究等多个领域进行刻苦钻研,出版与发表了一系列具有开拓性的论著,产生广泛影响。新时期以来,饶老师是我国华文文学研究与比较文学研究的重要开拓者与倡导者之一,主持并参加一系列重要的国内外学术会议,享誉海内外。正是由于饶老师及其领导的暨南大学学术团队的共同努力,暨南大学成为我国华文文学与比较诗学研究的重镇。饶老师以高度的敬业精神与一丝不苟的严谨学风投身于文学研究事业,为我们树立了严谨治学的榜样。饶老师还是卓有成就的教育家。她曾担任暨南大学副校长多年,以其"名校应有名师,名校应有特色"的教育思想为

①2007年12月12日,中国世界华文文学学会会长"饶芃子教授从教五十周年庆祝会"在暨南大学举行。

暨南大学的学科建设,特别是人文学科建设做出了重要贡献。更为重要的是,饶老师作为我国著名的文学教育家,以其远见卓识与深远的学术眼光,使暨大的文艺学学科独具特色并成为全国重点学科。50年来饶老师培养了大批优秀学生。她以"问题意识""精品意识""创新意识"与"连续性""科学性"为指导严格要求学生,使暨南大学成为我国高水平文艺学人才培养的基地之一。饶老师以其特有的爱心无微不至地关心爱护学生,一直到学生毕业乃至工作之后。饶老师不仅在我们这一代人之中是学术上的佼佼者,而且,她还以其高尚的品格而享誉学术界。她遵奉"完善的人格是一辈子的事"这样的人生格言,以其正直的人品与善良的爱心支持关心学术界同仁,受到学术界同仁的广泛尊重。饶老师曾在许多高校兼职,给许多高校的学科发展以无私的援助。她从2001年开始担任我们山东大学文艺美学研究中心学术委员会委员,给我们以大力的支持与帮助。我们中心的许多同事都曾从各个不同的角度得到饶老师的帮助与关心,这种各个学术团队与同行学者之间的关心支持正体现了饶老师的学术责任心与宽阔的学术胸怀。

50年的岁月在一个人的一生中是一段非常厚重而重要的历史,饶老师以其奉献与品格铸就了自己50年的辉煌,她无愧于时代,无愧于历史,也无愧于自己的人生。我们今天要感谢饶老师的所做出的奉献与成绩,同时也衷心祝愿饶老师青春永在,幸福安康。

关于《钱中文文集》的原创性
价值的推荐意见

　　钱中文教授是我国当代著名的文学理论家,担任全国中外文论学会会长、国际文学理论学会副主席,是我国目前少有的在国际上具有较大影响的理论家。《钱中文文集》(以下简称《文集》)收录了钱中文教授从20世纪80年代初期到2004年的主要成果,反映了他近30年来进行艰苦的学术创新所取得的主要成绩。

一、对《文集》出版的看法

　　文集出版是对我国改革开放30年文学理论发展,特别是所取得的成绩的一次重要的总结。

　　其一,从钱中文教授在新时期文艺学发展中所处的位置来说,他是新时期文艺学界主要学术活动、学术工作与学术成绩的重要参加者、推动者与领导者之一,是新时期产生的具有重要影响的中国文学理论家。他先后担任了一系列文学理论界的重要学术职务,并很好地履行了自己的职责。我国长期以来,在特定的气氛中只有马克思主义的阐释者,而没有理论家。只有在新时期"解放思想,实事求是"思想路线的指引下,在中国特色社会主义道路和理论探索的伟大历史实践中,才产生了中国自己的哲学家、经济学家、美学家与文艺理论家。钱中文就是新时期产生的中国自己的重要理论家之一。这是新时期的文化理论工作的重要特征与实绩，我们应该给予足够的重视、爱护，充分的肯定与应有的总结。

其二，从钱中文所参与的文艺学界的学术活动来说，他参与推动并领导了文艺与政治关系、文艺内部与外部关系、文艺研究方法论探索、人文精神讨论、古代文论的现代转换与当代文化研究等一系列重要学术活动并有学术上的重要回应与成果。

其三，从文集的内容来说，审美反映论、文学发展论、新理性精神文学论与文学散论等，比较充分地体现了党的十六届三中全会精神和党的思想路线，与新时期文艺学发展的"突破、发展与建构"的历程基本同步。

二、对《文集》主要内容的看法

第1卷《审美反映论》实际上是20世纪80年代初期钱中文教授在参与当时有关文艺本质问题大讨论中对于我国马克思主义文艺理论的一个发展。因为，长期以来，我国在特殊的历史条件下强调了文艺的上层建筑与意识形态功能，而新时期初期在拨乱反正的形势下，在西方"新批评"理论的影响下，过分强调了文艺内在的审美功能。这两种意见在当时的情况下都是有偏颇的。钱中文从马克思主义原典出发，特别是总结了我国几十年文艺发展的经验，提出"文艺的审美反映论"与"文艺的审美意识形态论"的重要理论观点，较好地回答了文艺的本质属性，被许多同行学者看作是我国当代马克思主义文艺学的新成果。

第2卷《文学发展论》，是钱中文教授在总结以往成果的基础上对于文艺发展规律提出的崭新看法,主要是将文艺的发展放到广阔的民族文化背景上来考察,从自律与他律的关系来研究文艺发展的轨迹,不同于西方的将文化"泛化"从而导致文艺解构的"文化研究",具有较高的学术价值。

第3卷《新理性精神文学论》是钱中文教授针对我国市场经济条件下文艺领域一定程度的人文精神的缺失现象提出的一种具有时代特点的新的人文精神,以现代性为出发点,以新人文精神为核心,以交流对话精神为方法,强调文艺审美中不可或缺的感性特征。内容丰富全面,论证深刻而有说服力,被学术界广泛认可。许多学者认为,《新理性精神文学论》是我国新时期马克思主义文艺学研究的一个新的成果。

第4卷《文学散论》实际上反映了钱中文教授近30年来在研究方法上的重大突破,反映了他突破传统"左"的影响和"庸俗社会学"的束缚,立足于马克思主义中国化的新的研究路径。

三、关于《文集》创新性的看法

《文集》是新时期我国文艺学建设的重要成果与收获之一,在一系列基本理论问题上都有所突破,是马克思主义文论本土化、西方文论中国化与建设中国特色马克思主义文论的重要探索,其创新之处为:

其一,在观念与方法上的创新,主要表现为突破机械认识论、本本主义以及"左"的思潮的束缚,运用了一系列新的观念与方法,如反思与超越、综合比较对话与强烈的现实指向性等。

其二,在方法内容上的创新,其中,审美反映论与审美意识形态论是对既往的意识形态理论与新批评文学内外部说的继承与突破,反映了时代的要求,起到积极的作用;文学发展论吸收了新时期以来包括文化研究的一系列成果,加以继承、吸收和超越,从自律与他律、内部与外部、文化与审美等多侧面总结文学发展规律,具有综合、中和与协调的特色,有导向的作用;新理性精神文学论是对市场经济与消费文化形势下人文精神补缺的一种重要的尝试与努力,在理性主导的前提下包含感性因素与交流对话方法,具有极大的包容性,是对于新人文精神建设的重要探索。

如何评价这些重要成果呢？我认为,应该坚持客观的历史的态度,运用回到历史原点的方法,将其放到历史的发展之中,看其产生的历史必然性、在历史上是否起到积极的推进作用,从而给予积极肯定的评价,而不是对于"终极价值"的追求。从这样的角度来看,《文集》的上述成果既具有产生的历史的必然性,同时也对文艺发展和理论建设产生了积极的作用,因而是应该给予充分肯定的。

十分重要的是,《文集》通过钱中文的学术创新反映了当代人文学者十分可贵的人文精神,值得我们继承、学习与发扬。主要包括:其一,自我解剖、自我突破的精神;其二,在马克思主义的指导下与某些过时的陈腐观念"对着说"的创新精神;其三,人文关怀的情怀与高度的发展学术的责任心;其四,辛勤耕耘以及与时俱进的精神。

总之,《文集》不仅是钱中文教授近三十年成果的汇集,而且在一定的程度上也反映了我国新时期以来文艺学研究的实绩和创新。

（本文写于 2008 年 4 月 23 日）

在刘中树教授从教 50 周年
庆祝会上的发言

尊敬的刘中树教授,各位来宾、各位朋友,老师们、同学们:

我非常荣幸地应邀参加今天的大会,热烈庆祝刘中树教授从教 50 周年,我代表山东大学文艺美学研究中心与文学院,并以我个人的名义向刘中树教授表示热烈的祝贺和崇高的敬意。衷心祝愿刘中树教授以及他的夫人黄老师健康长寿、青春永在、永远愉快。

我想我们今天的庆祝会具有双重的意义。一重意义是庆祝刘中树教授 50 年来对我国的教育事业、对于我国现代文学的教学研究所做出的重大贡献。同时,刘中树教授从 1954 年进入吉林大学的前身原东北人民大学至今已经是 54 年了,中树同志的事业实际上是与吉林大学相伴的。正是从这个意义上说,我们今天也是从一个特殊的角度,对于吉林大学这样一所地处我国东北边陲要地的著名大学 50 多年,特别是新时期三十年历史的一个回顾与庆祝。

刘中树教授是我国著名的教育家与文学研究家,50 年来特别是新时期以来,他以自己对于祖国的满腔热爱,对于教育事业的无比忠诚,对于事业与工作的辛勤执著,以及他所特有的广阔胸怀与长者风度,在教育管理、学术研究与学科建设上做出了卓越的贡献,赢得教育界与学术界同行的高度赞誉,成为大家高度信任的领导、师长与同行。

刘中树教授首先是一位优异的学者与教授,他长期从事中国现代文学、特别是鲁迅研究,成绩卓著。他的特殊贡献在于以其宏阔的视野,从大启蒙的角度对于中国"五四"以来的现代文学进行了全新的阐释,意义深远。他还特别重视教材建设。早在20世纪60年代,就参与编写了《中国现代文学史》,成为很多高校长期选用的教材。在他的带领下,吉林大学现代文学学科成为东北地区最早的文学博士点之一,吉林大学文学院也较早获得一级学科博士授予权。刘中树教授学风严谨扎实,他的个人成果曾经多次获奖。我曾经参与了1996年的教育部高校出版社优秀著作奖的评选工作,中树同志的《五四文学运动史论》获得所有评委的一致好评并获得优秀著作奖。

更为重要的是,刘中树教授长期担任吉林大学的领导职务,在学校领导岗位上工作了16年之久,可以说将自己盛年的主要精力都奉献给了学校的事业发展。在这16年中,中树同志由中年进入老年,由黑发变成白发。这16年是吉林大学发展的重要时期,也是学校最困难的时期之一。从我的亲历来说,我是中树同志这一代吉林大学领导和师生艰苦奋斗的见证者。1995年冬,吉林大学"211"预审,既面临机遇又面临困难,仅新校区建设、校园网络建设与学科建设的资金需求就是几亿元,在当时真的是天文数字。我当时作为评审组成员之一,真的为兄弟的吉大担心。但在中树同志等吉大领导和师生的努力下,学校克服了重重困难,吉林大学不仅成为名副其实的"211"高校,而且完成了新校区建设和其他建设任务。再就是,2000年6月,吉大面临5校合并的艰巨任务,中树同志出任校长。这在当时也是非常艰难的历程,但中树同志仍然在上级领导的关怀与广大老师同学的支持下顺利地完成了任务。中树同志作为文科专家出任文理工医同样见长的吉大的校长，以其高度的敬业精神和学科发展眼光很好地履行了自己的职务。正如一位理科院士所说，中树积极组织推进并参加吉大的各种理工科学科活动，在会上代表学校发言讲话，各位理工科专家从没有发现他有什么学科障碍。事实证明，中树同志是一位经验丰富的管理专家。中树同志以自己的十分执着的精神到教育部、财政部和发改委等有关部门寻求帮助，多次往返，争取经费，真的为吉大的发展做到了殚精竭虑。在当时的多次会议接触中，我深深地感到了他的压力、焦虑与辛劳。但这样的付出赢得了吉大发展的重要收获。

刘中树教授是教育部"211"建设与省部共建以及教学评估的评审专家，对于兄弟高校的学校发展与长远建设做出了重要贡献。他曾经担任国务院学位委员会委员、中文学科教学指导委员会主任，目前还担任学位委员会中文学科评议组召集人、社科委委员与国家社科项目评审组成员。在这多种学术兼职中，中树同志都是秉持着一种公正、认真和立足学科整体发展的态度，他不仅为吉大的学科发展而操劳，而且为兄弟院校的学科发展而操劳，表现了中树同志的大局意识与高贵品格。

在这里，我要特别提到中树同志对于我们山东大学的巨大帮助与支持。我们山大的"211"与"985"项目评审，中树同志几乎都是评审组长，他每次都给我们以积极的帮助，提出建设性意见，我们山大的广大教师都对中树同志留有很好的印象，许多学科的同志对他深怀感激之情。中树同志在参加山大的学科评审时还去看望老一代的教师。他曾经专程看望我的老师，著名鲁迅研究专家孙昌熙先生，在孙先生面前执弟子礼，不仅使孙先生感动，而且也使我们这些孙先生的学生深为感动。中树同志与我个人的关系，更是一种非常亲切的同行、同事加兄长的关系。我们的经历几乎相同，我们又都是在部属高校少有的以中文背景出任学校主要领导的教师，而且在许多学术组织中共事，每年我们都要在一起开好几次会。中树同志的工作水平与工作作风从来都是我的榜样，而他对于我也从来都是给予兄长般的关怀。记得 2001 年秋在珠海召开中文教学指导委员会会议，会议间隙组织乘轮船环珠海游，这样的环游我已经参加了两次，本想放弃。但中树同志的吉大校友组织参加会议的吉大的老师到澳门参观，这一活动是早就安排好的，但中树听说我没有到过澳门，马上让富贵与长海为我连夜办理手续，作为吉大的与会成员参加澳门活动，使我备受感动。中树同志对于我的其他业务工作和思想也都始终关心爱护，在我内心永怀对于中树的感恩之心。他对于所有的同志都是以这样的诚挚的态度对待，所以，他在我们中文学科的老中青几代学者中享有很高的威望。

时光荏苒，中树同志已经在高教战线奋斗了 50 个春秋，半个世纪，在学术、管理与社会工作等多个领域做出了重大的贡献，成为蜚声海内外的著名教育家与学者。今天，是中树同志不寻常的一天，春华秋实，他应该接受他的学生与朋友们的祝福与感谢。但我们始终觉得中树同志仍然充满活力，仍然是那样睿智，仍然应该在各个重要活动中发挥作用。中树同志以其宽阔的胸怀，做到了在繁忙中仍然保持健康与活力，我们衷心地祝愿中树同志永远健康，永远幸福。

再次谢谢中树，谢谢黄老师，谢谢吉大文学院举办这样一个非常有意义的活动，也谢谢在座的各位。

（本文写于 2008 年 12 月 29 日）

蔡仪美学思想的当代意义^①

  蔡仪是我国当代著名的马克思主义美学家,为我国马克思主义美学学科的建设和社会主义文化事业的发展贡献了自己的毕生精力,做出了重大的贡献。蔡老是我们的前辈,也是我们的师辈,他不仅以自己的学问,而且以自己高尚的品德为我们树立了榜样。我想,我们今天纪念、缅怀蔡老,不仅应继承发展他的丰富而宝贵的学术遗产,更应继承他的高尚品德与人格精神,我们应学习蔡老自觉坚持马克思主义指导的正确态度。

  马克思主义是我国社会主义事业指导思想的理论基础。蔡老在 20 世纪 40 年代初期就自觉地用"新方法"即马克思主义唯物主义指导自己的美学研究,而且以《新艺术论》与《新美学》成为我国以马克思主义唯物主义为指导并建立了独具特色的美学体系的著名马克思主义美学家。蔡老在自己的学术活动中做到了意识形态性与学术性的高度统一。他将马克思主义唯物主义的指导非常紧密地融入自己的学术工作,特别是美学体系之中。他在这一方面为我们树立了榜样,我们要很好地学习蔡老这种将马克思主义与学术工作高度统一的自觉精神。我们要学习蔡老坚

---

①原载《美学的传承与鼎新:纪念蔡仪诞辰百年》,王善忠、张冰主编,中国社会科学出版社 2009 年版。

持真理、勇于开展学术争辩的学术品格。可以这样说,蔡老的美学思想是在坚持真理,开展学术争辩的过程中形成发展与丰富起来的。

蔡老是我国20世纪四十年代、五六十年代、七八十年代三次美学争论的重要参加者。在争辩中,蔡老表现了追求真理,决不随风倒的高尚品格,蔡老的这种是非明辨的学术风格,至今仍使我们感动。同时,蔡老等著名美学家在论辩中的探讨,推动了我国美学学科的发展。我们要学习蔡老严谨求实、不断探讨的科学态度。蔡老一贯有着严谨求实的学风。他曾表示"坚持实事求是学风,所论所述,强调持之有故,言之成理"。这正是他一贯的学术风格。他的所有论著都严肃严谨,一丝不苟;立论鲜明,逻辑严密。这种学风正是我们在今天浮躁之风有所盛行的情况下,特别应该提倡的。

当然,十分重要的是我们应学习继承并结合新的历史条件发展蔡老留给我们的十分丰厚的学术遗产。蔡老是我国当代最重要的美学家之一,给我们留下了十分丰厚的学术遗产。他创立了独具特色的以马克思主义唯物主义为指导的著名的"客观论"美学理论体系。提出了"美在客观""美在典型"等十分重要的美学观点。

而且,更具理论价值的是,蔡老以其美学理论为指导创立了既具系统性并富鲜活生命力的现实主义文艺理论。他所主编的《文学概论》教材,以及他所提出的艺术是客观现实的反映,是现实的典型化以及形象思维理论等,成为我国在20世纪五六十年代文艺理论的标志性成果,在今天仍有其现实的意义。

总之,蔡老在美学学科与文艺学学科方面所做出的重大贡献,不仅具有重要的历史价值,而且成为我们今天学科发展的基础。当然,蔡老离开我们已经十年了,而当今社会也已跨入了21世纪。美学与文艺学学科的发展都负有与时俱进的重要任务,需要在现实的土壤之上,吸收新时代的营养进一步创新。但任何创新都离不开继承,不仅要继承古代遗产,而且要继承现代遗产,包括蔡老留给我们的学术财富。在新的时代进一步加以发扬,逐步形成有中国特色并具时代特点的马克思主义美学体系。

乐黛云教授在比较文学学科重建中的贡献①

2011年，我们将迎来我国当代著名比较文学理论家乐黛云教授从教59周年与80华诞。乐先生自己非常低调，不愿给同行学者与自己的学生带来一点麻烦，她希望一切从简，甚至淡化。但正如王鸿儒同志在《乐黛云：新时期中国比较文学的拓荒者》一文中所说，"乐黛云不仅是中国的学者，也是世界的学者，是贵州人的骄傲"②。在这里我要补充的是：乐黛云更是我们当代中国文学研究界的骄傲！我们纪念乐先生新时期三十年来在比较文学重建中的重要贡献，不仅是对于三十年比较文学发展的一次检阅，而且也是对于只有在新时期才能够产生的中国文学理论家成就的一种总结与应有的肯定，更是对中国未来学术发展的一种殷切的期望。期望我们大家学习乐黛云先生，在未来有更多的乐黛云这样的学者产生。

新时期以来，我作为后学曾经从乐先生的研究成果中极大受惠。近十年来，又因工作的关系与乐先生有密切的接触，并得到

①原载《北京大学学报》2010年第5期。
②北京大学20世纪中国文化研究中心编：《乐黛云教授学术叙录》，北京大学20世纪中国文化研究中心2004年版，第223页。

乐先生的许多教育与鼓励。本应很好地写一篇评述学习乐先生学术贡献的文章,但拿起笔来才发现原来自己对乐先生丰硕成果的学习是那样肤浅。这不仅因为自己不是纯粹的比较文学工作者,主要还是自己的学习欠缺。现在仅能根据自己的有限了解对于乐先生的杰出学术贡献谈一点体会,表达自己对于乐先生的敬意,同时也就教于同行。

一、新时期以来,乐黛云教授作为主要学术带头人与领导者,努力构建当代中国比较文学学科并使之逐步成熟

对于自己在中国当代比较文学重建中的贡献,乐先生一直非常低调。她总是讲前辈学者钱钟书、季羡林、杨周翰与李赋宁、贾植芳的贡献,对于自己的评价是"无非是把 1949 年以来几十年不提的东西重新提起头来"。但实际情况何止是"提起头"而已。她从 1980 年发表影响极大的《尼采与中国现代文学》一文开始,特别是从 1981 年远赴美国哈佛与伯克利专门学习比较文学。整整三十年来,她将自己的全部精力与智慧都奉献给了中国新时期比较文学的重建。1984 年回国还没有来得及安定,她就于 1985 年在她兼任系主任的深圳大学召开了中国第一届国际比较文学大会,成立了中国比较文学学会并担任副会长与秘书长,1989 年担任会长至今。在这漫长的三十年时光中,她是中国当代比较文学的主要学术带头人与领导者,中国当代比较文学发展前进的每一步都与乐先生的贡献紧密相关。我个人认为,乐先生的最重要贡献是对于中国当代比较文学的学科建设起到了不可代替的关键

的作用。当然，比较文学早在 20 世纪初期就由王国维、鲁迅等人引进中国，但真正作为一个学科存在却是 20 世纪 80 年代以来新时期以乐先生为代表的中国当代学者工作与贡献的结果。乐先生可以说是在当代比较文学学科重建中是用力最多与贡献最大的学者。季羡林先生说，乐黛云"以开辟者的姿态，筚路蓝缕，谈到了许多问题"，"为中国比较文学这一门既旧又新的学科的重建或者说新建贡献了自己的力量"；王瑶先生充分肯定了乐黛云先生"对于创建中国比较文学学科的热心"。① 从当代学科体制来说，一种学说只有成为"学科"才标志着被主流学术体制认可，也才能够进入高等学校课堂，才能构建自己的课程、教材与队伍。1997 年，国务院与国家教育委员会颁布《授予博士、硕士学位和培养研究生的学科、专业目录》将"比较文学与世界文学"确定为文学一级学科中国语言文学的八个二级学科之一。② 这是中国比较文学发展史上具有里程碑意义的重大事件。这一重大成就中凝聚着历史，凝聚着无数学者的辛勤劳动，同样也凝聚着乐先生的无可抹杀的劳动与贡献。乐先生在当代比较文学学科建设上的贡献，我们按照有关学科的界定来论述。当代有关学科的理论告诉我们，"'学科'（disciplines）的定义来源于科学，它涉及这样一些特征：拥有一个有机的知识主体，各种独特的研究方法，一个对本研究领域的基本思想有着共识的学者群体"③。下面，我们就根据这

---

①北京大学 20 世纪中国文化研究中心编:《乐黛云教授学术叙录》，北京大学二十世纪中国文化研究中心 2004 年版，第 180—184 页。

②国务院学位委员会办公室、教育部研究生工作办公室:《学位与研究生教育文件选编》，高等教育出版社 1999 年版，第 64 页。

③[美]阿瑟·艾夫兰:《西方艺术教育史》，刑莉、常宁生译，四川人民出版社 2000 年版，第 313 页。

样的标准简要论述乐先生在比较文学学科建设中的贡献。

　　第一,一个有机的知识主体,即指初步建立了一个具有中国特点的比较文学范畴体系。在这一方面,乐先生及其同道通过三十年的奋斗的确已经初步实现了这样的目标。我们将其概括为内涵论、发生论、基本原则论、中心论与价值立场论等五个方面。当然,这些理论范畴的提出与丰富是一种历史继承与借鉴的结果,但乐先生作为新时期比较文学的主要学科带头人的独特贡献却是有目共睹的。

　　所谓"内涵论"就是指中国当代比较文学不同于西方盛行的"影响说"与"平行说",而是强调异质文化之间的"跨文化的文学比较"。在 20 世纪 70 年代之前,比较文学还仅仅局限于西方文化体系内部各民族文学的比较研究。直到 20 世纪 70 年代,著名的《比较文学与文学理论》一书的作者乌尔利希·韦斯坦因(L. Weistein)教授仍然认为东西异质文化之间的比较文学是不可行的,比较文学只能在同一文化体系内进行。直到 20 世纪下半叶才有了很大的变化。① 乐先生曾经将世界比较文学的发展划分为三个阶段。第一个阶段是以同一文化体系内的"影响研究"为主,这就是所谓的"法国学派";第二阶段是以并无直接事实关系的"平行研究"为主,就是所谓"美国学派";第三阶段是跨文化研究。她指出:"这是比较文学正在经历的现阶段。中国在这方面起到了很重要的作用"。又说"中国比较文学是比较文学第三阶段的集中表现者"。② 将当代中国比较文学的内涵确定为"跨文

①乐黛云:《比较文学与比较文化十讲》,复旦大学出版社 2004 年版,第 2 页。
②乐黛云:《从世界的文学视野看中国比较文学》,《中国社会科学报》2009 年
　　12 月 24 日第 3 版。

化比较文学",首先具有鲜明的时代感。因为,从 20 世纪 60 年代以来,国际哲学与文学领域开始由工业革命时代的"主体性原则"发展到后工业革命时代的"主体间性原则","跨文化比较"就是这种"主体间性"的集中表现,是对于传统的"西方中心论"的解构,代之以文化间的崭新关系,实行平等的交流对话。同时,这种"跨文化比较"也适合当下中国文化发展的现实。因为,新时期以来随着经济的振兴,必然需要一个文化的振兴,只有在平等的"跨文化比较交流"中,中华文化才能在世界文化之林确立自己的独立身份,从而走向新的振兴。确立这样的"中国比较文学内涵",实在是为中国比较文学的健康发展确立了明确的方向。乐先生还由此提出比较文学研究包括"学科间"的崭新内涵。她认为,"探讨和研究文学与其他学科的关系一直是比较文学的一个重要组成部分,特别是在文学与自然科学的互动关系方面,近来有较大发展"[1]。为此,她论述了文学与进化论、心理学、老三论、新三论,特别是热力学第二定律中熵理论的关系,从这些自然科学理论中吸收文学建设的营养,说明了乐先生开阔的视野。

"发生论"是关于中国比较文学发生的理论。乐先生明确地指出:"西方比较文学发源于学院,而中国比较文学则与政治与社会的改良运动有关,是这个运动的组成部分。"[2]她认为,中国比较文学发源于 20 世纪初期中华民族图强求变,希图通过文学的变革带动社会变革之时,是中国社会变革与文学变革的一种内在

---

[1]乐黛云:《比较文学与比较文化十讲》,复旦大学出版社 2004 年版,第 82 页。
[2]《乐黛云:从世界的文学视野看中国比较文学》,《中国社会科学报》2009 年 12 月 24 日第 3 版。

的需要。它不像西方比较文学完全是一种文学内部的纯学术的"学院现象"。这就将中国比较文学的产生发展与社会生活紧密相联。新时期比较文学的发展也同样是与社会的改革开放与中华民族的伟大复兴紧密相联的。这不仅将比较文学的发生发展与西方加以区别，而且为中国比较文学的发生发展赋予了重要的社会意义。这也进一步说明了乐先生的社会使命感。她总是记得英国政治家撒切尔夫人的一句话："中国不可能成为世界强国。因为中国没有足以影响世界的思想体系。"乐先生希图通过"跨文化比较"的途径，吸收西方文化精华，发掘中国传统文化宝藏，使中华文化在不久的将来走向振兴繁荣。所以，她在描述了所谓"美国梦"与"欧洲梦"之后更加坚信会有一个无比美丽的"中国梦"，即中国文化与民族走向振兴繁荣的美好的未来。这正是乐先生中国比较文学研究的出发点与落脚点。

　　"基本原则论"是乐黛云比较文学理论的核心所在，是她三十年来用力最多之处。这个基本原则就是"多元共存"与"和而不同"的原则。她将这种多元共存概括为"互动认知"，是从一个不同于自己的"他者"的角度来反观自己。"我眼中的你，你眼中的我；我中有你，你中有我。"对自己的认识就会产生一个新的飞跃。这实际上是一种认识的互动，而只有在这种互动中才能前进与提高。她认为，"这就是比较文化与比较文学的根本原理"①。她在很多场合对于这种"互动认知"的"多元共存"原理进行了更加详细的讲解和分析，将其提高到哲学转型的高度加以认识。她说："20 世纪后半叶，人类正经历着认识论与方法论

---

① 乐黛云：《从世界的文学视野看中国比较文学》，《中国社会科学报》2009 年12 月 24 日第 3 版。

的重大转型。"①由过去的"逻各斯中心主义"转向"多元文化的共生共存",由过去的"主客二分"转向"中心的消解"。她说:"意大利著名思想家和作家恩贝托·埃柯在1999年纪念波洛利亚大学成立900周年大会的主题讲演中提出,欧洲大陆第三个千年的目标就是'差别共存与相互尊重'。他认为,人们发现的差别越多,能够承认和尊重的差别越多,就越能更好地相聚在一种互相理解的氛围之中。"②乐先生认为与此相关,同过去的"划一原则"相对提出了"他者原则",同过去的"普适原则"相对提出了"互动原则","总之,是强调对主体和客体的深入认识必须依靠'他者'视角的观察和反思"。③乐先生将这种"多元共存"原则更进一步放到广阔的世界经济政治与文化背景之上来认识。她认为,首先是殖民统治的崩溃使得各独立国家都有了彰显自身文化的自觉性;其次是当前国际形势是文化间的冲突由上世纪的日益严重到逐步缓和,为文化共生理论的产生提供了可能。最后,她明确提出经济全球化与文化多元化既是一对矛盾,又是可以共存的,这就是"文化多元共存的全球化"。因为,乐先生认为从历史上来看,从来没有将一个民族文化加以消灭的先例,文化只能永远共存于一个世界。为此,乐先生明确地既反对文化霸权主义,同时也反对文化割据主义,这两种极端的政治文化思潮已经给世界带来了深重的灾难,因此应该加以摒弃,走向文化的多元共存。特别珍

---

①乐黛云:《比较文学与比较文化十讲》,复旦大学出版社2004年版,第74页。
②乐黛云:《比较文学与比较文化十讲》,复旦大学出版社2004年版,第75页。
③乐黛云:《比较文学与比较文化十讲》,复旦大学出版社2004年版,第76页。

贵的是,乐先生运用中国古代"和而不同"的理论对于"多元共存"的原则加以阐释。她说:"对于处理这一复杂问题,中国传统文化中的'和而不同'原则或许是一个可以提供重要价值的文化资源。"①她将"和而不同"原则阐释为"和"的本义,就是要探讨诸多不同因素在不同的关系网络中如何共处;"和"的主要精神就是要协调不同,达到新的和谐统一,产生新的事物;"和"的主要内容是"适度"等。其根本内涵则是"和实生物,同则不继"。这是乐先生的一种中西互释的可贵尝试。当然,为了进一步阐释自己的"多元共存"原则,乐先生还借用了哈贝马斯的"交流对话"理论,对于哈氏的"正义原则"与"团结原则"进行了借用与阐发。

关于"比较文学核心论",乐先生指出:"回顾近 20 年来比较文学发展的历史,文学理论成为比较文学的核心并不是偶然的。"②她从历史的回顾中历数了近年来从福柯、巴赫金、本雅明、赛义德、斯皮瓦克、杰姆逊与葛林伯雷等人的文学理论如潮水般涌进中国两岸,被用以阐释中国文学现象。对于这种现象,乐先生在不排斥存在"生搬硬套,削足适履"现象的同时总体上给予了肯定,认为"打开了新的思路,提供了新的视角,有助于发掘新材料,提出新问题",并且经过"过滤、改造、变形"已经"中国化"。同时,也在西方出现了对于对方文化与文论开始重视的情况。由此,乐先生认为:"文学理论和方法最具有国际性,而国际性的基础又正是民族性。对不同民族的文化和文学理论的研究最容易

①乐黛云:《比较文学与比较文化十讲》,复旦大学出版社 2004 年版,第 35 页。
②乐黛云:《比较文学与比较文化十讲》,复旦大学出版社 2004 年版,第 11 页。

把比较文学学者凝聚在一起并进行有效的对话。因此,文学理论理所当然地在比较文学中占有着核心的地位。"①这就告诉我们,中西比较诗学必然成为比较文学的核心,从而提出了中西比较诗学的发展问题。对于中西比较诗学的发展,乐先生认为,根本问题是"话语"问题。她说:"无可否认,中西比较诗学中的一个根本问题始终未能得到根本解决,这就是中西比较诗学的话语(discourse)问题。"②她认为,既不能完全运用西方话语导致民族优秀文化的流失,也难以找到全然与西方无关的本土话语,为此只能努力寻求一种带有基础性的"中介"。她说:"在中西诗学的对话与沟通中,既不能完全用西方话语,也不能完全用'本土'话语,如何走出这一困境?途径之一似乎是寻求一个双方都感兴趣的'中介',一个共同存在的问题,从不同角度,在平等对话中进行讨论。"③她认为,什么是文学、语言和意义、社会和自我、主体和客体、形式和内容、真实和虚构以及继承和发展等就是这样的"话语"中介。她认为,这种"话语间"的对话应该是不以某一方的概念范畴来截取另一方;应有历史的深度;双方选择和汲取的范围应大大扩张等。乐先生用"镜子说"为我们做了一个中西诗学话语比较对话的示范。她比较的结果是西方往往用镜子来强调文学作品反映生活的逼真,而中国却往往用镜子来形容作者心灵的空幻、平正和虚静。例如,西方从柏拉图开始以镜子作为对生活

---

① 乐黛云:《比较文学与比较文化十讲》,复旦大学出版社 2004 年版,第13 页。

② 乐黛云:《比较文学与比较文化十讲》,复旦大学出版社 2004 年版,第109 页。

③ 乐黛云:《比较文学与比较文化十讲》,复旦大学出版社 2004 年版,第110 页。

的映照,而中国则是以镜子比喻作品映照作家心灵的"水月镜花"等。其原因在于中西思维方式的差异,西方的主客二分与中国古代的主客混一的不同,非常有趣。

关于比较文学的"价值立场论",也就是著名的"文化自觉论",这当然借用了费孝通先生在新时期关于"文化自觉"的论述,但乐先生紧密结合中国比较文学进行了富有新意的阐发。她首先牢牢记住并不断地阐述了我国比较文学的先驱杨周翰教授一再说过的话:研究外国文学的中国人,尤其要有一个中国人的灵魂。① 乐先生将这种爱国主义的情怀与发展本国文化的高度自觉性看作是中国比较文学建设发展中"最重要的问题"与"基础"②。她将这种"文化自觉"概括为自觉到自身文化的优劣;对传统文化进行新的现代诠释;审时度势,了解世界文化语境三个要点。这是全面而客观的,她认为,只有这样才能"让沉睡多年的中国智慧在解决迫在眉睫的文化冲突所带来的人类灾难中焕发出无与伦比的灿烂光彩"③。

作为学科建设的第二个方面是"各种独特的研究方法"。如前所述,就是乐先生提出了"跨文化比较"的独特方法。按照马克思主义的基本观点,方法论、世界观与认识论是具有一致性的。因此,这种"跨文化比较"的研究方法也是一种"跨文化比较"的文学观念。这种独特的方法与观念在中国 20 世纪 80 年代初期提

---

① 乐黛云:《四院沙滩未名湖》,北京大学出版社 2008 年版,第 173 页。
② 乐黛云:《比较文学与比较文化十讲》,复旦大学出版社 2004 年版,第 4、5 页。
③ 乐黛云:《比较文学与比较文化十讲》,复旦大学出版社 2004 年版,第 60 页。

出，其开拓性与创新性自是十分明显的。首先，"比较"是针对"禁锢"而言的，意味着一种"开放性"。这显然是对长期以来"左"的文艺思潮的一种冲决，打开了被"文革"禁锢的学术之门，向国际开放，向西方开放，吸收一切我们所需要的理论与学术营养；同时，"比较"也与"中心"相对，是一种全新的"对话"的理念。当然首先是向"西方中心主义"挑战，倡导一种文化间的平等交流关系；同时，"比较"也与"静止"相对，是一种发展前进的观念。因为，有比较才能有发展与前进，只有在比较与冲撞中，各种学术理念才能出现新的生机。最后，"比较"也是一种"创新"，它是与"守旧"相对的。无疑，乐先生在"跨文化比较"的方法中运用了最新的"现象学方法"，因为只有现象学方法通过"悬搁"的途径才能克服工具理性的主客二分，克服各种文化的中心论与偏执论，走向多文化的平等对话。乐先生对于这种跨文化比较方法的提出与运用给予了高度的重视，将其提高到比较文学完成转型的高度。她说："比较文学完成它在转型时期的历史使命，就必须实现自身的重大变革。这种变革首先是从过去局限欧美同质文化的窠臼中解放出来，展示多方面异质文化交往的研究。"①

　　第三个方面是"建立一个对本研究领域的基本思想有着共识的学者群体"。在这一方面，以乐黛云教授为首的中国比较文学学会，特别是乐先生本人做出了杰出的贡献。可以说，经过乐先生及其同道的共同努力，中国当代比较文学的研究队伍不仅具有了相当规模，而且目前已成为世界比较文学的一支人数最多、能量很大、有一定学术水平和国际影响的学术力量。首先是中国比

————————
①乐黛云：《比较文学与比较文化十讲》，复旦大学出版社2004年版，第199页。

较文学学会从 1985 年成立以来,每三年召开一次全体学术会议,目前已经召开了九次,每次参加人数都在 300 人左右,是各种人文学科学会中参加人数最多的学会之一;从 20 世纪 90 年代初期比较文学学科正式被教育部作为独立学科列入招生目录起,中国大多数大学都设立了比较文学与世界文学教研室,有了专门从事比较文学教学与研究的人员,初步估计中国从事比较文学与世界文学科研与教学的人员应该达到万人以上,不仅出版了各种专门的比较文学教材,而且有专门的刊物,发表的各种论文数量巨大。可以说,中国已经形成了一支数量较大、水平不断提高的比较文学的教学与研究队伍。这与乐先生三十年来的努力是分不开的。

陈跃红教授在《得失穷通任评说,敢为风气敢开先》一文中认为,乐先生三十年来实际上将自己的最主要的精力都投入了中国当代比较文学的学科建设,真止投入自己学术研究的时间只有百分之四十。乐先生可以说为中国当代比较文学学科的建设夙兴夜寐,不辞辛劳,立了头功,写下了中国比较文学发展史上具有重彩的一笔。正如陈跃红教授所说,"我们更应该对那些舍得牺牲自己个人的成就和声名,从而为一个国家新学术群体崛起和学科建设做出奉献的人们表示更高的敬意"①。何况,乐先生本人仍然是一位著作等身的大家。我们可以设想,如果乐先生将自己的全部精力都投入自己的科研,那她的成就将会更加惊人。但当我们面对现实时才发现只有这种立德、立功与立言相统一地站在我们面前的乐黛云教授才更加值得我们尊敬。

――――――――

① 北京大学 20 世纪中国文化研究中心编:《乐黛云教授学术叙录》,北京大学二十世纪中国文化研究中心 2004 年版,第 225 页。

二、乐黛云教授在比较文学学科建设中的杰出贡献给整个文学学科乃至人文学科的发展都提供了极为重要的启示作用

乐先生的比较文学研究给予我们的启示之一，是贯彻始终的强烈的人文精神应成为当代文学学科乃至人文学科建设具有普遍性的重要原则。前已说到，乐先生的比较文学研究是从中国社会与文学改革的需要出发的，因此，她的研究工作始终贯穿着强烈的问题意识。她深入地分析了当代文化发展所面临的危机，主要是文化多样性的日益削弱与文化本土主义所形成的文化孤立与隔绝，当然还有拜金主义与享乐主义的泛滥等。她期望比较文学在解决这些问题时应该"扮演一个十分前沿的角色"。而要做到这一点，就应在比较文学研究中贯穿着一种"新人文精神"。她说："我认为文化危机和科学的新挑战呼唤着新的人文精神。所谓'新'，不仅是指所面对的问题新，而且指人类当前的认识方法和思维方式也和过去很不相同了。"[1]

鉴于论题的重要，下面我要不惜笔墨具体地引用乐先生有关新人文精神内涵的论述。她说："21世纪的人文精神将继承过去人文主义的优秀部分，强调首先把人当作人看待，反对一切可能使人异化为他物的因素；强调关心他人和社会的幸福，关怀人类的发展和未来。它接受科学为人类带来的便利和舒适，但从人的

---

[1] 乐黛云：《比较文学与比较文化十讲》，复旦大学出版社2004年版，第197页。

立场出发对科学可能对人类造成的毁灭性灾难保持高度警惕;它赞赏后现代思维方式对中心和权威的消解,对人类思想的解放,但同时也企图弥补它所带来的消极方面——零碎化、平面化和离散。"这里,乐先生首先强调了新人文精神的继承性,它所包含的人的生存权以及对于人类福祉的关怀。但更加强调了新人文精神的崭新内涵,即充分认识科学对于人类的造福以及唯科技主义对于人类的危害;后现代思维的思想解放作用及其导致零散化的消极面。这种新人文精神是与时俱进的,富有时代内容的。乐先生进一步认为,实现这种新人文精神的"主要途径就是沟通和理解:人与人之间、科学与人文之间、学科与学科之间、文化与文化之间的沟通和理解;在动态的沟通和理解中,寻求有益于共同生活(我们只有一个地球)的最基本的共识"①。乐先生将作为"跨文化文学研究的"比较文学提到贯彻新人文精神的最重要途径上。由此可见,其重视并投身比较文学研究的最重要原因。当然,贯彻新人文精神的最重要目的,是人类的解放和中华民族的振兴。乐先生在最近的几次学术报告中都讲到三个梦,一个是"美国梦",其本质是"粉碎他人的梦而成就自己的梦",这种以实现个人利益最大化为目的的梦是不可能完美实现的。而"欧洲梦"则是强调对生活质量和个人幸福感的追求,强调人与他人和谐相处从而融入社会交往,这就导致中西文化的相遇与交流,导致文化的多元共存。最后必然会呼唤一个"中国梦",这是用文化的力量,把大同梦与强国梦结合起来,让中国的文化生根发芽,展开一个新的梦想。可见,乐先生的新人文精神最终是民族与人类

①乐黛云:《比较文学与比较文化十讲》,复旦大学出版社 2004 年版,第198 页。

的解放自由。这恰是乐先生的终身追求及其比较文学研究的宗旨所在。她将这种新人文精神看作是比较文学的"灵魂"。她说："这种21世纪的新人文精神正是未来比较文学的灵魂,也是一切文学研究和文学创作的灵魂。"①

　　启示之二,是始终坚持世界视野与中国经验的结合。乐先生从来都强调必须具备广阔的世界视野,包括大胆地吸收进来与勇敢地走出去。在这两方面乐先生的比较文学研究都为我国文学学科与人文学科做出了榜样。先说大胆地吸收进来,在这一方面,乐先生可以说是我国人文学者中做得最早与步伐迈得最大的学者之一。早在1980年,中国改革开放刚刚开始,乐先生就在其成名作《尼采与中国现代文学》一文中特别强调了引进世界先进文化资源对于现代中国政治与文化改革的极端重要性。她说："在中国人民看来,想要推翻几千年封建统治的时候,他们不可能从长期封建统治下的中国找到新的有力的武器。他们需要越过旧的范围,找到一个可以重新考察,重新评价的立足点,这种立足点不仅在中国是新的,最好在世界也是'最新的'。"②这样的论断放在现在似乎没有什么惊人之处,但放在三十年前改革开放刚刚启动的形势下,却是需要有几分胆量与识见才能说得出的。乐先生不仅是这样说的,而且用自己的行动做了大量将西方优秀文学理论引进来的工作。她在20世纪80年代就主编了译文集《国外鲁迅研究论集》,此后又先后介绍了新批评、结构主义、精神分析、接受美学、诠释学、叙事学、女性主义与后现代主义等一系列新的

①乐黛云:《比较文学与比较文化十讲》,复旦大学出版社2004年版,第205页。

②乐黛云:《尼采与中国现代文学》,《北京大学学报》1980年第3期。

文学理论思潮。同时,以乐先生为代表的北京大学比较文学研究所请进了一大批有代表性的国外文学理论家讲学,出版了他们的讲演集,使得北京大学比较文学研究所成为我国研究介绍国外最新文学理论与比较文学理论的中心之一。在勇敢地走出去方面,乐先生坚持中国学者文化自觉的价值立场,自觉地做了大量的工作。诚如季羡林先生所说,乐黛云"奔波欧美之间,让世界比较文学界能听到中国的声音。这一件事情的重要意义,无论如何也不能低估"①。乐先生几乎出席了 20 世纪 80 年代之后所有的国际重要的比较文学学术会议,并做了结合中国文学实际的重要发言,引起国际比较文学界的高度重视。她早在 1982 年就在世界比较文学大会上发表《中国文学史教学和比较文学原则》,1983 年发表《中国当代小说中的女性形象》,1987 年在美国出版了《中国小说中的知识分子形象》,1988 年发表《关于现实主义的两场争论》,1992 年发表《中国诗学中的镜子隐喻》,1999 年发表《中国传统文学中文学批评的主要形式》等,均在国际学术界引起一定反响。更不用说乐先生主持的九次国内比较文学大会都邀请了近 20 名国外代表了。乐先生也因此获得一系列国际学术荣誉。她曾是国际比较文学学会副主席,1990 年获得加拿大麦克马斯特大学荣誉文学博士,2006 年获得日本关西大学荣誉博士学位。可以说,新时期以来人文学科中在国际学术界如此活跃并具有如此影响的学者是十分罕见的。乐先生的国际影响与荣誉虽与中国新时期以来国际地位的提高有关,但主要是由她本人的辛勤劳动所取得的。

---

① 北京大学 20 世纪中国文化研究中心编:《乐黛云教授学术叙录》,北京大学二十世纪中国文化研究中心 2004 年版,第 185 页。

　　启示之三,是跨文化研究作为一种具有普遍意义的方法已经渗透于整个文学学科并使之发生革命性的变革。事实证明,比较文学不仅是一门学科,而且是一种方法、一种视界、一种观念。它所遵循的"跨文化比较研究"打开了人们的眼界。从"他者"的特殊眼界看文学现象,可以有许多新的发现,他者与主体的碰撞可以产生新的思想与理念。这种"跨文化研究"首先在文学理论界产生奇效,随着一系列新的文学观念的引进与对话,出现一系列新的变革。在文学史研究中也出现了新的变化,国外研究的引进提供了特殊的他者视角,诸如国外鲁迅研究、茅盾研究以及其他中国文学史研究成果的引进,给人们以新的启发,而阐释学与叙事学等新方法的引进也给文学史研究与书写以新的启示。在文学批评方面,由于跨文化研究的运用,在传统的社会批评之外又增加了新的形式批评、精神分析批评、原型批评与生态批评等新的批评武器。这都是跨文化研究给整个文学研究带来的革命性变化。更为重要的是,跨文化研究被实践证明是发展新的文学理论的必由之途。早在20世纪初,王国维、梁启超、鲁迅等人就试图通过跨文化比较创造新的文学理论与美学理论。正如梁启超所说,通过此途径创造一种不中不西、亦中亦西的理论。此后,朱光潜、宗白华与钱钟书等也都进行了卓有成效的尝试。新时期以来,中国学人又试图通过跨文化比较走出这样的道路。当代美学家蒋孔阳认为:"我们不能故步自封,我们要把古今中外的成就,尽可能的综合起来,加以比较,各取所长,相互补充,为我所用。学者有界别,真理没有界别,大师海涵,不应偏听,而应兼收。综合比较百家之长,乃能自出新意,自创新派。"①

---

① 蒋孔阳:《美学新论》,人民文学出版社1993年版,第47页。

　　蒋先生指出的"综合比较各家之长,自创新意,自创新派"就有跨文化比较研究之意,试图通过这样的研究途径创造新的文学理论与美学理论。与此相同,乐先生也有大体相同的意见。她说:"在各民族诗学交流、接近、论辩和融合的过程中,无疑将熔铸出一批新概念、新范畴和新命题。这些新的概念、范畴和命题不仅将在东西融合、古今贯通的基础上,使诗学作为一门理论科学进入真正世界性和现代性阶段,而且在相互比照中,也有助于进一步显示各民族诗学的真面目、真价值和真精神。"①不仅如此,乐先生还进一步论述了跨文化比较对一些新兴学科所带来的新的变化,例如比较诗学、文学人类学、华人流散文学、文学翻译学与文学宗教学。

三、乐黛云教授在比较文学　学科重建中所表现出来的　创新精神与奉献精神

　　在我们回顾乐先生新时期三十年来在中国当代比较文学学科建设中的杰出贡献之时,令我们感动和震撼的另一方面就是她在学科建设中所表现出的创新精神和奉献精神。创新是一个民族前进的不竭的动力,也是一个学科发展的不竭的动力。比较文学学科的恢复和重建就需要一种创新的精神。由于长期以来"左"的影响,我国学术界存在一种"宁左勿右"的倾向。特别在对待外国文化,尤其是当代资本主义国家文化与文学的态度上更加

---

①乐黛云:《比较文学与比较文化十讲》,复旦大学出版社2004年版,第115页。

明显。20世纪80年代初期,这种"左"的观点仍然占据统治地位,大家不敢越雷池一步。但乐先生没有顾及这一切,而是义无反顾地去从事自己的重建中国当代比较文学学科的事业。需要特别说明的是,乐先生由于历史的原因曾经被错误的对待,历经二十年之久,她承担的风险应该比别人更甚。但她从不考虑这些,而是更多考虑中国文学事业的发展。不仅在年近半百之时选择了到国外进修,而且非常执着,在海外的三年时间内如饥似渴地补习外语、吸收比较文学新理论,从哈佛到伯克利,像普通留学生一样,终于成为比较文学领域国际知名的学者。在中国当代比较文学学科重建中,也需要创新精神。乐先生考虑最多的是如何处理好共同性与相异性的关系。所谓共同性就是作为比较文学,中国与世界应有的基本一致的一面。但人文学科作为人的经验的特殊内涵又决定了中国当代比较文学应有自己的相异性。经过深入地研究思考,以乐先生为代表的中国比较文学学者提出了"跨文化文学比较"的中国比较文学的特殊内涵,并逐步地构筑了具有中国特点的比较文学体系,在世界比较文学界发出了中国学者自己的声音。

在具体研究中,乐先生的创新之处也非常明显。早在1980年发表的《尼采与中国现代文学》一文就突破了传统的完全从单纯的政治视角评价思想家、艺术家影响的观念,从历史的接受的角度有分析地评价了德国现代思想家、美学家尼采对于中国现代文学与文学家的影响,受到广泛好评。此后,她对镜子隐喻、言意关系、可见与不可见以及文学中的知识分子与女性形象等方面的中西异同进行了别具特点的研究,引起西方同行的重视;她的世界文学中的中国形象研究开创了比较文学中的中国形象学;她对现代历史上的"学衡派"的研究,从世界文化对话的广阔背景下对于其"探求真理""融化新知"的一面给予了必要的肯定;她从文化都是在交流对话中生存的角度对于固守传统的观点给予了必要的批评。这样的例子可以说不胜枚举,乐先生在她涉及的许多学术问题上都有自己独立的见解,也许在这些学术问题上我们可以见仁见智,但对于她的创新精神却不能不表示出我们的敬佩。乐先生之所以能够在自己一生的50岁之后的三十年写出这一系列创新性成果,不能不归结为这一段时间恰是改革开放的新时代,是时代给了乐先生创新的可能性。我们感谢这个时代,相信我们的社会能够以更加包容的胸怀鼓励学术上的创新,那样就会产生更多的乐黛云。

　　乐先生在学科建设中表现出来的另一种精神就是奉献的精神。我想从乐先生的回国、对待省级学会的工作态度、对待学生和学术工作的态度等几个层面谈一下自己的看法。乐先生1985年在美国已经待了不平凡的二年,用英文出版了两本书,在国际比较文学学术会上作了精彩的发言,发言被收入会议文集,自己的回忆录作品在美国获得地方大奖,好评如潮,而自己又曾经受到过政治上的委屈。这些情况都说明她完全可以在国外留下并获得稳定的生活。但她却选择了回国,选择了从事中国比较文学的重建这样的事业。正如季羡林先生所言,"留在这样一个地方,对黛云和一介来说,唾手可得。然而他们却仍然选择了中国。……选择了北大。一领青衿,十年冷板凳,一待就是一生。我觉得,在当前的中国,我们所最需要的正是这一点精神,这一点骨气"①。我觉得季先生说得很好,乐先生的回国并立即投身于

①北京大学20世纪中国文化研究中心编:《乐黛云教授学术叙录》,北京大学二十世纪中国文化研究中心2004年版,第185页。

比较文学研究正是她的爱国之心与痴迷于中国比较文学事业的奉献精神的表现。1983 年回国后的近三十年来，乐先生可以说将自己的所有精力都奉献给了中国当代的比较文学事业。我想，仅就自己与她有限的学术接触来描述她的献身精神。

我是 1986 年秋第一次见到乐先生的，那时我作为山东大学的教务长帮助我的老师狄其骢教授和学兄刘波教授筹备山东比较文学学会的成立大会，乐先生作为全国比较文学学会的副会长与秘书长参加会议。她极为仔细地帮助我们进行筹备工作，包括会议内容、主要讲话、地点、组成等。同时，她在会上做了极为认真的讲话，阐述了比较文学学科的内涵与特点等，是我当时听到的最清晰的关于比较文学的阐述。2004 年夏，山东比较文学学会的有关教授在威海筹备了一个比较文学讲习班。当时会议经费比较紧张，乐先生为了保证会议成功，专门要我与陈炎教授陪同她与汤先生前往参加会议。在会议上，由于各种原因有关专家来得不太理想，乐先生为了确保会议质量，她与汤先生两人经过认真准备围绕比较文学的当代发展与"和而不同"原则几乎讲了一个上午，当然都是无偿的学术讲演。当时，两位都已经是 70 多岁的高龄，在经过济南到威海 500 公里汽车颠簸后接着进行这样的演讲，对于年轻人来说也是够劳累的了。乐先生为了进一步保证会议效果，又亲自打电话将一个一个海内外专家请到威海，她的行动当时真的感动了所有的人。2008 年秋，山东在潍坊召开 2008 年年会，乐先生又与汤先生到会，参与筹备，发表极为认真的讲话。山东的三次会议可以反映乐先生对于省级学会的重视与积极参与的程度。我想，由此可见乐先生对待其他省级比较文学学会工作的重视程度及其工作的到位，当然也意味着工作量的巨大。

2008 年 6 月初，我们请乐先生到山东大学给大学生进行学术讲演,一共两场。一场是给全校学生在"稷下风学术论坛"作"西方文化的反思和中西文化的第三次相遇"的学术报告。报告在学校图书楼一层报告厅举行,座无虚席。乐先生在报告中深入地分析了西方文化的得失,特别分析了以物质主义为标志的西方文化的弊端,而当前改革开放新形势下的中西文化的第三次相遇则提供了中西交流对话的新的契机。她深深地寄希望于青年一代,期望他们为实现繁荣富强的"中国梦"而奋斗。第二天她又应邀到山大文艺美学研究中心给研究生进行"中国比较文学的发展历程"的学术报告,侃侃而谈两个半小时。在两次报告中,她都极为耐心地回答同学的提问,一定要让所有的同学问完了问题才结束报告,由此我想到乐先生作为教师的本色。2005年我参加了乐先生主持的上海论坛文化分场会议。乐先生作为主持人邀请了海内外不少知名学者与会,会议热烈开放,说明乐先生的亲和力与影响力。2007年我有幸被乐先生邀请参加她与南京大学高研院联合主办的中法文化交流学术会议。这次会议召开时,乐先生因为不慎摔跤尚在治疗中,行动不便,但她仍然坚持参加会议,使中外学者非常感动。

　　以上所记只是乐先生学术生涯中的瞬间,但已经可以充分看到乐先生的敬业与奉献。我认为,乐先生就是我国当代人文学科领域的巾帼英雄,是值得我们人文学者学习的模范。早年乐先生曾经有一篇短文"生活应该燃起火焰,而不只是冒烟"。历经八十年的风雨,乐先生的人生就是永远燃烧的火焰,她的前半生以旺盛的生命之火抗御了风寒雨暴,而她的后半生则以自己旺盛的生命与学术之火给中国当代比较文学及后辈学者以光和热。我坚信这火焰会越来越旺,继续给我们能量。祝乐先生永远年轻,永远充满活力。

在《文艺理论研究》创刊三十周年纪念座谈会上的讲话^①

尊敬的徐中玉先生、钱谷融先生,各位同行、朋友:

大家好!

非常荣幸地来到华东师范大学参加《文艺理论研究》创刊三十周年纪念会,并且有机会向徐、钱两位德高望重的老先生表达我的敬爱之情。在这里,我谨代表山东大学文艺美学研究中心,对《文艺理论研究》创刊三十周年及其取得的重大成就,对两位老先生几十年来特别是新时期以来对中国文艺理论研究做出的巨大贡献表示热烈的祝贺和衷心的感谢!

我想从以下几个方面谈谈自己对《文艺理论研究》这份刊物的个人体会:

一、《文艺理论研究》办刊三十年与我国改革开放进程是同步的,它较好地贯彻了"解放思想,实事求是"的方针。可以说,没有这样的方针就没有中国的今天,没有学术界的今天,没有文艺学的今天,也没有《文艺理论研究》的今天。

二、该刊之所以重要是因其具有不可替代性。这种不可替代

---

① 本文原题为《重审德国古典哲学与美学——在〈文艺理论研究〉创刊三十周年纪念座谈会上的讲话》,发表于《文艺理论研究》2010 年第 6 期。

性体现在专业性、高质量和高水平三个方面，这也是《文艺理论研究》能够在众多刊物中显示出强大的生命力和独特的学术风格的重要原因。

三、刊物始终坚持学术本位。徐先生和钱先生在办刊过程中掌握了很好的办刊方向，这使得刊物能够一直围绕文艺理论的本体问题展开研究，同时又不断地追寻前沿，使学者们能够发出不同的声音。这里启示我们，作为文艺学研究者应该清楚自己的研究对象，尽量不要介入与我们的学术研究对象无关的事物。

四、刊物非常鲜明、集中地体现了徐、钱两位先生的学术品格。第一，它体现了徐先生无私支持、关爱青年学者的大爱精神，青年时期的我曾经也是徐先生这种大爱精神的受益者。我们可以看到，《文艺理论研究》迄今为止发表的 3000 万字论文，大部分都来源于中青年学者。这是徐先生对五四时期优良的文化传统和教育传统的继承与发扬，他的这种大爱精神在其学术生涯和办刊过程中都充分地表现出来，我们表示感谢！第二，钱先生的"文学是人学"这一命题在当今学术界已成为共识，并且仍旧焕发出很强的思想活力。这个命题为中国新时期的文学理论指出了健康发展的方向，也必将引导文艺理论研究迈向无比宽阔的学术天地。钱先生的学术勇气和人文精神为学术界树立了一个崇高的典范，我们对他表示深深的敬意！

五、最后，我表达自己的一点期望。我期望《文艺理论研究》能够进一步解放思想，大胆摆脱某些思想理论的桎梏和羁绊，具体来说就是走出德国古典哲学、美学。德国古典哲学、美学是适应西方现代化进程而建立的思想体系，而且具有强烈的精英主义倾向。那么，在当代这样一个大众文化占据主导地位，后现代观念和生活方式盛行的社会,德国古典哲学、美学是否仍然具有阐释效力呢? 这需要我们作深入、开放的思考。

　　我希望我们能够在解放思想的基础上推进文艺学和美学的建设,衷心地希望《文艺理论研究》越办越好,祝愿中国学术更加繁荣昌盛,也祝福两位老先生健康长寿。谢谢大家!

新世纪中国文化复兴的战略性思考与有效探索[①]

——评黄会林教授的"第三极文化理论"

最近,我国著名影视理论家、北京师范大学资深教授黄会林提出当代文化发展的"第三极理论",引起学术界的高度关注。本人有幸被邀参加 2010 年 11 月 19 日北京师范大学中国文化国际传播研究院成立大会。该院由黄会林教授出任院长,并以"第三极文化理论"为理论指导。与会期间得以直接聆听黄会林教授有关"第三极文化理论"的阐释,深感"第三极文化理论"是对中国新世纪文化复兴的战略性思考与有效探索,具有重要的学术价值与现实意义。

"第三极文化理论"的提出是黄会林教授作为有责任感的人文知识分子在世纪之交对于中国当代文化复兴的战略性思考。众所周知,新时期以来,我国开始了现代化建设与民族复兴的伟大征程,计划到 21 世纪中期初步实现现代化并初步实现中华民族的伟大复兴。经过三十多年的奋斗,我们已经取得经济建设的突破性进展,目前,文化建设被提上重要议事日程。文化与经济

①《中华文明的现代演进——"第三极文化"论丛》第 1 辑,黄会林主编,北京师范大学出版社 2011 年版。

从来都是社会发展不可缺少的两个方面,犹如车之双轮、鸟之两翼。事实告诉我们,没有文化的大发展就不可能有经济社会的现代化;同样,没有文化的振兴也不可能有中华民族的伟大复兴。在我国经济社会取得飞跃进展的形势下,文化愈来愈具有举足轻重的地位。它被称作人民生存的精神灵魂、民族团结的凝聚剂、社会进步的软实力。"第三极文化"理论就是在这样的形势下提出的,诚如黄教授所说,"提出'第三极文化',并自觉加快其发展步伐,是强化民族凝聚力、促进社会安定繁荣、提升综合国力、应对全球挑战与机遇的策略,是转型期中国社会发展的需要"。文化建设的确成为当代中国社会发展的急需。首先从国家地位的层面来看,文化是一个国家国际地位的重要标志,反映了该国对于人类进步所做出的贡献,在人类发展史上所占据的位置。中国有灿烂的文明,举世瞩目的儒道智慧,彪炳史册的汉唐盛世与流芳千古的明清艺术,等等,在人类文化发展的历史画卷中涂上浓浓的色彩。但近代以降,中国不仅经济军事暂时落后了,文化的发展也相对落后了。"西学东渐"既是现代文化发展之路,也是我们难以越过的"心结"。英国政治家撒切尔夫人曾说"中国不可能成为世界强国。因为中国没有足以影响世界的思想体系"。在这里,撒切尔夫人的傲慢自然是毋庸讳言,但她还是讲出了一个中国现代文化尚未成为世界主流文化的事实。黄教授在倡导"第三极文化"理论过程中非常清醒地认识到这一点,她说我们是"试图建立一套话语表达体系,努力寻求一种独立的声音、一种独立的认知方式和表达方式。尽管目前还很难进入西方主导的学术主流……但这种精神和努力显现之底蕴与力量,终会有所收获"。因此,使现代中国文化成为世界文化之"一极",进入世界主流文化话语体系,是中华民族文化复兴的重任之一。从经济的角度来说发展现代文化也是当务之急。众所周知,我国经济面临由粗放型经济向现代型经济、由资源浪费性经济向资源节约型经济现代转型的艰巨任务。在完成这一任务的过程中文化产业的发展成为经济建设的重要任务。

目前,我国文化产业在国民经济生产总值中所占比例过小,无法与发达国家相比,难以实现我国经济的现代转型。所以发展文化不仅是"软实力",其实也是"硬实力"。"第三极文化"理论将文化提升到与经济、政治同等重要的"一极"的地位,必将有力推动文化产业的发展,有利于我国现有经济结构的优化改造。从现代教育的角度来看,"第三极文化"理论也意义重大,因其空前地突出了文化因素在教育中的重要作用。我国的现代化当然包括教育的现代化,要使人力资源大国变成人才强国,只有依靠教育之途。但做强教育的道路到底在哪里?这就是我们不断在讨论的"钱学森之问",为何我国难以培养创造性人才?"第三极文化"理论将文化因素在教育中突出出来,实际上回答了这个问题。对创新型人才的培养,文化教育成为至关重要的因素,因为文化是一个人的"灵魂",忽视文化的教育是没有灵魂的教育,不可能培养出高质量的创新型人才。针对这种缺乏文化的"无魂"的教育,前哈佛大学哈佛学院院长路易斯于2005年在《没有灵魂的卓越》一书中对高校盲目追求科研的"卓越"忽视人文教育的"无魂"状态进行了深刻的批判,恰与钱学森在几次谈话中对于"艺术教育"的强调形成呼应,说明文化的教育在教育中应该成为备受重视的"一极"。当然,作为著名的影视理论家,黄教授也特别强调了"第三极文化"理论在我国当代艺术发展中的重要作用。无疑,艺术本来就必然地包含在文化之中,而艺术的基本内涵也正是文化,但我国的某些当代艺术恰恰忽视了这种"文化"的内涵,因而难以成为世界艺术之"一极"。黄教授将这种情形形容为"缺乏足够定力"，希望中国艺术界"在全球意识的观照下，加强文化自信，寻找中国文化自觉的坐标"，使中国艺术在世界占有一席之地，成为世界"第三极"。

黄会林教授的"第三极文化"理论包含着丰富的内涵。首先，这一理论的提出是对世界经济社会发展清醒分析的结果。黄教授以自己特有的理解将世界现代文化发展概括为三个时代：由田园到城市转化的"拳头时代"；20世纪信息革命的"头脑时代"；当前需要思考的"心灵时代"。对于"心灵时代"，黄教授给予了深入的解剖，认为是一种全球性、整体性灾难频发的时代，是人类需要思考借助所有智慧寻求"和谐发展"之路的时代。这就是"第三极文化"理论产生的历史文化背景。她说，"'第三极文化'就是对于前两次变革的反思，是对于工业化以前古老文明的反思，最终实现文化超越"。由此说明，黄教授的"第三极文化"理论属于当代"建构性后现代"思想范围，是对于现代性的一种反思与超越，具有时代的前沿性、建设性与引领性。"第三极文化"理论还反映了中国人文知识分子复兴中国优秀传统文化的强烈愿望与迫切要求。黄教授在论述"第三极文化"理论的内涵时具体展示了大量优秀的中国古代传统文化精髓。它们包括："仁者爱人"的人文精神、"君子为上"的精神气节、"杀身成仁"的道义担当、"和而不同"的宇宙观念，等等，内涵丰富深刻。事实证明，在工业革命时代的"逻各斯中心主义"思维方式下，西方文化与以"天人之际"的宏阔思维为其特点的中国传统文化难以兼容；在当前"后现代"超越"逻各斯中心主义"的文化背景下，中国传统文化倒反体现出了自己特有的价值。罗马俱乐部东方负责人认为，中国传统文化中的"天人合一"与"无欲"是拯救人类的良方。当然，中国这种产生于前现代的传统文化并不能直接运用于当代,而是需要经过改造、补充与转换。但打破长期占据统治地位的"欧洲中心主义"无疑是时代的要求。"第三极文化"理论恰恰反映了这种要求。非常引人注目的是,"第三极文化"理论初步揭示了中国文化走向世界的正确路径。黄教授的"第三极文化"理论首先是一种符合当代特点的"交往对话"的理论,其所谓"极"只是世界文化之一端也,而非唯一,突出了对于西方所谓东西对立与欧洲中心主义的突破,更加突出的是世界各种文化的"和而不同""共存共生"与"共同发展"。非常可贵的是,这一理论特别强调了中华传统文化自身的"自知之明"与改造建设。黄教授在论述中指出了这样几点:第一是中华传统文明精神的坚守发扬,特别突出了当代仍有作用的相异于西方的勤俭精神与奉献精神;第二是中华传统文化必须与时俱进,吐故纳新;第三是中华传统文化必须坚持内部与外部的"会通",认为"没有会通就没有人类文化的发展、繁荣和创新";第四是通过"会通"实现"自我超胜"和"整体超胜",也就是焕发出中华文化更大的生机和活力。黄教授认为,这"是第三极文化追求的终极目标"。最后,黄教授说道,"第三极文化——要攀登世界屋脊喜马拉雅山,绝不为独占,而为了拥抱全世界,三极在此分享而用之也"。这是一种既有高度文化自觉,同时又具有世界眼光的中国文化走向世界的正确道路,是中国当代人文知识分子文化自觉的表现。

黄会林教授提出的"第三极文化"理论不仅具有很强的理论色彩,而且具有很强的实践性。黄会林教授是我国当代人文艺术学科中少有的几位具有极为旺盛的学术生命力的学者之一,她的辉煌的学术事业大都是在她进入花甲之年后创立的,她是我国少有的具有强烈实践特点的人文学者。她既有精湛的学术修养,更有在人文学科开创的精神与实践能力。1993年,59岁的黄教授创立了北师大艺术与传媒学院,并成功举办了第一届北京大学生电影节,使之成为中国艺术界的著名品牌,不仅得以延续,而且越办越好。1995年,黄教授于61岁之时创立了中国内地高校第一个电影学博士点,并出任学科带头人至今。黄教授的学术活动不仅影响了我国影视界的理论建设,而且影响到我国影视界的实践走向,当然也影响到我国影视界的人才队伍,我国影视界的许多著名导演、学者与主持人均出自黄教授门下。目前,黄教授提出"第三极文化"理论绝对不仅是纸上谈兵,而是伴随着极为重要的艺术实践与探索。其实践与探索包括四个方面。第一,学术研究,进一步建立和完善"第三极文化"理论;第二,艺术创作,在"第三极文化"理论指导下创作一批"具有中国精神、中国气派、中国风格的艺术作品";第三,文化传播,"设计打造一些易于识别、易于传播、具有丰富内涵和时代精神的中国文化符号,努力建设一批具有国际影响力的文化品牌";第四,资源整合,包括"募集发展基金、运用新机制创立文化发展机构,组建特高班,培养专业人才等"。在这里需要说明的是,随着以黄会林教授为院长的北师大"中国文化国际传播研究院"的成立,"第三极文化"理论已经进入以上所说四个方面的实践与操作阶段,特别是该研究院与全球最大的信息技术出版、研究、会展及风险投资公司——美国国际数据集团(IDG)合作,并将筹备在美国举办大学生电影节,标志着"第三极文化"理论的实践与探索已经迈出坚实的步伐。

衷心祝愿"第三极文化"理论在我国新世纪文化建设中发挥愈来愈大的作用。

吴中杰教授所编《文艺学导论》教材的价值意义

吴中杰教授是我国著名文艺理论家与鲁迅研究专家,他的学术成就是多方面的,特别在鲁迅研究与现代文学研究方面取得了一系列创新性的成果。

我第一次认识吴中杰教授是刚刚结束十年动乱的1979年的秋天,复旦大学文艺理论教研室全体同仁在蒋孔阳先生的率领下到我们山大文艺理论教研室进行学术交流。我与另一名青年教师从学校要了一辆破旧的敞篷车到火车站去接蒋先生一行,第一次见到吴中杰教授。当时给我的印象是一位儒雅而年轻的学者,我以为与我年龄差不多,所以与复旦的老师一起叫他"小吴",并陪他去看望我的老师孙昌熙先生。后来,我才知道原来吴中杰教授是1957年毕业,而且在学术上早有成就,按理我应称他为老师的。但他不让我叫他老师,改称"老吴",从此成为至交。对于我们学科和我本人多有关心与支持,是我们山大文艺美学研究中心学术委员会委员。

吴中杰教授不仅在文艺理论上卓有成就,而且在鲁迅研究上成就更大,同时他还是著名的散文作家。我这里主要讲他在文艺理论教材建设方面的成就。主要是他1988年所编《文艺学导论》教材,它作为中文学科基础课"文学理论"教材是教育部推荐的全国性统编教材。该教材初版于 1988 年,20 年来 3 次再版,多次重印,是一部被业内同行公认为适合教学的优秀教材。该教材简明扼要,体系完整,理论联系实际,既具有很强的理论性,又具有可读性。教材坚持马克思主义历史唯物主义指导,同时吸收了中外文论的有关内容与新时期以来文论研究最新成果。概念准确,内容稳定新颖,是一部比较成熟的文学理论教材,受到广大文学理论教师与中文系学生的普遍欢迎。

（本文写于 2011 年 6 月 14 日）

在聘任鲁枢元为山东大学 特聘教授聘任会上的讲话

很高兴我们能够聘任鲁枢元教授为我们山东大学的特聘教授,并在我们刚刚成立的山东大学生态美学与生态批评研究中心担任顾问。

大家都知道,鲁枢元教授是我国当代著名的文艺理论家。在文艺心理学、文学语言学与文艺生态学等多个领域做出了杰出的贡献。鲁枢元教授的研究工作可以说是始终处于我国当代文艺学发展的前沿。我们将他的研究工作按照时代发展分为三部曲。第一部是改革开放初期的 20 世纪 80 年代,开始打破长期占据统领地位的"文艺从属于政治"观念之时,鲁教授开始从文艺的内部规律加以突破,卓有成效地进行了文艺心理学的研究工作,主持召开了全国第一次与第二次文艺心理学学术研讨会,主持编写了《文艺心理学大辞典》,并与钱谷融先生共同主编了《文艺心理学》教材广泛发行。他被称为"中国新时期文艺心理学的创建者和代表者之一"。第二部是从 20 世纪 80 年代后期开始,鲁教授敏锐地感受到国际范围内文学研究的语言学转向,而转向文学语言学研究并于 1990 年出版《超越语言》一书,被誉为标志着我国中年一代文艺理论家理论建构的逐步走向成熟。第三部是近年来鲁教授随着生态文明时代的来临,他又一次敏锐地将自己的研究视野指向了生态文学研究,他于1999年创办《精神生态通讯》,出版60多期,影响深远。2000年鲁教授出版我国第一部《生态文艺学》,具有开创之功,其后鲁教授又围绕生态文学研究做了一系列工作,被公认为我国生态文学研究的领军人物之一。

　　鲁枢元教授加盟我们山东大学文艺美学研究中心,参加我们中心的研究项目,并给研究生授课,是我们中心的荣幸,必将以其敏锐宽广的研究作风和扎实严谨的理论知识对于我们中心的工作以极大支持。

(本文写于 2011 年 6 月 13 日)

致陆贵山教授从教 50 周年
学术研讨会的信

陆贵山教授从教 50 周年学术研讨会：

值此"陆贵山教授从教 50 周年学术研讨会"召开之际，我谨代表山东大学文艺美学研究中心并以我个人的名义向会议的召开表示衷心的祝贺，同时也向陆贵山教授表示衷心的祝贺与感谢，并为我因参加一年前预定的"海峡两岸生态文学与生态批评学术研讨会"而不能与会表示深深的遗憾与歉意。

陆贵山教授是我国著名的马克思主义文艺理论家，在学术界有着广泛的影响。50 年来，陆贵山教授始终坚守在我国马克思主义文艺学理论建设与教学的岗位上，在马克思主义文学理论的中国化与体系建设、马克思主义文学理论的教材与教学建设、马克思主义有关真实性与人学理论等多个重要领域均有重要建树，发表与出版了一系列具有广泛影响的论著与教材，为我国当代马克思主义文学理论建设做出重要贡献。

陆贵山教授长期以来奋战在我国文学理论教学第一线，无论在本科生培养还是在研究生培养方面均做出重要贡献，培养了大量人才，他们已经成为我国各条战线的骨干，有的成为我国宣传战线与高教战线的领导人才。

陆贵山教授是我国著名的文学教育家，他长期担任国家社科文学组负责人工作，大力支持我国文学学科、特别是文艺学学科的科学研究，对于我国文学事业、特别是文学理论事业发展做出重要贡献。

陆贵山教授从 2001 年以来担任我们山东大学文艺美学研究中心学术委员会主任，多次不顾劳累参加并主持本中心的博士论文答辩。对于山大文艺美学学科发展，从科研到人才培养都做出了突出的贡献，我们中心许多博士生的培养都凝聚着陆贵山教授的心血。

春华秋实，陆贵山教授已经为我国文学学科的发展与教学事业奋战了 50 个春秋，实现了国家一直倡导的"为祖国健康地工作 50 年"的号召，他至今仍然为我国文学事业的发展而操劳。我们祝贺陆贵山教授，同时也感谢他 50 年来的杰出贡献，衷心祝愿他健康长寿，青春常在。

（本文写于 2011 年 10 月 21 日）

刘纲纪教授有关《周易》生命论美学研究的重要价值与意义①

　　现代一百多年以来,中国古代美学研究遇到的最大问题就是定位与评价问题。黑格尔将包括中国美学在内的东方艺术定位于前艺术时期的象征型美学,鲍桑葵则将其定位于"没有达到上升为思辨理论的地步"②。由此导致中国学术界在中国古代美学的定位与评价上缺乏自信,并长期摇摆不定。长时期以来,中国古代美学的研究运用的是一种"以西释中"的路径,以西方"感性认识的完善"或者是"合规律与合目的的统一"作为研究的出发点等。再就是,在中国古代美学的性质定位上莫衷一是,有"意象论""意境论"与"滋味论"等说法,均有一定道理。刘纲纪教授另辟蹊径,在宗白华研究的基础上以《周易》为切入点③,将中国古

---

①原载《中南民族大学学报》2013年第1期。

②[英]鲍桑葵:《美学史》,张今译,商务印书馆1985年版,"前言"第2页。

③宗白华1928—1929年在《形而上学》中提出"中国生命哲学之真理惟以乐示之",并有"中国八卦:'四时自成岁'之历律哲学"专章。见《宗白华全集》第1卷,安徽教育出版社1994年版,第604、624页。宗白华又在《论中国画法的渊源与基础》一文中写道:"中国画所表现的境界特征,可以说是根基于中国民族的基本哲学,即'周易'的宇宙观:阴阳二气化生万物,万物皆禀天地以生,一切物体可以说是一种'气积'。这生生不已的阴阳二气织成一种有节奏的生命"。见《艺境》,北京大学出版社1987年,第118页。

代美学定位于东方生命论美学。刘纲纪教授的贡献,是在宗白华研究的基础上全面深刻地挖掘《周易》所包含生命论美学的丰富内涵与重大影响,并从中西美学对比的视角深刻阐释了它的特有价值意义,他所著《周易美学》一书,内涵丰富深刻,可以说是一部准中国古代美学史,意义非凡。事实证明,将中国古代美学定位于生命论美学更加符合中国古代美学与艺术的实际,具有更强的阐释力量,并为更好地参加国际美学对话提供了前提。这就明确告诉我们,中国古代美学本来就是在"天人合一"哲学思维基础上的一种主客不分的混沌的以生命力量为特点的美学形态,这正是区别于西方现代思辨美学的特点与优势所在,也是我们应该充满自信的地方。下面,笔者对刘先生《周易》生命论美学研究的价值意义作一个具体的阐发。

一、刘纲纪的《周易》美学研究的切入点和内涵挖掘

　　刘纲纪教授准确地以《周易》为中国古代美学研究的切入点,挖掘其生命论美学的内涵,为中国古代美学的进一步健康发展找到了一条好的路径。

　　中国古代美学研究到底应该从什么地方入手,这是颇费思量的问题。从历史发展的脉络来看,似乎应该从原始艺术或者先秦文献入手,但这种描述性的研究往往缺乏准确性,而选择从《周易》入手则较为准确地把握了中国古代美学研究的切入点。刘先生深刻论述了这种中国古代美学研究切入点确定的必要性。首先,在刘先生看来,《周易》具有某种原初性。也就说,《周易》在一定程度上反映了中国古代先民的原始思维与原始艺术形态,因而

从《周易》入手能够准确地抓住中国古代先民审美的基本特征。他说：尽管《周易》之中的"周代的占筮已不同于远古时代的巫术，不再具有原始巫术那种极为神秘的色彩。但它终究是从远古巫术活动发展而来，而且去古未远，所以仍然保持着巫术特有的准艺术思维方式，并且由筮辞的遗留而保存和记录下来了"①。其次，是从《周易》入手具有某种综合性。刘先生在书中分析了《周易》赖以产生的秦末汉初的特定时代，那时刚刚结束战乱纷争，"历史期待一个强大统一的国家出现，以结束纷争的局面。在思想上，则期待着一种批判地综合各家，能够普遍认同，以为某个强大、统一的国家建立论证的理论出现"②。而"《易传》的作者是明显站在儒家立场上的，但又大量吸取了道家思想，并且可以说是巧妙地吸收、消化了道家的思想，并第一次建立了一个以儒家思想为主导的世界模式，把儒家思想历来较为忽视的有关天地、自然界方面的问题纳入了儒家思想体系之中"③。这就揭示了《周易》，特别是《易传》融会儒道的基本特点，从而奠定了中国古代美学与艺术儒道互补的基本特点，使得《周易》理所当然地成为中国古代美学与艺术的奠基之作。再次，是刘先生揭示了《周易》所包含的"天人合一"的哲学观，成为中国古代美学与艺术的理论基础，也是中国古代美学呈现东方生命观的根本原因。刘先生以点睛之笔指出了中国古代长期农业文明成为中国古代"天人合一"哲学观的根本经济社会原因。他说："这和中国自古以来是农业大国，对生命现象的规律比对力学、物理学规律更为重视有

---

① 刘纲纪：《周易美学》，武汉大学出版社2006年版，第5页。
② 刘纲纪：《周易美学》，武汉大学出版社2006年版，第2页。
③ 刘纲纪：《周易美学》，武汉大学出版社2006年版，第3页。

关。而古希腊则由于航海、造船的发达而大大推动了对力学物理学的研究。"①正是由于中国古代长期以农业为主的特点,所以对于"天人"关系,对于气候气象特别关注,从而使得中国古代哲学成为一种"天人之际"的宏观的人文的哲学。正是在这种"天人合一"哲学观的基础上,才产生了"生生之谓易"的生命之观。最后,是刘先生集中论述了《周易》所包含的东方生命论哲学与美学的内涵。他说:"我可以概括为一句话:'生命即美'。"②他又说:"就美学而论,生命之美的观念在《周易》中是居于主导地位的。这是《周易》美学最重要的特色,也是它的最重要的贡献。"③而且,刘先生进一步指出了这种生命之美的"有机性"。他说:"《周易》的生命观是把有机生命和有机生命得以存在、发展的种种自然条件统一起来加以考察的整体的生命观。"④有机的生命论哲学和美学恰恰点到了中国古代哲学与美学的最基本的特征。李约瑟在《中国古代科学》一书中指出:"中国哲学本源属于有机唯物主义哲学。从每一时代的哲学家和科学思想家发表的声明都可以找到例证。中国哲学思想从不以超自然的理想主义为主,至于机械主义世界观甚至从未存在。中国的思想家普遍赞同机体论观点,即每一现象都遵循其等级次序与其他现象互相关联。可能正是这种自然哲学的某些论点推动了中国科学思考的进步。"⑤非常可贵的是,刘先生深刻论述了这种东方式的生命之美

①刘纲纪:《周易美学》,武汉大学出版社2006年版,第174页。
②刘纲纪:《周易美学》,武汉大学出版社2006年版,第57页。
③刘纲纪:《周易美学》,武汉大学出版社2006年版,第115页。
④刘纲纪:《周易美学》,武汉大学出版社2006年版,第115页。
⑤[英]李约瑟:《中国古代科学》,李彦译,上海书店出版社2001年版,第21页。

的特殊价值意义,使得在许多表面看来没有"美"字的地方却存在着"美"。他说:"讲到《周易》对于美的观念,一般可能会到《周易》中去寻找那些有'美'这个字出现,直接提到美的地方。实际上,在没有'美'这个字出现的许多地方,同样是与美相关的,而且常常更为重要。"①这里所说没有"美"字的地方就是《周易》中对于有机生命的论述。这恰是中国包括《周易》在内的古代美学的特有内涵,是长期以来外国人与后人不解或误读中国古代美学之处。

　　西方古代以"和谐比例对称"为美,以"感性认识的完善"为美,这样的"美"在中国古代并没有占据主导地位,反而是有机的生命之美占据着主导地位。这种美学形态在工业革命时代难以被理性主义美学所容纳,但在后工业的生态文明时代却闪现出特有的光彩,也使得我们能够更好地全面研究、甚至是重新研究与发掘中国古代美学的精华。这就是宗白华先生与刘纲纪先生的重要贡献所在。刘先生在《周易美学》之中从实证与理论结合的角度,深入而全面地论述了《周易》所包含的生命美学的深刻内涵。诸如"元亨利贞""保合太和""云行雨施,品物流形""男女构精,万物化生""黄中通理,正位居体"天文与人文、饮食宴乐、阳刚与阴柔、象数、"刚柔相推而生变化"等所包含的重要的并特有的美学思想,发人深省。另外,刘先生还从《周易》生命论美学与古代绘画、音乐、书法与建筑等艺术门类的密切关系论证了生命论美学的生命活力,特别是从中国古代绘画"气韵生动"之中所体现的特有生命活力,说明生命论美学的价值意义。刘先生还从中国美学史的角度论证了《文心雕龙》之后所有的美学与文艺论著对

————————
① 刘纲纪:《周易美学》,武汉大学出版社2006年版,第16页。

于《周易》生命论美学的继承与发展。正是从这一点来说,《周易美学》可以说是一部"准美学史"。

二、刘纲纪的《周易》美学研究的比较视野和阐释深度

刘先生通过中西比较的途径进一步阐发了《周易》生命论美学的特殊内涵与价值意义。他首先将《周易》的生命论哲学美学与法国的生命论哲学家柏格森进行比较,阐发了《周易》的生命论是"天人合一"背景下人与自然一体的东方生命理论,它相异于柏格森的"意识至上"的人与自然对立的"人类中心主义"的生命哲学。柏格森是活跃于 20 世纪前期的著名法国生命论哲学家,诺贝尔奖获得者。刘先生通过将柏格森的论著与《周易》进行比较后发现两者尽管相差了两千多年,但在生命的变化运动以及这种变化运动在时间中的呈现等方面却是非常一致的。两者的根本区别,是《周易》力主"天人合一"与"天地人一体",而柏格森则力主"意识至上",从而堕入了人与自然对立的"人类中心主义"。刘先生指出:"柏格森又把人类生命的创造、自由完全归之于'意识'。柏格森有相当丰富的自然科学知识,他不可能完全看不到生命是要受到自然规律的限定、制约的。但他又认为生命的'意识'的发展完全可以打破自然规律的限制、束缚。"[①]刘先生还指出,《周易》的生命论是广义的,包括无机物在内的天地人万物,而柏格森的生命论则是狭义的,认为生命的基本特征就是意识,只包括人、动物与植物,其他均为"堕性物质"。刘先生在这里没有

---

① 刘纲纪:《周易美学》,武汉大学出版社 2006 年版,第 53 页。

用"人类中心主义"的词句，但"意识的发展完全可以打破自然规律的限制、束缚"，不就是人与自然的对立，不就是"人类中心主义"吗？而《周易》是"在一种素朴的思想形态之中……把人作为自然的一部分来看待的，并且主张人类要生存就必须效法自然，其行动须与自然的变化符合、一致。《周易》不把人与自然分离开来，不认为人可以任意左右、支配自然"①。这不仅将《周易》的生命论与现代欧洲的生命论划清了界限，而且为《周易》生命论纠正当代"意识决定论"的"人类中心主义"的价值作了深刻的阐发。诚如刘先生所言，"《周易》的生命观是把有机生命和有机生命得以存在、发展的种种自然条件统一起来加以考察的整体的生命观。整个宇宙万物被看作是一个不断在运动变化着的生命整体。从而，一切与有机生命的存在、发展相关的自然想象都是生命的表现，宇宙间不存在柏格森所说的那种与有机生命截然对立的所谓'堕性的物质'。这样一种生命观，从美学上看，极大地扩展了审美的范围。即使是没有生命的山石，也会因它的坚硬、陡峭而显出刚健之美。《周易》能达到这样一种整体生命观，又是因为如我们已指出过的，《周易》把人的生命看作与整个自然界（包括有机界与无机界）不能分离的。这是中国古代哲学的一个十分重要、深刻的思想"②。这是刘先生对于中国古代哲学与美学生命论的一个非常重要的发现与阐发。

其次，刘先生将《周易》的生命论与古希腊的和谐论进行比较，发掘了中国古代生命论哲学美学的特殊的生存论内涵，论证了中国古代的"中和"相异于希腊的"和谐"。刘先生认为，《周易》

---

① 刘纲纪：《周易美学》，武汉大学出版社 2006 年版，第 54 页。
② 刘纲纪：《周易美学》，武汉大学出版社 2006 年版，第 115 页。

中的"中和"的核心乃是"生命",是包括人在内的生命万物的兴旺发达。他说:"《周易》认为美在生命之中,生命即美,而这种美的最高表现即是'大和'。因为只有在'大和'的状态下,生命才能获得最顺畅、最理想的发展。"①这实际上是一种东方式的生存之美,因为在"天人合一"的背景下万物一体,只有万物均获得兴旺发展,人的生命生活才可能获得美好的生存发展。在这里,人的生命和生存发展与万物是一体的。而西方的"和谐论"哲学美学却更加重视一种与生命分离的形式的数的和谐与比例对称。刘先生指出:"毕达哥拉斯则忽视了生命问题,他虽然也讲到由宇宙和谐而来的音乐的和谐与社会生活的和谐的关系,但就他整个思想而论,毕达哥拉斯所了解的宇宙的和谐是一种由数所决定的形式的秩序,具有绝对的、永恒不变的性质,并且没有同宇宙生命及人类社会的和谐问题联系起来。这是一种神秘的、抽象的、形式上的和谐。"②这就划清了中国古代的"中和"与古希腊的"和谐"之间的界线,揭示了中国古代"中和论"论美学的生命论与生存论的内涵。

再者,刘先生还分析了《周易》生命论美学的"交感论"与古希腊美学"模仿论"的区别,在文学艺术本性问题上厘清了中国古代"生命论"美学的人文性质与"模仿论"美学的科学性质的差异。"交感论"是《周易》的必有之义。因为所谓"生命"就是天地、阴阳交感化生的结果,这就是"天地氤氲,万物化醇,男女构精,万物化生"(《周易·系辞下》)。作为文化的审美现象也是一种天人的交感。所谓"夫大人者,与天地合其德,与日月合其明,与四时合其

①刘纲纪:《周易美学》,武汉大学出版社2006年版,第69页。
②刘纲纪:《周易美学》,武汉大学出版社2006年版,第99页。

序,与鬼神合其吉凶"(《周易·文言》)。可见,所谓"交感"就是君子(即"大人")从天地自然现象所获得的道德启示。而"模仿说"则是古希腊以亚里士多德为代表的理论家所确立的以"认识"客观事物为旨归的一种文艺创作活动。因此,刘先生指出:"将古希腊美学的模仿论与中国古代美学的交感论两相比较,我们可以说模仿论是与科学密切相关的认识性美学系统,而交感论则是与道德密切联系的情感性美学系统。"①而"交感论"也优于现代西方以克罗齐为代表的非理性纯直觉的"表现论"美学。刘先生认为:交感论美学"将会在人类当代艺术发展中保持和发展其固有的生命力,并与西方近现代被异化了的人的美学——'表现论'的美学作强有力的抗争"②。

刘先生还论述了《周易》之中的阳刚之美与阴柔之美。认为前者是一种"刚健中正"之美,后者则是一种"厚德载物"之美。实际上两者都是生命之美的不同形态,是生命之美的呈现。特别对于"阳刚之美"作了深入地分析与辨别。他认为,这种刚健中正的阳刚之美就是中国古代的"崇高",区别于西方的"崇高"。他说,这种阳刚之美"始终保持着积极入世的精神,不到现实人生之外,也不到某种超自然的东西中去寻求'崇高',这是中国式的'崇高'即阳刚之美的一大特点,也是一大优点"。而且这是中国式的"崇高",不同于郎吉弩斯的"华丽的外表"、古罗马的"更神圣的事物"、柏克的"独立的个人为前提的崇高"以及康德的"超感性"的理性力量。这种"中国式的'崇高'经常表现为肯定性的雄伟、壮丽,与西方式的那种强调人与自然之间的冲突、对抗的

---

① 刘纲纪:《周易美学》,武汉大学出版社 2006 年版,第 190 页。
② 刘纲纪:《周易美学》,武汉大学出版社 2006 年版,第 200 页。

'崇高'不同"①。

三、刘纲纪的《周易》美学研究的
重要价值和意义

长期以来，我们一直在研究中国古代文化与美学如何走向现代与走向世界的问题。辛亥革命以后，中国文化经历了一个前所未有的白话文运动与破除封建旧文化的过程，中国新旧文化之间存在一个程度不同的断裂，加上长期以来文化建设中的"以西释中"，学术界一直在讨论我们在国际学术舞台上的"失语症"问题。刘先生继承宗白华先生的前期工作，在《周易》生命论美学问题上进行了开拓性的研究。其最重要的价值意义在于，这是一种富有成效的中国古代文化与美学走向现代与走向世界的有益尝试，为我们树立了一种民族文化的自觉与自信的意识。鸦片战争以后，由于列强入侵，我国迅速沦为半封建半殖民地，当时我国不仅武器落后与经济落后，而且在文化上也丧失了自信心，包括许多前辈学者都有"中不如西"之论。20世纪中期以来，特别是近三十多年以来，整个国力与经济发展得到大幅度提升，但文化上的"失语"状态没有根本改变。中国文化走向现代与走向世界仍然是一个重大课题。费孝通先生很适时地提出增强文化自觉与自信问题。这个问题在美学领域同样存在。美学是一定地理环境、民族生活方式、审美精神与文化艺术的集中反映。中华民族绵延5000年，有着自己特有的地理环境、生活方式、审美精神与文化艺术，必然有其特有的区别于西方的美学精神。尽管在19世纪初期

---

① 刘纲纪：《周易美学》，武汉大学出版社2006年版，第53页。

以降有一个新旧隔离问题，但民族的文化血脉与审美精神没有也不可能中断，特别是这种文化血脉和审美精神顽强地生存于民间的文化与生活之中。刘先生的《周易》美学研究的可贵之处就在于始终充满着一种民族的文化自觉与自信。刘先生在《周易美学》一书的结语中指出："我们完全可以说属于儒家系统的《周易》的美学是体现了中华民族伟大精神的美学"，"'刚健笃实辉光，日新其德'，是中华民族和中国美学永远不会磨灭的伟大精神。它自商、周以来到现在，以至未来，将是永远活在中国文艺中的魂魄"。①

当然，《周易》生命论美学研究还在于它抓住了一个非常好的切入点，抓住了"天人合一"背景下的生命论美学精神。这是一种中国古代特有的区别于古希腊科学思维之下的"和谐论"的"中和论"美学精神，而且在中国古代美学史上具有承前启后、综合儒道阴阳、贯穿各个艺术门类与民族生活的特殊位置。特别可贵的是这种生命论美学精神具有重要普世价值与现代意义，可以说，这就是一种东方古典形态的强调天地人一体的生态美学智慧，完全可以补正理性主义美学的种种不足。而且，在当代生命论美学已经被西方当代环境美学家充分肯定，将其看作是高于传统形式之美的更深层的美学形态②。

总之，刘先生《周易》生命论美学的阐发提出了一条富有成效的中国古代美学走向现代与走向世界之路。当然，我们从不排除还存在别的途径与探讨模式，完全可以在学术对话中推动中国美学走向现代与走向世界之路。

---

① 刘纲纪：《周易美学》，武汉大学出版社2006年版，第299、300页
② ［加］卡尔松：《环境美学》，杨平译，四川人民出版社2006年版，第213页。

　　刘先生在《周易》生命论美学研究中始终坚持以马克思主义对其进行必要的批判分析。因为,《周易》毕竟是两千多年前的一部以占筮形式出现的论著,其中的落后迷信的成分自难避免。刘先生均以适当篇幅予以厘清。

关于朱光潜美学思想与
我国的美学大讨论①

——兼答《清华大学学报》编辑部信

一

2012年7月12日,《清华大学学报》编辑部来信并寄来2012年第4期刊物,载有美学界同行有关朱光潜美学思想是否是"主客观统一"的论争文章。信中写道"考虑到您对此文内容可能有兴趣,我们特向您寄赠本期样刊,期待您拨冗一读,并真诚希望能得到您的指正和反馈"。首先要感谢《清华大学学报》编辑部的信任,期待我参与这样一个重要讨论。对于朱光潜这位在我国当代美学史上如此重要的学者,每一位从事美学研究的人都会非常重视,而20世纪50年代的"美学大讨论"更是我国当代美学发展的一件大事,同样也是每一位中国美学界同行所十分重视的。但由于正在完成其他任务,自己并没有时间再次更加系统地研读朱先生丰厚的论著与历时十余年的美学大讨论中的文章。对此问题发言,自觉底气不足。但本人长期以来确是一直在思考这一问题,因此就将自己的思考写出来供美学界同仁批评。

---

①原载《清华大学学报》2013年第3期。

　　我认为，今天再来审视发生在五十多年前的"美学大讨论"并非要再次回到当时的论争，而是需要从学术史的角度对其进行深入反思。所谓反思是应采取历史主义的立场，将之放到当时与当下的历史语境之中来审视。因此我的重点不在于辨析朱光潜美学思想的主客观统一的性质，而是结合一定的历史语境来审视朱光潜以及那次美学大讨论。

　　首先，发生在 1957 年的那次美学大讨论是以学术形式出现的一次政治斗争。众所周知，在此之前，发生了对于电影《武训传》与《清宫秘史》的批判，对于"胡风反革命集团"的肃清，对于胡适唯心主义以及俞平伯《红楼梦研究》的批判，以及大规模的知识分子改造运动等。肇始于 1957 年的美学大讨论，根据朱光潜的记载，在开始前，中央的有关领导"就已分别向我打过招呼，说这次美学讨论是为澄清思想，不是要整人"。① 我们猜想，之所以如此，可能是因为美学毕竟离开政治相对较远，但其作为 1949 年后思想领域批判唯心主义的政治斗争的组成部分却是毋庸置疑的。在此之前，就有学者给朱光潜美学思想定性为封建地主阶级改革论者在文艺理论领域的借尸还魂。作为美学大讨论发端的黄药眠在《论食利者的美学》一文将朱光潜定性为"欧洲的反动的资产阶级的学说和中国士大夫的玄学的混血儿"，"整个美学思想体系是敌视中国劳动人民的、反动的、剥削者的美学思想体系"。② 此后，整个美学大讨论都是围绕对于朱光潜唯心主义美学的批判这一中心展开的。所以，我们今天应该从当时的历史语境来审视美

---

①《朱光潜全集》第 1 卷，安徽教育出版社 1987 年版，《作者自传》第 7 页。
②黄药眠：《论食利者的美学——朱光潜美学思想批判》，《北京师范大学学报》1956 年第 1 期。

学大讨论。政治斗争都是具有明确目的的,这次美学大讨论的目的就是牢牢树立唯物主义的哲学观、文艺为社会服务的文艺观,以及"社会主义现实主义"的文学史观,将与之相反的唯心主义、纯艺术论与非现实主义荡涤干净。

同时,这次美学大讨论也是一次与中国现代学术史密切相关的学术思想的斗争。众所周知,现代以来在我国美学与文艺学领域长期存在"社会派"与"纯艺术派"的区分与斗争。"社会派"的代表人物就是周扬与蔡仪。周扬出版了《马克思主义与文艺》、《新的人民的文艺》等书,翻译过车尔尼雪夫斯基的《生活与美学》,力倡文艺服务于革命的社会的宗旨与社会主义现实主义的创作方法。蔡仪出版了《新艺术论》与《新美学》等论著,力倡唯物主义哲学,提出"美在客观""典型即美"以及政治高于艺术等。他在《鲁迅先生思想发展窥测》一文中指出,"鲁迅先生自己从来就是把中国革命事业看得比文艺创作更重要些,把政治看得比艺术更重要些。在他的思想里,从来就是政治高于艺术,艺术服从于政治,不单后期如此,就是初期也是如此","我们今天学习鲁迅先生,认清艺术是服从政治,政治是领导艺术的"。① 与之相异,朱光潜等则强调所谓"纯艺术"的。这样两种不同的美学与文艺观点在中国学术史上是有对立与斗争的。朱光潜在《自传》中写到,自己1933年秋留学欧洲回国后,"当时正逢'京派'和'海派'的对垒。京派大半是文艺界的旧知识分子,海派主要指左联。我由胡适约到北大,自然就成了京派人物"②。很明显,这里的"京派"就是强调"纯艺术"的一派,而"海派"就是以周扬为代表的强调文

---

①《蔡仪全集》第2卷,中国文联出版社2002年版,第150、154页
②《朱光潜全集》第1卷,安徽教育出版社1987年版,《作者自传》第5页。

艺服务于社会的"左联"。这两派在中国现代学术史上是有着长期的分歧与争论的。朱光潜曾经在其著名的写于抗战时期的《谈文学》中写道:"但是我深深地感觉到'口号教条文学'在目前太流行,而中国新文学如果想有比较大的前途,就必须要作家们多效忠于艺术本身。他们须感觉到自己的尊严,艺术的尊严以至于读者的尊严;否则一味作应声虫,假文艺的美名,做呐喊的差役,无论从道德的观点看或从艺术观点看,都是低级趣味的表现。"①从以上的引文中可以看出以周、蔡为代表的"社会派"与朱光潜等为代表的"纯艺术派"之间的明显分歧。可以说,美学大讨论实际上就是这两派的分歧与斗争在1949年后的继续,当然是在另一种政治情势下,以批判唯心主义组成部分之一的政治斗争的形式展开的。朱光潜的"纯艺术"观点处于被批判的态势。

再从当时国际美学发展的情势来看。众所周知,现代以来,随着工业文明弊端的显现,传统的认识论哲学、工具理性与主客二分的思维方式开始逐步被生存论哲学、主体间性与现象学思维模式取代。其实,早在1831年黑格尔逝世之后,叔本华就开始以其生命论哲学与美学取代黑格尔的理性主义哲学与美学,而尼采更是以其"上帝之死"宣告西方传统理性主义哲学与美学走向衰落。20世纪以降,以胡塞尔的现象学为标志开始了对于实体性理性主义哲学与美学的解构与冲击的大潮。所谓"美"的实体性研究已经被美感经验与艺术研究所代替。"美"不再是一个客观或者主观存在的实体,而是一种主客体交互作用中的"经验"。"美"的确不是名词而是"形容词",不是实体判断而是价值判断,不是

---

① 《朱光潜全集》第4卷,安徽教育出版社1988年版,第184页。

实体概念而是关系概念,美与美感不是截然相分而是紧密相关,不是先有美而后才有美感,而是两者如电光石火般须臾触碰。这就是我国美学大讨论发生时世界美学的大潮与趋势,因此美学讨论中有关美在主观、美在客观与美在主客观统一等定性,其实并没有多少学术价值,对于美学学科本身没有多少推进。美学大讨论的重要参加者蒋孔阳在1993年所著《美学新论》中关于美与美感的关系写道:

> 它们两者相互循环,我们很难说,有了美就产生美感。因此,从哲学认识论和思维的逻辑顺序来说,是先有存在后有思维,先有物质后有意识,先有美后有美感;但从生活和历史的实践来说,我们却很难确定先有那么一个形而上学的,与人的主体无关的美存在,然后再由去感受和欣赏它,再由美产生出美感来。我们只能说:美和美感都是人类社会实践的产物。在实践的过程中,它们像火与光一样,同时诞生,同时存在。①

蒋孔阳的认识与论述是改革开放后运用世界美学研究成果对于美学大讨论进行总结的深刻之谈。正如蒋先生所言,美学中的唯物与唯心的区分只能在一位美学家的哲学理论中去探寻。"美"是一种关系、一种经验,或如朱光潜所言是一种"形象"(物乙),只是我们要进一步研究这种关系、经验或形象有没有现实的生活的根源。唯物论者是力主审美经验的现实根源的,而唯心论者则完全将审美经验归结为"直觉"或"主观构成性"。与我国美学大讨论相类似的是,从1950年开始,苏联也进行了一场有关美的本质的大讨论。其代表人物布罗夫就是这场大讨论中"社会

---

① 蒋孔阳:《美学新论》,人民文学出版社1993年版,第251—252页。

派"的代表，"其主要理论贡献是在马克思主义认识论的框架内确立起了艺术的审美本质，从而开始了以马克思主义认识论阐释审美，以审美丰富、拓展马克思主义认识论的阐释空间和范围的理论模式"。① 由此可见，我国的这场美学大讨论很可能是一定程度上受苏联影响的结果。

二

现在，我们回过头来再看朱光潜的美学思想。首先，我想说的是，认为朱光潜美学思想是主客观统一是没有问题的，但其美学思想是发展变化的。早在朱光潜美学思想形成之初，其主客观统一的美学思想主要借鉴西方克罗齐、立普斯与尼采等人的理论资源，其实质当然是主观的。他在《文艺心理学》中运用他经常使用的梅花为例说道，"比如见到梅花，把它和其他事物的关系一刀截断，把它的联想和意义一起忘去，使它只剩一个赤裸裸的孤立绝缘的形象存在那里，无所为而为地去观照它，赏玩它，这就是美感态度了"，又说梅花"对于审美者则是孤立自足的，别无依赖，所以它的价值是内在的"。② 他自己在美学讨论开始后的1960年也说道："我过去说美不在物而在物与心的关系上，是从克罗齐的主观唯心论的直觉说出发的，实质上是根本否认物的存在，而肯定物是心造的。"但朱光潜的美学思想是发展的，他在美学大讨论中学习了马克思主义，然后修正了自己的主客观统一的美学观点。

①马建辉、王志耕：《社会之维：审美本质"社会派"理论评述》，《河北师范大学学报》2006年第2期。
②《朱光潜全集》第1卷，安徽教育出版社1993年版，第210页。

他在上面那段话之后接着阐述了自己新近的发展与变化。他说，"艺术作为一种意识形态，必然有它的现实世界的客观基础；就其透过主观意识来说，艺术也必然有它的主观的一方面。艺术既如此，它的属性之一的美，也就必然如此。这就是我所理解的主观与客观的统一"。① 朱光潜这里所说的"艺术"其实就是他所说的"形象"，已经明确承认了"艺术"或"形象"的客观现实基础，应该说是有了根本的调整了。

对于朱光潜美学思想，我认为，不仅要看他在美学大讨论中的情况，而且要看他几十年来对于中国美学所做出的贡献。他从20世纪20年代开始活跃于我国美学领域，直到20世纪80年代，大约有将近六十年的时光。他是我国最早的全身心投入美学研究的学者，在西方美学史、文艺心理学、悲剧心理学、诗论以及基础理论等诸多方面均有重要贡献，甚至有不少属开拓之功。他辛勤地翻译了大量西方美学经典，在一定的意义上奠定了我国美学研究的文献基础。从这个角度说，他是我国当代美学研究的奠基人之一。

他的贡献是多方面的，我想应该首先看到他对美学研究方法的探索。早在1936年他在《文艺心理学》中评述克罗齐美学思想时，就批判了当时颇为盛行的机械论方法论而力倡有机论方法论。他说，"我们可以概括地说，现代学者多数都承认无论在物理方面和心理方面，有机论都较近于真理。形式派美学的弱点就在信任过去的机械观和分析法。它把整个人分析为科学的、实用的（伦理的在内）和美感的三大成分，单提美感的人出来讨论。它忘记'美感的人'同时也是'科学的人'和'实用的人'。科学

---

①《朱光潜全集》第10卷，安徽教育出版社1993年版，第220页。

的、实用的和美感的三种活动在理论上虽有分别,在实际人生中并不能分开"。① 其实,尽管有机论哲学与美学研究方法在1920年代西方学者批判机械论时有所涉及,但主要还是来自东方的哲学思维。朱光潜提出"有机论"研究方法还是很有价值与意义的,包括对于今天的生态美学研究都有其意义。当然,他在参加美学讨论后通过学习马克思的艺术生产理论,提出以创造论方法补充反映论也是很有价值的。因为,反映论可以解决科学研究中的认识问题,但不能完全解决艺术审美中人的创造性思维活动问题,而建立在生产实践基础上的人的创造性劳动却可以解决审美中的主观创造作用问题,而且与人的生存紧密相连,具有相当的价值意义。

朱光潜美学的主旨如何概括,这也是颇费思量的问题。有学者将之概括为"意象论",当然有其道理。但朱光潜常常将"意象"称为"客观的形象"。所以,我个人认为不妨以"境界论"作为他的美学主旨。理由有二:其一是朱光潜在他的最重要的具有理论建树性的美学论著《诗论》中力倡"境界"之说。他说,"每首诗都自成一种境界",而所谓"境界"就是"诗对于人生世相必有取舍,有剪裁,有取舍剪裁就必有创造,必有作者的性格和情趣的浸润渗透。诗必有所本,本于自然;亦有所创,创为艺术。自然与艺术媾合,结果乃在实际的人生世相之上,另建一个宇宙"。② 由此说明,朱光潜对于"境界论"还是非常认可的。其二是"境界论"自王国维创建以来不仅继承了中国古代"意境论"等古典美学内涵,而且吸收了西方叔本华哲学与美学中理性论的元素,是一种中西融

---

① 《朱光潜全集》第1卷,安徽教育出版社1993年版,第360—361页。
② 《朱光潜全集》第3卷,安徽教育出版社1987年版,第49页。

合的现代成果,而朱光潜的"境界论"则进一步吸收了克罗齐与立普斯等人的直觉说、移情说等理论元素。因此,可以说"境界论"是中国现代美学融合中西创建的少有的理论成果。当然,朱光潜的"境界论"与王国维有异,但这是一种对话、补充、发展与丰富,值得我们研究吸收。而且,"境界论"包含了较多的中国古代智慧,不仅与"意境说"关系密切,而且与中国古代的"天人之说"也有着密切的关系,已经有诸多当代学者在此基础上提出"天地境界"之说,发展为融汇古今中西的当代生态美学,价值不凡,值得我们重视。《清华大学学报》2012年第4期所刊朱先生遗稿中对于西文 nature 的阐释就融会了中国古代"赞天地之化育"的思想,我认为,这反映了朱先生对于中国古代"天人之说"的重视,很有价值。

朱光潜在美学大讨论中还表现出坚持真理修正错误的学术勇气,值得我们学习。他在当时作为被批判对象的情况下,始终秉持坚持真理修正错误的态度。他在讨论的火药味很浓的1957年8月所写《论美是客观与主观的统一》的文章中开诚布公地提出自己的看法。例如,他指出:"目前在参加美学讨论者中,肯定美客观存在于外物的人居绝对多数;但是在科学问题上,投决定票的不是多数而是符合事实也符合逻辑的真理。"他还对反映论与美学的关系提出自己的看法,指出:"我主张美学理论基础除掉列宁的反映论之外,还应加上马克思主义的意识形态理论。"因为,反映论"没有一个字涉及作为社会意识形态的艺术或审美的反映。我们的美学家们却把列宁的反映论生吞活剥地套用到审美或艺术的反映上去,这就违背了'文艺是一种意识形态'这个马克思主义关于文艺的基本原则"。他还对于当时十分敏感的"人类普遍性"问题发表自己的看法,认为"阶级性和党性之外是否排除人类普遍性呢？我认为不排除"①。

　　当然，朱光潜的美学思想不可避免地有其局限性。正如批评者所言，他作为"纯艺术派"的力倡者尽管有其学术的贡献，但在烽火连天的抗日战争浪潮之中，他那"超越物外"的静观态度不能不说是消极的；他在中西文化激烈碰撞中总体上是立足于西学的，特别是欧洲的克罗齐与尼采等人的美学思想，而对于中国传统文化的价值在评价上是偏低的，在借鉴上是偏少的；他自身的"主客观统一论"美学思想长期徘徊在"物甲"与"物乙"的对立之上，不能不说是还没有跳出"二元对立"的魔咒；他后期学习马克思主义是非常可贵，但对于"人化自然"的倡导不能不说是出于对马克思的误读。尽管如此，朱光潜毕竟是中国现代美学最重要的代表人物之一，他留下的丰厚美学遗产是需要我们很好研究与继承的。

<h2 style="text-align:center">三</h2>

　　历史是人类前行的财富，所谓"前车之鉴，后事之师"。我国发生在1950年至1960年的美学大讨论已经距离我们五十多年的时间，多数参加者已逐步淡出人们的视野，就连我这个当时的在校文科大学生也已经进入老迈之年。但这的确是我国现代美学史的大事件，需要很好的总结回顾，以利于今后美学事业的发展。我非常不成熟地认为，这场美学大讨论是利弊共在的，是一种马克思主义思想教育与学术讨论过度政治化的复杂交融。

　　先说其"利"之所在。这次美学大讨论发生在新中国成立之

----

①《朱光潜全集》第5卷，安徽教育出版社1989年版，第62、66、93页。

初,为了巩固政权,在全民中特别是学术界进行马克思主义的教育,并对于唯心主义和纯艺术的观点进行适当批评应该说是必要的。而且,这场大讨论也的确起到了在一定程度上普及马克思主义的作用,特别是《关于费尔巴哈的提纲》与《1844年哲学经济学手稿》在讨论中被各位学者多次运用,对于马克思主义唯物实践论哲学的普及具有较好的效果,对于学术研究中历史唯物主义的运用也是具有成效的;这场大讨论还在相当的程度上普及了美学知识,这场美学讨论经历的时间之长,参加的人数之多,在世界美学史上都是空前的,一时美学这门哲学学科的小分支成为"显学",这不仅为1980年那场以思想解放为特点的另一次美学大讨论准备了条件,而且也为日后美学的长期发展准备了必要的条件。

但这场美学大讨论也给我们留下了太多的教训,那就是学术讨论的过度政治化。学术讨论本应是一种平等的对话,即便是马克思主义的思想教育,解决思想领域的问题更应该和风细雨,以理服人,但这场大讨论却采取了政治斗争的方式,即在学术领域搞什么无产阶级压倒资产阶级的方式,将以朱光潜为代表的"纯艺术派"打成"封建阶级与资产阶级思想""唯心主义残余"而予以肃清,将"社会派"(既包括客观派也包括其后的客观与社会统一派)树立为唯一正确的马克思主义观点,这造成了学术上的一定的损失。我个人觉得,排除政治因素,"社会派"与"纯艺术派"应该是各有优劣,应该取互补的方式,才有利于中国美学的发展,而不是以一方压倒另一方。从"社会派"来说,更加强调美学与文艺的外部规律,强调美学与文艺的贴近现实生活、为社会与人民服务,这是应该倡导的。但其相对忽视美学与文艺的内部规律,而且对于国际特别是西方哲学与美学新发展一律斥之为腐朽的资产阶级思想而加以排斥，这就使我国美学建设在相当长的时间内脱离了世界哲学与美学发展的大道，造成了我国美学发展的相对落后状态。朱光潜在改革开放后多次谈到我国美学学科的落后，这个判断在一定程度上是正确的。而且，在美学大讨论中，与政治上的一边倒相应，过多采取了苏联的哲学与美学成果与发展经验，包括将唯物与唯心之争归之为"两条路线斗争"的理论、社会主义现实主义理论、"典型问题在任何时候都是一个政治问题"以及文艺是"阶级斗争强有力工具"①的理论等，这都在相当程度上脱离了1949年后大规模阶级斗争基本结束的实际，也脱离了学术的发展规律。而从"纯艺术派"来说，它们在烽火连天的救亡运动中鼓吹"纯艺术""超越现实""看戏与演戏""保持距离"等的确是一种消极的态度（当然，我们也看到，朱光潜当时也曾鼓励青年爱国抗日，但这不占主导地位）；但这派理论强调审美与文艺的内部规律，在美学学科发展上拓展了一系列新的领域，而且紧紧与国际美学发展接轨，引进了大量新兴的国际美学成果，这对于我国现代美学发展都是具有极为重要的借鉴意义的。如果在美学大讨论中不采取政治斗争的方式，而是采取真的百家争鸣的方式，将以上"社会派"与"纯艺术派"两者加以综合，互相吸取其长，克服其短，那我国美学事业必将有更好的发展。

　　这场美学大讨论还有一个重要教训，就是在特定的政治形势之下，同时也是在苏联的影响之下，混淆了政治与美学学科之间的界限，采取了以政治代美学与文艺的方式，将无比复杂的审美现象简单地规约为"反映与被反映""客观与主观""唯物与唯心"

①程正民等：《20世纪俄国马克思主义文艺理论研究》，北京大学出版社2012年，"总论"第9页。

"无产阶级与资产阶级""现实主义与反现实主义"等,从而大大制约了美学与文艺学的学科自身规律的探讨与学科的发展。尽管在这场大讨论中朱光潜曾经提出单纯的反映论并不能完全解释审美的内部规律问题,但并没有被主流学术界所接受,从而开启了将审美完全归之为认识的不尽科学的理论模式。在文风上也逐步形成一种"扣帽子""打棍子"的不良文风,"反动""资产阶级""反人民""唯心主义"的帽子满天飞。这种风气的泛滥逐步发展到十年"文革"对于学术的扼杀与文化的泯灭,成为民族的灾难,永远值得我们记取。

20世纪80年代以来,我国实行改革开放政策,美学事业得到长足发展,并逐步与世界接轨,呈现良好的发展态势。但中国美学完全融入世界还需要待以时日,我想我们既要与世界接轨,同时要与中国的实际接轨,包括深入研究中国古代美学成果,也包括深入研究中国现代美学成果,而我们对于中国现代美学大讨论的反思就是美学建设与中国现实接轨的工作之一。期望我的以上看法起到抛砖引玉的作用,引起更多同行学者对于这场美学大讨论的关注与研究。

蒋孔阳教授在 20 世纪
中国美学史上的杰出贡献①

今天我们在这里研讨蒋孔阳教授的学术贡献,意义重大。因为,为了 21 世纪的美学发展,我们必须回顾 20 世纪,研究那些为我国美学事业贡献了毕生精力的学术前辈在特殊条件下的艰难而辛勤的耕耘,研究他们留下的极为宝贵的学术财富,这正是我们发展新时期美学的极为重要的借鉴和出发点。蒋孔阳先生就是他们之中重要的一位,他为我们留下了至今仍有重要影响的美学经典,而且为我们留下了极为宝贵的学术精神。蒋先生与我们七十几岁的这一代人关系极为特殊,他是学术前辈,我们是读蒋先生的书成长起来并走向教学科研岗位的;他是师长,我们出的书很多是蒋先生写的序;他也是极为亲切的长辈,关怀鼓励了许多中青年美学学者。但更重要的是蒋先生是美学的开拓者之一,他在西方美学本土化、古代美学现代化、马克思主义美学中国化的学术道路上均有重要的开拓之实绩,而且蒋先生以其特殊而崇高的学术精神感染教育了一代又一代学者,这种学术精神每每想起都觉得特别温暖和感动,促使我们思考自己的学术人生。

①本文是在“当前中国美学文艺学理论建设暨蒋孔阳先生诞辰 90 周年学术研讨会上”的发言,原载《社会科学战线》2014 年第 4 期。

　　我们探讨蒋先生在 20 世纪中国美学发展中的学术贡献,应该按照马克思主义历史唯物主义的观点,将其放在一定的历史语境之中来审视。20 世纪中国美学面临现代转型与中西文化碰撞等经济社会情状,需要解决的三大主要课题是马克思主义美学的中国化、西方美学的本土化与中国古代美学的现代化,其最终目的是建设具有时代特点与适应中国国情的中国当代美学。蒋先生在以上各个方面均有重要建树,为我国 20 世纪美学建设做出了自己特有的贡献。

　　下面,我想从蒋先生的三部美学经典与学术精神谈谈自己对于蒋先生学术贡献的粗浅认识,主要谈一下我们过去谈得较少的《先秦音乐美学思想论稿》。首先,谈一下《德国古典美学》,这是蒋先生历时 18 年的蹉跎而得以出版的一部美学经典,是蒋先生对于西方美学本土化的成功探索。德国古典美学既是西方古典美学的总结也是西方现代美学的开启,包括美在自由、美是桥梁、悲剧之美、审美教育等论述对 20 世纪 80 年代仍然处在启蒙中的中国美学来说显得特别重要。蒋先生以其惯有的细读并忠于文本的学术精神,为我们准确地呈现了德国古典美学的全貌。该书与李泽厚先生的《批判哲学的批判》成为我国新时期刚刚开始的美学与文化研究的必读之书,影响极为重大。直至今天,该书仍然是一部重要经典。

　　另一部是蒋先生晚年的《美学新论》,该书从构想到完成历时 14 年之久,真的是十年磨一剑的精心之作,是对我国 20 世纪以来,特别是新中国成立以来美学研究的总结,是 20 世纪中国一部具有标志性的美学论著。蒋先生本人对于该书也特别重视,曾两次给我寄书并希望"提出宝贵意见"。该书以综合比较的方法,以美在关系为中心线索,提出美在关系、美在自由、美学多层累的突创与人是世界的美等一系列崭新并至今仍有重大影响的美学观点。特别值得一提的是,该书突破僵化的"主客二分"与"唯物唯心不可调和"的哲学观念,突破美先于美感的第一次美学大讨论中的所谓定见,提出美与美感"像火与光一样,同时诞生,同时存在"①。当时可谓石破天惊,因为长期以来美是客观的、美先于美感几乎成为占据绝对压倒地位的唯物主义美学观点,是一种所谓"主流"的美学话语,也是第一次美学大讨论划分所谓中国美学四大派的重要标准,更是划分唯物与唯心、正确与错误的标准。但蒋先生却突破这一"主流"话语与荒唐的"标准",以"同时诞生,同时存在"而代之,实际上是对长期占据压倒优势的"美先于美感"的"主流美学观点"进行了有力地解构与颠覆,是《美学新论》特别闪光之处。蒋先生非常科学也非常智慧,他将美学家的哲学立场与审美的实践加以适当区别,指出"从哲学的认识论和思维的逻辑顺序来说,是先有存在后有思维,先有物质后有意识,先有美然后有美感;但从生活和历史的实践来说,我们却很难确定先有那么一个形而上学的、与人的主体无关的美的存在,然后再有人去感受和欣赏它,再由美产生出美感来"②。这不仅具有科学性,也不给那些试图挑剔的人们以"口实"。当然,从哲学的层面如何理解美与美感的关系,今天看来已经比蒋先生那时所论更为复杂,但蒋先生在 20 世纪 90 年代那样阐释已经很不简单,成为那个时期美学认识的前沿。我当时看到蒋先生的论述真的极为钦佩,认为这实际上是对于我国第一次美学大讨论的一种总结,也是对于1949 年以来 50 年中国美学研究的一种总结。因此,在讨论有关

---

① 蒋孔阳:《美学新论》,人民文学出版社 1995 年版,第 252 页。
② 蒋孔阳:《美学新论》,人民文学出版社 1995 年版,第 251—252 页。

美学问题时,我不断地引用蒋先生的这段话。这其实也是对蒋先生"实践美学"的新的补充,远远突破了所谓"社会性与客观性的统一",而加进了"美感成为创造美的主观原因"的主观因素。①但今天有些阐释蒋先生美学观点的朋友并没有看到蒋先生的这一重大突破而是坚持此前的"客观性与社会性统一"的观点,我读到这些论文后感到些许遗憾,觉得这些朋友并没有完全读懂蒋先生的《美学新论》。蒋先生在《美学新论》中诚如以上所说是以"美在关系"为其中心线索的,这其实也是对于传统美在客观与美在主观的实体论美学的重要突破,开启了中国美学界研究美在经验的先河。该书实际上是马克思主义美学中国化的重要探索,在一定程度上突破了美学研究的僵化模式,意义重大。该书已经成为我们美学界常常引用并常用常新的经典。

下面,我要谈一下自己平常重视不够而又特别具有价值的蒋先生写于"文革"之中的《先秦音乐美学思想论稿》。该书是蒋先生于 1975 年到 1976 年之间,从牛棚放出来回到教研组但又不让教学而在图书馆自行研究的成果。这是蒋先生写于特定的"文革"后期而自己又比较重视的一部论著。他在 1986 年该书在人民出版社出版后说:"影响较大的是《德国古典美学》,而我自己特别心爱的则是《先秦音乐美学思想论稿》。这原因,首先是因为我是中国人,而写中国的东西,特别感到亲切。"②他在写于 1984 年的该书《后记》中特别提到在那特殊年代对于"四人帮"的反面抗击。③ 例如,他在本书中突破了"左"的学术思潮中"政治唯一"的

①蒋孔阳:《美学新论》,人民文学出版社 1995 年版,第 251—252 页。
②《蒋孔阳全集》第 5 卷,安徽教育出版社 2005 年版,第 852 页。
③《蒋孔阳全集》第 1 卷,安徽教育出版社 1999 年版,第 745 页。

观点,特别强调了音乐与人民生活以及生产的关系;突破了"左"
的思潮对于学术常用的进步与反动的形而上学划分,实事求是地
再现了有成就学者的真理性与进步性;突破了传统的"左"的学风
对历史上各个学派给予唯物与唯心简单划线的做法,给予有关学
术理论以实事求是的评价,等等。这在当时的历史条件下都是需
要冒风险的,显示出蒋先生的无畏的科学求真学术精神。该书具
有重要的学术价值,30 年过去了,仍然是极为重要的我国音乐美
学不可代替的论著。该书明确地揭示了中国古代音乐美学不同
于西方科学的和谐论美学的"律历哲学"与"天人合一"的哲学前
提,用阴阳二气解释六律,揭示了中国古代音乐与天地、节气、四
季与四时的关系。宗白华先生曾经在其未发表的《形上学》一文
中论述了中国艺术的"律历哲学"与西方古代几何哲学的差异,非
常有见地,但该文不是专论音乐美学的。现在看来,宗先生与蒋
先生所阐述的"律历哲学"与"天人合一"应该是理解中国古代音
乐美学甚至是整个美学的钥匙。蒋先生还在该书中论述了音乐
美学在中国古代美学中的特殊地位,他说:"我国古代最早的文艺
理论主要是乐论;我国古代最早的美学思想是音乐美学思想。"①
西方古代美学以诗论为主,而中国古代美学思想则以乐论为
主。② 他认为,《乐记》是足以与亚里士多德《诗学》相媲美的对于
我国先秦时期美学思想的总结,中国两千多年来的美学论述"基
本上没有超过《乐记》论述的范围"。③ 同时,该书涉及一些极为
重要的中国古代美学观点,包括心物感应、儒道互补、礼乐教化、

---

①《蒋孔阳全集》第 1 卷,安徽教育出版社 1999 年版,第 465 页。
②《蒋孔阳全集》第 1 卷,安徽教育出版社 1999 年版,第 677 页。
③《蒋孔阳全集》第 1 卷,安徽教育出版社 1999 年版,第 615 页。

清水出芙蓉之美与大音希声的艺术之道等,成为中国美学足以与世界美学对话的普适性论题。该书还第一次全面地论述了先秦各个学派的美学思想,包括儒家、道家、墨家、法家等,全面而精当。另外他在中西与古今比较之中,以语体文概括总结中国古代音乐美学理论,是中国古代美学现代阐释与表述的可贵努力,取得了明显效果。总之,该书是蒋先生探索中国美学现代化的有效尝试。

蒋先生的学术精神是非常感人的,我国当代美学界的几代学人每每说起蒋先生,无不称道他的学术精神与人格魅力。记得爱因斯坦在给居里夫人的悼词中说道:"第一流人物对于时代的意义,其人格的力量常常远胜于单纯的智力。"这句话用于蒋先生是非常恰当的。首先是他的那种坚持、突破与创新的精神。蒋先生几十年来,坚持学术真理,他从 1953 年就因反对概念化而受到批判,1958 年后靠边站,"文革"十年受到冲击。但他始终坚持真理,坚持马克思主义的基本原则,他同意塑造英雄人物,但要求写出英雄人物的日常生活,使之丰富多彩;他赞成马克思的实践论并用于美学,但将生活、创造与自由甚至是主观因素引入实践美学之中,他在"文革"还没有结束的特殊情况下写出了《中国先秦音乐美学论稿》那样的强调多样性、反对唯物唯心截然对立的理论论著,20 世纪 90 年代初他又写出《美学新论》那样具有突破性与总结性的论著。这种坚持、突破与创新的精神非常可贵。蒋先生还具有十分开阔的学术胸怀,他反对以批倒对方为目的的所谓治学之法,而是倡导学术上的"加法",多看到别人的长处,吸收进来,加以发挥。① 这种学术上的"加法"是一种海纳百川的胸怀与

① 《蒋孔阳全集》第 5 卷,安徽教育出版社 2005 年版,第 655 页。

治学之道。后来他又进一步总结为"综合比较"之法。与陈寅恪先生所说以"同情"的态度对待学术同行一样,是学术发展的正常之道。蒋先生的"加法"与"综合比较"的治学之道是我国新世纪美学健康发展的正确路径。蒋先生还以其诲人不倦的长者风范影响关心了无数的中青年学者,他的友爱关怀是发自内心的,他的有求必应是无私的。可以说,蒋先生以其崇高的学术风范感动了无数的学者。我们纪念蒋先生,就是要继承发扬他留给我们的宝贵学术遗产与学术精神,美学界的同仁团结一致将我国新世纪的美学建设得更好。蒋先生在其《七十随感》一文中说道:"人到了七十,他已经无所欲求了。因此,他才能做到随心所欲不逾矩。"①我要努力向蒋先生学习,以无欲的心态与各位同仁一起投入到新世纪中国美学的建设之中,发挥自己的一点点作用。

---

① 《蒋孔阳全集》第5卷,安徽教育出版社2005年版,第615页。

中国人文学科走向
世界的重要举措

——《文史哲》英文版创刊有感

（首发，2014年6月完成）

　　《文史哲》英文版创刊号已经出版，作为《文史哲》的老读者与老作者，我感到非常高兴。它标志着《文史哲》在国际化的道路上迈上一个新的台阶。本来，在我国的人文类期刊中，《文史哲》就是少有的具有国际化的期刊。我们到国外访问，发现在国外重要高校的图书馆内保存的少有中文类期刊中常常有《文史哲》，我们为此高兴。但那毕竟只在极少数的掌握汉语工具的学者之中才有市场，但这次是以英文版的形式出现，标志着将会有更多的学者和民众阅读《文史哲》，为中国人文学科走向世界做出自己的贡献。

　　创刊号围绕"中国社会形态问题"组稿就是一个极好的尝试，表明《文史哲》英文版将以"中国问题"为其主旨。中国作为世界上的人口大国和经济大国，对于中国问题的研究必将逐步成为世界学术的热点之一，甚至会被国外普通民众所关注。前年，我们到法国雷恩市讲学，在孔子学院和雷恩大学组织的中西文学、绘画与美学比较的报告会上，除了雷恩大学的学者之外，还有许多普通市民参加报告会，并积极发言讨论中西文化的异同,使我们非常感动,说明中国问题已经开始引起国外学术界和普通民众的兴趣。

《文史哲》英文版的出版必将在一定程度上满足国外这种愈来愈高涨的文化需求。在这里,非常重要的问题是世界学术界不仅关心中国问题,而且更加关心与之相关的"中国话语",关心在国际学术相关领域中国学者发出的自己特有的声音以及对于相关学术领域做出的自己的特有贡献。

《文史哲》一直在我国学术界坚持"学术本位"并开风气之先,我相信以英文版为开端也一定会在人文学科"中国问题"和"中国话语"的探讨中发挥先导的作用。

家园、眼光与情怀①

——祝贺《文学评论》创刊六十周年

陆建德主编来函要我为《文学评论》创刊六十周年写一篇纪念文章。接到来函,跳入我脑海的立即有"家园、眼光、情怀"这三个词。

首先说"家园"。我最近很长一段时间都在做生态美学,所以经常使用"家园"这个词。所谓"家园",按照海德格尔的说法,即"这样一个空间,它赋予一个人处所,人唯有在其中才有在家之感,因而才能在其命运的本己要素中存在"。也就是说,所谓"家园"是一个生命个体的空间与处所,这个处所使其有在家之感,并获得一种本真的存在。那么,刊物与作者的最佳关系就是刊物是作者得以有在家之感的"家园"。我从21世纪初卸掉行政工作,集中精力做点学问。在这个过程中,我觉得《文学评论》就是我学术的"家园",使得我作为作者的本真的存在得以实现。首先我说一下21世纪初我做的第一件事,那就是在教育部的支持与各位同仁的参与下成立了我国第一个"文艺美学研究中心",作为教育部百所文科科研基地之一。文艺美学是我国新时期在拨乱反正

---

①原载《〈文学评论〉六十年纪念文汇》,中国社会科学院文学研究所编,社会科学出版社2017年9月版。

的形势下由北京大学与山东大学部分学者较早倡导的一种以探索文艺内在规律为其旨归的学术形态。它是一种新的学术发展方向，对于它的研究有利于文艺学的进一步发展与中国古代传统的发掘。2000年2月经教育部批准在山东大学成立文艺美学研究中心。该中心2001年5月正式宣告成立，《文学评论》即于2001年第5期发表我的文章《中国文艺美学学科的产生及其发展》，该文阐释了文艺美学学科产生的历史必然性、学术价值、意义，以及学术界的反响，同时论述了文艺美学研究中心的学术主旨。该文的发表既是对我本人学术工作的支持，更是对我们山东大学文艺美学研究中心的支持。文艺美学研究中心成立17年来，《文学评论》先后发表了我们中心学者的文章二十余篇，我本人就有九篇，使得我们中心由初创逐步走向比较成熟，也使文艺美学学科内涵更加充实。文艺美学研究中心刚刚成立之时我自己作为中心主任其实并没有多少底气，但经过十七年的发展，特别是经过包括《文学评论》在内的重要期刊的支持，我们的自信心越来越强，影响也越来越大。在这里面，《文学评论》作为文学评论界最重要的期刊做出了巨大贡献。《文学评论》六十年的辉煌就理应包括对于我国这些新兴学科和学术机构的支持，《文学评论》是我国文学领域众多学术机构与学者名副其实的学术"家园"。我经常想，有这个家园与没有这个家园其实差别还是很大的。因为有了这个家园，外界就逐步了解我们的情况，我们也通过这个窗口了解外面的情况，这个"家园"其实是一种重要的媒介和阵地。即便在网络电子时代人们仍然重视像《文学评论》这样的纸质学术阵地，因为任何时代纸质文本的阅读都是最基本的阅读。我不知道《文学评论》支持了多少像我们这样的学术机构和像我这样的学者，但我们中心与我本人就是一个典型的例证。现在还要回到我本人，十七年来《文学评论》对我本人的支持更是特别突出。上面说到《文学评论》十七年来发表了我的文章九篇，这里面包括五篇生态美学方面的论文。我从2001年开始研究生态美学，这是一种与生态文明相适应的新的美学形态，刚开始时生态美学并不被学术界看好，甚至被广为诟病。但《文学评论》在十余年内发表我的生态美学文章就有五篇，使得我的生态美学研究有了一个重要的充分阐释自己学术观点的阵地，从而逐步被学术界理解。也使得我对于自己的生态美学研究越来越有信心。一个能够包容他人并让他人充分阐释理论观点的阵地不就是一个学者的"家园"吗？我一直认为《文学评论》就是自己的学术家园。

　　下面，要说一下"眼光"的问题。所谓"眼光"，就是一种对于学术问题进行辨别的眼光，需要在一个学术论题刚刚萌发和有争议的时候看到其价值与意义。《文学评论》就具有这样的学术眼光。文艺美学在21世纪初期，还是一个争论不休的论题，对于文艺美学的内涵居然有八九种不同的看法，有的学者根本不承认有什么文艺美学存在。但《文学评论》的主编与编辑却看到文艺美学论题所包含的文艺学转型意义与拨乱反正价值，毅然决然地给予支持，如果没有一种敏锐的眼光和气魄是难以做到的。至于说到对于生态美学的支持，那更加需要眼光与勇气。《文学评论》2005年第4期发表了我的《当代生态文明视野中的生态美学观》。大家可以看看文中提到的一系列观点："生态文明新时代""当代存在论审美观""对实践美学的超越""生态整体主义原则""深层生态学""中国古代生态智慧"等。这些新的观念如果没有学术的眼光与勇气，是很难得到认可并有发表机会的，特别在21世纪初期生态问题还没有提到议事日程的历史条件之下。此后《文学评论》在2012年第2期发表了我的文章《人类中心主义的退场与生态美学的兴起》,批判了当前仍然在流行的"人类中心论"及其哲学与美学理论形态,文章是具有某种针对性与尖锐性的。其实对于"人类中心主义",学术界至今仍然分歧很大,但《文学评论》仍然给予认可,在学术界引起一定反响,转载的刊物较多。当前生态美学已经从最初的为自己的合法性论证到目前可以坐下来进行较为系统的研究,我们山东大学文艺美学研究中心已经先后承担了有关生态美学的国家社科一般项目和国家社科重大攻关项目多项,召开了四次大型的国际生态美学研讨会,出版专著十余部,培养有关研究生十多名。这些成绩的取得与《文学评论》的支持都是分不开的。说到这里,我想我们应该感谢《文学评论》的编辑,刊物之所以具有这种敏锐的眼光,使得刊物成为学术机构和学者的"家园",归根结底还是有了一批具有人文情怀的编辑。所以,我觉得《文学评论》最重要的是具有一批怀揣人文情怀的编辑。

　　钱先生是著名文艺理论家、《文学评论》的前主编。我和钱先生是地地道道的君子之交,但钱先生对于我们山东大学文艺美学研究中心和我本人的关心却又是十分感人的,我前期在《文学评论》发的文章都是钱先生的约稿,文艺美学的那篇文章是他觉得需要在学术界支持文艺美学而向我约的稿,后面的生态美学文章是他别具眼光的支持。我至今还记得,2003年初我在《文学评论》发表的文章《试论当代存在论美学》,那也是钱先生的约稿。这篇文章主要是力主超越传统的认识论美学与实践论美学,走向当代存在论美学,超越传统主、客二分的工具理性思维模式,走向当代现象学思维模式。这实际上是对于当时流行的文艺学与美学理论进行了某种批判和告别,理论的跨度较大,我一开始觉得钱先生恐怕难以接受,岂知钱先生自己早就觉得"非此即彼"的思维模式应该退出一线了。钱先生与编辑部接受了这篇文章。不仅如此，我后来才知道，钱先生在退休后还要求他的学生支持我的生态美学研究。我知道，这是钱先生特有的人文情怀的表现，首先他对学术有一种特殊的关怀，甚至是责任感，他认为传统的"左"的僵化思潮应该打破，应该发扬新的人文精神，支持新的学术形态，对不成熟的观点也需要鼓励支持。他很能体会到我长期从事行政再从业务出发的难处，所以分外给予关注与爱护，这份感情是一种难得的情怀。至于其他编辑，也有许多感人的故事。高建平先生接手《文学评论》"理论版"之后，也继承了《文学评论》的传统，对于学术与学者满怀人文情怀。那篇《人类中心主义的退场与生态美学的兴起》寄到刊物后，我颇有顾虑的，觉得学术界在"人类中心主义"问题上分歧颇大，恐难接受，但高建平先生觉得这是一个具有意义的学术话语，给予发表，这也是一种学术情怀的体现。

　　总之，家园、眼光与情怀使得《文学评论》成为名刊，也使得《文学评论》对我国文学学科做出重大贡献。《文学评论》度过了辉煌的一个甲子，未来的一个新的时代即将开始，我相信《文学评论》一定会取得新的辉煌。衷心祝贺《文学评论》创刊六十周年。

阎国忠教授的学术贡献①

首先我代表山东大学文艺美学研究中心向阎国忠教授表示衷心的祝贺，祝贺阎国忠教授55年来对于我国美学事业做出的杰出贡献，祝福阎国忠教授生日快乐，健康长寿。

对阎国忠教授，我本人还是比较熟悉的，主要是我长期以来做西方美学教学和科研，对于阎国忠教授的《古希腊罗马美学》与《美是上帝的名字——中世纪神学美学》还是熟悉的。这两本书是我们的教学必备书，一直到现在，在给博士生上课时还是用这两本书。但在参加会议前，我还是读了一下阎老师写的《我的学术历程》长文。看了很感动，所以今天我要特别向阎老师表示我本人的敬意和感谢。

阎老师今年80岁了，从1960年开始，在美学战线整整奋斗了55年。阎老师的学术贡献是什么呢，我们，特别是我本人应该向阎老师学习什么呢？我想概括为三点：一是阎老师以自己勤奋踏实创新的学术工作为我国美学学科建设奉献了具有很高学术含量的学术论著。今天放在我们面前的《美学七卷》和《攀援集——经验之美与超验之美》，这些著作中，我个人比较熟悉的是

① 原载《攀援——美学高原前的足迹》，徐辉、杨道圣、张海平编，文化艺术出版社2017年版。

《古希腊罗马美学》与《中世纪神学美学》以及《朱光潜美学思想研究》三本。这三本都有很高的学术质量，至今代表了国内这三个领域的学术水平。其他的著作，我想也一定有很高的水平，我本人会好好学习。二是阎老师的学术研究工作继承延续和一定程度发展了北大的美学研究优良传统。阎老师担任过朱光潜先生的助教，受到朱先生的直接教育和影响，他的工作也就在很大程度上继承和发展了以朱先生为代表的北大美学研究的传统。在内容上，阎老师的西方美学研究就是朱先生开创的西方美学研究的继承与延续，并有一定发展。例如，对于古希腊罗马美学中和谐美与崇高美的深入研究，对于中世纪神学美学有关上帝与审美的关系与五种审美意识的研究等都具有开创性；在学风上，阎老师继承了朱先生等老一辈严谨扎实的学风，强调材料的充分性和尽量穷尽，给我们很深的印象。三是阎老师近二十多年来对于我国当代与今后美学的发展做了有效的探索。其主题就是1996年出版的《走出古典——中国当代美学论争评述》，梳理总结了现代美学研究的七种研究模式，提出了"走出古典"的重要命题，指出实践美学是由古典到现代的过渡形态。在此主题下，阎老师对中西马相结合走出美学创新之路，中西交融走向天人合一与天地神人四方游戏，对于信仰与爱在审美之中重要作用的思考以及美学作为感性学的特点等做出自己的研究与思考。特别是对于我国现代美学应当尽速由传统认识论过渡到现代存在论等，这样一些论述，可谓切中当下美学研究的要旨，具有很强的针对性，都具有重要的价值与意义。阎老师尽管已经80岁了，但精神矍铄，一直没有停止自己的美学探索，前不久还组织我们写有关美学发展的笔谈，衷心祝愿阎老师学术青春永在。

牟世金先生的
"龙学"成就①

尊敬的各位领导，各位朋友，各位同事，非常感谢能够邀请我来参加今天这个会议。我觉得这个会有着非常重要的意义，因为牟世金先生不仅为山东大学人文学科的发展做出了重大贡献，同时，在我国的人文学科的发展上，特别是改革开放以后，在20世纪80年代那样一个解放思想的起步时期，在《文心雕龙》研究上，他是一个标志性人物，做出了巨大贡献，因此我们应当纪念他。我可能是今天在座的学者当中，唯一不是搞古代文论的，不是搞《文心雕龙》的，所以我是外行，我主要围绕着牟先生的贡献，讲一点看法，讲的不对的地方，大家批评。

首先是对牟先生的学术评价。我有一个总的看法，从我校的角度，牟世金先生是具有国际国内重大影响的领军式人物，一个时代"龙学"研究的标志性人物。这是我的一个总的看法。学术界总的评价，认为牟世金先生是我国20世纪80年代"龙学"研究新的高峰。至于为什么是新的高峰，刚才东岭兄已经做了全面的评价：牟先生从文献、年谱一直到理论研究，都做得非常

————

① 原载《千古文心——牟世金先生诞辰九十周年纪念文集》，戚良德编，凤凰出版社2018年12月版。

系统。那么，下面我引用两位重要学者对牟世金先生的评价。一个是王元化先生。王先生说，牟世金先生"对《文心雕龙》怀有深厚的感情，研究工作几十年如一日，从未中辍，令人敬佩。"再一个是张少康先生，张先生曾在《文史哲》发表过一篇文章，标题就是"纪念《文心雕龙》的功臣"，认为牟世金先生不愧是"龙学"发展的一位卓越的功臣。我觉得，这些评价基本上对牟世金先生的学术贡献，其在"龙学"研究上的贡献，做了比较准确的评价。

具体而言，我觉得，第一，牟世金先生在改革开放后对"龙学"研究做出了全面的开创性贡献。注意，是在改革开放后，是全面的开创性的贡献，对我国文学的研究，特别是中国文论的研究，起到了引领性作用。在改革开放后，包括突破固有的某些传统偏见，开创新的局面，具有这样的价值和意义。

第二，牟世金先生对"龙学"研究的定位，一直影响到现在。牟先生将"龙学"分为三个阶段：诞生、发展和兴盛三个时期。从20世纪80年代开始即为兴盛期，对这个时期，牟先生有一个评价：实事求是地探讨刘勰理论的本来面貌，按照艺术规律进行科学总结。也就是说，回归到学术本身，特别是回归"龙学"自身的学术语境，尽量排除各种外在的附加的东西，特别是特定时代的时代特点和以西释中的问题。我觉得，这为我国"龙学"复兴开了个好头，对我们今天的人文学术研究仍然具有重要价值。

第三，解放思想，做出了突破性贡献。牟先生在自己的研究工作中解放思想，做了一系列突破性的工作，包括对陆侃如先生某些研究工作的突破。当然，陆先生是我们的国学大家，我国"龙学"研究的开拓者之一，但是终究难免时代的局限，例如，将

"自然"解释为客观"自然界"。我想，陆先生从内心肯定不会认为"自然"就是"自然界"。但当时是受到唯物、唯心之分思想风气的影响，普遍地把它解释为自然界。牟先生以"我爱我师，我更爱真理"的精神，将它阐释为"自然而然，顺其自然"，道法自然，回归到了"龙学"自身，也回归到了中国传统文化自身，意义深远。

第四，对于牟先生关于《文心雕龙》"中心思想"的一点粗浅看法。牟先生将《文心雕龙》的中心思想概括为《宗经》篇的"衔华而佩实"，以之论述"物"与"情"、"情"与"言"、"言"与"物"三种关系，以此作为研究纲领。应该说，这是言之有据，自然成理的，成为一个体系。我个人认为，这一看法，在某种程度上，还是受到我们曾经流行的现实主义和浪漫主义是文学斗争的主线的看法的影响。大家都记得，1958年，茅盾先生有一本著名的书，叫《夜读偶记》，把外国文学的现实主义和浪漫主义的斗争主线推介到中国，影响很大。我觉得，从回归中国传统本身考虑，《文心雕龙》的研究中心，还是《原道》《征圣》与《宗经》，特别是《原道》，即天人之道，阴阳之道。所谓"文之为德也大矣，与天地并生""人文之源，肇自太极""言之文也，天地之心"，等等。

然后，顺带谈谈关于中国古代文论的非理性、非逻辑性问题的看法。在座的党圣元兄已有文章，他的观点我非常同意，很受启发。我觉得，第一，西方学者按照西方标准认为，中国文论包括《文心雕龙》是非理性、非逻辑性的。大家都知道，鲍桑葵有一句著名的话，他在《美学史》的序言里说，中国古代美学与艺术"没有上升到理性与逻辑的高度"。我们还知道，黑格尔认为，中国美学是前美学阶段的象征性美学，属于还没有达到真正的美学的古典时期，是还没有达到真正的理性高度的前美学阶段。所谓象征性,是理性没有得到充分发展,需要借助于具体的物象加以象征,这是黑格尔的看法。

第二,中国美学与文论的理性呈现特点,总的看法是,中华民族是一个早熟的民族,很多我们的前辈学者,都讲过中华民族是一个早熟的民族,早在先秦时代,理性精神就达到了很高的程度,中国美学和文论具有自己特有的理性精神和逻辑力量。

中国古代美学和文论,没有西方自然科学的工具理性精神,也没有西方的逻各斯中心主义,这些大都是工业革命时代的产物。中国美学和文论建设,需要结合新的时代,适当加以借鉴和吸收。张世英先生就说,我们没有科学精神。这个科学精神,我个人认为,要适当地加以借鉴和吸收。

中国古代美学与文论具有很强的理性精神,是道德理性和人文理性。大家都知道,孔子的仁学和礼学,老子《道德经》五千言的理性力量,是被世界古今所公认的,影响了多少代;还有《周易》、庄子和禅宗,都有对道德理性和人文理性的深入探讨。与《文心雕龙》相媲美的,两千多年前的汉初的《乐记》,我个人认为,《乐记》是部非常重要的著作,但是它的重要性,它的研究的热度,还没有达到《文心雕龙》的高度。《文心雕龙》也稍稍有点冷,我们现在又重新复兴起来;《乐记》没有达到《文心雕龙》研究的高度,但是值得我们高度重视。《乐记》提出著名的"乐者,通伦理者也"的重要命题,强调"德音",把道德理性提到很高的高度,展现了一个重要的问题。

中国古代美学与文论没有西方传统主客二分的认识论的逻辑性,但有东方古典存在论对"象外之象""韵外之致""言外之意"等进行探寻的逻辑性,也就是对于"道"进行探寻的逻辑性。"道

可道,非常道""道法自然",对"道"的探寻的这种逻辑力量,所谓
"知其白,守其黑""绘事后素""心斋""坐忘"等,这种东方的哲学
精神和逻辑力量,曾经影响了西方哲学家海德格尔。这是已经有
充分材料证明的事实,张祥龙教授曾有著作进行分析。牟宗三先
生曾经在《中国哲学的特质》里把人的哲学思路概括为两种:一种
是客观的思辨的逻辑力量,一种是对存在和生命探寻的这种思辨
路径。他认为,中国哲学的思路就是一种不同于客观思辨的逻辑
力量,而是对存在、道和生命进行探寻的这种哲思路线。他说:
"以客观思辨理解的方式去活动固是一形态,然岂不可在当下自
我超拔的实践方式,现在存在主义所说的'存在的'方式去活
动?……以当下自我超拔的实践方式,'存在的'方式,活动于'生
命',是真切于人生的。"大家都知道章学诚在《文史通义》里面有
一个说法,"《文心》体大而虑周,《诗品》思深而意远"。把《文心雕
龙》概括为"体大而虑周",肯定是没有问题的,除了《原道》《征圣》
《宗经》以外,像文体论、创作论、批评论,应该是逻辑严密的。当
然,这个逻辑不是思辨逻辑;同时,我个人认为,"思深而意远",这
个评价运用到《文心雕龙》上也是合适的,《文心雕龙》不仅"体大
而虑周",而且"思深而意远",对天人之道,对阴阳之道,都是"思
深而意远"的。

　　总而言之,包括《文心雕龙》在内的中国古代美学和文论,所
达到的理性水平和逻辑力量,并不亚于西方美学和文论,只是表
现形态不同,可以说各有特色,是可以共存互补的。

　　以上是我的一得之见,请在座的各位专家批评。最后,我衷
心地祝愿戚良德教授主持的这个重大项目,能够取得圆满成功,
特别是众多《文心雕龙》方面的专家和学者齐聚一堂,在大家的共
同支持下得圆满成功,继承和发扬我们陆先生、牟先生,还有我们

在座的张（可礼）老师、于（维璋）老师，以及各位老师研究的成果，延续下去，迎接我们人文科学研究的春天。也希望能在研究当中，真正地体现出《文心雕龙》和中国古代文论的底蕴和真谛，开创《文心雕龙》和中国文论研究的新的春天！衷心感谢学术界同仁的支持，谢谢大家！

新时期《文艺研究》对美学话语建设的大力支持①

今年正值《文艺研究》创刊 40 周年,我作为《文艺研究》的作者,对《文艺研究》40 年来取得的重大成绩表示衷心而热烈的祝贺,对于《文艺研究》及其各位编辑的辛勤劳动与对于我个人的大力支持表示衷心的感谢。

《文艺研究》是我国美学与艺术领域非常重要的期刊,是我们广大美学与艺术研究者的重要学术阵地。也是我国该领域对外开放的重要窗口,它创刊于新时期,对我国新时期美学与艺术研究的发展做出了不可磨灭的巨大贡献,特别是对于新时期美学话语建设做出了巨大支持。大家都知道,在我国美学领域一直有一个中国自己到底有没有自己的美学的"美学之问"。这个"美学之问"首先由黑格尔提出,他首先在《历史哲学》中提出中国"没有历史","理想的艺术在中国是不可能昌盛的"。又说:"精神的朝霞升起于东方,(但是)精神之存在于西方。"他在《美学》中认为,包括中国在内的东方艺术处于"象征型"阶段,是"艺术前的艺术","真正艺术的准备阶段"。新黑格尔主义者鲍桑葵也认为,东方艺术"没有达到上升到思辨理论的地步"。当代以来,这一看法仍然

---

① 本文完成于 2019 年 10 月 28 日。

流行于西方学术界,德里达就明确认为中国没有哲学,他说:"说中国的思想、中国的历史、中国的科学等没有问题。但显然去谈这些中国思想、中国文化穿越欧洲模式之前的中国'哲学',对我来说是一个问题。"直至2001年9月,德里达在上海与王元化先生的谈话中,仍然坚持"中国没有哲学,只有思想"。

众所周知,学术话语是一种权力,也是一种精神的生产,更是文化软实力的表现。针对于此,党的十八大以来习近平总书记明确提出要加强中国学术话语的建设,要增强文化自信,坚守中华文化立场,给我们人文学科发展指明了方向。当然,近百年来,特别是新时期以来,中国学术界,包括美学界和艺术界一直在为中国自己的美学与艺术话语建设而不懈努力,自己在这方面也做了一点微小的工作,都得到《文艺研究》杂志的大力支持。首先是关于中国自己的美学话语建设,我个人提出了中国古典美学是一种区别于西方古典"和谐论"美学的"中和论"美学。西方古典美学力主一种具体的物质的"比例,对称,和谐",而中国古典美学则力主一种更加宏阔的"天人之和"的"中和"。"中和之美"是中国古典美学相异于西方"和谐之美"的基本特征。并明确提出中国的"中和论美学"与"中和论美育"。以上观点在《文艺研究》2001年和2005年发表的两篇有关美育的论文中均有论述。

其次,从新世纪开始学术界对于生态美学的研究逐步成为热点。本人是这一研究的重要参与者,在2001年提出"生态存在论美学观",坚持生态美学与西方环境美学的区别。因为"环境"(environment)有"围绕人"之意,具有人类中心论内涵,无法包括中国古代"天人合一"意蕴;而"生态"(ecology)包含"家"之内涵能够包含中国古代"天人合一"意蕴,有利于从中西对话融通中阐释生态存在论美学。《文艺研究》于2002年即发表了我2001年在陕西师大生态美学会上的发言，又于 2007 年发表了我《当代生态美学的基本范畴》一文，全面展开了我的生态存在论美学思想。生态存在论美学观通过《文艺研究》得以在更大的范围内传播。

党的十八大以后，在习近平总书记加强学术话语建设与确立"文化自信"的鼓励下，我开始在前辈学者宗白华与方东美的理论基础上提出中国传统形态的"生生美学"，试图走出一条不同于欧陆现象学生态美学与英美分析哲学环境美学之外的中国形态的生态美学。由于中国传统美学主要存在于传统艺术与艺术理论之中的特点，所以我的"生生美学"除了基本理论之外，主要从各个艺术类型着手，这样就研究并写了一系列由生生美学之艺术呈现的论文。其中有关园林艺术的论文，主要写山水写意园林所体现的"天人合一"文化精神，题为《虽由人作　宛自天开》于 2018 年被《文艺研究》采用并发表。

总之，我个人新时期以来的三个方面的中国传统美学话语研究，应该说都是一种探索，还不是很成熟，具有较大的研究空间。《文艺研究》的发表，表现了它们支持中国传统美学话语建设的识见和魄力。我个人只是得到刊物支持的众多学者之一例。这样的例子还很多，《文艺研究》已有传书介绍，不再赘述。我相信《文艺研究》一定会更大力度的支持中国传统美学的话语研究，将更多的美学话语成果和年轻学者推向全国和世界，为真正解决黑格尔的"美学之问"提供更好的答案，做出更大的贡献。

第 四 编

文艺与文化论评

资产阶级"自由神"的
丑恶表演①

20世纪30年代中期,江青曾经演出过一出夏衍编写的鼓吹资产阶级"个性自由"的戏剧,这出戏的名字叫《自由神》。江青对这出戏欣赏备至,常以"自由神"自比,并专门撰文宣称要"为自由而战牺牲"。果然,从20世纪30年代至今,凡四十余年,江青确是"自由"的词儿从不离嘴,她俨然真的成了一尊"自由之神"了。

伟大导师列宁教导我们:"只要阶级还没有消灭,对于自由和平等的任何议论都应当提出这样的问题:是哪一个阶级的自由?到底怎样使用这种自由?是哪个阶级同哪个阶级的平等?到底是哪一方面的平等?"因此,我们必须运用马克思主义的阶级观点对江青的"自由"进行一番具体的分析,看看她到底是哪一家的"自由神"。

一只向反动阶级乞求
"自由"的小雀

江青为什么要把"争自由"作为终生为之奋斗的目标呢?她

---

① 原载《文史哲》1977年第2期。

曾经通过一个小故事向我们作了解答。她说她小的时候曾得到过一只叫得很清脆动听的小雀,她把这只小雀关在笼子里,但是过了一夜就死了。为此,她十分痛恨自己残忍地剥掉了小雀的"自由","最后逼它走上了死路"。江青由此得出结论说,"世界上没有一样有生气的东西是不喜欢自由的,尤其是称为万能的人类"。她已经说得十分明白,原来在她看来,"争自由"乃是世界上一切生物的本性,当然也是人的本性,也就是所谓"人性"了。

江青在这里所宣扬的并不是什么新鲜货色,而是资产阶级唱烂了的"人性论"的老调。马克思主义告诉我们,所谓"自由"决不是什么"人类本性",而是一个阶级的、历史的概念。它是资产阶级的政治口号。在资产阶级的字典里,"自由"的确切含义就是无限制地扩大资本主义的剥削。但是资产阶级为了掩盖这种"自由"的阶级实质,于是就编造了自由是"人类本性"的谎言,用以欺骗丧失了一切自由的广大劳动群众。江青却将其作为终生所信奉的哲学,作为自己四十余年"争自由"行动的基石。她就是踏着这块基石开始自己"争自由"的生涯的。

大家不要忘记,江青向我们叙述小雀故事的时间是1935年8月,这正是她叛变自首,从国民党监狱的狗洞里爬出来不久。她煞费苦心地向人们讲解一个小雀的故事,正是为了替自己的叛变行为辩解。请看,她在监狱里同特务头子勾勾搭搭,陪他们喝酒,为他们唱戏,送给他们照片,并进而填写了自首登记表,因而得以住优待室,最后"只住了几天就恢复自由了"。这明明是出卖了自己的灵魂,但在江青看来,却只不过犹如小雀要飞出笼中争自由一样是人的一种本性,人性所使,天经地义。就这样,一种以出卖革命为代价换取苟延残喘的丑行被说成了是一种"争自由"的壮举,一个为了一己的私利不惜跪倒在敌人面前的无耻之徒被打扮成了高尚纯洁的"自由女神"。

一匹自由地为蒋家王朝
效劳的野马

　　时间仅仅过了两年,即 1937 年。此时的江青已不再是一只羽毛未丰的小雀,而是变成了一匹行动裕如的野马。请听这匹野马兴高采烈的自述:"我又是那样希望自己像一匹野马似的,自由驰骋在那辽阔的雪地上。"人们不禁要问,在那"万家墨面没蒿莱"的黑暗社会里,江青怎么会如此得意呢? 还是让她自己来回答吧! 她说:"到了现在,妇女界智识已开,所处地位较好。"原来,此时江青已经有了"较好"的"地位",也就是说这位"自由神"已经获得充分的"自由"了。

　　江青的这段话确实发人深省,不免引起我们广大劳动群众、特别是劳动妇女的沉痛回忆,激起我们心中的满腔愤怒。那万恶的旧社会是劳动人民的地狱、地主资产阶级的天堂,所谓"自由"只不过是一种"卑劣的谎话"。一小撮地主资产阶级确实是有较好的地位,享受着充分的自由,他们可以自由地剥削、自由地压迫、自由地享乐。而广大劳动人民却没有任何社会地位,被剥夺了一切自由,他们不得不像奴隶般地为地主资本家劳动,最后仍是不得温饱,挣扎在饥饿的死亡线上,甚至被投入监狱,被夺去了生命。特别是广大劳动妇女,更是受尽了地主资产阶级的欺压和凌辱。就是在这样一种乌云翻滚、豺狼当道的黑暗世界里,江青却"所处地位较好",获得了自由。这就充分证明了她早已投入到地主资产阶级的怀抱,她所获得的自由就是地主资产阶级的自由！打开当时的国民党反动报纸，吹捧江青的文章真是连篇累牍。什么"典型的北国女性""独具有坚强的个性和奋斗精神""山东剧运的功臣"等，简直达到了肉麻的程度。难怪这位"自由神"要如此地志满意得，沾沾自喜了，原来她已是一匹深得反动主子赞赏的驯服了的"野马"。

事情并未到此结束。既然主子给了江青以充分的自由，并且以丰富的饲料将她这匹"野马"驯服、养肥，那她当然要竭尽心力地为主子效劳、千方百计地去维护地主资产阶级的自由了。江青果然没有辜负主子的期望，她确实犹如一匹俯首帖耳的马儿一般按照主子的意图去"自由地驰骋"。国民党反动政府要卖国投降，江青就大肆吹捧并争演汉奸戏《赛金花》；国民党反动政府要伪装抗日，她就积极参加所谓"购机祝寿游艺大会"，粉墨登场为蒋介石评功摆好；国民党反动政府妄图抹杀阶级矛盾、对人民进行欺骗，她就卖力地演出"国防戏剧"《狼山喋血记》，狂热地呼喊所谓"阶级合作"……够了，够了。这些事实已经再清楚不过地告诉我们，江青这个"自由神"只不过是一匹从地主资产阶级的残羹剩菜中获得养料并且疯狂地为其效尽犬马之劳的"野马"！这匹野马的每一次"自由地"驰骋中都渗透着我们广大劳动人民和抗日将士的汗水和鲜血！

一座妄图自由地
"露峥嵘"的怪峰

历史的车轮滚滚向前，我们伟大的祖国在毛主席的英明领导下迈过了沉沉长夜迎来了无产阶级专政的灿烂朝阳。但是，就在这样一个无比光辉的伟大时代里江青却以琅琊台的笔名写了一首黑诗。她装出一副吟咏山水的样子在这首黑诗中说什么"江上有奇峰,锁在烟雾中,寻常看不见,偶而露峥嵘"。江青在这里给我们描绘了一幅多么不寻常的图画啊!滚滚东流的江旁有一座兀然突起的怪峰,重重烟雾将其紧紧封锁、严严遮盖,但是这座怪峰却决然要冲破烟雾、露出自己陡峭嶙峋的真面目。明眼人一看就知,这哪里是什么吟咏山水,而是在借物咏志。咏的什么志呢?就是咏的怪峰要冲破烟雾封锁"露峥嵘"之志。

　　大家不要小看这首黑诗,它乃是江青这个资产阶级自由神在无产阶级专政的时代里"争自由"行径高度而形象的概括。这里所说的锁在烟雾中的怪峰就是江青的自比。这个"自由神"经过三十余年的修炼已由自由驰骋的野马变成了锁在烟雾中的怪峰,真乃穷极变幻之术,不过是为形势所迫。正如恩格斯所指出的那样:"一个阶级的任何新的解放,必然是对另一个阶级的新的压迫。"伟大的无产阶级革命的胜利结束了地土资产阶级自由的历史,开始了无产阶级和劳动人民自由的新时期。这在获得了自由的革命人民看来真是天大的好事,无不拍手称快、欢欣鼓舞。但是,对于以江青为代表的失去了自由的反动阶级来说却是最大的坏事,他们再也不能为所欲为地"自由地驰骋"了。因而,江青将无产阶级专政骂作"烟雾",并且用一个"锁"字来表达自己的今不如昔之感和铭心刻骨的仇恨。这是一种阶级的仇恨,是一个被打倒了的阶级的绝望的哀鸣。因此,是难以抑制的。江青不是常常散布什么"我是受压的"、攻击以毛主席为首的党中央"对我封锁消息"、"暗杀我,软禁我"吗?不仅如此。她还由己及人,将一切在无产阶级专政下失去自由的人都视为同道,公然鼓吹"受压者最革命"的谬论。三十余年前卖力地帮助自由阶级的江青,今天忽而又卖力地帮助失去自由的阶级了。看来奇怪，其实并不奇怪。原来三十余年前的自由阶级，即一小撮地主资产阶级就是今天的失去了自由的阶级。

阶级对立必然导致阶级斗争。一小撮失去了自由的反动阶级对于革命事业和革命人民决不会仅仅停留在咒骂之上，他们必然地要将争自由的愿望变成争自由的行动，而同无产阶级专政进行拼死的较量。所谓"露峥嵘"就是这种争自由行径的形象说法。它意味着一小撮地主资产阶级要像一座座龇牙咧嘴的怪峰一般妄图以其反革命的棱角刺破无产阶级专政的束缚。江青就是这大大小小的怪峰中突出的一座。她公然同毛主席关于"反潮流"的指示大唱反调，鼓吹一种所谓"不受一切约束"的反潮流精神。这是资产阶级自由观的变种，是一种"怀疑一切，打倒一切"的反动思潮，矛头直指无产阶级的纪律与法制，直指党的各级领导与无产阶级专政的国家机器。这实际上是一股破坏无产阶级自由、争取资产阶级自由的反革命黑浪。但是，这只不过是江青这个资产阶级自由神为恢复资产阶级自由所进行的一种反革命准备。她的最终目的是阴谋彻底推翻无产阶级专政、使得以她为代表的一小撮地主资产阶级这一座座反革命的怪峰能够重新自由地压在广大劳动人民身上。为此，在伟大的领袖和导师毛主席逝世之后，江青以为时机已到，加紧了反革命步伐，声嘶力竭地狂喊着什么"要活着与他们干"，纠集着王、张、姚等大大小小的反革命怪峰气势汹汹地向无产阶级专政杀了过来，妄图一举篡夺党和国家的领导权、全面复辟地主资产阶级自由自在为所欲为的黑暗社会。

但是，在无产阶级革命蓬勃发展的伟大时代，一切妄图恢复资产阶级自由的行径早已成为违背历史潮流的倒行逆施。以华主席为首的党中央带领全国人民掀起了保卫无产阶级自由的革命风暴,以雷霆万钧之力将江青等大大小小妄图自由地"露峥嵘"的怪峰夷为平地。江青同她终生为之奋斗的资产阶级自由一起被扫进了历史的垃圾堆。

试论杜甫诗的政治倾向[①]

我国唐代著名的现实主义诗人杜甫,在文学史上是一位极重要的具有代表性的作家。伟大领袖毛主席曾经明确地指出,杜甫诗是政治诗。这就极为深刻地告诉我们,对于杜诗,应该着重将其作为政治诗来读。为此,就必须正确地分析杜甫诗的政治倾向。但是,杜诗本身却较为复杂,从表面上看,似乎存在着两种极为矛盾的倾向。那就是,杜甫一方面在自己的诗中将希望封建国家兴旺发达("实欲邦国活")作为自己所遵奉的至高无上的原则("至理"),并将自己对于封建国家最高统治者皇帝的忠心比作是葵花向阳的一种不可更改的本性("葵藿倾太阳,物性固莫夺")。同时,他又以自己特有的细腻笔触反映了安史之乱前后唐代社会的各个方面,揭露了沉重的剥削与压迫给劳动人民所带来的苦难,表达了自己对于劳动人民苦难生活的一定的同情。这就是诗人所自述的"穷年忧黎元,叹息肠内热"。正由于杜甫诗中存在着这种表面看来似乎是矛盾的两种倾向,因而在评论中也往往是各执一端而引出截然相反的结论。有的抓住杜诗维护剥削制度的一面,因其"反映了地主阶级的意识",是"剥削制度的卫道者",而给予否定;有的则抓住其同情人民的一面,而将其誉为"时代的歌手""人民的诗人",而全部地加以肯定。

"一定的文化是一定社会的政治和经济在观念形态上的反映。"因此,只有从一定时代政治经济条件以及由此形成的作家的世界观两个方面,对杜甫诗的政治倾向进行深入而具体的阶级分析,才能正确地评价此种"矛盾"现象。列宁曾经极为深刻地论述了俄国伟大的现实主义作家托尔斯泰作品中的矛盾现象,指出:"托尔斯泰的观点中的矛盾,不是仅仅他个人思想的矛盾,而是一些极其复杂的矛盾条件、社会影响和历史传统的反映,这些东西决定了改革后和革命前这一时期俄国社会各个阶级和各个阶层的心理。"正是在这样一种特定的历史条件下,才促使托尔斯泰"整个世界观发生了变化",摆脱了自己出身的上层地主贵族的立场而站到了宗法式的农民的立场之上,"把他们的心理放到自己的批判、自己的学说当中"。因此,托尔斯泰作品中的矛盾现象就正是大变动的19世纪后期"千百万农民的抗议和他们的绝望"的情绪的反映。列宁的这种分析,为我们正确地分析评价一切文艺遗产、特别是像上述杜甫诗一类存在着"矛盾"倾向的文学现象,提供了无比锐利的马克思主义的武器。

我们先来看看杜甫诗中这种矛盾现象所产生的时代的原因。杜甫的创作生活早在安史之乱之前就已开始,但其创作中的旺盛期及其作品中的佳篇均产生于安史之乱前夕及其之后。其时,开元年间"稻米流脂粟米白,公私仓廪俱丰实"的"盛唐"景况已成历史,社会经济的凋敝是普遍事实,封建制度的裂痕愈加明显。此种情形的一个突出表现,就是生产关系同生产力的矛盾日趋尖锐、社会生产力遭到一定程度的破坏。这时,在唐初曾对生产力发展起过积极作用的均田制早已为土地高度集中的庄田制所代替。皇亲国戚和达官贵人占有大量土地。例如,大将郭子仪的田庄就有多处,仅京城之南一处就有一百余里的庄园。土地高度集中的后果就是无数农民失去土地,被迫成为依附于大地主的佃户。同时,当时的赋税也极为苛重。除夏、秋两税之外,还有什么羡余、税外方园等多种名目。常使农民"敛获始毕,执契行贷"。加上唐皇朝不断地扩边征兵。这就造成了生产力的极大破坏,致使"汉家山东二百州,千村万落生荆杞"。而且,社会分化也极其严重,"朱门酒肉臭,路有冻死骨"的事实举目可见。阶级压迫的加重必然引起阶级反抗的加剧。广大劳动农民采取各种形式同地主阶级展开了不屈不挠的斗争。公元762年,在浙东爆发了以袁晁为领袖的农民起义,震撼了整个南中国。杜甫诗的政治倾向就首先是由这种时代的情形所决定的。

　　阶级斗争的激化也影响到整个的封建统治阶级,使其分为两个不同的政治派别。正如恩格斯所说,"其中一部分人满足于已经达到的成就,另一部分人则想继续前进"。前一部分人即通常所说的顽固派。这一部分人着眼于眼前的既得利益,不愿意正视客观现实,对劳动人民滥加剥削与压迫。而后一部分人就是所谓的改革派。他们属于封建统治阶级中头脑较为清醒、目光较为长远的分子,较为能够正视尖锐的阶级斗争现实,主张采取开明的措施,以便缓和阶级矛盾,求得封建统治的长治久安。杜甫就是属于封建地主阶级中的改革派,杜甫诗的政治倾向就正是这种改革派政治观点的反映。

　　研读一千四百多首杜甫诗,我们就会发现,正是由于杜甫是地主阶级改革派,因而维护封建统治制度是贯穿全部诗作的中心思想。早在安史之乱爆发之前,杜甫就曾发出了"致君尧舜上,再使风俗淳"的誓言。安史之乱爆发后,他为国家被外族侵凌而痛心疾首,乃至看到美丽的花儿也不禁掉泪,听到婉转的鸟啼也不免惊心（"感时花溅泪，恨别鸟惊心"）。后来，杜甫客居四川，听到安史之乱平息，河南河北收复的消息时，真为自己所日夜关心的封建国家有复兴的希望而欢欣鼓舞，乃至激动的泪水沾湿了衣裳（"初闻涕泪满衣裳"），连自己平日所喜爱的诗书也无心看了，大白天举杯高歌欢庆胜利（"漫卷诗书喜欲狂""白日放歌须纵酒"）。在诗人病亡的前夕，穷困潦倒，穿着补了又补的破烂衣服（"鹑衣寸寸针"），已经病得连药物都无济于事（"行药病涔涔"），但他却仍然无限关心着封建国家的利益，深为战乱频仍而担忧（"干戈北斗深"）。可见，杜甫的一生就是为封建的国家兴旺发达而奋斗不息的一生，他的诗歌就是这种奋斗的记录。

杜甫满腔热情地希望着封建国家的兴旺发达，但现实却是满目疮痍。这种理想与现实之间的尖锐矛盾，就是杜甫成为地主阶级改革派的原因。他敏锐地察觉到，封建统治已是相当地不稳。他在《自京赴奉先县咏怀五百字》中就极为形象地将封建国家比作在洪水澎湃、群冰汹涌中摇摇将折的天柱，并发山了"忧端齐终南，澒洞不可掇"的长太息。杜甫尽管为此忧心如焚、心力交瘁，但他并未遁世，而是努力地分析造成此种状况的原因。他发现导致封建统治不稳的根本原因就是人民的情绪动荡不安（"平人固骚屑"）。杜甫的这种认识简直同唐王朝的开创者李世民关于民为水、君为舟，"水能载舟，亦能覆舟"的见解大体相同。不仅如此，杜甫还进一步分析了造成人民骚动的原因，即杨国忠、李林甫一类奸佞对人民的滥施压榨。为此，他提出了两个相关的疗救封建国家的措施。其一就是政治上的扫荡奸佞。杜甫一贯认为，要使封建国家兴旺，最重要的就是要铲除这些蟊贼（"必若救疮痍，先应去蟊贼"）。他甚至在一首题为《除草》的诗中，将这些奸佞比作其害甚于蜂蝎的毒草，发出了视其为仇寇、除恶务尽的强烈呼声("芟夷不可阙,疾恶信如雠")。在经济上,他主张轻徭薄赋、减轻对人民的压迫和剥削。在杜甫看来,奸佞们的主要罪孽就是无休止地压榨人民,致使民穷思变、政局不稳("庶官务割剥,不暇忧反侧")。因此,他认为只有在政治上扫荡了奸佞,轻徭薄赋的经济政策才能得到贯彻。在他送晚辈韦讽赴任的诗中就明确地指出,要"操持纲纪"就必须"当令豪夺吏,自此无颜色"。杜甫的这种轻徭薄赋的主张主要是通过对于唐王朝现行经济政策及其恶果的揭露和批评来表达的。他曾经认真地考虑过因大地主兼并土地造成了失去土地农民流离失所的问题("默思失业徒")。他也曾揭露过苛重的赋税给人民带来的不堪忍受的负担。在《遣遇》一诗中,他细腻地描写了一位采蕨女惨遭压榨的苦况,愤怒地揭露了官府的剥削之重已无所不及("刻剥及锥刀")。杜甫还以较多的诗篇反映了封建统治阶级的扩边征兵给人民所带来的苦难。他在《兵车行》中为我们提供了一幅因统治者扩边征兵造成人民妻离子散、家破人亡的悲惨图景。在著名的《三吏》《三别》中,诗人则以沉郁的笔触,记录了安史之乱时官府不分男女老幼滥加抓兵的各种惨不忍睹的景况。杜甫正是通过这种揭露和批评,表明了自己改革现行政策的强烈要求。他认为,如不改革,统治者们想使国家固若金汤也不可能,而只要加以改革,封建国家的天地就会出现新貌("莫取金汤固,长令宇宙新")。这也就说明了,杜甫的所谓同情人民的实质就是在不触动封建统治制度的前提下局部地改善劳动人民的生活条件。正如列宁所说,是"提倡一种不必消除旧有统治阶级基础的变更,即是同保存这些基础相容的变更"。因此,杜甫的同情人民只不过是为了维护封建统治制度。杜甫认为,只要局部地改善了劳动人民的生活条件,就能使其感受到皇帝的所谓"恩泽"而安居乐业("寒待翠华春"),这样,造反者就会减少,驯服的臣民就会增多("不过行俭德,盗贼本王臣"),封建国家从此就能长治久安了。那篇为评论者所争论不休的《茅屋为秋风所破歌》就集中地反映了这种观点。杜甫在这首诗中以"广厦千万间"为比喻,希望最高统治者能够改善啼饥号寒的广大劳动人民的生活条件,使其感受到皇帝的"庇护"而"俱欢颜"。只要能如此,杜甫表示他宁可自己冻死也是心甘情愿的。这表明他的地主阶级改革派的立场是何等的牢固!

　　由此可见,那种认为杜甫诗的政治倾向是表现了所谓"人民爱"的观点是完全地曲解了原作的基本精神的。事实证明,杜甫对人民的同情绝不是什么超阶级的"人民爱",而只是主张从地主阶级长远利益出发,为了维护剥削与压迫,而去对人民生活条件进行一些局部改善。杜甫从来也没有站在人民的立场之上将其矛头指向封建的剥削制度,只不过是主张减轻剥削与压迫。就拿杜甫的千古名句"朱门酒肉臭,路有冻死骨"来说吧。其本意也只是为了揭露贫富的过分悬殊,而要求适当地缩小这种悬殊,从中绝然看不出一丝一毫反剥削的影子。这种情形,他在一首题为《枯棕》的诗中表现得更为突出。杜甫在这首诗中将棕榈比作人民,将人们对棕榈的割剥比作统治者对人民的剥削,他没有反对人们对棕榈的割剥,而只是反对割剥过甚使其枯朽("其皮割剥甚,虽众亦易朽")。这就说明,杜甫诗中所表现出来的对人民的同情是有着明显的阶级局限的。

　　综上所述,杜甫诗的政治倾向就是集中地表现了地主阶级改革派希图从内部调整生产关系与生产力之间的矛盾、借以局部地改善人民生活条件、缓和阶级矛盾、维护封建制度的政治主张。问题的关键在于,这种政治倾向"在历史上有无进步意义",应当怎样正确评价?

马克思主义认为,对于一切思想意识的历史作用"必须从物质生活的矛盾中,从社会生产力和生产关系的现存冲突中去解释"。这就是说,对于任何思想意识都必须考察其在当时的生产力与生产关系的矛盾状态中,对于生产力的发展能否起到推动的作用。有的同志离开了这一根本的标准,而将对待农民起义的态度如何作为衡量一切思想意识历史作用的唯一标准。这种意见看起来很激进,其实并不完全符合马克思主义的历史唯物主义,用这种观点去评价古典文学必然导致否定多数优秀古典作家。在评价杜甫诗的政治倾向时,我们决不能以此为唯一标准,而只能以马克思主义的历史唯物主义为指导,考察杜甫诗的这种局部改革的政治倾向在当时的物质生活的矛盾中对生产力的发展能否起推动作用。

众所周知,任何剥削制度都有其发生、发展与灭亡的不同阶段。在这整个过程中,尽管生产关系与生产力之间始终存在着矛盾,但在其发生与发展阶段,生产关系同生产力的发展是适应的,或者是基本适应的。这时,在不触动整个剥削制度的前提下,从内部对生产关系与生产力之间的矛盾进行适当地调整,使生产关系更好地适应生产力的发展,是完全可能的。所以,我们认为,处于这一时期的剥削阶级改革派的改革主张是有其现实可能性的,反映了这种改革主张的作家作品就具有一定的历史的进步作用,应给予适当地肯定。正如恩格斯在评价剥削阶级上升期的改革派的政治要求时所指出的,"这些要求至少有一部分是符合广大人民群众的真正的或想象的利益的"。本文所论及的杜甫就恰恰生活在封建社会的发展期。众所周知,我国封建社会,到唐代开元天宝年间发展到了顶峰。安史之乱是其转折点,以后逐步地走上了下坡路。杜甫生活于安史之乱前后,正值封建社会由极盛到逐步走上下坡路的时代。此时生产关系与生产力的矛盾尽管已相当尖锐,但仍然有其基本适应生产力的一面。因而,在那时对于生产关系与生产力之间的矛盾进行适当地调整是完全可能的。从历史事实来看,与杜甫同时期的或者晚于杜甫的许多封建主义改革家,都在一定的程度上和时间内实施了自己的改革措施,而使生产力的发展出现回升的情况。就拿比杜甫晚了二百多年的王安石来说吧。北宋中期日趋凋敝的经济状况就因他的新法的部分实施而有所转机,一度出现了"百钱可得酒斗许,虽非社日长闻鼓"的复苏景象。正是从这个意义上,伟大导师列宁才将王安石称作"中国十一世纪时的改革家"。当然,到了一种剥削制度的灭亡期,生产关系已经成为生产力的桎梏。这时,只有摧毁旧有的生产关系、对旧社会实行彻底的革命的改造,才能使生产力得到解放,使人类社会真正地朝前迈进一步。这时,对生产关系与生产力之间的矛盾从内部进行调整已经根本不可能,所谓改革只能是　种骗人的鬼话。如果有的作品还仅仅宣扬这种以不触动腐朽制度为特征的所谓改革的政治主张,那么,其政治倾向就只能是消极的了。

同时,由于杜甫的地主阶级改革派的世界观在当时具有进步的一面,因而他对于安史之乱前后唐代社会的反映是触及到某些本质方面的。正是从这个意义上,我们是可以将杜甫诗当作历史来读的,而且将永远可供后人从中了解到早已成为历史的他那个时代的种种具体而生动的情状。

文学史研究方法之我见①

一

综观三十多年来文学史研究在方法论方面最主要的弊病，无非是两个方面。一是主要从社会学的角度研究，着重考察文学作为社会意识的诸种特性，而相对地忽视了文学最基本的美学特性。二是存在着孤立地静止地研究的形而上学倾向，人为地将思想性与艺术性、作品与潮流、创作与欣赏割裂开来。因此，我认为，目前在文学史研究方法方面，必须在马克思主义的指导下努力克服上述两个方面的弊病，着重从美学的角度，运用系统论的方法进行研究。我们应该看到，19世纪、特别是20世纪的科学成果已经向我们证实，不论是宏观世界，还是微观世界，一切现象都是独立的具有内在联系和特殊属性的系统。任何将其孤立起来和分裂开来研究的方法，都是行不通的。文学当然是一种社会现象，但又不是一般的社会现象，而是一种特殊的审美的社会现象，并构成自己特有的审美的系统。因此，单纯从其社会的属性，从社会存在决定社会意识的角度，还不能完全揭示文学的根本特性。还必须进一步从美学的角度，从独立的审美系统着眼，才能

①原载《文史哲》1985年第6期。

把握其本质属性。

首先,应将文学作为独立的审美系统来研究,将其从本质上同科学认识与伦理道德区别开来,而不应将它们混淆。它们之间的最主要的区别就是文学作品是凭借着形象的特有的情感判断,即审美判断,而科学与道德却是凭借着概念的逻辑判断。文学作品的这种情感判断性质要求它着重回答对于客观对象的爱与憎的问题,而科学与道德等逻辑判断却着重凭借概念回答客观对象的是与非的问题。当然,杰出的文学形象也包含着某种深厚的思想的理性的因素,但它却是溶化于形象之中,沉浸在情感之内的。如果硬要说它也是一种"概念"的话,那也最多是一种"模糊概念",在内容和含义上有着明显的不确定性。可见,只有形象才是文学借以存在的唯一形式。因此,我们认为,科学与道德是一种逻辑的概念的体系,而文学则是形象的体系,这种形象的体系实际上就是审美的体系。但长期以来,我们只看到文学同科学与道德等社会现象所具有的共同性的一面,而忽视了它是一种特殊的社会现象,是一个独立的审美体系的一面。因此,在文学史的研究中,常常是着重将文学作为科学认识和伦理道德来研究。当我们面对一部文学作品时,总是习惯于首先分析其主题思想,试图通过几个理论性的命题概括其全部内容。其实,文学形象同理论概念是两种不同的反映现实的形式。文学形象中的理性因素不能以概念的形式存在,只能表现为一种"倾向"。"倾向"则只能从形象的描绘中自然而然地流露出来,而不能特别地将其指点出来。这里所说的"流露",就是不凭借概念,而是寓思想于形象。我们通常所说的"主题思想"则是一种凭借概念的理论抽象。这种理论抽象必将在实际上歪曲文学形象的审美内涵。长期以来关于《红楼梦》主题的争论不就是明显的例证吗?不论是"爱情主题说",还是"阶级斗争主题说",无非都是将其归结为某种理论概念。但《红楼梦》作为一个独立而庞大的审美体系,其内涵又决不是任何理论概念所能包容。我认为,它首先是作者的一种独特的审美体验,因而要着重把握其基本的情感色彩,即其形象体系的基本的美学特性。如果说,必须要用"主题"这一概念的话,那么这种通过主要事件的描绘所表现出来的基本的美学特性就是其主题。作为《红楼梦》来说,其基本的美学特性,就是通过对宝黛爱情悲剧的描写,流露出对封建大家族鞭挞和同情相混杂的挽歌的情绪基调。

其次,对文学的分析应是一种美学的分析,而不能代之以政治的分析。政治分析的方法,即阶级分析的方法,无疑是分析一切社会现象的基本方法。但诚如列宁所说,这只不过是一条指导性的线索,而不能代替对具体问题的具体分析。当然,更不能机械地到处贴阶级标签。对于文学作品,其作为特殊的美学现象,政治的与阶级的分析只应渗透于美学的分析之中,成为美学分析的指导而不能对其取代。而美学的分析又着重于情感的分析,即着重分析文学作品通过形象所表现的情感基调。这种情感基调即形成该作品基本的美学特性。18世纪德国美学家康德在著名的《判断力批判》中指出:"因为美若没有对于主体的情感关系,它本身就一无所有。"19世纪丹麦文学史家勃兰兑斯则在《十九世纪文学主流·引言》中认为:"文学史,就其最深刻的意义来说,是一种心理学,研究人的灵魂,是灵魂的历史。"这些意见都是很有道理的。那么,这样是否堕入康德式的否定任何功利性的唯美主义的泥坑呢?我们认为,只要以历史唯物主义的基本观点分析情感的来源与性质,就不会产生这样的流弊。这就充分地体现了政治的阶级的分析的指导作用。如果相反,以政治的阶级的分析取代美学的分析，那就必然使文学研究失去基本的特性。这种情形常常表现为以作家的政治观或其通过作品人物之口表露的政治观作为评价作品得失的标准。例如，巴金的早期作品因其受到克鲁泡特金无政府主义思想的影响，并曾通过人物之口加以宣扬，因而遭到过多的贬抑。这就相对地忽视了对巴金作品的美学基调的把握。我认为，巴金的作品是对封建社会的血泪控诉，其情感力量的巨大，即便今天的读者读后仍不免潸然泪下。由此，我们认为，巴金早期作品中的某些无政府主义说教只不过是白璧微瑕而已。这是因为，巴金毕竟只是文学家而不是政治家，他所奉献给社会的也只是具有美学价值的文学作品而不是政治理论体系。因而，只能着重从美学价值的角度对其作品进行分析，而不能将其作为政治理论家从政治的角度来要求。

最后，应将文学形象作为有机的整体分析，而不应将其中的各个因素割裂开来。文学形象是感性与理性、个性与共性、形式与内容对立统一的有机整体。在这个整体中，矛盾双方处于互相渗透、直接融合的状态。主要表现为理性渗透于感性、共性渗透于个性、思想内容渗透于艺术形式之中。而这种思想与艺术直接统一的整体性就正是艺术美的主要特质。诚如黑格尔在《美学》中所说，"艺术的内容就是理念，艺术的形式就是诉诸感官的形象。艺术要把这两方面调和成为一种自由的统一的整体"。恩格斯在给拉萨尔的信中也曾谈到类似的意见，即要求做到"较大的思想深度和意识到的历史内容，同莎士比亚剧作的情节的生动性和丰富性的完美的融合"。但我们很多人在文学史研究中却常常背离了这种"美在整体"的根本原则，而是孤立地将文学形象内部的两个侧面割裂开来。最常见的是将思想内容与艺术形式割裂开来，将本来是融为一体的文学形象人为地分成思想性与艺术性两个方面，而且毫无根据地将思想性放在艺术性之前。这就离开了文学形象本身所特具的美学性质。再就是将共性与个性隔裂开来分析，也破坏了形象本身的完整性。这是一种形而上学的研究方法，使文学研究离开了有机统一的美学的轨道，而代之以时代背景、思想内容、艺术成就与历史地位的固定的框架，使文学研究教条化与模式化。这就势必窒息广大读者、特别是青年的审美的天性。

二

文学作为一个内在统一的有机的系统，不是封闭式的而是开放式的，它处于横向联系与纵向发展之中。因此，应将文学作为一个开放的系统来研究，而不能将其作为封闭的系统研究。过去，我们确也注意到了文学的外在联系与内在发展的情形，但却没有抓住这种联系与发展的特性，因而不免隔靴搔痒，不能真正以系统的方法对文学进行科学的研究。

从横向的联系来看，应该着重研究文学这个子系统和社会这个大系统的关系，研究一定的文学形象产生的原因。毫无疑问，我们按照历史唯物主义社会存在决定社会意识的基本观点，得出"文学是时代的产儿"的结论。这是完全正确的。但试问，哪一种社会意识，诸如宗教、哲学、道德等，不是时代的产儿呢？因此，这一命题并没有真正揭示社会时代与文学之间的联结点，还必须在此前提下进一步具体化。事实证明，社会的政治与经济并不直接决定文学，文学也不以直接反映社会的政治与经济为目的。社会的政治与经济形成特定时代的社会心理，这一社会心理又影响到作家的心理，从而形成文学作品。因此，文学与社会之间的联结点是社会心理，它是某种社会心理的形象的反映。文学所反映的社会心理愈具准确性与普遍性就愈有价值。杜甫诗有千首之多，但其佳者却是安史之乱后的作品。在这些作品中，作者以其沉郁的笔触反映了这个时代人民的遭际、情感、愿望和要求。有人说杜甫诗是诗史，这是正确的，但其准确的含义应该说，杜甫诗是这个时代人民的心灵史。如上所说，文学是社会心理的反映，而这种社会心理影响于作家的也正是借以形成作家特有的心理，文学正是这种特有的心理体验的产物。因此，在研究作家和作品的关系时，应区别于对政治家、理论家的研究。如果对于政治家与理论家来说，其政治观与哲学观直接决定了他们的政治与理论著作，那么，作家的情形就不完全相同。因为，文学创作主要是一种情感的体验，所以同作家心理特征的关系至为密切，甚至同他特有的遭遇、气质和遗传因子都有更多的关系。这就形成了世界观大体相同的作家会产生面貌迥异的作品，也会出现政治观、哲学观与作品相矛盾的情形。这主要是因为，政治观与哲学观尽管可对作家的审美体验具有重要的指导作用，但却不能代替，并常常不太一致。因此，如果离开对于作家心理特征的分析而仅仅看到政治观与哲学观的作用，也难以科学地解释各种文学现象。另外，还要看到，从具体作品的产生来说，尽管有其必然的原因，但偶然的因素也十分突出。这种偶然因素常常对作家的心理产生不容忽视的影响，并成为某些作品产生的直接原因。在我们过去相对忽视偶然因素的情况下，目前更多地注意一下这一方面的问题，特别是注意它同作家心理和作品产生的关系，还是十分必要的。

　　从文学的纵向联系来看，它处于一种由低到高逐步发展的有序的系列之中。文学史的研究就是从这种有序的系列着眼，通过具体作家作品,进一步揭示其内在的发展规律。因此,研究文学史必须注意历史的研究同逻辑的研究相结合,进一步将史实提到理论的高度,而决不能就史论史,就作品论作品,将各个时期的文学现象割裂开来,成为一部偶然组合的缺乏内在联系的流水账。在历史的研究同逻辑的研究相结合方面,黑格尔做出了自己的贡献,值得我们借鉴。他在文艺史的研究中,通过文艺内在的感性与理性的矛盾关系在不同历史时代的变化,概括出文艺发展的象征型、古典型与浪漫型的不同阶段及其代表性的艺术种类和不同的艺术规律。因而,在黑格尔的文艺史的研究中,包含着强烈的历史感,描绘出了文艺发展的历史过程。当然,他对文艺研究所得出的结论未必正确,但所运用的历史与逻辑相结合的方法却值得我们借鉴。

三

文学作为一个审美的系统,不仅包括作家、作品,而且还包括读者。因为,作家创作出作品,归根到底还是要被读者所接受,而广大读者对作品接受的态度,通过反馈,再回到作家一边,影响了作家对作品的创作。这是一个"创作—反馈—再创作"的有机联系、不断发展的过程。因此,对文学的研究不能离开广大读者对作品的接受程度,即作品所产生的实际效用。而这正是我们过去在文学史的研究中所忽视的问题。

首先,一部文学作品的审美价值直接表现于被广大群众所接受的程度。当然,这不是指群众对作品的眼前的、短期内的反映,而是从长久的历史的角度考察。有的作品可能在一时赢得广大读者,但时过境迁,很快被人淡忘。这样的作品很难说有什么较高的审美价值。有的作品则具有长久的影响,甚至随着历史的发展而愈加被广大群众所喜爱。这样的作品,其影响已远远超越了自己的时代,因而具有极高的审美价值。

其次,广大读者对文学作品的接受程度反映了社会的审美需要,这种审美需要成为调节文学发展的极其重要的因素。如果说,我们把文学创作也看作一种生产的话,那么,调节这种生产的真正动力就是社会的审美需要。因为,只有适应群众审美需要的作品才能得以流传,也才能形成风气;不适应群众审美需要的作品则必将被淘汰。而一个时期又有一个时期的审美需要,一个时代也都有自己的时代美。任何文学创作活动都离不开这种特定的审美需要与时代美的影响。

最后,文学史研究者对文学作品一定要有自己的特有的审美体验,并把这种富有个性的审美体验渗透、溶化在自己的研究之中。这样的文学史研究就是具有个性和特色的研究,研究本身就极富情感的魅力。

诗坛上的强音①

——读《和平的最强音》

《和平的最强音》是诗人石方禹于 1950 年 10 月所写的一首著名的政治抒情诗,发表于《人民文学》3 卷 1 期。当时,正值美帝国主义纠集十五个国家,打着联合国的旗号,公然发动侵朝战争,并武装侵占我国领土台湾。侵略军进逼我国边境,侵略者的飞机放肆地轰炸我国东北。祖国的安全和世界的和平受到严重的威胁。就在这样的形势下,诗人以空前的政治敏锐感,抓住"要和平,不要战争"的主题,写出了这首著名的诗篇——《和平的最强音》。它是政治抒情诗中的佳品。虽然,诗人所针对的政治事件早已成为历史,但诗中所凝聚的历史的真理却仍对我们有着启示,而渗透其中的磅礴的爱国主义激情则更能激起我们的强烈共鸣。这首诗是声讨侵略战争的檄文,是和平的宣言,是人民力量的颂歌。

它是诗的政论,包含着凝重的政治容量,具有巨大的历史感和开阔的政治视野。这首诗虽然处处紧扣"要和平,不要战争"的主题,但却不是泛泛地空谈这样一个论题,而是以马克思主义的

①原载《当代诗歌名篇赏析》,吴开晋、王传斌主编,海峡文艺出版社 1986 年版。

"人民是历史的主人"的真理为指导,并将其具体化为"和平是人民的声音,是世界上的最强音"的艺术语言。诗从1950年3月19日的斯德哥尔摩《和平宣言》及此后掀起的保卫和平签名运动破题,具体地描写了在这个宣言上签字的都是普通的矿工、军人、黑人和渔夫,都是一些华尔街大老板们从未听说过名字的"平凡的人"。但就是这些"平凡的人"创造了世界的历史并能最终决定人类的命运。他们有权利要求和平,也有能力制止战争。诗人写道:

> 我们是平凡的人,
> 但我们是
> 不可侵犯的人,
> 因为我们的名字
> 就叫
> 人民。
> 我们是世界上的
> 绝大多数;
> 我们的声音
> 是世界的
> 最强音。
> 我们并不向他们
> 乞求和平,
> 而是命令他们
> "不许战争!"

诗人在这里以凝练的语言阐述了一个历史的真理:人民尽管是平凡的,但却又是最强大的,不可侵犯的,因为他是世界上的绝大多数;所以,人民的声音是世界上的最强音,完全可以命令侵略者们停止战争。诗人还满怀信心地认为,只要"全世界人民,携起手,筑起一座坚强的万里长城",就可以保卫人民的利益,保卫和平。

诗人并没有把自己的笔停留在对人民力量的正面讴歌上,而是从反面进一步阐述了帝国主义者一旦不听从人民的警告,冒天下之大不韪,悍然发动战争,其结果必然是引火自焚,而以失败甚至是毁灭告终。诗人严肃地唱道:

> 人民向全坐界
> 庄严地宣言,
> 谁要听不到这声音,
> 便要在自己烧起的
> 最后一把火焰中
> 葬身!

甚至是美利坚本国的人民,也不会容忍帝国主义的战争行为,而会在战争中奋起,埋葬战争的发动者。诗人写道:

> 假如今天战争,
> 美利坚呵,
> 你的人民
> 明天将进攻
> 白宫和五角大楼,
> 就像第一次世界大战的末日
> 俄罗斯的工人
> 打开冬宫的大门。

在这里,诗人凭借着自己的丰富的知识,以第一次世界大战中,俄国人民在布尔什维克党的领导下奋起发动"十月革命"、推翻沙皇统治为例,说明侵略者将因发动战争而引起革命并最后灭亡的历史结局。诗人将历史与现实相印证，使这首和平的颂歌具有了更深厚的政治容量和巨大的历史感，给人一种带有规律性的深刻政治启示，从而使这首诗的主题得到了深化。这样的历史与现实的对照在诗中还有很多。诗人还以历史上瑞典王查理十二和拿破仑先后对俄国的侵略为例，说明侵略军一时间也曾凭借着"十万雄师""像湖水一样汹涌"，但最后遗留下的也不过是"残肢骨骸"和"点点碎土"。诗人在这里无意于作琐细的历史探讨，对往事的追述，只不过意在以古论今，"让战争贩子记取历史的教训"。

《和平的最强音》不仅是诗的政论，凝聚着历史的真理，而且是政论的诗。其中虽然不乏哲理性的警句，但更多的则是形象性的语言。因此，这首诗是历史的真理与诗的意境、政治性与形象性的直接统一。这是这首诗的重要成就之一。诗人不是凭借叙述，而是凭借形象来揭露帝国主义所发动的侵略战争的本质。诗人敏感地看到，任何侵略战争都是以人民作炮灰，是人民之间的互相残杀，是"密西西比河边的农夫"对"乌克兰集体农庄庄员"的进攻。而一小撮战争贩子们却大获其利，诗人以抑制不住的愤怒形象地写道：

　　　　他们以人类的生命赌博，
　　　　用鲜血计算
　　　　财产的数字。
　　　　在华盛顿的五角大楼里，
　　　　他们的军事地图
　　　　把太平洋划成
　　　　美利坚的内湖，
　　　　把日本和菲律宾变成

B-29的飞机场。

他们想放一把火

烧毁整个世界，

连同所有的图书馆，

所有的托儿所。

诗人以"生命的赌博""鲜血的计算"这样极其鲜明的形象揭露了侵略战争屠杀人民的反动实质，又以企图把太平洋变成美国的"内湖"，把日本、菲律宾变成停机场，并以一把火烧毁整个世界的生动而形象的语言，有力地揭露了帝国主义者的狂妄野心。这都是极其有说服力的。不仅如此，诗人还以艺术所特有的细节刻画的手段，在粗犷豪放的政治感受抒发的同时，细腻地描绘了一幅幅生动的画面。这里有在银行的柜台前抱着营养不足的孩子的美国家庭主妇，也有爬在电线杆上向纽约市街高举和平旗帜的码头工人，还有那个悲号啼哭的可怜的美国老妪。请看诗人的描绘吧！

我的耳边还响着

那个白发老妪的号哭，

当她听见

军队开到朝鲜去，

她用头撞击

白宫的圆柱，

要她的总统

交回她的

独生子。

这是一幅多么令人心碎的画面啊！它同杜甫的千古绝唱"牵衣顿足拦道哭，哭声直上干云霄"，不是有着异曲同工之妙吗?!

正是通过这一幅幅画面，诗人深刻地揭露了这场侵略战争的非正义性和反动性。

政治性与形象性的直接统一，还表现在诗人大量地运用了比喻的手法。例如，把帝国主义的战争比喻为"用炮弹筒，吾着我们的鲜血，解渴"。把人民的力量比喻为"富士山的火浆，会冲破头顶的白雪"，把六亿中国人民对侵略者的打击和消灭比喻为"将像打死一条狐狸，把你的皮剥下，当作战利品"。

《和平的最强音》形象性的特色，还表现在以艺术化的手法抒发出磅礴的政治激情。强烈的政治激情是政治抒情诗的鲜明特色，是其灵魂之所在。《和平的最强音》当然也不例外。它表现出一股强烈的对侵略战争的憎、对和平的爱，以及对帝国主义的憎、对人民的爱。这种强烈的爱憎情感在诗中是得到了艺术化的处理的。诗人首先是采用了对比的手法流露出了对侵略战争和帝国主义者的强烈的憎恶。他把这些战争狂描写为"穿着燕尾服的强盗""胸前挂着十字架的杀人犯"。在这里，"燕尾服"和"强盗"，"十字架"和"杀人犯"形成鲜明的对比，从而揭穿了他们道貌岸然的虚伪面目。诗人还以这种对比的手法深刻地揭露了帝国主义的战争已经社会化的触目惊心的现实，诗人写道：

> 你的医院在培养
> 杀人的细菌，
> 你的动物园
> 养着军用警犬，
> 你的物理实验室
> 在比赛杀人的武器，
> 你的报纸登着
> 夜总会的舞女用接吻

引诱男人去当兵的图画。

很显然，"医院"和"杀人"、"动物园"和"警犬"、"实验室"和"武器"、"报纸"和舞女接吻的下流"图画"本来是根本对立、水火不相容的，但在美国却以侵略战争为纽带，必然地联系到了一起。这当然是一种反常的社会现象。诗人就正是运用这种相反的现象之间的对比与联系强烈地表现了自己对帝国主义者亵渎医疗、科学实验和新闻等神圣事业的无比愤慨。

诗人还站在历史的高度，从更广阔的视野上将美国的过去和现在进行了鲜明的对比。因为，美利坚共和国的诞生曾有过摆脱英国统治的光荣历史，产生过为争取自由而战的领袖杰弗逊和林肯，并孕育了为自由与和平而歌唱的伟大文学家马克·吐温和惠特曼。但这一页页光荣的历史却被战争狂人所玷污。诗人以历史的见证人的身份讲道：

可是，美利坚，
当我把好莱坞的大腿画
和《草叶集》放在一起；
当我把《独立宣言书》
和杜鲁门的演讲辞放在一起，
我听见你的先人
在地下哭泣。

对于反对侵略战争的人民英雄，诗人运用对比的手法进行了竭诚地讴歌：捍卫和平的纽约码头工人，尽管眼珠被敌人打掉，但人民却传颂着他的名字；大马士革街头传递和平呼吁书的女学生，尽管被抓进警察局，但呼吁书却在更多的人当中传递；在美国大使馆门前高喊和平的维也纳母亲，尽管遭到逮捕，但更多的母亲却高喊出同样的口号；安哥拉的和平领袖，尽管在军事法庭被拷问，但和平组织却像春天的鲜花开放。正是通过上述敌人与人民对反战英雄截然不同态度的鲜明对比，进一步深化了诗人的爱与憎，表明了人民所爱正是诗人所爱，诗人是"人民"这个群体中的一员，是人民的忠实歌手。

　　诗人还运用排比、重叠的手法来倾吐自己的强烈激情，一连用了八个"不许战争"，整整八节的篇幅，表明对侵略者的痛恨、对人民的热爱。请看最后四节：

　　　　不许战争，

　　　　为了无数家庭骨肉团圆，

　　　　为了星期六的跳舞晚会。

　　　　为了我们的工厂，

　　　　我们的学校，

　　　　我们的农庄，

　　　　我们的戏院。

　　　　不许战争，

　　　　让无数的丹娘继续念中学第九班，

　　　　让刘胡兰活到今天成为劳动模范。

　　　　不许战争，

　　　　人民选择了拖拉机和麦穗，

　　　　而不是原子弹和科罗拉多甲虫。

　　　　不许战争呵！

　　这反复的咏唱，层层递进，使憎爱之情似大河之水，直泻而下，给人以强烈的感染。

　　诗人不仅用其饱蘸感情之笔在《和平的最强音》中着力塑造了"人民"这个顶天立地的巨人的形象，而且还刻画了"我"这个抒情主人公作为国际主义者和爱国主义者的动人形象。"我"具有国际主义者的广阔胸怀,心中装满了五洲风云,激荡着四海浪涛,同世界人民休戚相关。从战火燃烧的朝鲜,到侵略战争策源地的美利坚,从巴黎街头到土耳其乡村,亿万人民的利益牵动着"我"的心,使其不吐不快,要为反对侵略战争、保卫世界和平去大声疾呼、放声歌唱:

>　　我从来不会唱歌,
>　　但是我要永远歌唱
>　　和平的最强音。

更为重要的是,《和平的最强音》中突出地表现了"我"忠于祖国、热爱祖国,忠于人民、热爱人民的赤子之心。诗人写诗之时,正值我们伟大的共和国诞生刚刚一年。对于这年青的、富有生命力的可爱的祖国,诗人抑制不住满腔的热爱之情唱道:

>　　我的祖国
>　　像东方升起的太阳
>　　光芒万丈。
>　　我爱我的祖国
>　　她多难,她美丽,
>　　她的前途无量。

正因为如此,诗人深深地感到了作为祖国一员的无比光荣:

>　　祖国,我因你的名字
>　　满身光彩,
>　　因为我是属于这一个
>　　不可战胜的民族。

这种对祖国的"爱",是同对近百年来帝国主义蹂躏祖国的恨紧密相连的。诗人抚今追昔,思绪回到了"长夜漫漫,阴风惨惨"的过去,我们可爱的祖国遭受过连年的水旱之灾,勤劳的人民被卖为"猪仔"，用自己的鲜血养肥了外国老板，我们的美丽国土曾被日本陆战队的皮靴践踏，而美国的装甲车也曾在我们故乡的街道上隆隆地开过。诗人写道：

> 在这些阴暗悲惨的年月里，
> 我也曾经看到
> 黄浦江里更多的美国军舰；
> 美国的飞机
> 遮满上海的天空。
> 在风雪交加的夜晚，
> 警察向被美国兵强奸的女学生
> 勒索美金。

诗人打开了记忆的闸门，这一幅幅屈辱的画面在脑海中重现，有力地流露了诗人作为炎黄子孙的满腔悲愤，也雄辩地证明了失去和平的人民所饱经的侵略之苦、战争之灾。

但诗人并没有让自己停留在悲愤的回忆之中，因为中国人民是不屈的人民，我们的祖国是伟大的祖国。诗人以激奋之情，凝练地描写了近百年来中国人民前仆后继的反侵略斗争。人民拿起武器，向敌人冲击，子弹射穿敌人的胸膛，钢刀涂上敌人的鲜血。终于，我们以鲜血和斗争赢得了胜利，换来了和平的生活，"把苦水交给历史，把汗珠和创造，留给未来的年代"。在血与火的辉映中，年轻的共和国终于诞生了，新的和平而幸福的生活终于开始了。在这幸福的时刻，诗人浮想联翩，激情澎湃：

> 呵，祖国，
> 你的江河流过人民的血泪，
> 你的青山埋着烈士的白骨，
> 你洒过英雄儿女鲜血的土地已经开满朵朵红花。

> 你的长夜已经过去,
> 你的白昼日暖风和。

　　受过苦难的人最珍惜幸福,饱尝侵略之苦的人最热爱和平。中国人民尽管历经千辛万苦才建设了和平的生活,但也可以为了捍卫和平而英勇献身。诗人与人民呼吸与共,毅然决然地表示:

> 我愿我能活满一百年,
> 看我的祖国岁岁壮大;
> 但我也可以在下午拼死战场,
> 假如早上敌人来侵犯。

　　诗人在这里以自己的五彩之笔为我们生动地刻画了抒情主人公誓与人民并肩而战,誓为和平捐躯的生动形象。同时也使诗人对和平的讴歌,对祖国的讴歌成为发自丹田的肺腑之言,来自心灵的衷情之唱。从而使这"和平的最强音"具有了更大的艺术感染力量。

故乡的恋歌①

——《下雨天，真好》赏析

台湾女作家琦君的《下雨天，真好》是一篇质朴感人的抒情散文。她以自然而细腻的笔触，将一腔思乡之情娓娓道来，犹如那绵绵无尽的细雨，叩击着人们的心扉，产生了"润物细无声"的特殊感染力。

联想是写抒情散文的常见手法。因为，联想作为一种记忆的形式，常常会诗化往昔的事物，使之具有浓烈的情感色彩。本文的特点是在于运用"雨"作为契机去引发对绵绵乡情的无尽的联想，这是一种特殊的接近联想；即由接近的自然环境而引起的联想，由当时的"雨"而联想到过去的雨，过去在雨中的所见、所闻、所感。"雨"成为沟通过去与现在、大陆与台湾的契机。当然，这是一种心理的沟通，情感的沟通。由"雨"所引起的思乡之情具有冲决一切障碍的力量，成为跨时空的情感之流。雨与思乡之情，实在是有着紧密的联系。作者由此破题，足见其对生活的感受之深与写作手法的娴熟。首先，雨的有节奏的滴答声，连绵不断，无休无止，具有一种催人入睡的心理效应。而在这种临近睡眠的状

---

①原载《当代台港文学名家名作赏析》，王宗法、马德俊主编，海峡文艺出版社 1989 年版。

态中,人极易于沉思与缅想,已经逝去的人与事常常像电影一般在脑海中映现,伴随而来的情感之流会在胸中激荡。其次,雨创造了一种阴沉宁静的气氛,在这样的气氛中,人的思绪极易离开现实而进入对往事的幻想。琦君在文中写道:"好像雨天总是把我带到另一个处所,离这纷纷扰扰的世界很远很远。"最后,从客观上来说,雨提供了一个人们聚会的环境。尤其在解放前的中国,生产力较为落后,雨天人们无法劳作,也难外出,于是成为不成文的休假日,亲友们在雨天常有许多欢会的时间,因而给人留下难忘的印象。文中所记雨天早晨母亲讲的动人的故事,大谷仓后面长工们的推牌九与父亲的打牌就是这种欢会的生动例证,从而深深地留在作者的记忆中,成为极有价值的珍藏。总之,雨成为唤起乡情的契机,串连那一个个珍贵记忆的长链。诚如作者所说,"那些有趣的时光啊,我要用雨珠的链子把它串起来,绕在手腕上"。人们说散文形散神不散。《下雨天,真好》其实是连形也不散的。从外在结构上来说,它以"雨"贯穿始终,由雨"破",由雨"解",最后由雨"结"。而在内在结构上则是以乡情作为贯穿始终的线索,对雨的回忆的深入也成为乡情由涓涓细流变为滚滚波涛的发展。

　　本文在写雨的回忆中还有一个突出的特点,就是极为细腻地描写了雨中的各种声音。绘声绘色,极富个性,似乎成为一曲抑扬顿挫的交响乐。作者的这种对声音的艺术描述是符合审美规律的。众所周知,审美感受不同于通常的生理感受。它以视觉与听觉为主,而不以触觉为主。因而,作为审美物化形态的艺术也主要集中于对视觉与听觉的艺术描绘。而雨中的色彩则较为单调,基本上是灰蒙蒙的一片。这种灰色的情感表现力也就比较单一。但雨中的声音却是丰富多彩的,不仅有雨本身的各种不同的节奏与音响,而且有以雨为衬托的各种生活音响。正是这种多姿多色的声音才具有了极为丰富的情感表现力。所以,任何内行的作家写雨,都要写雨中的声音。琦君也不例外,她在文中描绘了雨中各种各样的声音。其中有"檐前马口铁落水沟叮叮当当地响"声,有幼年时作者顽皮地穿着皮靴踩水"吱嗒吱嗒的响"声,有母亲雨中打麻线时摇动机器"轮轴呼呼地转起来"的声音,有唱鼓词的盲艺人"咚咚咚"的敲鼓声,有大人们雨中打牌消遣"稀里哗啦的洗牌声",有父亲在淅沥的风雨中愈来愈低,最后终于听不见的吟诗声,也有同潇潇雨声相和的"悠扬的笛声"。特别这笛声,几乎是永远存留在作者的记忆中,余音袅袅,不绝于耳。作者以饱蘸感情的笔触写道:"二十年了,那笛声低沉而遥远,然而我,仍能依稀听见,在雨中……"由此可知雨中声音的巨大魅力。作者就是这样通过雨中各种不同声音的描绘极细微地刻画了自己对各种事物的感受以及随之引起的情感变化,从而谱写了一曲对故乡的恋歌。

本文的另一个特点是在对雨的回忆中充满了浓郁的乡土气息,那一物一事一人都具有鲜明的中国南方水乡的气派。从物件来说雨天所用的麻线绑住的伞与钉鞋,作为茶具的宜兴茶壶,这些都是南方特产;作为风光来说,那白绣球花飘落的烂泥地、方方的水田、窄窄的田埂,南国水乡的风貌;特别是使人流连忘返的西湖景致,著名的平湖秋月、湖滨公园、放鹤亭与孤山,这些都为浙江特有;从花木来说,丁香、一丈红、大理花、剑兰、木樨花、玉兰花,全都"张开翅膀,托着娇艳的花朵",更是在南国土壤上盛开的奇花异卉;从食品来说,炒米糕、芝麻糖、花生糖,更是旧时南方儿童喜食之物;而从风俗来说,文中所写雨天夜晚聚集潘宅大厅听鼓词一段,真是活画出了旧时南方农村仅有的文娱集会,那亮晃晃的煤气灯,一排排的条凳与竹椅,光脚的小孩,哭红了眼的女人,简直可与鲁迅先生在《社戏》一文中所描写的景象媲美。世界上的雨都有其共性,但故乡的雨却独具个性。的确,文中所写钱塘江边西子湖畔的雨,尽管同日月潭边、新泽西州的雨从形式上看没有什么差别,但其内涵却迥异。因为钱塘江边西子湖畔是养育作者之地,那里的一草一木一石一土都刻上了作者成长的足迹,成为故乡赋予作者乳汁、智慧和中华儿女气质的见证。因此,由雨见物,而每一物又都凝集着深厚的乡情乡谊。

　　抒情散文同抒情诗一样,其主旨不在叙述完整的故事和塑造典型的人物。当然,它也要凭借一定的事与人,但目的却不在事与人,而是借此表现内心的某种感情。《下雨天,真好》一文虽也写了雨中的许多事和人,但着眼点却在借此表现浓烈的乡情。它所写的事和人本身从表面上看并无内在的联系。这些事和人组成了某种结构,这结构具有委婉幽怨的情感基调。请看,文中所记母女晨雨中的絮语从力的方向上来看是平行的,从雨中嬉戏到大人们雨天打牌则在幽婉中带有微微高扬的性质,而从父亲病逝开始直到钱塘笛声则是向下的、明显具有哀怨的色彩。这就组成了一幅由微扬到下垂的力的结构图,从而在人的心中引起异质同构的"格式塔(Gestalt)"反应,唤起幽幽的思乡之情。因此,我们说这是一首故乡的恋歌,其基调是一种如泣如诉的哀怨之情。这种如雨丝、似细流的乡情乡思为什么会具有如此巨大的魅力呢?原来它有一种超越时代与历史的共同性,也是人类远古期就积淀在心理的"原型"。著名的古希腊史诗《奥德赛》就细致地描写了英雄奥德修斯在特洛伊战后返乡的艰难历程及其在十数年的漫长岁月中所亲身感受的乡思乡情。这就说明,这种乡思乡情原来是人类的一种具有普遍性的情感，是所谓"集体的无意识"。而这种乡思乡情总是同人们对童年生活的回忆紧密相联，而童年又总是离不开母爱。因为，乡思乡情中最核心的情感就是对母亲的思恋。故乡之所以值得怀恋，很重要的就是它同母亲的行为举止、音容笑貌与辛苦际遇密切相关。这就是所谓见物思人，触景生情。《下雨天，真好》一文列举了雨中的许多人和事，但核心的人物是母亲，而大多数事件则也都牵涉到母亲。正如作者自己所说："我心里有一股凄凉寂寞之感，因为我想念远在故乡的母亲。下雨天，我格外想她。因为在幼年时，只有雨天里，我就有更多的时间缠着她，雨给我一份靠近母亲的感觉。"这真是心灵的率直的剖白！当然，从广义上来讲，人们常将养育自己的祖国也比喻为母亲。作者在文中所表现的对钱塘西湖的思恋是多么的深切啊！这种故国之思正是对母亲思恋的扩展，是一种更具有社会价值的伟大感情，说明作者在此已跳出纯个人的圈子而更具有普遍的意义。从常理上来说，对母亲的深切思恋主要是一种童稚之情。本文正是从儿童的视角，以第一人称的口吻，深切而淋漓酣畅地描写了自己童年时期对母亲的依恋，充满了纯真质朴的赤子之情。同时，由于童年是已经逝去的岁月，所以任何充满欢乐的童年在记忆中都因其失去而带有哀怨的色彩。更何况，作者远离故土和亲人，客居异国，只能借助回忆来"重享欢乐的童年，会到了亲人和朋友，游遍了魂牵梦萦的好地方"。因此，本文所流露的哀怨之情就显得格外深切。面对关山阻隔的故乡与亲人，那朝思暮想的一切只能在梦中重现。因而，淅淅沥沥的雨既是勾起回忆进入梦境的契机，同时也给童年的往事罩上一层朦胧的薄雾，凄凄然，恍恍然，可望而不可即。作者在本文开头所述对雨的特殊喜欢，其中渗透了多少难言的辛酸啊！但诚如一首歌词所说，"归来吧，归来吧！那浪迹天涯的游子"。我们也要对作者琦君及千万海外游子呼唤：归来吧，归来吧，快回到祖国——母亲的怀抱。你们不仅可以见到梦中的故乡，而且可以见到现实的故乡，那笛音已由低沉变得嘹亮；不仅可以在雨中一睹母亲慈祥的面容，而且可以亲自看到在明媚的阳光下母亲开朗的笑脸！

基督教艺术之"中国化"探索①

——试析于加德的绘画作品

　　我是在"汉语基督教文化研究所"进行学术访问期间,认识著名画家于加德先生的。我和于先生是同龄人,于先生祖籍山东,而我在山东生活了四十五年;他现定居上海,而我的中学时代则是在上海度过的。这的确是一种难得的缘分。这次于先生专程由上海来香港参加基督教文化节,他有多幅作品参加了本次文化节的画展,并在文化节上做了十分精彩的有关基督教艺术创作经验的讲座。于先生向我赠送了他的两本个人画册和此次文化节参展作品的宣传册。

　　看了于先生的作品之后,我深刻地感受到,近二十年来,于加德先生以自己深厚的中国书画修养功底,加上勤奋努力,特别是十分难得的、不畏艰难的探索精神,在基督教绘画艺术"中国化"的道路上以自己的实绩迈出了十分可贵的步伐。于加德先生在此次文化节的讲演中指出,"目前全球强手林立,半个多世纪来各国画家进行圣经题材创作者不乏其人"。据我见到的一小部分作品,其形式囊括所有画种,其内容既有圣经故事描绘,又有抒发寓意之作,也就是以中国民族的绘画形式来创作基督教绘画艺术,

---

走"中国化"之路。这实际上是十分艰难的。基督教绘画艺术生长在西方文化土壤之上，同其所要表达的基督教文化内涵之间，必然同根同源，鱼水相谐。而生长在中国传统文化土壤之上的中国画则同基督教文化不同其源。因而，两者能否相融却是有待探索之难题。但于加德先生抓住基督教文化高度抽象的精神与中国画的强烈的表现性这两个特点之间的共同之处，大胆运用中国画特有的民族形式，勇于创新，开拓出既具有鲜明特色，又具有某种个人风格的基督教绘画艺术创作之路。得到教会内外广大绘画爱好者的充分肯定。于先生本人也成为中国当代颇具影响的以圣经为题材的画家。

于先生在中国画形式的运用上应该讲是多方位的，经过了反复的尝试与探索，终于取得初步成功。他所创作的《耶稣与门徒》既是一幅被广泛认同的基督教绘画杰作，又可称作中国水墨画精品。于先生在这幅画中充分运用中国国画工笔画之技巧，以熟练的线条生动地勾勒出耶稣及其12位门徒。可谓形象各异，栩栩如生。这幅画以中国传统水墨将耶稣率其门徒救赎人类的普世之爱表现无遗。于先生还以中国民间传统的剪纸艺术的形式来创作基督教艺术。众所周知，我国传统剪纸艺术是一种民间装饰性的艺术，更是以粗犷的线条、简洁而概括的形式呈现在人们面前，具有更强的抽象表现性。采取这种形式来创作基督教艺术一方面可更好地发挥中国传统绘画艺术的特色，同时更能以喜闻乐见的形式为广大群众，特别是农民群众所接受。例如，于加德先生1993年结集出版的剪纸画册《耶稣生平》，就是颇具特色的剪纸艺术。40多幅作品均具特色。特别是其主题画《耶稣生平》以简洁的手法描绘耶稣出生于普通之家，父母均为慈善的普通平民之情景。画面以摇篮中的耶稣为中心，再突出其父母，辅之以普通的农家器具,具有强烈的戏剧性与装饰性。在这个剪纸艺术的基础上,于先生又将其发展为一幅彩墨画《圣诞》,上述东西方结合之色彩愈加明显,而剪纸艺术的简洁性与装饰性仍然保留,异彩纷呈。可以这样说,这样的艺术探索在我国绘画史上,乃至整个基督教绘画史上都是从未有过的。的确,这种剪纸艺术真是纯粹民间的土得不能再土的中国传统艺术,是地地道道的"中国样"。但是更重要的,于加德先生在运用剪纸艺术时不是简单地形式搬移,或所谓"旧瓶装新酒"。而是将剪纸艺术的简洁性与基督教文化的抽象性高度的结合,而使之在剪纸艺术《耶稣降生》之中渗透着超凡脱俗神圣之味。于先生将之称为"Sacred"味。这也许就是贝尔所称的"有意味的形式"吧!于加德先生的基督教绘画艺术所使用的是中国传统水墨画,但又吸收了西画的某些技法。诸如西画的素描、构图、着色等手法。但总体上又将这些手法择进中国传统水墨画的技法之中,而不嫌生硬。这种以中为主,中西结合的技法增强了表现基督教文化内涵的力度。例如,收入"道风山基督教丛林"所出于加德先生的彩墨画《园中祷告》,就在中画工笔的基础上,吸收了西画的素描、层次、光线、色彩对比等技巧,突出了虔诚祷告,代人受苦的题旨。

基督教艺术之重要特点是渗透着基督教文化的神圣性,流露出特有的超越之美与悲壮之美,从而给人的灵魂以启迪与震撼。许多西方著名画家都以圣经之中创世、苦难、救赎的题材,创作出惊心动魄、震撼人心之作。正如瑞士神学美学家巴尔塔萨所说:"真、善、美乃在之极为超验的本质,它们只能在相互交织中才能被把握"。这里所谓"在"即基督的普世之慈爱、救赎之行为与终极关怀之情怀。

于加德先生以其20年的艰苦探索取得如此丰厚的创作实

绩,可以说他开创了一个新的画种——中国基督教绘画。于加德先生是十分谦虚的,他对自己的成绩十分冷静,认为至今仍然没有"拿出有功夫有分量之作",没有"取得像中央民族管弦乐队在维也纳的成功"。他的理想是:"顾闳中的《韩熙载夜宴图》是盛唐以来中国传统人物画之辉煌代表。依其样式画耶稣生平事迹,必能走向世界。"我相信以于先生的功力、勤奋、成绩与虚心,一定会取得成功,达到目标。但我最后想向于先生进一言的是:将你的"中国圣画"同现实生活结合得再密切一些!

咫尺之图，抒万千诗情

——评章立的画①

　　章立同志是我省统战系统的老领导，与我比邻而居，常常在一起散步聊天。去年秋日的一天，他给我送来一张请柬，邀我到省艺术中心参加他的个人水彩画展，并送来多本他的画集。我这才知道章立是著名水彩画家，从 20 世纪 60 年代初开始他就一面担负繁重的行政工作，一面进行水彩画创作，将近半个世纪，取得卓越成就，蜚声画坛。荣宝斋原总经理、著名国画家郜宗希说道，"看了章立先生的作品第一感觉是吃惊，一个公务员，在繁忙的工作中画了这么多的画，而且件件作品都有新意，都有特点，都很精到"，"他的作品都显得很有气势，小中见大，画面充实，技法娴熟"。郜宗希的评价是十分准确到位的。

　　看了画展后我更感到震撼，呈现在我面前的一幅幅画作，琳琅满目，美不胜收，尤其是小幅画作更是令人神往，真是小中见大，充满生命活力。我国著名油画家靳尚谊评价道："章立同志画了很多小幅水彩，很优美。这是水彩画界不太多的一种现象。"这是一个很高的评价。那么，章立的小幅水彩画优美在哪里呢？我

①原载《齐鲁晚报》2015 年 3 月 9 日 C11－12 版，副标题是收入《文集》时所加。

认为,是章立以自己的五彩画笔创作了一个个奇妙的艺术意境。所谓意境,即为"有生命的节奏和有节奏的生命"。请看章立2008年的作品《中华精神》。此画以雄浑的笔触勾画了奔腾而下的滔滔江水和逆流而上不屈不挠的小船上的船工,寓含着中华民族顽强的生命力量和奋勇向前的民族精神,给人鼓舞,催人奋进。可见,章立的小幅水彩画是在这种西洋画的形式中吸纳了中国传统画写意的笔法。他意在笔先,寄情于景,在咫尺之图中寄寓了自己对于中华民族精神的深情歌颂。不仅如此,章立还在一幅幅作品中凝聚渗透着他在艺术上的可贵创新。水彩画,顾名思义,"水"是一个很重要的元素,章立借用中国画用墨的技巧成功地运用了水彩画中"水"的氤氲渗透之美,画了许多的山溪、瀑布、浪涛,充分表现了水的生命张力。即便是一般的花卉,也充分运用了水的氤氲,表现了花朵开放时的生命之力。我尤为欣赏章立对雪景的描绘,以其出神入化之笔,描绘了雪与水、雪与地、雪与人氤氲交互、浑然不分之境,充分表现了皑皑白雪的生命渗透之力。

　　章立出生于泰山脚下,长期生活在齐鲁大地,对故乡的山山水水有着深厚的感情。他画了众多歌颂山东、特别是泰山的画作。其代表作《泰岱烟云》,以墨色为主,描绘了泰山的雄伟壮丽,依稀可见迎客松傲然屹立的身姿,远处以一抹淡红,意味着红日即将升起。这是一幅日之将出的泰山美景,使人无限神往。总之,章立水彩画,以咫尺之图抒写了万千诗情,真的不同凡响。这就是我作为一个门外汉对章立画作的一得之见,谨以此表达对章立同志的敬意与美好祝福。祝他越画越好,越画越年轻,越画越进入新的境界。

纪念东南大学艺术学院
建院 8 周年笔谈 ①

　　转眼间,东南大学艺术学院已经成立 8 周年了,而其艺术学学科也已经经过了二十年的建设历程,我对东南大学艺术学院表示热烈的祝贺。感谢东南大学艺术学院与艺术学科对我国艺术教育事业做出的杰出贡献,感谢各位老师的辛勤劳动。

　　经过艺术教育界各位同仁的一致努力,艺术学终于在 2012 年 10 月经教育部批准成为一个门类,下设五个专业,这是艺术教育界的大事。现在的问题是,我们如何推动艺术学学科进一步走向繁荣。目前,全国都在谈改革,希图通过改革的途径获得发展的动力,而且也只有改革才能够真正起到推动发展的作用。艺术学科建设的改革需要解决三个大的问题。第一是体制上需要解决应试教育对于艺术学学科建设的制约。目前,我国尚没有从应试教育体制中摆脱出来,而应试教育是与艺术学学科发展相悖的。为此,需要在教育制度上真正确立素质教育的方向,将素养(包括艺术素养)的考核放到招生与培养的首要位置。第二是观念上需要解决对于艺术学学科与艺术教育的轻视。目前,所谓艺术教育末位论的思想泛滥,出现艺术学科严重缺乏资源和优先秀

---

①原载王廷信主编《艺术学界》第 12 辑,凤凰美术出版社 2014 年 10 月版。

生的现象。当然,也出现学习不好的学生才去考艺术专业的怪事。1999年,国家关于素质教育的决定中明文规定:艺术教育在整个教育中具有"不可代替"的作用,对于艺术教育的"不可代替性"需要大力宣传和认真落实。第三是学科自身存在偏颇的状况,具体说,就是重技能轻文化,重专业教育轻通识教育,使得学科建设难以走上正轨,学生也难以做到全面发展并具有后劲。艺术是一种创造性的劳动,既需要很高的技能,更需要很强的素养。应该全面看待艺术学科建设的各个方面,使之健康发展。东南大学是具有艺术教育优良传统的高校,历史上,宗白华先生曾在中央大学教授艺术学与美学,近期又有张道一先生等辛勤耕耘,相信东南大学艺术学院一定会继承这一传统越办越好。

千年"绝学"的伟大"复兴"

——墨学研究的百年回顾与前瞻①

　　墨学的"现代复活",重新成为"显学",是 20 世纪中国思想史上一个意义至为重大的事件。回顾一个世纪墨学"复活"的历史行程,挖掘其中所积淀的丰厚文化珍藏,对于墨学的跨世纪发展十分必要。在湮灭了 2000 年之后重新成为 20 世纪中国思想史上的"显学"之一,这种现象本身说明了墨子的理论与主张一定有"当而不可易者也"(《墨子·公孟》),也说明了 20 世纪中国社会一定产生了对这些理论与主张的巨大需要。因此,回顾墨学复活的历史行程,除了有学术史自身的价值外,更重要的是对墨学继续存在的合理性所做出的历史说明。这就是墨学对现代中国的意义。21 世纪初叶的墨学向何处去? 如何向纵深挺进? 这也是思想史界、特别是广大墨学研究者和爱好者十分关心的问题。本文力图对上述问题谈一点概括性意见,不当之处,敬请海内外宿学鸿儒有以教我。

---

① 本文是作者 1999 年 8 月 18 日在第四届墨学国际学术研讨会上的发言,系与王学典合作完成,原载《文史哲》1999 年第 6 期。

墨学研究的世纪回眸

一种在先前兴盛一时的学说,在经过历史的千年沉埋之后,又重见天日,在西方仅有古希腊罗马的古典学术,这就是所谓"文艺复兴";在中国也仅有梁启超所说的墨学的"现代复活"。

墨子生当战国之初,其弟子徒属至战国时代终结前夕,仍活跃在历史舞台上:"世之显学,儒墨也"(《韩非子·显学》),孔子、墨子二士"从属弥众,弟子弥丰,充满天下"(《吕氏春秋·当染》)。从孟子所说"杨朱、墨翟之言盈天下。天下之言不归杨,则归墨"(《孟子·滕文公下》)的话来判断,在儒墨这两大"显学"的角逐对抗中,墨学似还略占优势。但是,随着战国的终结,墨学突然从"显学"沦为"绝学",从呼啸澎湃的思想洪流顿变为不绝如缕的山涧小溪。在两汉经学、魏晋玄学、隋唐佛学、宋明理学的重重挤压之下,墨学几近失传。但时来运转,墨学却在 20 世纪大放异彩,被学界惊呼为"墨学的复活"! 墨学从中古时代的几近失传到 20世纪的复活再生,再至 90 年代墨学研究的高潮迭起,其间经历了以下几个阶段:

一、乾嘉至晚清:《墨子》文本的重新发现与整理

所谓《墨子》文本的重新发现,这里主要是指:在充分认识《墨子》一书巨大思想价值的前提下,对该书所进行的校注和识读,校墨、注墨、读墨和解墨。从清中叶开始,好像突然形成一种颇具声势的文化运动,这一运动所结出的最大果实,就是孙诒让的《墨子间诂》。

儒学独断地位的削弱,是《墨子》文本重获世人注意的历史前

提。以"非儒"著称的墨学,在汉武帝"罢黜百家,独尊儒术"的文化政策实施之后销声匿迹,实在是势所必至。后来,当《孟子》成为"四书"之一,被朝廷规定为科举致仕的标准教本而为读书识字者朝夕诵习时,被孟子骂为"无父无君,是禽兽也"(《孟子·滕文公下》)的墨子,几近陷入万劫不复、无人问津的地步。这一局面在明代有了很大改观。明末,大胆的李贽竟然敢于斥孟崇墨。这与当时在新的经济因素背景之下出现的新的文化思潮、西方文化的传入,以及这一时期出现的"六经皆史"等议论有极大关系。把经学还原为史学,把儒学还原为子学的倾向在明代的出现,说明传统意识形态内部,正处于变革的前夜。继之而来的有清三百年,学术文化领域的总趋势,是儒学的逐步陆沉与边缘化,子学渐渐走向繁盛,墨子从历史深处的漫漫长夜中浮出地面。到了晚清,这一趋势更加强化和明朗,这就是前贤所指出的:"清代末造,异族交侵,有识者渐谂儒术不足以拯危亡,乃转而游心于诸子群言与夫西方学术,墨子由晦而稍显,时使然也。"①

　　在墨子文本的发现与整理史上,明末清初的傅山有筚路蓝缕,以启山林之功。他的《墨经·大取篇释义》,开后来乾嘉子学研究的先河,也为四百年来的《墨辩》研究奠定了最初的基础。墨学研究的真正复兴,开始于乾嘉盛世。被称为"名教罪人"的"墨者汪中",是这一时期,也是整个墨学史上全面校勘《墨子》全书的第一人,但他的呕心沥血之作《校陆稳刊本墨子》惜已失传。虽然如此,但其历史价值依然不可忽视。汪中不仅是整理《墨子》全书的第一人,也是针对孟子对墨子的诋毁,试图为墨子全面"翻案"的第一人。他对墨学的高度推许,在当时不可不谓石破天惊之

---

① 王焕镳:《〈墨子〉校释商兑》,中国社会科学出版社1986年版,《序言》。

论。汪中之后或同时,系统为《墨子》作注的是当时的大儒、《续资治通鉴》的作者毕沅及其助手卢文弨、孙星衍等人。毕沅的《墨子校注》十六卷,是留传下来的最早的《墨子》注本。在疏通全书疑难字句之外,毕沅为最终顺利解读《墨辩》做出的一个决定性贡献是,发现了《墨辩》原始文本的写法,从而推动了对《墨辩》错简的整理。在《墨子》错简的整理上,苏时学的《墨子刊误》一书做出了一定贡献,其书"正讹误,改错简",使《墨子》书中许多疑滞之处,"涣然冰释,怡然理顺"。这一时期随着西学东渐,还使中国学者能够首次运用近代自然科学知识来重新审视墨学。邹伯奇的贡献就是一例。他在1845年撰写的《学计一得》中明确指出:"《墨子·经上》云'圆,一中同长也。'即几何言圆面惟一心,圆界距心皆等之意。"此类发现不仅是墨学研究史上破天荒的事件,而且对后来墨家自然科学内容的研究起到了很好的引导作用。而这一时期整理、校注《墨子》文本的集大成之作,则是晚清孙诒让的《墨子间诂》。梁启超在《中国近三百年学术史》中,对孙氏此书的衡估最为得当:"孙仲容(诒让)'覃思十年',集诸家说,断以己所心,得成《墨子间诂》十四卷;……俞荫甫序之,谓其'……自有《墨子》以来,未有此书'。诚哉然也!大抵毕注仅据善本雠正,略释古训;苏氏始大胆刊正错简;仲容则诸法并用,识胆两皆绝伦,故能成此不朽之作。……其《附录》及《后语》,考订流别,精密闳括,尤为向来读子书者所未有。盖自此书出,然后《墨子》人人可读。现代墨学复活,全由此书导之。"①孙诒让自己说,"先秦诸子之伪舛不可读,未有甚于"《墨子》书者,而他"覃思十年,略通其谊;凡所

————

① 《梁启超论清学史二种》,朱维铮校注,复旦大学出版社1985年版,第359—360页。

发正,咸具于注。世有成学治古文者,傥更宣究其恉,俾二千年古子厘然复其旧观"①。可以说,经过150多年的努力,在孙诒让手中,被尘埋了近2000年的《墨子》文本的本来面目已基本上"厘然复其旧观""尽还旧观"。这就是我们所谓的"《墨子》文本的重新发现"。

二、民初至五四时期:《墨子》价值的重新发现与论释

前曾指出,清初至乾嘉,众多学者之所以争相治墨学,主要是出于对墨学的价值重估。其实,国人对墨学价值与意义的真正发现与体认,是从西学传入中国之后的晚清开始的。在"西学"特别是其中的自然科学的映照下,墨学的价值与意义,特别是从未有人读懂过的"墨经"的价值与意义显示出来了。栾调甫对这一过程作了精彩、透辟的分析:"道咸以降,西学东来,声光化电,皆为时务。学人征古,经传蔑如。墨子书多论光重几何之理,足以颉颃西学。……光宣之交,博爱之教,逻辑之学,大张于世。而孔门言语之科,不闻论辩之术。孟轲剧口之谈,亦多不坚可破之论。加以儒先克己慎修为教,更无舍身救世之慨。惟墨子主兼爱则杀身以利天下,出言谈则持辩以立三表,事伟理圆,足与相当,此其由微而得以大显于世者。"②

清末民初,出现了"国人家传户诵,人人言墨"的盛况。墨学在这时的繁盛,绝非偶发因素所致。如果说,春秋战国之际中国从宗法贵族社会向官僚士农社会的深刻转型造就了墨子的话,那

---

① (清)孙诒让:《墨子间诂》上,中华书局1986年版,《自序》第3、4页。
② 栾调甫:《二十年来之墨学》,见栾调甫著《墨子研究论文集》,人民出版社1957年版,第140页。

么,20世纪中国从士农社会向工商社会的伟大过渡又一次选择了墨子,墨学又一次担当了"振世救弊"的巨任。俞樾在《墨子间诂·序》中评论天下大势时说:"嗟乎!今天下一大战国也。"①其论虽未必确切,但战国与近代中国是中国历史上两次可以相提并论的剧烈转型则可以断言。它们均由一个时代过渡到另一个截然不同的时代,由一种社会政治体制转变为另一个判然两分的社会政治体制。在这种新旧社会交替的时期,一切现象几乎均与相沿成习的传统精神相悖,而固有文化学术几乎皆不足以应对这种沧桑巨变。这样,清末民初,儒学衰落,在举国欢迎"新知"的同时,人们也以全新的目光重新打量原来一直被视为"异端"的学说。孔孟儒学看来已不可能再据以治国平天下,墨学再一次应运而出。当中国社会历史、中国学术文化在上一个世纪之交需要重新定向的时候,墨学以其自身迥异于儒学的特殊价值,为中国未来路向的重新选择适时地提供了参照,尤其是适时地填补了由于儒学的被遗弃所产生的精神和心理空白。在这种背景下,在《墨子间诂》使得《墨子》一书"人人可读"的基础上,民国时期墨学研究的重点,是《墨子》一书义理、价值、意义和精神的发现、开掘与诠释,这也就是时人所说的:"清儒治墨子者,不过校注而已,初无事乎其学也。逮至近二十年来(1912—1932——引者注),述学之作,云合雾集,而墨学之深义,亦日有启扬矣。"②

这一时期,人们对"墨学之深义"有一系列发现,其中堪称重大发现者有以下三端:其一,墨学的平民性质的发现。这是包括

①(清)孙诒让:《墨子间诂》上,中华书局1986年版,"俞序"第1页。
②栾调甫:《二十年来之墨学》,见栾调甫《墨子研究论文集》,人民出版社1957年版,第143页。

汪中、毕沅、孙诒让等在内的囿于士大夫立场的清儒们所无法企及的,这一点只有到"五四"时期"劳工神圣"的口号和马克思的阶级学说流行之后才能被人们发掘出来。从梁启超到方授楚,都为这一发现做出了贡献。现在看来,墨子的理想、要求和愿望,是对下层百姓、庶人贱民、"农与工肆之人",即弱势者、被压迫被剥削者等劳苦大众的理想、要求和愿望的集中的古典表达。准此而言,墨学平民性质的发现,是迄今为止最具有革命意义,能全面刷新对墨学认识的发现。其二,墨学的科学价值的发现。这也是在传统的知识框架和学术天地里所无法想象的。在两千多年前的《墨子》一书中,人们竟然能看到埋藏着如此之多、如此之深刻的数学、几何学、光学、力学、物理学、天体学等"西学"即自然科学的重要内容,这不能不令中国知识界感到无比欣慰,也改变了人们对中国传统文化品格的判断:中国传统文化在源头上不仅具有人文品格,也具有科学品格。这种科学品格在后来的丧失,是历史上中华民族所遭遇的少数巨大不幸之一。其三,墨学的逻辑内容的发现。这一发现与墨学的科学内容的发现具有同等重要的价值。如果说科学内容的发现主要是指光学、力学等科学知识的发现的话,那么,这里所说的逻辑内容的发现则主要是指科学精神、科学方法的发现。梁启超最先在墨子的背后看到了亚里士多德的身影,在《墨辩》中掘发出"三段论"那样的从公设出发的推理过程。而胡适的《中国哲学史大纲》(卷上),则借助西方的科学方法全面而深入地诠释出《墨辩》的逻辑学意义,从而奠定了墨子在世界逻辑学史上的地位。

上述三大发现表明,民初的墨学,适应时代的需要,已从以校注为主的考据之学转变为以诠释为主的义理之学。

三、20 世纪 30 年代至 60 年代：墨学研究的全面展开与成就

从 20 世纪 20 年代后期开始，政治与学术的双重进步使墨学研究取得了突飞猛进的发展。栾调甫即指出："民国肇造，政体更张。学术亦因之尽脱专制之羁绊，人于放任自由之途，是以二十年来：士治旧业已无经子之界，理趋大同悉泯中西之见。"①中国的学术界此时已经走出了"五四"时期的开辟草创阶段，与世界学术大势接轨的现代学术范型基本形成，前一时期学者的那种浮躁、轻率、粗疏和对待外来学理上的生吞活剥、牵强附会，已为更专业化、更精细审慎、更踏实沉稳的学风所取代。受这种学风的范导，墨学研究也呈现出一种清新的气象：研究在更大范围内、更多的学理层面上展开了，晚清以来的那种认为泰西之学"其源盖出于墨子"的虚骄心态消失了，乾嘉汉学考据与微言大义解读等不同的学术路数分途推进，《墨子》一书中的政治学、伦理学、科学、逻辑学、军事学等广泛内容都得到学术界的重视与研究，围绕着墨辩逻辑与墨子国籍的论战此起彼伏，墨学的出版物如雨后春笋大量涌现。这种墨学研究上的全面繁荣的局面一直延续到中华人民共和国成立以后，而在一些领域里(如《墨经》研究)一直持续到 20 世纪 60 年代中期。这一时期墨学研究的主要创获具体说来有以下诸端：

在《墨子间诂》的基础上，对《墨子》文本的朴学工作仍在继续。《墨子间诂》，上接千年，下推百世，承前启后，功德无量。但是，《间诂》一书并未一举解决所有问题，而遗留下相当多的空白，而且当时认为已被解决的一些问题其实仍包含着错误。尤其是

---

① 栾调甫：《二十年来之墨学》，见栾调甫《墨子研究论文集》，人民出版社 1957 年版，第 141 页。

奥义难解的《墨辩》,在梁启超看来,孙诒让留待后人的空白更多:"孙仲容著《墨子间诂》,全书疑滞,剖抉略尽,独此四篇,用力虽勤,所阐仍寡。即以校勘论,其犁然而有当者,亦未知得半。"①这样,前修未逮,后学踵继,一时注家蜂起。《墨子间诂校勘》(杨嘉,1921)、《墨子间诂笺》(张纯一,1922)、《墨子集释》(张纯一,1931)、《定本墨子间诂校补》(李笠,1922)、《续墨子间诂》(刘褪,1925)、(墨子刊误》(陈柱,1926)、《墨子新笺》(高亨,1961)、《墨子举正》(孙人和,1930)、《墨子新证》(于省吾,1938)、《墨子城守各篇简注》(岑仲勉,1948)、《墨子校注》(吴毓江,1944)、《墨子校释商兑》(王焕镳,1986)等著作,纷纷问世。其中,张纯一的《墨子集释》和吴毓江的《墨子校注》,被认为是1949年前发现最多的两部书,吴著尤被称许为"孙诒让以后最完备的《墨子》注本"②;岑仲勉的《墨子城守各篇简注》,在专家看来亦属于填补空白之作③,而王焕镳的《墨子校释商兑》,则直接匡正《墨子间诂》140多条疏略失误之处,成就空前。

　　继梁启超之后,用现代人文社会科学诸学理来诠释、开掘《墨子》意义的工作向纵深拓展。民初至"五四"时期,中国墨学史上成就、影响最大的是梁启超。他的《子墨子学说》《墨子之论理学》《墨子学案》和《墨经校释》,以"笔锋常带感情"的文字魔力,把《墨子》一书的要义普及于国中,尤其是他首次采用西方现代学术分类方法,从政治学、经济学、宗教学和伦理学诸方面对《墨子》学说的初次阐释,别开生面,影响至巨。沿着梁启超开辟的这一学术

①(清)梁启超:《墨经校释·自序》,商务印书馆1922年版第3页。
②谭家健:《墨子研究》,贵州教育出版社1996年版第371页。
③秦彦士:《墨子新论》,电子科技大学出版社1994年版第136页。

理路继续前进,是 20 世纪三四十年代墨学研究的重要方向之一。《墨子政治哲学》(陈顾远,1922)、《儒墨之异同》(王桐龄,1922)、《墨子分科》(张纯一,1923)、《墨子哲学》(郎擎霄,1924)、《墨子学说》(胡韫玉,1924)、《墨学十论》(陈柱,1926)、《杨墨哲学》(蒋维乔,1927)等,均是这一方向上的重要著作。而《墨学源流》(方授楚,1936)一书,最为出色,"为三十年代墨学研究著作中资料最丰富、论述最详密的一种"①。在梁启超的基础上,该书更从容、更深入地展开解说了"墨学之渊源""墨子学说之体系""墨子之根本精神""墨子之政治思想""墨子之经济学说""墨子之宗教信仰""墨子之知识论与辩学"和"墨子之实用科学"。其中最引人注目之处,是作者对墨子学说平民立场的有力论证。与方授楚相反,郭沫若在《十批判书》中对墨学予以彻底否定,认为墨子是代当时的王公大人立言。此一看法,在现代墨学史上另起一波。

《墨辩》复兴是近代墨学复兴所取得的最大成就。在这个过程中,梁启超和胡适起了关键的作用。《墨经校释》与《中国哲学史大纲》(卷上)可以说是《墨辩》复兴史上的两座里程碑。这两位学界领袖登高一呼,应者云从,遂使《墨辩》研究成为 20 世纪二三十年代之后《墨子》研究的中心议题,导致"附庸蔚成大国"墨学格局的出现。《墨辩》研究集中反映了 20 世纪 20 年代后期至 60 年代中期整个墨子研究所达到的深度和所获致的成就。《墨辩解故》(伍非百,1923)、《墨子大取篇释义》(张之锐,1923)、《墨经新释》(邓高镜,1931)、《墨经通解》(张其煌,1931)、《先秦辩学史》(郭湛波,1932)、《墨辩讨论》(栾调甫,1926)、《墨辩新注》(鲁大东,1933)、《墨经哲学》(杨宽,1942)、《墨子辩经讲疏》(顾实,

---

① 谭家健:《墨子研究》,贵州教育出版社 1996 年版,第 371 页。

1936)、《墨家的形式逻辑》(詹剑峰,1956)、《墨子研究论文集》(栾调甫,1957)、《墨辩发微》(谭戒甫,1958)、《墨经校诊》(高亨,1958)、《墨辩的逻辑科学思想分析》(汪奠基,1961)等著作,是梁启超、胡适之后有代表性的成果。其中,栾调甫有关墨经的部分见解被梁启超誉为"石破天惊"的"发明",并引起一场墨经论战;伍非百的《墨辩解诂》被认为"是对中国逻辑史的巨大贡献"①;谭戒甫的《墨辩发微》甚受学术界重视;而高亨先生的《墨经校诠》在专家看来,则是"近几十年来研究墨经最有成就的书",是孙诒让之后的"第二个集大成者"②。

　　1949年后,墨经研究在墨学领域之所以一枝独秀,原因非常复杂,这和墨经研究属纯学术问题、知识论问题,基本不涉及当时比较敏感的阶级定位和社会政治评价问题有关,所以承二三十年代的讨论余绪,持续下来。但到"文革"突发,从清末开始"复活"了近一个世纪的墨学遂整体上陷入十多年的沉寂之中。此前的20世纪50年代,唯一的一部全面研究墨学的专书是任继愈先生的《墨子》。此书虽仅为墨子生平思想之简介,但仍终有独特价值,仅书中对墨子生平之考辨即足以成一家之言。后来任先生对墨学研究的许多指导性见解,亦由本书引发。

四、20世纪80年代至90年代:墨学研究的重新启动与深化

　　"文革"结束之后,中国大陆迎来了"科学的春天"、学术的春

---

① 见沈有鼎为伍非百《中国古名家言》一书所作序文,中国社会科学出版社1980年版。

② 《杨向奎教授的讲话》,见《墨子研究论丛》(一),山东大学出版社1991年版,第33—34页。

天,墨学研究也在这种春天的阳光雨露滋润之下,重又走向全面繁荣的新时期。墨学研究的这个新时期,大体上可划分为20世纪80年代和90年代前后两个段落。

前一个十年,从最基本的趋势看,学界对墨学的探讨,仍然延续了20世纪30年代以来的学术传统:将更多的精力、注意力倾注在对墨经的考索上,而对墨学其他层面的研究相对薄弱;而且,这时的墨学研究远未引起学界的关注,更未引起社会的关注。这种状况的出现,一方面是学术的连读性使然,另一方面,也是最根本的,是整个20世纪80年代,"全盘西化"的潮流影响了人们对传统思想学术的正面观察。墨学作为传统文化的重要组成部分,当然也被有意无意地锁闭在象牙塔内。即将过去的后一个十年,其大势则又是儒学的强劲上扬与墨学的二次复活齐头并进。尽管上述背景限制了20世纪80年代墨学研究的深度与广度,但由于长期的学术积累,学术界在墨经研究上还是取得了重要进展。沈有鼎在《墨经的逻辑学》(1982)一书中,以其逻辑学大家的眼光,对《墨经》的特点、价值作了独到精深的阐发,所附"一少于二而多于五"论,更是发两千年墨学所未发。此外,陈梦麟的《墨辩逻辑学》(1983)、方孝博的《墨经中的数学和物理学》(1983)、杨向奎先生的《墨经数理研究》(1993)、谭戒甫的《墨经分类译注》(1981)、周云之的《墨经校勘、注释、今译及研究——墨经逻辑学》(1992)和姜宝昌的《墨经训释》(1993)等著作,共同把对墨经的研究推向新的高度。特别是一批有理工专业背景的学者,更把对墨经中所蓄含的自然科学成果的开掘推向前所未有的高度:杨向奎先生可以说是这批学者中的卓越代表,先生既是历史学家、思想史专家,又有深厚的经学、小学功底,还有对理论物理学的深入钻研,这些别人所不同时具备的优势的组合,使得先生的《墨经数理研究》在许多方面能独步一时。

即将过去的 20 世纪 90 年代,是墨学史上的又一个黄金时代。在这个短短的十年内,可以说有许多大事值得永远载入未来的墨学编年史中。这些大事的起点,是对墨子具体出生地的考定;接着是 1990 年山东大学与滕州市政府联合组建的"墨子研究中心"的成立;此后则是"中国墨子学会"和"墨子基金会"的创设。在这些机构的运作下,中外学者得以汇聚一堂,使得首届墨学研讨会成为中国墨学研究史的划时代重大事件。加上本次会议,我们在十年之内连续召开了五次大型国际和国内墨学研讨会,产生了巨大的社会反响和学术反响。四辑《墨子研究论丛》的相继出版,尤其值得我们大书特书。"墨子纪念馆"的建筑落成,更给我们的墨子研究的进行提供了依托。上述这些共同创造了墨学研究的十年辉煌! 在谈到墨学研究的十年辉煌时,我们不能不提到去年故去的张知寒教授。张知寒教授把墨子考定为滕州市人,不但解决了一个千古悬案,而且奠定了山东大学与滕州市十年合作研究墨子的基础。没有他对上述墨学活动的惨淡经营,20 世纪90 年代的墨学研究绝不会是这种局面。他是近十年来墨学研究长足进步的最大动力。张知寒教授直到离开人世时,仍心系他所呕心沥血的墨学事业,仍心系我们这次会议。倘若他地下有知,听到这次会议如期顺利举行的消息,一定会含笑于九泉。

近十年来的墨学研究成果,与前十年相比,与前 90 年相比,有着以下值得注意的特点:首先,概括性、通论性和全面性的大型研究著述集中出现,这是以往十年和以往九十年所没有的。以往的成果多是专题性的,集中研究墨学的某一个侧面。这种作业方式有它不容低估的优越性:便于进行窄而深的专题追索,而它的短处是,容易只见树木不见森林,不便于在更大面积上普及。近十年来出现的这批成果多是在专题研究的基础上形成的,既具通识又不乏专精。其中,孙中原先生的《墨学通论》(1993),以对墨子论述的系统性和对墨家逻辑分析的深刻性为人称道,此书对墨家军事理论的清理也付出了许多辛劳。谭家健先生的《墨子研究》(1995),规模宏大,被认为是"这类著作中成就最卓著的一部",该书前十多章的最后一节,都是关于墨子学说与先秦诸子及后世思想家相关论述的比较,学术价值甚高,而本书所汇集的古今中外墨家研究资料非常详备。杨俊光先生的《墨子新论》(1992),也是这一方面的引人注目之作,被专家推许为"是目前对墨子作比较全面细致论述的专著"①,此书对 20 世纪二三十年代墨学诸说的驳辩,深入而周详,值得参考。水渭松先生的《墨子导读》(1991)不仅对普及墨学做出了重要贡献,而且对诸多有争议的学术问题提出了独到深刻的见解。秦彦士先生的《墨子新论》(1994),别出蹊径,较多触及了一些前人、时人很少提出的问题,结论精湛,具有较高的信息含量。

　　更加突出地挖掘、阐发、诠释、强调墨学的现代价值,构成近十年墨学研究的又一个特点。在先秦诸子中,最具有入世精神、救世情怀的是墨子、墨家反战争、反特权、反等级、反腐败、倡和平、主兼爱、尚廉洁、贵平等、重生产,是墨子思想中带有永恒价值和普世价值的部分。把这些具有永恒和普世价值的思想开发出来,诠释出来,解读出来,无论对于"拜金主义"现象抬头的当下中国,还是对于以大欺小、恃强凌弱的当下世界,都有不可估量的意义。我们欣慰地看到,近十年来,有许许多多的学者在做这种传统资源的开发和转换工作。《墨子研究论丛》前 3 辑,共收学术论

────────────

① 谭家健:《墨子研究》,贵州教育出版社 1996 年版,第 375 页。

文145篇,其中,直接阐释墨学的现代价值或以致用为宗旨的论文占一半左右,而以《贵义、兼爱与企业最高目标》为代表的一批论文,把墨子的古典价值观念诠释为当代工商社会的管理操作准则,相当成功。在从事"传统的现代转换"方面,我们认为"墨学与当今世界丛书"(张知寒主编,1997)和《墨学与现代文化》(孙中原主编,1998)一书堪称典范。前者尤值得注意。这套丛书共10本,囊括了墨学的方方面面,而且与当代社会需要全面对应。作者们既有对墨学本身的准确把握,也有对现代社会的深刻理解,真正做到了古今呼应。可以说,这是一套淋漓尽致地展现墨学现代价值的精彩之作。

近十年墨学研究的第三个特点,是与海外墨学专家的对话与交流大大加强。如上所说,墨学本身具有普世价值,墨子的一系列理论与主张反映了整个人类的最基本的价值需求,是对人类普遍本性的把握。墨子在当时提出他的兼爱非攻反战的一系列政治纲领时,既不是面对"鲁国""齐国",也不是面对"楚国"与"宋国",而是面对当时的"天下"。尽管当时的"天下"与今天的"世界"不可同日而语,但墨子当年的主张以对人性理解的深刻依然为今天世界各地的人们所欢迎,并很早就为他们所接受。还在20世纪20年代,在中国国内墨学热的激励下,《墨子》一书就几乎被同时译成日文、英文和德文,在世界各地出版。一批有远见卓识的汉学家也开始了对墨学的艰苦探索,如英国的李约瑟在他的多卷本《中国科学技术史》中就辟出两个专章,专门讨论墨学的自然科学内容,并给予了极高的评价,从而使墨学的价值广为国际学术界认识。而英国的汤因比与日本的池田大作关于墨子价值的对话更是为人们所熟知:把世界各地和海峡对岸的墨学专家请到大陆来,共同切磋和对话的创举,始于1992年10月在滕州举办的第一届国际墨学研讨会。这是 20 世纪前 90 年从未有过的事情。不同国家和地区墨学专家的到来，给中国大陆的墨学研究注入了新的活力。基于不同的文化背景和价值视角，海外的墨学专家们提供了他们对墨子的独特观察与心得，发现了一些从未发现的思想，提出了一些从未提出过的问题，极大地丰富和推动了大陆的墨学研究。在这些海外学人中，美国的李绍昆教授被誉为"近三十年来在美国研究墨子最有成就"的学者①，台湾地区的王赞源教授以他专深精到的《墨子》（1996）一书为广大的墨学同道所知。另外，台湾李渔叔、史墨卿等教授的墨学成果亦为大陆学者所重，而严灵峰先生编辑的《墨子集成》（1975），则属巨型的墨学文库，为人们从事墨学研究提供了极大的便利。墨学研究的跨国界、跨地区的学术对话将会永久持续下去，这是墨学在 21 世纪继续繁荣的不可或缺的必要条件。

由上可知，墨学从"绝学"变为"显学"的复兴历程是漫长的、曲折的，而这一历程所给我们提供的下述启示也是深刻的：

1. 墨学命运的大起大落与中华民族历史命运的变迁具有高度的相关性，墨学的流传曲线与中国文化的起伏轨迹惊人地吻合。这一现象昭告世人，民族兴则墨学兴；墨学远比适应稳定的农耕社会文化的儒学具有更为超越时代的价值。随着一个强大的中华民族在 21 世纪的崛起，一个墨学繁荣的崭新局面也肯定不可避免。

2. 思想的价值不能由思想自身来决定，归根结底，思想必须由时代来取舍和选择。传统思想学说中某些原来一直被遮蔽被埋没的价值可能由于时代的交替和社会的转型突然显露出来，从

---

① 谭家健：《墨子研究》，贵州教育出版社 1996 年版，第 383 页。

而使后人在传统学说中看到前人所无法想象的内容,墨子思想的平民性质、科学价值和逻辑内涵就是借助时代之光发现的。可以相信,墨家学说中仍蕴藏着一些我们今天尚未完全认识的东西。换句话说,博大精深、玄奥无比的墨学在21世纪肯定会有着广阔的研究前景。

3.墨学的价值重估与"西学"的传入有着不解之缘。墨子是一位最合乎西方标准的思想家,他的渊博的自然科学修养使他可与最杰出的古希腊哲学家并驾齐驱。墨学因而有着超越民族、地域的普遍意义。假如,中国的某些传统学说的某些成分可能会随着全球化时代的到来而逐渐淡出的话,那么,全球化真正到来之日,肯定会是墨学最为辉煌、墨学的价值彻底彰显之时。我们期待着并将努力促成这一天的早日到来。

21世纪墨学前景展望

回顾历史是为了展望未来。20世纪的墨学史给我们提供了许多启示,其中最深刻的启示是:任何理论思想的价值都是由其本身的内涵与时代的需要两个方面的互动决定的。墨学之所以会在20世纪由"绝学"走向复兴,是由其自身的丰富而深刻的内涵与20世纪科学与民主成为时代主旋律这一现实决定的。在未来的21世纪,墨学肯定将以其自身独有的价值在新的时代放射出更加夺目的光辉。

一、墨学的定位

两千多年来,墨学由兴到衰,再到兴,特别是近百年来,墨学研究被不断深化、拓宽。对于墨学,赞之者众,贬之者也众。有称之为"圣人"者,也有斥之为"禽兽"者。直到现在,对墨学的评价仍呈两极之势。像墨学这样的理论体系,历经这样多的坎坷,实属罕见。但在这样的沉浮褒贬中墨学也比其他理论体系经历了更多的考验,而其价值意义也更加显明。在新世纪即将来到之际,回顾百年墨学研究的历程,特别是总结海内外各位著名学者的高见,应该给墨子与墨学以一个更全面、更准确的定位。我们认为:墨子是世界历史上第一个最集中、最系统反映下层劳动人民利益的伟大的平民思想家,墨子是世界历史上第一个完全站在弱国小国立场上提出了一系列反战理论与防御战略的伟大军事家,墨子也是世界历史上足以同古希腊诸多科学家比肩的第一个东亚的伟大科学家。这三个"第一"既决定了墨子与墨学的历史价值,也决定了它的当代价值。

这样的历史定位,首先是从墨学本身出发,同时也是同其他思想理论的比较中得出的结论。他的以"兼爱"为出发点的"十论",集中反映了他的伟大的平民思想家的风貌。他所谓的"兼",正是针对贵族统治者的"别",要求无区别地热爱救助苦难中的劳动人民。他说:"若使天下兼相爱,爱人若爱其身,犹有不孝者乎?视父兄与君若其身,犹有不慈者乎? 视弟子与臣若其身,恶施不慈?"(《墨子·兼爱上》)他认为,"兼爱"即爱人如己,超越等级与血缘;相反,有区别的爱则是社会动乱的根本原因。他的"兼爱"论既反映了下层劳动人民的要求,批判了贵族等级观念,具有强烈的人民性、进步性,同时也有强烈的乌托邦色彩。因为"兼爱"在贵族统治的社会中实际上是不可能的。他在"非乐"篇中提出了著名的对当时社会现实的评价,这就是所谓"三患":"饥者不得食,寒者不得衣,劳者不得息。"(《墨子·非乐上》)这实在是发自下层劳动人民心底的呼声,成为所有剥削社会劳动人民现状的生动写照。而他的"兼爱"论同孔子的"仁学"截然不同。孔子尽管主张"仁者爱人",但他的爱是有区别的,是以"亲亲""尊尊"为基础,"克己复礼"为前提,而将奴隶与劳动人民排除在外,这就是所谓"唯女子与小人为难养也"(《论语·阳货》)。因此,孔子的"爱"是统治阶级范围内部的爱,孔子的人道主义是一种贵族阶级的人道主义。而墨子的人道主义则是一种平民的下层劳动人民的人道主义。两者是大相径庭的。与孔墨时间大体相同的古希腊的柏拉图,作为思想家,写了著名的《理想国》。在这个理想国中处于最高位置的是哲学王,其次是城邦保卫者,统治作为农工士商的自由民,而奴隶则完全处于被奴役状态。很明显,柏拉图是贵族阶级的思想代表。再从墨学被儒家学者的攻击来看,孟子将其视为"禽兽",也能说明这一点。而西汉以后,在"独尊儒术,罢黜百家"中墨学逐渐走向湮没。这都同其反映平民阶级要求的鲜明思想倾向有着直接的关系。墨学作为古代世界历史上仅存的全面而系统反映下层劳动人民思想政治要求的理论体系,在封建统治思想占据绝对统治地位的权力话语语境中的确难有立锥之地,最后被罢到而几成绝学。

墨子以"非攻"为代表的一系列反战的篇章则构成了他作为世界历史上第一位代表弱国小国利益,从守备与防御上提出系统理论的伟大军事家的风貌。他假借天意,反对恃强凌弱。他说:"天之意,不欲大国之攻小国也,大家之乱小家也,强之暴寡,诈之谋愚,贵之傲贱,此天之所不欲也。"(《墨子·天志中》)其出发点,仍是从下层劳动人民的利益出发。他认为,在战争中受到残害的是劳动人民的生命财产。他具体描写侵略者带给下层劳动人民的灾难时写道:"入其国家边境,芟刈其禾稼,斩其树木,堕其城郭,以湮其沟池,攘杀其牲牷,燔溃其祖庙,劲杀其万民,覆其老弱，迁其重器，卒进而柱乎斗。"（《墨子·非攻下》）这说明，他的军事思想是以维护劳动人民利益为其出发点。这在世界古代军事家中是绝无仅有的。而且，他总是代表小国利益，提出一系列防御为主的战略战术思想。包括《公输》《备城门》《备高临》等十余篇，系统地论述了小国如何胜利自卫抗御强国入侵的理论与实践。具体提出了守城的14个条件，包括外交、动员、武器、装备、布兵、工事、纪律、后勤等各个方面，应有尽有。论述小国、弱国如何胜利抗御大国、强国，其所达到的水平，在古代世界军事史上也是绝无仅有的。与其时代大体相当的《孙子兵法》，的确反映了我国春秋战国时期军事科学的最高成就，但那是反映战争一般规律的著作，作为集中反映古代劳动人民利益、论述以弱胜强的军事家，墨子则是第一人。

《墨辩》则奠定了墨子作为东方古代第一个伟大科学家的地位。本书涉及天文、地理、数学、几何、逻辑、光学等各个方面，而且达到很高水平。将墨子称为"东方科圣"是当之无愧的。墨子之所以成为当时伟大的科学技术专家，这同他本人出身于劳动人民是密切相关的，古代曾将他与鲁班并称为工匠之祖，应有一定根据。而且，他看到劳动人民当时饱受战争之苦，为避免这些苦难，他身体力行带领弟子四处奔波，帮助弱国小国研究御敌之术，发明防城器械，研究攻守方法。这一切都涉及到科学技术。因此，墨子作为东方第一个伟大的科学家也是同他作为平民思想家密切相关的。而与他相对立的孔子及其儒家学说就鄙视生产技术，从而远离科技。这正从反面印证了古代科技主要源自生产实践与劳动人民，而为贵族阶级所轻视。由此可见，墨子的三个"第一"，是以其作为世界古代最伟大的平民思想家为基础前提与出发点的。

二、墨学的当代价值

20世纪即将结束,新世纪的曙光已在前面。即将到来的新世纪有着无限美好光明的前景,将逐渐走向以信息科学为标志的知识经济时代,人类的生存方式将极大改善,生活质量也将全面提高。但人类社会也将面临着一系列问题:环境问题、贫穷问题、精神危机问题、人口膨胀问题、强权政治问题等,都威胁着人类。而世界的两极分化,强权政治的发展,贫穷与战争的蔓延,使广大第三世界弱国、小国的贫苦人民存在着基本人权与生存权被威胁的问题尤为突出。这就使未来21世纪弱国贫苦人民为争取基本人权与生存权,抗击强权政治,争取民族复兴与强大的斗争将成为时代的主旋律之一。在这样的形势下,墨学就显现出了其特殊的价值和意义。诸多西方学者曾预言未来的21世纪人类将从东方儒学中寻求拯救人类的药方。事实上,这里应该把儒学扩大为东方传统文化,其中主要包含儒、道、墨的互补,这样才能为人类社会的前行贡献东方特有的智慧财富。而墨学在这种互补中更有其不可替代的价值、意义。这也就为新世纪墨学研究提出了新的课题。

第一,墨子的"兼爱"思想,对新时代第三世界人民争取基本人权与生存权有重要的理论借鉴意义。

墨子作为世界古代第一个伟大的平民思想家,主张"兼相爱、交相利",强烈要求劳者得息、饥者得食、寒者得衣这样一些劳动人民最基本的生存权。他坚持不分贵贱与血缘的无区别的"兼爱",反对讲究贵贱与血缘的"别爱"。根据这一思想就彻底地把第三世界弱国小国人民的生命价值与生存意义同发达国家大国富国人民的生命价值与生存意义放到完全平等的位置之上,从而成为这些国家与人民捍卫自己生存权与基本人权的重要理论根据。

第二，墨子的"非攻"理论，是广大弱国抗击强权政治的有力武器。

墨子提出著名的非攻理论及一系列弱国抗御强国的战略、技术，使其成为世界古代第一个代表弱国小国利益抗御强国大国侵略的伟大军事家。他在著名的《公输》篇中批评楚王伐宋说："荆之地，方五千里；宋之地，方五百里，此犹文轩之与敝舆也"，为何要"舍文轩"而窃人"敝舆"呢？这样的批评真可谓形象生动，而当今世界自己有了极其豪华的车子还去掠夺别国破旧车子的事实不是屡见不鲜吗？墨子将这样的行径斥之为"不义"，而这种不义的行径直接残害到广大劳动人民。他具体形容道："且大人惟毋兴师以攻伐邻国，久者终年，速者数月，男女久不相见"，"攻城野战死者不可胜数"（《墨子·节用上》）。因此，他高高举起"非攻"的义旗。他的所谓"非攻"不是一般地反对战争，而是反对以强凌弱的侵略战争。他同时创造了一系列以弱胜强、以小胜大的理论和战略战术。凡此种种都对当前反对强权政治、抗御不义的侵略战争，乃至于鼓舞小国弱国人民在强国欺侮侵略面前树立必胜信心，都有其重要意义。江泽民主席在1991年5月15日的一次讲话中就引用了墨子"强不执弱，富不侮贫"的思想，这集中说明了墨子非攻思想的伟大现实意义。

第三，墨子的"非命"理论成为中华民族在新时期自强不息，争取伟大民族复兴的强大动力。

墨子在两千多年前的古代固然有迷信鬼神的一面，但他在束缚古人的"命运"面前却表现出了无畏无惧的精神。这也正是他的下层劳动人民立场所使然。他认为所谓"命"正是统治者束缚劳动人民的手段之一。他说:"命者,暴王作之。"他的《非命》篇集中批判"命富则富,命贫则贫"的统治思想。认为劳动人民只有抗击命运,自强不息才能摆脱贫穷,求得温饱。他说:"今也农夫之所以早出暮入,强乎耕稼树艺,多聚菽粟而不敢怠倦者,何也?曰:彼以为强必富,不强必贫;强必饱,不强必饥。故不敢怠倦。"(《墨子·非命下》)这种抗击命运,自强不息的精神是中华民族最优秀的传统之一。在新的世纪,中华民族肩负着民族复兴的伟大历史使命。任务光荣,但也特别艰巨。不仅有摆脱贫困、发展经济的重任,而且须克服重重阻力。在这种情况下,墨学的非命思想就成为极其宝贵的精神财富。我们不同样处于"强必富,不强必贫;强必饱,不强必饥"的境地吗?! 不同样也应像伟大的墨子一样面临存亡发展的危境,而努力奋斗,不敢怠倦吗?!

第四,墨子的科学思想成为新时期增强民族自信心,发展科技,贯彻"科教兴国"方针的精神基础。

墨子作为古代东方第一个伟大的科学家在科学技术方面所涉及领域的全面性,理论上所达到的水平以及同生产实际与战争实际联系的紧密性在当时均走在世界的前沿,成为高峰之一。这充分说明中华民族不仅在文化上,而且在科技上都曾领世界潮流之先。也说明,我国古代的四大发明确有其深厚的根基,从而有力地驳斥了中国古代没有科学的谬说。但科学技术的发展的确同社会制度紧密相关。中国漫长的封建社会,小农经济体制的长期绵延的确束缚了科技的发展。而科技只有同生产力的发展紧密相联,才能获得不竭的动力。墨子作为下层劳动人民的代表,充分认识到生产的发展同人民的生息紧密相关,因而高度重视生产力的发展,提出"赖其力者生,不赖其力者不生"(《墨子·非乐上》)的重要观点,加之帮助弱国提高防御自卫能力的需要,因而其科技水平达到极高的高度。当今世界，科技已成为第一生产力，我国也提出了"科教兴国"的战略方针。在这样的形势下，古代墨子在科技上的光辉成就无疑是推动中华民族振兴科技的巨大动力。既然在两千多年前我国在科技上曾经走在世界前列，那么，在面向 21 世纪之际，我国人民经过努力也一定会在科技上赶上世界水平。古代的墨子正是凭借科技武装劳动人民，改造自然，取得自卫战争的胜利的。而今天的我国人民要真正走向繁荣富强，也必须认真贯彻"科教兴国"的方针，崇尚科学，反对迷信，凭借科学的武器去创造 21 世纪中华民族新的辉煌。

另外，墨子的"节用"思想表现出的艰苦奋斗精神，"尚贤"思想中提出的"不党父兄，不偏富贵，不嬖颜色"（《墨子·尚贤中》）的用人之道等等均具有巨大的现实意义，需要我们进一步发掘借鉴。当然，不可忽视的一点是，墨子毕竟是两千多年前的古人，不可避免地有其时代与阶级的局限。他的平民意识仍然反映的是小生产者的要求，而所谓"兼爱"也带有浓厚的乌托邦色彩，其科技思想与军事思想也都是人类社会早期成果，带有诸多草创的痕迹。因此，对墨学也需要批判地继承，吸收其精华，剔除其糟粕。而且我们今天重墨，并不意味着儒道佛其他诸说就没有价值。而只是认为，墨学作为中国传统文化最有价值的成分之一，应同其他思想文化一起在互补中共同构成绵延不绝的中国传统文化的长河，用以滋润海内外炎黄子孙，建设世界文明的大厦。

回顾过去的百年，墨学由衰到盛，展望未来的百年，墨学必将沐浴着时代的风雨，吸取丰富的营养，在同中国传统文化中的其他思想和与西方文化的互补中创造新的辉煌，取得更加丰硕的成果。

关于当代人文学科地位与价值的思考①

人文社科地位失落状况亟待改观

人文社会科学与自然科学同属大科学的范围,分别反映了人类对社会与自然的认识与判断。历史上文理常常是相通的,许多大学者常常是先攻理科后又弃理从文。德国大哲学家康德的一生就可分为两段,前半段专攻自然科学,提出了著名的"星云说"。后来认为对人的精神世界的探讨更为重要,又转向哲学研究,而且写出著名的"三大批判",取得更加辉煌的成就。我国著名学者鲁迅、郭沫若早年都是负笈东瀛,学习医学,后来又都认为对国人的精神疾患的疗救更胜过对身体疾患的疗救,从而弃医从文,均成为一代文豪。我国新时期以来,以邓小平和江泽民同志为核心的两代领导集体都对物质文明和精神文明、科技与人文给予了高度重视,提出了"两手都要抓,两手都要硬"的理论观点,对人文社会学科的发展给予高度关注。但由于种种原因,人文社会科学却不可扼止地出现了地位失落、发展滞后、队伍不稳、与现实需要极不适应等严重现象,引起高教界同仁包括许多高层学者的深探忧

---

① 原载《中国高等教育》2001 年第 11 期。

虑。1996年夏季,我国高校七十多位人文社会科学学者在大连曾就人文社会科学的地位与发展问题进行了比较深入的专题讨论,并提出相应对策。但时至已经迈入21世纪的今天,这种状况很难说已有实质性改观。随着国际竞争的剧烈和全球化进程的加快,这种人文学科失落的现状已经到了必须进一步引起各界人士重视并尽快加以改观的时候了。

我国目前人文学科地位是否失落,在高教界并未取得统一认识。有的同志举出一系列数字以作为发展的论据,这是事实。我之所以说失落是从人文学科应有的地位出发,是从比较而言,更重要的是着眼于我国长远未来的发展。从思想观念上来讲,目前无形中存在着一种对人文学科的歧视。我国新时期实行两院院士制度,这无疑是对知识和知识分子的一种尊重,它从总体上推动了科学的发展。但人文社会科学却始终没有实行院士制,同样是长期在教学科研中辛勤耕耘,取得在本学科奠基性和国际前沿性成就的人文社会科学学者除20世纪50年代确定的极少数高龄的"学部委员"外,都不可能取得院士那样的学术荣誉和价值肯定。

人文学科的失落还表现在生源上。过去有多少优秀学子在梦寐中向往曾经云集诸多著名学者的北大、山大、复旦、南大、武大等著名高校的文史哲专业,但目前申报这些专业、特别是史学和哲学专业的优秀人才大为减少,甚至某些著名大学这些专业的第一志愿都难报满,这些专业的研究生常常来源于外地的、低层次师范类院校试图改变工作环境的教师。当然,目前教育部实行文科教学基地,在生源上有所补救,但并未从总体上改变文史哲类专业的生源质量。同时,基地毕业生改学法律、经济、管理类的数量日增。

　　从队伍方面说,人文学科专业教师队伍不稳的状况也未改变。虽然教育部和各省实行跨世纪人才和拔尖人才制度稳定了极少数优秀中青年人文学者,但从大多数人文学科教师来说,普遍在待遇上低于同类的理工科教师。加上人文社会学科没有理工科那样的国家级奖项,成果也没有理工科那样的 SCI 和 EI 检索,因而很难得到肯定,致使队伍不稳,流失难以扼止。有的著名学者辛勤培养出专业性极强的博士生,应该是难得的人才,但由于各种原因也大都放弃专业改行,令人为之扼腕。

　　更令人奇怪的是,目前对人文学科的评价体系也出现理科化的趋势。要求一位从事精神价值创造的人文学科学者,一年必须在国家级核心级刊物发表多少文章,同时出版多少专著。结果导致浮躁之风蔓延,甚至出现不正之风。在这种风气下,怎么可能培养出学风严谨、学养深厚的一代大师呢?!从经费与条件来说,文理科也难成比例。目前除全国一百多个文科基地得到装备外,大部分文科专业设备、用房陈旧,经费严重不足。尤其是文科必需的图书经费更是难符需要。

　　人文学科地位的失落不是偶然的,而是有其深刻的社会原因。工业化以来,科学主义发展到极端,导致科技拜物教,因而忽视人文精神及与之相关的人文学科。加之,市场经济发展,导致功利主义昌盛,而教育上的经济功利主义的重要表现就是对与经济效益相距甚远的人文学科的歧视。目前,我国科学技术乃至与其相关的科技教育的发展仍然远远不够,需不断加强。但不能因此而否定人类的道德理性与人文精神,那将对人类的教育与社会生产形成误导。美国从 1959 年到 1987 年曾有过"两种文化"的争论,一种文化以科技知识分子为代表,一种文化以人文知识分子为代表。有的学者认为这两种文化之间隔着一条很深的鸿沟,而"科学家在道德上比人文学家高出一筹"。这就明显的以工具理性为标准,表现出对人文学科及其学者的学科歧视。市场经济是以市场作为调配资源的主要手段。实践证明,这种调配手段有利于效益原则和竞争意识的形成。我国已实行社会主义市场经济并被证明有利于经济的发展。但如果将其无限制地运用于社会生活的各个领域,或者作为指导教育工作的唯一原则,那必将造成教育工作功能的严重缺损。因为教育肩负着育人、发展物质文明和精神文明、推动社会进步的多重功能,如果仅仅以经济效益作为唯一功能,必将抹杀它的最主要的功能使其走偏方向。而对人文学科的忽视就是由市场本位导致的教育功能严重缺损的重要表现之一。

教育领域对人文学科的轻视,还同长期盛行的应试教育体制有关。特别是智商测试的盛行可以说把应试教育推到了极端,衍生出形形色色的标准化考试,发展成了一种独特的测试行业。按照这种测试方法,最重要的学科就是数学、科学、语法、逻辑等,而不适合这种考试方法的思想品德、道德意志、人文精神、哲学思维、心理素质、审美能力就不被重视。人文学科的被忽视很明显同这种测试方法的盛行直接有关。不仅如此,这种应试教育发展到极端,还会压抑、戕害人性,妨碍青少年健康成长,导致严重后果,甚至造成悲剧。江泽民总书记著名的关于教育问题的谈话,就对这种测试主义的应试教育进行了严厉的批判。

由此可见,对人文学科的忽视必将造成严重的后果,诸如人文学科人才质量的滑坡,人文成果水平的下降,人文服务的缺乏与弱化等。但最重要的是人文精神的失落。而人文精神的失落无论对当前社会的健康发展以及未来国家民族的振兴都将产生极为严重的不良后果。

从社会发展大背景
确立其战略地位

对于人文学科的当代价值,我认为应该放在社会发展的宏观背景上来思考。我国正面临着经济全球化和以信息技术为标志的现代科技革命的机遇与挑战,同时也面临国际间尖锐激烈的竞争与斗争。在这种形势与背景下,人文学科承担着特有的、不可替代的人才培养与科研的任务,担负着新时期人文精神及其价值的建设与发扬的重任,这有着极为重大的现实意义与理论意义。

第一,关系到全球化趋势中民族凝聚力的强弱。经济全球化趋势,不仅会影响到我国的经济,也会影响我国社会文化各个方面。它一方面会有力地推进我国的改革开放,使我国更好地利用国际资源,吸取他国长处;另一方面,由于我国在经济与科技上的相对弱势,也会使我们在许多方面处于不利地位,在文化上也会面临西方文化对我们进行同化与渗透的严峻挑战。在这种形势下,如何进一步发扬民族文化,倡导民族精神,增强民族凝聚力就显得至关重要。它可以更好地实行"以我为主"的原则,维护民族和国家利益。而民族文化则是民族凝聚力的核心因素。中华民族的传统文化源远流长、基础浑厚,而文化的认同感即民族的认同感。中华民族历时五千年繁荣昌盛的根本原因就在于有着丰厚的传统文化基础与文化认同。高校人文学科承担着中华传统文化研究、发扬与人才培养的重任,加强人文学科恰恰有利于全球化趋势中民族凝聚力的增强。这就是我国著名的社会学家费孝通教授在论述全球化进程中中华文化发展时所说的"文化自觉"。"文化自觉"的重要内涵就是,在全球化过程中对本土民族文化要有"自知之明"，并对其发展和前途有充分认识。而加强文科建设，继承发扬民族文化，正是全球化进程中具有战略意义的重要对策，是"文化自觉"的体现。

　　第二，关系到现代化进程中社会的健康发展。在我国现代化进程中也有一个社会健康发展的问题。社会健康发展的诸多问题都同人文社会学科有关。首先是我国现代化建设要以马克思主义、邓小平理论为指导，这是确保社会长治久安和社会主义事业健康发展的根本大计。这就要求人文社会科学要深入研究、阐发邓小平理论和有中国特色的社会主义政治、经济、文化的有关课题；其次，是我国现代化进程中坚持的可持续发展问题，就是强调人与自然、社会的协调发展。也就是要把一种和谐的人文原则以及对人类进行长远关怀的人文精神贯彻到现代化的进程之中。著名生态学家、诺贝尔生存权利奖获得者何塞·卢岑贝格在他所著《自然不可改良》一书中提出著名的"该亚定律"，要求人类把地球看作是一个有生命的机体而给予关注和爱护。而对于具有浓厚人文原则的可持装发展战略的研究阐发，无疑也是人文学科所具有的职能。

　　第三，关系到市场化过程中负面影响的人文补缺。上面已经谈到市场经济的发展有其有利的一面，但也有导致市场本位、金钱拜物、功利主义的负面影响。对这种负面影响的消除，重要的就是贯彻江泽民同志"依法治国"和"以德治国"的重要指示以及对以"关爱人类""集体主义"为核心的人文精神的倡导。在我国社会主义市场经济体制下，社会的经济成分、分配方式、就业方式、生活方式、价值取向日趋多样化，在这种形势下，尽管党风和社会风气总体上是好的，但也存在不同程度的失范。少数干部的腐败、社会的不正之风，成为影响社会发展的毒瘤。为此，江泽民同志在提出"依法治国"之后,又提出"以德治国"方略,而道德建设应以人文精神为其支撑。社会主义道德应该灌注一种"关爱人类""集体主义"等人文精神。在此,无论是"依法治国"和"以德治国"方略的研究,还是与此相关的人文精神的阐发,人文学科都承担重要责任并有其特殊的作用。

第四,关系到城市化进程中人类精神疾患的疗救。随着工业化和市场化的发展,我国城市化的进程大大加快。城市化恰恰是一个国家经济发展的重要标志。但随着城市化而来的也有诸多负面影响,其中之一就是精神疾患的增多。城市化在带给人类进步的同时,也使人的生活节奏加快、人与人相对隔膜、竞争与压力日渐剧烈。这种生活方式的转变使得精神疾患成为一种时代病。去年10月,国际劳工组织发表调查报告指出:全球患有忧郁症的约有34亿人,而工业化国家的劳动者中约有十分之一的人患有忧郁症、焦虑、紧张、冷漠等精神性疾病。我国目前心理疾患病人约有1600万人。对于精神疾患的疗救,首先要求助于心理治疗,同时也要倡导一种人类应该关爱自己身心的人文精神。特别应该关心自己的心理健康和人格健全,以一种审美的人文态度面对现代城市化过程中的各种矛盾,保持自我心理的超然与愉悦。对人类城市化过程中心理健康的人文关怀则是人文学科的新课题。

第五,关系到中华民族伟大复兴目标实现中一代新人的塑造。以邓小平、江泽民同志为代表的两代党中央领导集体带领我们进行了中华民族伟大复兴的新的长征。在这个长征中最关键的是培养"四有"新人。为了实现这一目标,党中央领导我们进行了不懈的努力。江泽民总书记在第三次全教会上发表重要讲话,党中央做出关于加强素质教育的具有伟大历史意义的决定。在素质教育的实施中,人文道德素质占有极其重要的位置。人文学科在人文道德素质的培养中肩负着极其重要的历史任务。

注重政策导向严肃学术规范

笔者认为,加强人文学科的教学和科研,提升人文学科的地位应在以下几方面加强工作。

第一,认真贯彻党中央、江泽民总书记关于加强素质教育与"以德治国"的重要指示,转变观念、调整思路,使各级领导与全社会都充分认识到科学与人文是我国实现现代化不可缺少的、紧密相联的两翼。因此,要处理好科学与人文关系,努力做到两者的协调统一,而不可偏废。在这方面,我国和其他国家都有正反面两方面的经验和教训可以吸取。与此相应,在学科建设方面应做到理工与人文学科的协调发展,而不可有轻重之分。否则,留下的历史遗憾难以弥补。

第二,在认真调研的基础上更多地出台支持人文社会科学特别是人文学科发展的政策,包括人文社会学科院士制的建立,高水平学者的学术认可与价值肯定,符合人文社会科学规律的评价激励,队伍的稳定,投入的增加以及生源质量的保证等。政策导向是实质性重视而非口头重视的体现,不应只是久久的期待。

第三,作为人文社会学科工作者本身则应自强、自立、自爱。应继承发扬老一辈人文社会科学学者的优秀品质与严谨学风,尊重学科规律,严肃学术规范,克服各种浮躁之风,勤奋努力地完成教学科研任务。当前,在学风问题上,教育界与学术界反映十分强烈,主要是浮躁之风盛行,由此出现大量"文化垃圾"。再就是非学术因素干扰学术工作,学术道德滑坡,学术腐败有所滋生。

如果任凭这种风气发展，不用说不可能培养出一代大师，而且还会遗患于青少年，后果不堪设想。我们从事人文社会科学工作的学者应有高度自觉，从我做起，对自己和自己的学生严格要求，重建新时代的良好学风，以培养出高素质的人才，页献出精品回报国家和人民。

试论企业审美文化在企业
创新中的重要作用①

在我国已经加入世界贸易组织(WTO)和成功召开 APEC 经济领导人会议的情况下,许多理论家和企业家都在探索在新世纪经济全球化背景下中国企业如何面对新机遇、新挑战,如何增强企业的竞争能力取得新的发展的问题。而企业审美文化的建设就是其中十分重要的一个课题。同时,企业审美文化建设也是落实江泽民同志关于"三个代表"、特别是"我们党要始终代表中国先进文化的前进方向"这一精神的重要举措。下面,我想围绕这一论题,就企业审美文化在企业创新中的重要作用,发表几点粗浅的看法。

第一,企业审美文化建设的根本目的是培养以审美的态度对待工作和生活的一代新型职工,这一点成为企业创新之本。

多年的实践已经证明,企业审美文化建设决不仅仅是一般的丰富职工的业余生活,培养职工的艺术技能。它实际上是企业基本建设的一个重要方向,根本目的是为了培养以审美的态度对待工作和生活的一代新型职工。这在实际上同社会主义先进文化

①本文是作者 2001 年 11 月 10 日在济南"全国企业审美文化与企业创新研讨会"上的发言,原载《山东社会科学》2002 年第 6 期。

建设培养"四有"新人的根本任务是完全一致的,也是新世纪,新时代的一种现实需要。也就是说,在现时代由于市场经济负面效应的逐步凸现,对经济利益的过度追逐、工具理性的膨胀、环境的污染、腐败现象一定程度的蔓延等,使得人文精神一定程度的缺失,从而有可能使企业职工处于一种非美的生存状态。而处于这种非美的生存状态的职工是不可能进行企业的创新的。而且,更为重要的是在当前即将到来的知识经济时代,人力资源的开发与建设已成为企业发展的关键。因为,农业经济时代以资源为关键,工业经济时代以资金为关键。而即将到来的知识经济时代则以掌握知识、具有创新精神的人力为关键。这就是新时代企业以人为本的崭新含义,也是这次上海 APEC 会议的共识。而人力资源开发与建设的重要任务就是通过审美文化建设,倡导新时代的人文精神,使广大职工逐步摆脱非美的生存状态,而以审美的态度对待工作和生活。这一点应该成为企业基本建设的必不可少的重要内容,也就是党中央和江泽民同志所倡导的社会主义市场经济建设中,市场机制和精神文明的统一。从山东省来说,凡是比较成功的企业,例如三联、海尔、海信等都能做到这一点。实践证明,通过企业审美文化建设,培养以审美的态度对待工作和生活的一代新型职工,是新时期企业创新之本。

第二,企业审美文化建设为企业所塑造的美好形象,成为企业竞争,尤其是人力资源竞争的优势条件,从而为企业创新开拓更加广阔的空间。

众所周知,企业不仅仅是一个经济组织,而且更是一个社会组织。因为,企业首先是人与人的结合体,不仅要组织生产,更要面对和处理诸多社会关系。所以,任何企业都既是经济组织,又同时是社会组织,都有一个塑造自己的社会形象的问题。一个企业的社会形象不仅指它的经济指标，更重要的是同经济指标相关的一种特有的企业精神。而企业审美文化建设则有利于企业社会形象的塑造。因为，企业审美文化建设要求企业的管理者和广大职工都要按照美的规律来建设企业。而所谓美的规律就是人的尺度与物的尺度的统一，经济规律与人文精神的融合。而这种经济规律与人文精神相融合的原则几乎已被国际社会众多经济学家与企业家所接受。在最近获得诺贝尔经济学奖的信息经济学的不对称理论中，就渗透"诚信""平等"等人文原则。这种"诚信""平等"的人文原则也应该是一个企业的社会形象。而企业美好的社会形象，所特具的"诚信""平等"等人文精神也是企业的实力和竞争力的重要方面，会在国际与国内激烈的市场竞争中为企业开拓广阔的空间，在消费者中取得更高的信誉。众所周知，20世纪80年代初期，中俄边贸有着极大的市场，但因为少数企业和企业者的欺诈行为，在俄罗斯消费者中表现出一种非美的社会形象，从而失去了信誉和市场，使中俄边贸呈萎缩之势。

第三，审美文化所特具的亲和力，有利于增强企业的凝聚力，从而为企业职工的创新提供良好的外在环境和氛围。

众所周知，大至一个国家，小至一个单位，包括企业单位，生存发展最基本的前提就是内部必须稳定协调，而要做到稳定协调就要处理好内部的各种矛盾。处理社会组织的矛盾有三种途径。一是法制的途径。这是一种外在的强制。因为一旦违犯，就会被绳之以法、失去自由。二是道德的途径。这也是一种强制，但这是一种内在的强制，是以一种约定俗成的道德规范来约束人们的行为。一旦违犯，就会受到社会公众一种无形的道德谴责。三是审美的途径。这是一种排除了外在与内在强制、完全发自内心的自觉自愿的要求，犹如对美丽的风景之惊叹，对动人的戏剧情节之喝彩,都是没有任何强迫而发自内心的。而这种审美的途径就是情感的途径,通过审美文化建设,特别是审美教育,培养广大职工高尚的审美情感,使之具有一种热爱企业和他人的亲和力。这样,才能增强企业的凝聚力,使广大职工处在一种宽松、亲和、愉悦的审美的生存状态。只有这样一种亲和愉悦的审美的生存状态,广大职工的创新行动才会有其内在的动力。因为,创新是一种创造性的劳动,是一种自觉自愿的行为。只有在亲和愉悦的审美的生存状态下,职工的创新行动才会有其必要的前提与氛围。

第四,审美文化对想象力的开启,成为职工创新所必具的内在条件。

企业审美文化建设的一个重要作用就是通过审美教育培养广大职工的想象力,而想象力是创新性劳动所必具的内在条件。因为,所谓想象力就是在已有形象的基础上创造新的形象的能力,是一种创造的能力,也是一种举一反三,由此及彼的能力,求异思维的能力。这是创新性行动所必须具有的内在条件。特别在知识经济时代,在信息技术作为时代标志的情况之下,这种以想象力为必具条件的创新活动显得尤为重要。因为信息技术主要是软件的制作与传输。而在软件的制作与传输中想象力起着至关重要的作用,因为想象力有助于知识的组编和越位。正如后现代理论家利奥塔所说:"依靠想象力,我们可创造新的越位,以改变游戏规则。"正是依靠这样的想象力,微软公司总裁比尔·盖茨才创造了信息产业的奇迹,连续3年位居世界首富,资产已达1500亿美元,超过美国3家汽车公司的总和,平均每周增加4亿美元。

上面,我从四个方面粗浅地论述了审美文化建设在企业创新中的不可代替的重要作用。而创新是一个企业的灵魂,是企业前进的不竭的动力。有鉴于此，我们不仅应该从理论的层面进一步深入地探讨审美文化建设在企业创新中的重要作用，而且应该很好地总结在全国较早开展企业审美文化建设的企业在这方面的经验。据我所知，三联集团及张继升总经理就是我国较早开展审美文化建设的企业和企业家之一。大约在 1995 年前后三联就与山师大中文系联合建设了文艺学企业审美文化方向，迄今已培养了五六届研究生，写出了一批企业审美文化方面的论文，积累了丰富的经验。我相信三联集团和山师大在这方面的长期探索不仅会继续进行，而且会不断发展，并在此基础上对我国企业审美文化建设起到更大的推动作用，使之得到更深入更进一步的发展。

中国传统文化的现代价值^①

作为中国人认同中国传统文化的价值本来是再正常不过的事情，但这种正常的事情却遇到了强烈的反对。2004年9月3日至5日，我国一批高层次的政治家、思想家与科学家在北京发表了著名的《甲申文化宣言》，提出"为了弘扬中华文化而不懈的努力"。但这个宣言却遭到了某些学者的有力批判，认为这是在"构筑民族文化自我封闭的堡垒"，而且将中国当代文化的发展趋势归纳为"向西方现代主流文化的回归"。这些言论真的使我大吃一惊，但也促使我进一步思考中国传统文化的现代价值。

记得1987年秋，我第一次参加学校代表团到美国友好学校访问，前后20多天。这是我第一次出国访问，美国的高度发达与文明富裕给我留下了深刻的印象。但当我在旧金山踏上归程的中国民航，打开座椅上的耳机，听到熟悉的京剧旋律时，不知为何我的鼻子发酸，眼中也不自觉地充满了泪水。我真切地感到自己是不同于美国人的中国人，现在是要回家了。这时，我才强烈地感到中国传统文化的巨大的民族凝聚力。有人曾说，民族是一个共同语言、共同地域、共同经济生活与共同心理素质的共同体。其实，这种对民族的界定太狭窄了。事实证明，作为民族最基本

——————————

①原载《人民政协报》2005年10月7日第C01版。

的是一种文化的认同。凡是认同中国传统文化的就是中华民族的一员。不管他生活在哪里，从事什么职业，我们都有共同的民族文化之根。一个人会有多重身份，但文化上的认同则是一个人民族身份之本。74岁的新加坡东亚研究所所长王赓武教授说，尽管他拿的是澳大利亚护照，并在新加坡就职，但他认同中华文化因而始终认为自己是华人。他说，"我始终明白，从文化上讲我是一个华人，我对自己的传统文化感到自豪"。因此，弘扬中华传统文化正是凝聚所有华人的重要举措。在新的世纪，祖国的统一，中华民族的团结，中华传统文化是最重要的凝聚力量。一切承认自己是中华儿女的人都应团结一致，万众一心，为中华民族的振兴而奋斗。

传统文化在新世纪现代化进程中还有着举足轻重的重要作用。我们正在进行的现代化事业是实现中华民族伟大复兴的宏大工程。但任何国家的现代化都必然地包含物质和精神两个层面。我国社会主义现代化同样包含社会主义物质文明建设和社会主义精神文明建设两个不可缺少的方面。而文化建设则是社会主义精神文明建设的重要内容。我国的社会主义文化建设又必然地以中国优秀传统文化为其最重要的资源。任何国家优秀的传统文化都有某种普世的价值，但更有着不可忽视的民族特性。我国以儒家文化为主并包含儒释道精神的传统文化就有着鲜明的民族特性。在伦理上有着对"亲亲""仁爱""孝悌"等传统伦理的某种认同；在心理上有着对民族传统神话传说与经典的认同；在习俗上有着对传统中国节日与生活习俗的某种认同；在文学艺术上，有着对传统的文学音乐艺术的共同爱好等。这些独具特色的民族传统文化当然要经过当代的改造转换，但其鲜明的民族特性却是任何"西方主流文化"所不可取代的。而正是这些优秀的传统文化成为当代文化建设的最重要资源,成为当代中国先进文化建设的不可缺少的部分。现在人们将先进文化称作是一种"力",实际上就是重铸中国现代民族之魂的无形精神力量。每当我们唱起"义勇军进行曲"和"黄河大合唱"的雄壮歌曲之时,每一个中华儿女不都油然产生一种为中华民族的重新崛起而奋进的巨大力量吗?这就是中华优秀文化的感召力、影响力与鼓舞力之所在,是任何力量所不可代替的。

一个民族要真正地自立于世界民族之林,不仅要凭借强大的经济实力,而且要凭借强大的文化实力。我国自从鸦片战争以来,随着帝国主义的入侵,在文化上也是欧洲中心主义占据主导地位,优秀传统文化受到极大地冲击和挤压。中华人民共和国成立以来、特别是改革开放以来,中国的独立与逐步强大为打破欧洲中心主义、弘扬优秀传统文化奠定了基础。事实证明,中国传统文化并不是如某些人所说是一种应该被淘汰的文化,而是具有强大生命力的文化。特别是代表着儒释道共同精神的"中和论"传统理念,具有十分深厚丰富的内涵和强大的生命力量。这正是刻在孔庙大殿上"中和位育"四个字,是费孝通教授所认为的中华文化精髓之所存。这是来自于《礼记·中庸》篇有关宇宙运行、万物诞育、社会人生的重要理念,是"天人之和"重要哲学观念的反映。其核心内涵即为"共生"。所谓"共"即"和而不同",划清了"和"与"同"的界限。"和"乃万物共生共处共荣,而"同"则是党同伐异、追求划一。所谓"生"即只有通过"和",万物才能滋生繁荣发展,生生不息,所谓"和实生物,同则不继""生生之为易""万物负阴抱阳,冲气以为和"等。这是一种极为宏观的万物共生共荣、人类平等共处的人生社会哲学,迥异于西方古代侧重于微观物质形式比例对称的"和谐论"哲学。这两种理论都是非凡的古代智慧。前者诞育了中华五千年文明,后者则为西方的科技发展和现代化提供了理论支持。但从当代社会可持续发展来看,中国古代"中和论"共生思想在解决当代文明危机、构筑人与自然社会共生共荣崭新关系之中则有着特殊的理论意义,逐步受到国际科技文化界的高度评价。不仅有德国哲学家海德格尔对道家思想的继承吸收,而且有多位诺贝尔奖获得者提出解决当代世界危机应到2500年前孔子的学说中寻找智慧。这些看法绝非偶然,而是充分说明中国古代以"中和论"为代表的理论智慧在当代社会文化建设中的重要价值。当然,中国古代以"中和论"为代表的理论智慧产生于前现代的农业让会,不可免地有其缺少科学精神等局限,需要经过当代的改造与转换。但中国古代以"中和论"为代表的理论智慧的当代价值却是毋庸置疑的,值得我们在新的时代加以继承发扬,用以突破欧洲中心主义,真正走向平等交流对话,使中华优秀文化在新的世纪重放光芒。

在现实与理想的矛盾中
追求理想的境界^①

　　王国维提出了著名的成大事业大学问者必经的"三种境界"之说。通常人们大都在文学与学术自身的范围内来理解这三种境界,其实王国维在这里讲的是学人的"莫大之修养也"。既然是"修养"那就不仅局限于文学与学术自身的范围之内,而是指学人面对文学与学术活动内外情况而应有的态度与努力。而且,外在的环境对文学与学术活动的影响更大,绝对不存在不食人间烟火的学者,王国维在其 50 岁学术鼎盛期的自沉恰说明了这一点。目前,许多朋友对学术的外在环境有较多批评,这都是有其原因和道理的。而有的社会学家所进行的调查表明,中青年学者特别是中青年教师精神压力最大也说明了这一点。其实,学术活动所面临的的确是一种现实与理想的矛盾,而每个学人的修养就表现在如何处理这现实与理想的矛盾,这样才能向学术活动的理想境界靠近。王国维所说"衣带渐宽终不悔,为伊消得人憔悴"之第二境,不仅指文学与学术创新之艰难,而且也应理解为学人处理现实与理想矛盾之艰难。只有使自己的修养达到一定的水平,相对恰当地处理好现实与理想的矛盾,才能进入第三境界"众里寻他

---

①原载《文艺报》2006 年 7 月 22 日第 003 版。

千百度,蓦然回首,那人却在,灯火阑珊处",这就是一种学术与文学活动的"自由"的境界。应该说学术与文学活动所面临的现实与理想的矛盾任何时候都有,只是表现方式不同而已。我们这一代人曾经面临过待遇低条件差而无法坚持学术工作的艰难岁月,记得那时我家只有一张桌子,既要用来吃饭,还要用来让孩子做作业,最后才轮到我备课和写文章,教研室参加学术会议因为没有经费要轮着参加,有时几年才能轮到一次。在那样的条件下,学术的困境真的难以想象。因为做一名大学教师太困难了,所以我的亲戚曾经劝我改行到工厂去当小职员。现在条件尽管还不是很理想,但真的大大改观了,以前的那些物质的过度困难基本解决。但又出现新的问题,诸如管理的烦琐、评价体系的数量化与过于频繁、资源分配的某种不公、竞争的不够平等以及学术行为的不端等,让许多学者陷于不断的评审、填表以及其他非学术的奔忙等活动当中。大家都觉得活得很累,很忙,而且不自觉地进入一种浮躁的状态。但回过头来看,现在也的确是经费多了,学术的空间较前广阔了,因此,如果说到现在的学术环境应该是利弊同在。当然我们要充分看到当前这种种弊端的严重性,但这是一种社会现象,我们个人真的一下子难以改变。在这种情况下我们所做的就是如何地趋利去弊。我对自己的要求是两个方面。一是要求自己尽量有一种良好的态度,从某种意义上说,态度决定一切。具体说来就是,积极参与顺其自然,既重视又看透。所谓积极参与,那就是对于一切的评审与填表我都尽量努力去做,而对其结果只能顺其自然。即使被淘汰出局了,也尽量泰然对之。因为评审作为一种竞争有成功有失败这是必然的,应以平常心对待。而且,学术的空间广阔无垠,学术的长河滔滔不绝,自己能在学术的领域中成为沧海之一粟就很不错了,个人的得失评价其实都是微不足道的。另一方面就是要按照学术的良知去努力工作，首先尽量将自己的学术工作做得更好一些，同时在自己力所能及的范围内保持学术的公正，努力地建言献策以期有所补正。总之，态度与努力就是我所理解的学人的修养，自己尽管这样要求自己，但总觉得做得并不好，因而成绩平平，但我愿意努力，希望能向"灯火阑珊处"的自由理想境界不断接近。但我更期望肩负着我国学术未来的年轻学人朋友更要珍惜自己的生理生命与学术生命，不断地加强自己的修养，在现实与理想的矛盾中过得更加泰然自由，努力在学术的活动中获得美好的生存。

关于儒学与城市文明的对话^①

一、儒学与都市文明的关系

从表面上看儒学产生于 2500 多年前的春秋战国时代,同现代的都市文明没有什么关系,但从文化的层面看实际上却有着十分密切的关系。现代都市建设最大的问题就是对民族文化的严重忽视,导致城市建设或风格千人一面,克隆出一个一个"像似"纽约、香港和东京的"城市",这已经成为现代都市建设难以克服的顽症。儒学,或者从广义上来说传统文化与现代都市文明的关系,我想从两个层面来阐述自己的观点。

从深层的城市文化建设的层面来看,可以说包括儒学在内的传统文化是一个城市的灵魂,渗透于一个城市的方方面面,表现为一个城市的外在风貌与内在精神。例如,加拿大与美国都是北美国家,但因为两国文化传统有差异,因而城市风貌也有差异。加拿大的维多利亚市仅与美国西雅图一山之隔,但维市所保存的英国特有文化传统则极为鲜明,古朴的建筑、悠闲的情调、飘香的咖啡与优雅的绅士,都与美国城市鳞次栉比的高楼大厦、紧张的

①原载《中国都市文化研究》第 2 卷,胡惠林、陈昕、王方华主编,由上海人民出版社 2010 年出版。

节奏形成鲜明对比。中国作为文明古国,其城市文化应该渗透着特有的以儒家文化为代表的传统文化特征。在城市文化理念上应该贯彻中国古代以儒家为代表的"天人合一""仁爱中和"的文化精神,而在具体文化建设上也应体现儒家文化精髓。在伦理上对传统的儒家"亲亲""仁爱""孝悌"要结合新的时代有着某种认同;在心理上对民族传统文化典籍与精神应有某种认同;在习俗上应有对中国传统节日与风俗的认同与遵循;在文艺上应有对中国传统音乐文化的倡导与爱好。凡此种种都将铸造一种特有的中国式的城市文化,这恰是一个城市的特点与灵魂之所在。

从浅层的建筑与器物层面,也是一个城市民族文化精神的表征。中国因其特有的经济文化特点不必都向西方式的大都会看齐,但要建设出自己的城市特色,一看就知道是中国的城市,而不会误会是否到了西方某个都市。而且一个城市特有的传统文化与古代建筑已经成为一个城市的标志与光荣,甚至有一两百年历史的有价值的建筑也不应随意拆除。目前,我们对这些古代建筑与文物不是随意拆除就是从经济效益考虑过度开发,造成令人痛心的破坏。更有甚者,拆除了真的文物而建造了许多假的古董,真是不伦不类,叫人哭笑不得。应该立即改变这种情形。

二、儒学与都市文明的地方经验

儒学作为中国传统文化的总的代表这是大家公认的,但各地的文化差异与地方经验还是存在的,在城市文化建设中还是要承认并适当保留地方文化特色。我是南方人,曾在上海生活了五年,此后一直在山东读书和工作,深感沪鲁两地文化有着明显的差异,这种差异有的要在新的历史条件下加以改造,有的则应予以保留和发展。

　　非常明显，山东的城市是几千年的古城，保留了更多的齐鲁文化遗韵，文物与古代遗迹到处皆是，很多家族已经沿袭几百年甚至几千年的历史，更多地讲究礼仪传统，重视亲属血缘关系，更多地重视仕学阶层。当然山东的城市也各有特色。如山东的济南与青岛差异就十分明显，这就是所谓齐鲁文化内部的差异。

　　而上海只有几百年的历史，而且是一个移民城市，其文化传统承接吴越文化和中国近代文化，相对比较开放，讲究效益，重视工商。但上海作为中国城市中的龙头，毕竟还是有着明显的中国特色，保留着明显的中国文化包括儒家文化在内的传统文化精神。将上海与纽约、东京甚至香港相比，其中国文化特点就非常明显。例如在世界各地的许多唐人街，大家说就很像过去的上海。当然这只是表面的东西，而从内里的层面说包括语言、文化、风俗，尽管上海现代的东西更多，但传统的东西仍然占据优势。

　　总之，在当代城市文化建设之中，在保留传统的基础之上，各个城市还应发展自己的传统特点，使自己更有个性。现在存在一种忽视城市个性的趋势，按照一个模式建设城市，趋大趋同，脱离实际，这是非常危险的倾向。要从文化的层面很好地研究城市的建设发展。

三、儒学与现代大众文化

　　当前，在信息化与市场经济的时代，以影视文化与网络文化为其特点的大众文化不断勃兴，文化产业不断发展，已经成为城市文化不可脱离的重要组成部分。目前存在一个对大众文化与文化产业如何加以引导的问题。由此就存在一个以儒学为代表的传统文化与当代大众文化的关系问题。

　　我认为对当前大众文化的引导应当适当借鉴以儒学为代表的中国传统文化所包含的有价值的文学艺术思想。以儒学为代表的中国传统文化是将以诗乐舞为代表的文学艺术看得非常重要的,并提到安邦定国的高度来认识。首先,儒家提出"大乐同和"的重要思想。《礼记·乐记》指出"乐者,天地之和也;礼者,天地之序也","大乐与天地同和,大礼与天地同节"。这里所说的"和",是天人之和,人与人之和,人与自然之和,也是一种万物共生的生命之和,所谓"和而不同""和实生物,同则不继""生生之谓易"等。以这种"大乐同和"的思想指导当代大众文化建设,意义深远,可以使其发挥沟通天人、人人以及人与自然的和谐关系,在一定程度上有利于当代和谐社会的建设。

　　儒家还提出著名的"礼乐教化"的思想。孔子在《论语》中谈到古代"君子"的培养时指出"兴于诗,立于礼,成于乐"。也就是说在孔子看来一个"君子"的培养,需要借助诗歌的启发,礼节的规范,最后还要依靠音乐使其成为真正的"君子"。在这里,音乐起到了最后"合其成"的关键作用。也就是说儒家认为音乐艺术是一种人性的培养、人的培养,非常重要。这一点对于我们充分认识文学艺术的特殊作用是有帮助的,启发我们在重视娱乐功能的同时不能忽视大众文化的育人功能。

　　儒家提出非常重要的"乐本论"思想,值得借鉴。《乐记》指出"故乐者,天地之命,中和之纪,人情之所不能免也"。又说"是故,乐在宗庙之中,君臣上下同听之则莫不和敬;在族长乡里之中,长幼同听之则莫不和顺;在闺门之内,父子兄弟同听之则莫不和亲"。由此可见,音乐已经深入政治生活、社会生活与家庭生活的各个方面,成为人的基本生存方式。这就是儒家的"乐本论",将音乐艺术看作人的审美的生存方式。这一观点具有重要的现代意义与价值，使我们将营造人的审美的生存作为社会建设特别是社会文化建设的重要目标，以此指导包括大众文化在内的一切文化建设，我们就会确立以培养学会审美的生存的一代新人作为包括大众文化在内的一切文化建设的旨归。

中 和 位 育

——东亚儒家文化圈共同的哲学诉求①

哲学的发展是一种类型,还是多种类型?这是学术界长期争论的问题。"欧洲中心论"者认为,哲学的发展只有一种类型,只有西方有哲学,东方没有哲学。即使在东方,人们长期以来也习惯于用西方哲学来解读东方的思想文献。这是长期以来中国哲学研究,也可以说是东方哲学研究所经历的道路。事实证明,这条道路是不正确的,也是走不通的。英国历史学家汤因比在《历史研究》中认为,世界文明是多形态的,中国文明是其主要形态之一。他所说的"中国文明",就包括日本文明与朝鲜文明,实际上是指东亚文明。众所周知,哲学是文明的精神内涵,它是一定的地理环境、经济社会与文化习俗的表征。不同的地理环境、经济社会与文化习俗,会形成不同的哲学形态。东方哲学发源于纪元前"轴心时代"的古代亚洲内陆的农业社会环境,古代中国先民对于"农"有深切渴望,日出而作,日落而息,春种秋收,满怀着对于土地的眷恋,对于风调雨顺与作物丰收的期盼。中国传统的社会文化生活,是一种建立在农耕经济基础之上的宗法制的社会组织

---

① 本文为作者在 2016 年"山东论坛"上所作的主题发言,原载《甘肃社会科学》2017 年第 3 期。

形式,由此发展出一种与自然节律相统一的文化生活模式。在此基础上诞生的儒家文化,以"中和"为其哲学诉求,包含着浓郁的以善的追求为其主旨的人文色彩,不同于古希腊的"和谐论"哲学。古希腊文明产生于古代希腊半岛,依山靠海,属于海洋性气候,以航海与商业为主,由此产生了以物质为其对象的包含着浓重的科学色彩的"和谐论"哲学,讲求所谓的"比例、对称与和谐"。东方的"中和论"哲学与西方的"和谐论"哲学,在背景、内涵、情怀、侧重点等诸多方面有明显区别。东方古代"中和论"哲学的古代表述就是"中和位育"。这是镌刻在孔庙门楣的匾额上的一句话,是体现儒家文化精神的核心概念,对于整个东方文明都具有统领性质。"中和位育"出自"四书"之一的《礼记·中庸》篇。所谓"喜怒哀乐之未发,谓之中;发而皆中节,谓之和。中也者,天下之大本也;和也者,天下之达道也。致中和,天地位焉,万物育焉"。

　　东亚各国由于地域相近、语言相通和文化的相互影响,形成了共同的儒家文化与汉字文化圈,基本上都认同儒家的哲学与价值追求。韩国李朝时期的儒学大家退溪李滉,在他著名的《圣学十图》中指出:"圣学在于求仁,须深体此意,方见得与天地万物一体,真实如此处。为仁之功,始亲切有味。免于莽荡无交涉之患。又无认物为己之病,而心德全矣。"①他所说的"圣学",即是儒学。"求仁""为仁"和"与天地万物一体"等,均是"中和位育"之内涵。日本当代宗教哲学家池田大作在谈到东亚地区的文化共同特征时,指出:"大概可以说,这地区贯通着一种'共生的 ethos'(共生的道德气质)。在比较温和的气候,风土里孕育出一种心理倾向,

①张立文:《退溪书节要》,中国人民大学出版社1989年版,第24页。

就是求调和而舍对立、取结合而舍分裂、取'大我'而舍'小我'。人与人之间、人与自然之间,共同生存,相互支撑,一道繁荣。而这种气质的重要源头之一是儒教。"①池田所说的"共生"与"共存",就是"中和位育"之要义。

"中和位育"观念具有非常丰富的内涵,反映着东亚各国古代共同的哲思与智慧,具有重要的当代价值。

一、"天人之和"之生态之思

当代人类正在走向生态文明时代,生态文明的核心是人与自然的和谐、共生、永续发展。以"中和位育"为核心观念的东亚文明,包含着丰富的古典生态智慧,非常值得借鉴。"中和位育"之"中和",就是《论语》所说的"中庸"。《论语·雍也》篇记载,孔子云:"中庸之为德也,其至矣乎!"魏何晏注《论语》,说:"庸,常也,中和可常行之德也。"②南宋朱熹说:"中者,尤过无不及之名也;庸,平常也。"③孔子以"中庸"为最高的德行,指出"过犹不及"。在朱熹看来,这是因为"道以中庸为至,贤知之过,虽若胜于不肖之不及,然其失中则一也"。《礼记·中庸》篇着重发挥孔子的"中庸"思想。《中庸》篇载,孔子曾称颂舜帝能"执其两端而用其中于民"。所以,一般把"中庸"理解为物之两端的平衡处。如朱熹就说:"两端,谓众论不同之极致。盖凡物皆有两端,如小大厚薄之

---

① 蔡德麟:《东方智慧之光——池田大作研究论纲》,清华大学出版社 2003 年版,第 71 页。
② (清)程树德:《论语集释》,中华书局 2013 年版,第 493 页。
③ (宋)朱熹:《四书章句集注》,中华书局 1983 年版,第 20 页。

类,于善之中又执其两端,而量度以取中,然后用之,则其择之审而行之至矣。"

我们以为,"中庸"观念所要执持的"两端",内涵非常丰富,不仅是指"众论"之两端、物之两端、事之两端,而且还可以理解为包括人处于其中的天与地这两端。这样,"中庸"之"中和"就可以理解为"天人合一"之"一"。《中庸》篇指出:"喜怒哀乐之未发,谓之中;发而皆中节,谓之和。中也者,天下之大本也;和也者,天下之达道也。致中和,天地位焉,万物育焉。"这里的"中和",既是人的心性修养之道,又是人类社会的根本之道。《中庸》篇认为,人的使命,人的责任,或者说,人性的要求,在于不仅要养成"中和"之美德,而且要充分发挥此美德。这就是"致中和"。而"天地位""万物育",既是"致中和"之目的,又是"中和"之内涵。因此,"中和"之道的核心,就是使天地万物各处其位,各安其位,从而促使万物得以繁育滋长。也就是说,"中和"就是包含人在内的天地万物的"化育"之道。

《中庸》篇的这一理念,上继老子的"道生一,一生二,二生三"(《老子·四十二章》),又受到了《周易·易传》"生生之谓易"的启发。《周易》泰卦的《象传》说:"泰,小往大来,吉,亨。则是天地交而万物通也,上下交而志同也。"泰卦的卦象是坤上乾下,乾象天而坤象地,天为大而地为小,天本在上而地本在下。因此,"小往大来",一方面意味着天地之气相交感而生养万物,一方面象征着天地各复归其正位。《周易·易传》认为,"天地交泰"的境界,正是自然万物生息繁衍的境界,而人的责任就在于"裁成天地之道,辅相天地之宜"(《周易·泰·象》)。这也就是《中庸》篇所说的"赞天地之化育"。可见,《周易》的"天地之道",《中庸》的"中和位育"之道,就是"生生"之道。

"生"，是包括儒家在内的东方文化之要旨。儒家讲"爱生"，主张"仁者爱人""仁民爱物"；道家重"养生"，强调"安时而处顺"；佛家倡"护生"，提倡"众生平等"，反对"杀生"。"中和位育"观念，可以说是东方文化"生生"之道的集中体现。《周易》乾卦《象传》指出："乾道变化，各正性命，保合太和，乃利贞。"这里的"太和"就是"致中和"的境界，"乾道"即"天地之道"。"乾道变化"，以"保合太和"为终极目的，其前提是"各正性命"。"各正性命"，即《中庸》所说的"天地位焉"。天地人与自然万物都各得其正位，各安其正位，"乃利贞"。"利贞"的境界，是人与自然万物整体和谐的理想境界，也是人与自然万物各自实现其"性命"，从而不断生息繁衍的生机盎然的理想的生命境界。这一境界，用《中庸》的话来说，就是"万物并育而不相害，道并行而不相悖"。

"中和位育"的观念，体现为一种宏观的天人之和，和古希腊以来的西方文化讲求比例、对称、黄金分割等的物质的、形式的和谐明显不同。"中和位育"，是前现代之农业社会的对于天人之和的一种永恒的追求，是一种可贵的古典的生态智慧。在一定意义上，可以说，东方古代哲学就是一种古典形态的生态哲学。"中和位育"观念所体现的东方文化传统的"爱生""养生"与"护生"的生态智慧，对于遏制现代社会人类无尽的欲望，拯救生态危机，促进与人与自然的和谐共生、永续发展无疑有着积极的启示意义。

二、"修身至诚"之德性之思

"中和位育"观念作为宏观的"天人之和"思想的体现，落实在具体的人生实践之中，就是以心性修养为核心，培育人的"中和"之美德。儒家把德行修养作为人成其为人的基本途径，追求德行修养达到"至诚"境界。因此，儒家之学的核心是人的哲学，是使人成其为人的学问。用孔子的话来说，就是"成人"之学。"成人"以"修身"为始，修身"至诚"的境界，也就是"天人合一"的境界。因此，"中和位育"的人生追求，体现为一种"德性之思"，不同于古希腊以来西方文化传统的"科学之思"。

《礼记》的《大学》篇和《中庸》篇同为"四书"之一。如果说，《中庸》篇主要阐述"中和位育"之道，那么，《大学》篇则主要是探讨如何把"中和位育"之道落实到人生实践之中。《大学》篇指出："自天子以至于庶人，壹是皆以修身为本。"儒家认为，人的使命，人之所以为人，就是要修身齐家治国平天下，而"修身"是其起点和基础。《大学》指出："古之欲明明德于天下者，先治其国；欲治其国者，先齐其家；欲齐其家者，先修其身；欲修其身者，先正其心。"儒家讲的"修身"，虽以"正心"为主，但它实际是一个内外兼修、身心并进的过程，如孔子所说，"文质彬彬，然后君子"（《论语·雍也》）。"文质彬彬"的境界，就是身心关系的"中和"境界。儒家认为，"修身"是使人成其为人，实现完满人性之道。达到这一境界的标志是"至诚"，《中庸》指出："惟天下至诚，为能尽其性；能尽其性，则能尽人之性；能尽人之性，则能尽物之性；能尽物之性，则可以赞天地之化育；可以赞天地之化育，则可以与天地参矣。"根据"天人合一"的观念，"人性"与"物性"是相通的，所以"能尽人之性"，即"能尽物之性"。再结合《周易·系辞上》"一阴一阳之谓道，继之者善也，成之者性也"，"尽物之性"后"与天地参"，"赞天地之化育"，同样是人性发展的必然要求。也就是说，"赞天地之化育"，既是人的继天而行的善道，同时也是人性的完成。

人性修养如何能达到"至诚"境界，《中庸》提出了"慎独""忠恕"与"仁爱"三个方面的要求。所谓"慎独"，即"莫见乎隐，莫显乎微",要求即使在隐匿与微细处也同样能始终保持高尚的人格；"忠恕"，即"施诸己而不愿，亦勿施于人"，这也就是《论语·卫灵公》篇所说的"己所不欲，勿施于人"的意思，要求自己不愿意的不要强加于人；"仁爱"，即"仁者，人也"，要求以宽厚仁爱之心对待别人。既成就自己，也成就他人。如《论语·雍也》所说，"夫仁者，己欲立而立人，己欲达而达人"。

对于修身问题，《中庸》提出了一系列具体要求。如"五达道"，即正确处理好君臣、父子、夫妻、昆弟与朋友等五种主要的社会关系；"三达德"，即要求身具"知""仁""勇"三大美德；"九经"，即要将"修身"与"尊贤""亲亲""敬大臣""体群臣""子庶民""来百工""柔远人"与"怀诸侯"等相互结合。由此也可以看出，儒家所提倡的"修身"，并不是孤立的修身养性，它以血缘关系的"亲亲"为基本出发点，是一个"立己"与"立人"、"尽性"与"成物"、个体发展与社会进步同时并进、人类社会与天地自然整体和谐的过程。这就是所谓的"内圣外王"之道。

儒家所讲的"修身"，是"中庸"之道向人生的落实，因而人性修养始终贯穿着"中庸"的要求。《中庸》篇引述孔子的话，指出："君子中庸，小人反中庸。君子之中庸也，君子而时中；小人之反中庸，小人而无忌惮也。"可见，以"中庸"之道修身，有一个对于"时中"的讲求。"时中"的基本含义，即时时"处中"，在自我身心之间、自我与他人、与社会之间，甚至与天地之间，都始终持守"中位"。在东方古代文化中，"时"是一个非常重要的概念。东方古代文化，可以说是一种在宇宙大化中，在天地人的相互影响中，在时间的流变中，在节气时令中实现自我身心、自我与社会、人类与自然的和谐发展、共生共进。所以，"时中"可以理解为把握好"中和位育"的发生机遇，使人能够更积极地"致中和""赞天地之化

育"。通过"修身至诚"来培养这样的把握住"中和位育"之时机的
"君子"。这就是"修身"之要义所在。

三、"礼乐教化"之美育之思

"中和位育"作为一种哲学诉求与理论原则,在中国古代文化
传统中得以推行、贯彻的重要途径是"礼乐教化"。《周礼》的政
治、社会理想,是"以礼乐合天地之化、百物之产,以事鬼神,以谐
万民,以致百物"。《礼记·乐记》篇指出:"大乐与天地同和,大礼
与天地同节。"礼乐之道,即是天地之道的体现。在社会政治上推
行礼乐教化,首先是通过"文之以礼乐"(《论语·宪问》)来培养
"文质彬彬"(《论语·雍也》)的君子。而更重要的,是以礼乐的教
化来"致中和",创造一个整体和谐的社会。《乐记》说:"是故乐在
宗庙之中,君臣上下同听之,则莫不和敬;在族长乡里之中,长幼
同听之,则莫不和顺;在闺门之内,父子兄弟同听之,则莫不和
亲。"作为君子修养的"文质彬彬",体现了"质"与"文",即"仁"与
"礼"、"乐"与"礼"的"中和"关系。作为社会整体和谐的"和敬"
"和顺""和亲"等,同样体现了"天地位焉,万物育焉"的哲学追求。

"礼乐教化"起源于原始宗教文化,直到周公"制礼作乐"才发
展成熟。《史记·周公本纪》载,周公"兴正礼乐,度制于是改,而
民和睦,颂声兴"。这说明,中国从西周初年起就正式将礼乐教化
作为基本的政治与教育制度。根据《周礼》的设计,国家设立了
"大宗伯"之职专掌礼乐教化之事。所谓"礼",是由礼仪、礼节、礼
物、礼制、礼法等构成的,融宗教、政治、伦理等为一体的综合性的
文化制度。"乐"则是古代乐舞歌诗的总称,既是"礼"的组成部
分,又相对独立于"礼"。礼乐教化既是国家的基本的政治、伦理

制度,又是基本的文化、教育制度。礼乐相辅相成,礼以制中,乐以致和。《乐记》指出:"礼节民心,乐和民声"、"礼乐之统,管乎人心","先王之制乐也,非以极口腹耳目之欲也,将以教民平好恶而反人道之正也"。礼乐共同发挥着教化人心,促进社会整体和谐的美育作用。

在这个意义上,中国传统的礼乐教化就是东方古代的审美教育。但这种美育,和西方传统的美育有很大的不同。西方审美教育,在哲学、体育与音乐的综合教育中更加偏向于音乐,而中国的礼乐教化则是一种"礼乐射御书数"等"六艺"相互结合的综合性的艺术教育;西方审美教育主要体现为一种文化艺术教育活动,而中国礼乐教化则不仅是文化艺术活动,同时也是政治活动与政治制度。虽然"审美教育"概念是 1795 年德国美学家席勒在《美育书简》中最早提出的,但无论是西方还是东方,很早就开始了自觉的审美教育活动。中国最迟在公元前 11 世纪的周公"制礼作乐",就开始了自觉的审美教育。西方的审美教育贯穿着古希腊的"和谐之美"的科学精神,而东方的礼乐教化则反映天人之际相谐相和的宏观的"中和之美"的人文精神;西方的审美教育主要是一种以科学、哲学为旨归的理性的追求,而中国的礼乐教化则主要是一种陶冶身心、导人致善的道德教育。西方审美教育以音乐、戏剧等为手段,贯穿着古希腊的"高贵的单纯,静穆的伟大"的西方古典美学精神,而中国古代的"礼乐教化"则主要凭借《周礼》所说的"六代大乐",以及以《诗经》为代表的"雅颂之声",这些被孔子所称的"雅乐"寄托着儒家的政治、道德、审美理想,体现着"尽善尽美""文质彬彬"等"中和"美学精神。

"礼乐教化"的观念,体现在东方思想文化的各个方面、各个层面。它的存在和影响,使东方的政治、伦理和文化、教育制度始终贯穿着以教化人心并从而促进整体和谐为旨归的审美教育，也使东方传统文化整体上呈现出浓郁的艺术情调。在"礼乐教化"观念影响下，东方文化传统中的文学艺术都融注着广义的审美教育的精神气韵。这是一种值得发扬的优秀传统。

四、"太极化生"之太极思维

"中和位育"观念在汉代的《礼记·中庸》篇中得以提出、确立，并不是偶然的，它是先秦以来中国智慧发展的产物。其中，《周易·易传》的出现为"中和位育"提供了重要的理论前提。《周易》原本是卜筮之书，《易传》的出现，阐发、赋予其哲学意义，使之成为"群经之首"。《易传》第一次明确提出了"天人相合"的重要思想。《周易·系辞下》篇说："《易》之为书也，广大悉备。有天道焉，有人道焉，有地道焉。兼三才而两之，故六。"《周易》一书，兼备"天道""地道"与"人道"，而天地人之道虽各有独特意涵，但在根本上又是精神相通的。所以，《周易·文言》篇指出："夫大人者，与天地合其德，与日月合其明，与四时合其序，与鬼神合其吉凶。先天而天弗违，后天而奉天时。"这意味着，"天人相合""天人合一"，是人、人类社会的发展之道。根据《周易·易传》的论述，天地人之道的相通、合一之处，在于"生生"，即《系辞上》篇所说的"生生为易"、《系辞下》所说的"天地之大德曰生"。《易传》的"生生"观念的提出，为儒家"中和"观念注入了天地万物"化育"之道的内涵。

《周易·易传》讲"生生"之道，提出了"太极化生"观念，更充分体现了"天地化育"的问题。《系辞上》指出："是故易有太极，是生两仪。两仪生四象，四象生八卦，八卦定吉凶，吉凶生大业。"

"太极化生"观念的提出,奠定了不同于西方理性思维的东方"太极"思维模式。北宋时期,理学家周敦颐在《太极图说》中结合《周易·易传》的"一阴一阳之谓道"的观念深入阐释了"太极化生"问题,指出,"无极而太极。太极动而生阳,动极而静,静而生阴,静极复动。一动一静,互为本根",又说,"太极本无极","二气交感,化生万物"。

周敦颐为我们揭示了东方特有的"太极思维"的丰富内涵。第一,"太极本无极",太极意味着没有对立双方,没有主与客,没有感性与理性,没有任何对立面;第二,阴阳都是处在运动之中,在运动中阴可变阳,阳也可变阴,阴阳互动,相依相抱;第三,阴阳两气交感,化生万物。由此可见,"太极化生"是一种生命思维。这样的思维模式,用西方的主客二分或对立统一的思维模式是无法解释的,它是一种特有的东方思维模式。《易传·系辞上》说:"一阴一阳之谓道,继之者善也,成之者性也。"阴阳相生之道,即天地万物的生命存在与发展的根本之道,而人的使命、人的本性,就是发挥这一"生生"之道,成就这一"相生"之道。这正是《中庸》篇的"致中和,天地位焉,万物育焉"的意思。"太极化生"思维,体现了东方哲学的根本的阴阳之道的生命模式,体现了东方哲学对天地自然规律与人生、社会发展之根本奥妙的揭示。

在审美和艺术上,阴阳相生、气化谐和,也正是东方艺术的精髓所在。东方的传统艺术不是西方古典艺术那样的对现实直接"模仿"的镜像式的艺术,而是讲求"气韵生动""生气远出"的,洋溢着"韵外之致"的"神韵"式的艺术。无论是中国传统的诗歌、绘画、京剧等,还是日本传统的浮世绘、韩国的古典歌舞等,都贯注着东方艺术的"神韵"。总之,"阴阳化生""动静互根""生气远出"等观念、意蕴,是走向东方审美和艺术的"中和位育"图景的关键。

五、"和实生物"之生存之思

中国传统文化对于"和"的问题有着非常丰富多样的阐释,其中最为著名的就是"和实生物"与"和而不同"的观念。这是对于人类生存之道的有力论述。

《国语·郑语》载,西周末年,郑桓公问史伯:"周其弊乎?"史伯回答说:"殆于必弊者也。"这是因为,在史伯看来,周王"去和而取同",必将导致国运衰敝。史伯指出:"夫和实生物,同则不继。以他平他谓之和,故能丰长而物归之;若以同裨同,尽乃弃矣。"这意味着,"和"是天地万物包括人类社会发展的"丰长"之道,其关键在于事物多样性的存在,即所谓"以他平他"。只有"和",才能"丰长而物归之"。如果只是同类事物的重复,那就将灭绝"丰长"之道,"尽乃弃矣"。史伯指出:"和"的规律是普遍存在的,所谓"声一无听,物一无文,味一无果,物一不讲"。因此,无论是政治、烹饪、艺术、修身等都应遵循"和实生物"之道,"故先王以土与金、木、水、火杂,以成百物。是以和五味以调口,刚四肢以卫体,和六律以聪耳,正七体以役心,平八索以成人,建九纪以纯德,合十数以训百体"。这就是"讲以多物,务和同"。

到了春秋末年,齐国名相晏婴在与齐侯讨论君臣关系时,又一次批判了"去和而取同"的倾向。《左传·昭公二十年》记载,晏婴指出,政治上的"和"应该是"君所谓可,而有否焉,臣献其否以成其可;君所谓否,而有可焉,臣献其可以去其否",这样才能"政平而不干,民无争心"。晏婴以烹饪为例,指出:"和如羹焉,水、火、醯、醢、盐、梅,以烹鱼肉,燀之以薪,宰夫和之,齐之以味,济其不及,以洩其过。"晏婴所说的"和",同样强调事物的多样性存在。

但他进一步揭示了多样存在的事物之间"济其不及，以洩其过"的关系，以及既"相成"又"相济"的内在联系。这样，晏婴就提出了多样性事物的统一问题。同样，晏婴也指出："和"是普遍存在于烹饪、艺术、政治等方面的共同规律，"先王之济五味、和五声也，以平其心、成其政也"。

"和实生物""相成""相济"等观念，为儒家"中和位育"观念的提出提供了丰富的思想资源。《论语·子路》篇载："子曰：'君子和而不同，小人同而不和。'"孔子以"中庸"为至极的美德，作为儒家理想人物的"君子"当然要以"和而不同"为处事、为人之道。孔子的弟子有子说："礼之用，和为贵。先王之道，斯为美。小大由之，有所不行。知和而和，不以礼节之，亦不可行也。"（《论语·学而》）有子的说法，是符合孔子的"中庸"思想的。所谓"以礼节之"，就是《中庸》篇所说的"中节"的意思。礼所起的作用是"制中"，在此基础上才有"礼之用"的"中和"之美。因为有礼以制其中，所以孔子在修身上指出"过犹不及"（《论语·先进》），在艺术上主张"乐而不淫，哀而不伤"（《论语·学而》）。《礼记·中庸》篇在"和实生物""和而不同""中庸"等观念的基础上，将"中和"提升到人性修养之道、人类社会存在与发展的根本之道，并从而赋予人以"致中和"并从而"赞天地之化育"的使命与责任。

儒家"中和位育"观念中的"和实生物""中庸之德""和而不同""过犹不及""执其两端而用其中"等论述，为现代社会发展中处理好人与人之间、人与社会之间、国家与国家之间、人类社会与自然环境之间的发展和矛盾问题提供了具有启示意义的东方智慧。这种以和谐与发展为中心的智慧，比起所谓的"文明冲突"论来，更符合人类社会的生存和发展。这种东方智慧使得个人、组织、国家与国际社会在复杂的关系中充满正效益的生机活力。

总之,"中和位育"是儒家留给我们的宝贵哲思。它以其特有的"天人之和"的哲学之思,"和而不同"的生存理念,"阴阳相生,气化谐和"的艺术神韵等,构筑起东亚文明特有的文化智慧,彰显了东方民族哲学思维的重要价值,不仅一直在引导着东亚文明生生不息地发展,而且也必将贡献于人类,影响于世界。它是特有的东方哲学、东方文化、东方精神,是东亚各国共同的文化财富,是东方文化之间长期交流对话的重要话语。我们应该充分珍惜这一宝贵财富,在新的时代对之进行有批判的继承,使之进一步发扬光大。

第 五 编

学术会议致辞和发言

"审美与艺术教育国际学术
研讨会"开幕词①

尊敬的各位来宾、各位代表、朋友们、同志们：

首先，我代表这次青岛"审美与艺术教育国际学术研讨会的主办单位山东大学文艺美学研究中心对各位来宾、各位专家和各位代表的光临表示热烈的欢迎，对教育部、省财政厅、教育厅与青岛市教育局、崂山风景区管委会对这次会议所给予的大力支持表示衷心的感谢。

这次研讨会之所以选择审美与艺术教育这样一个论题，当然是同我们研究中心所承担的审美教育科研任务有着直接的关系。但是更重要的是，审美与艺术教育已经成为世界各国文化教育界所共同关注的一个重大课题。那就是，面向新的世纪，人类应该审美的生存，我们应该将我们的后代培养成审美的生存的一代新人。众所周知，面对未来，摆在人类面前的是机遇与挑战共存。所谓机遇，那就是，未来的岁月人类将会取得更多的繁荣发展；而所谓挑战，那就是，与繁荣发展相伴，人类也将面临自然生态恶化、工具理性膨胀、市场拜物盛行、精神疾患蔓延等严重问题。这

---

① "审美与艺术教育国际学术研讨会"，山东大学文艺美学研究中心主办，
2002 年 8 月 22—26 日在青岛召开。

就是物质生活富裕与人的生存状态非美化两极发展的悖论。要解决这个悖论,就必须坚持物质文明与精神文明同时发展。美育是精神文明的重要组成部分,也就是通过审美教育的手段培养审美的生存的一代新人。这样的新人,应该以审美的世界观作为生存的根本原则,摆脱传统的"人类中心主义"和工具理性的束缚,以亲和系统、普遍共生的态度同自然、社会、他人和人自身处于一种协调一致的审美状态,改变人的非美的生存状态,走向审美的生存。

中国早在先秦时期,就有"诗教""乐教"的古典形态的美育传统。20世纪初期,王国维、蔡元培又从启蒙的角度介绍了西方现代美育观念。中华人民共和国成立后,特别是新时期,国家对美育发展采取了一系列重要措施,特别是从素质教育的高度将其列入国家教育方针,使美育在原有十分薄弱的基础上取得非常明显的成绩。此次会议的重要目的,就是借此机会同国内外有关同行就审美教育与审美文化发展的重要问题进行学术的交流与对话,以达到理解共识,促进发展的目的。同时,我们之所以选择青岛作为会议的召开地点,那是因为青岛是国际著名的美丽的海滨城市,碧海蓝天,红瓦绿树,再加上宜人的气候、绮丽的风光,使青岛成为我们祖国美丽的东方明珠,而青岛市对教育的重视,在美育方面所取得的骄人成绩也一定会给各位留下深刻的印象。

最后,再次对各位表示欢迎,预祝会议圆满成功,预祝各位在美丽的青岛度过美好的时光。

谢谢!

在"问题与建构:当代中国文艺美学研究学术研讨会"上的发言①

文艺美学学科从 1980 年提出至今已经 24 年。24 年来,文艺美学学科在众多学者的共同努力下有了长足的发展,取得一系列突出的成绩。今天,在我们研讨教育部批准编写的"十五"重点教材《文艺美学教程》之际,我想围绕文艺美学学科的新探索,谈几点看法,供大家研究批评。

一、关于文艺美学学科的定位

关于文艺美学学科的定位,有分支学科、中介学科、边缘学科和艺术哲学等各种说法。当然,也有些学者不承认文艺美学学科存在的合理性。这些意见都应该共存,继续讨论。我们认为,文艺美学是我国 20 世纪 80 年代产生的一个新兴学科。它既同文艺学、美学、艺术学密切相关,但又同它们有着质的区别。因为文

---

① 本文原题《文艺美学学科建设的新探索》。"问题与建构:当代中国文艺美学研究"学术研讨会,山东大学文艺美学研究中心与黑龙江大学合作主办,2004 年 12 月 15 日在哈尔滨召开。

艺美学学科有其本身特有的新视角、新精神、新资源、新方法和新体系。它已经基本具备了华勒斯坦所说一个新兴学科要有有机的知识主体、独特的研究方法和有着共识的学者群体这样三个方面的条件。

二、关于以文艺的审美经验作为
文艺美学学科的理论出发点

　　文艺美学学科能否成立的一个重要关键,是它是否具有自己的独特理论出发点。前苏联美学家鲍列夫就认为,由于文艺美学学科没有自己独特的理论出发点,所以不能成立。我们现在提出以文艺的审美经验作为文艺美学学科的理论出发点,就使其具有独特性并构成其特有的理论体系。这样的理论出发点同既往的以文艺的审美本质、审美活动、文艺本质、审美关系和艺术的掌握世界的方式为出发点有了明显的区别。

　　我们之所以以文艺的审美经验作为出发点,绝不是为了标新立异,而有其重要原因。其一,同当代的哲学—美学转型密切相关。众所周知,从 19 世纪中期以来,特别是整个 20 世纪,整个哲学—美学领域发生由思辨哲学到人生哲学、由对美的本质主义探讨到审美经验研究的转型。V.C.奥尔德里奇认为,审美经验已成为当代"讨论艺术哲学诸基本要领的良好出发点"①。其二,我们以文艺的审美经验为出发点,是为了使中国古代文艺美学遗产在当代更好地发挥作用。中国古代并没有西方古代那样的有关美

――――――――――

①[美]V.C.奥尔德里奇:《艺术哲学》,程孟辉译,中国社会科学出版社 1987 年版,第 22 页。

和艺术的本质主义思考,但却有着极为丰富的以审美体悟为其特点的文艺美学遗产。我们的文艺美学学科以文艺的审美经验为理论出发点,有利于中国古代文艺美学遗产在当代充分发挥作用。

三、关于审美经验的内涵

审美经验是一个非常丰富,同时也是非常复杂的概念。历史上既有英国感性派的审美经验,也有康德有关审美判断力的审美经验,克罗齐的直觉即表现的审美经验,杜威的实用主义的艺术经验,阿恩海姆的格式塔心理学审美经验,现象学、存在论和阐释学的审美经验等等。当然,还有我国当代美学家在马克思主义指导下,结合中国现实对审美经验研究的种种成果。这些审美经验各有其特殊的内涵,是非常不同的。我们所使用的文艺的审美经验,采取在马克思主义指导下,对历史上各家审美经验理论的有价值内涵进行综合,力图使审美经验的内涵更加全面丰富。这样,我们将其归纳为包含八个方面的关系:第一,审美经验与社会实践的关系;第二,审美经验与主体的关系;第三,审美经验与想象的关系;第四,审美经验与表现的关系;第五,审美经验与快感的关系;第六,审美经验与接受的关系;第七,经验论与心理学的关系;第八,审美经验与真理的关系。

四、以审美经验为文艺
美学出发点的意义

我们认为,以文艺的审美经验为文艺美学学科的出发点具有比较重要的意义。第一,有利于对当代美学、文艺学进行某种改造。长期以来,我国美学和文艺学研究受传统的本质主义和认识论影响至深,我们将文艺的审美经验作为文艺美学学科的理论出发点就对这种传统的本质主义与认识论美学与文艺学起到一种反拨的作用,也是对审美与文艺的情感与生命体验基本特点的一种回归。第二,是对当代社会文化转型中正在蓬勃兴起的大众文化的一种理论的总结与提升。我们所主张的审美经验理论包括审美的生活化和生活的审美化两个紧密相关的部分。前者是因为审美经验中包含某种感性和生命体验的成分,有利于克服艺术与生活的脱离,使艺术走向生活和万千大众,成为人们休息和娱乐的重要方式之一。后者是因为审美经验中包含某种超越和意义追寻的成分,有利于艺术起到精神生活提升的重要作用。前者的回归与后者的提升相结合,才是审美与文艺的要旨之所在,是文艺美学学科发展的坦途。第三,有利于中国传统美学在当代进一步发挥作用。众所周知,五四运动之后,由于西学东渐的冲击和古代文字的白话化,的确存在一个中国传统文化一定程度断裂的问题,因此出现了中国古代文论能否现代转换的论争。以审美经验为文艺美学学科的理论出发点就为以经验形态存在的中国古代美学在当代发挥作用提供了更大的可能和空间。但这仍然是一个艰难的课题,需要众多学者通过长期的努力,取得实绩。

五、关于文艺美学学科的研究方法

文艺美学以文学艺术的审美经验作为理论出发点就决定了它必然采取以自下而上为主而上下结合的研究方法。这是一种由具体的审美经验出发的研究方法,迥异于从抽象的本质或定义出发的传统研究方法,从而使研究对象由传统的理论文本扩充到鉴赏文本,进一步扩充到理论家自身对文艺作品的审美体验,再进一步提升。这种研究方法更加全面,更加符合文艺美学学科的实际,也会更加彰显出理论家的理论个性。但以自下而上的方法为主,并不完全排除同时包含一定的自上而下的研究方法。因为任何理论研究都必须借助一定的具有共通性的理论规范,否则就会完全成为只有个人能够理解的自言自语,从而缺乏应用的理论价值。更为重要的是,文艺美学不只是对单个审美经验的研究,更要研究其中所包含的具有人类共通性的对"在场"的超越,走向人类"诗意地栖居",对人类的前途命运进行终极的关怀。这就使审美经验本身包含了深刻的意义和鼓励人类前行的精神力量。同时,我们还将吸收社会的、意识形态的、文化的、现象学的、阐释学的和心理学的种种研究方法。而作为教材,我们特别强调运用当代交流对话的方法。我们试图否弃传统的教化和灌输的方法,采取作者与读者、首先是教师与学生平等对话的方式。因为审美经验带有明显的个人感悟性,我们提供的只是带有个人色彩的一种感悟,以期唤起学生新的不同的艺术感悟,为其理论思维能力和艺术想象能力开辟广阔的自由的空间。

我们的教材编写本身就是一种探索,有探索就必然会有失误。而且,文艺美学学科正在探索研究的过程之中。因此,我们的失误在所难免。我所提供的《导言》和我今天的发言也只是我个人的一得之见。无论是今天还是教材出版之后,我们都欢迎学界同仁的各种批评意见。

"人与自然:当代生态文明视野中的美学与文学"国际学术研讨会开幕式致辞①

尊敬的王秀林副市长、各位专家、女士们、先生们:

各位上午好。由山东大学文艺美学研究中心、山东大学东方文化研究院、崂山康成书院和山东理工大学生态文化与科学发展研究中心联合主办的"生态文明视野中的美学与文学"国际学术研讨会现在开幕了。我代表会议的主办单位向出席今天会议的青岛市王秀林副市长、教育部的有关领导、远道而来的各位专家表示热烈的欢迎和衷心的感谢。向积极参与会议筹备并给予各种支持的有关单位与朋友表示衷心的感谢。

我们这次会议的主题是"人与自然:生态文明视野中的美学与文学",试图从半个世纪以来生态文化与生态美学发展的回顾、中西古今有关生态智慧资源的价值与当前生态文化、生态美学发

---

① "人与自然:当代生态文明视野中的美学与文学"国际学术研讨会,山东大学文艺美学研究中心、山东大学文学与新闻传播学院主办,2005 年 8 月 19—22 日在青岛召开。

展建设的方向等多个侧面来全面深入地探索这一十分重要的现实与学术课题，以期对我国当代生态文化建设起到应有的推动作用。众所周知，从20世纪中期以来，由于环境的污染破坏所带来的严重灾难向人类的持续生存发展敲响了警钟，人类开始对工业文明的利弊进行反思，从而步入了崭新的生态文明的新时代。联合国早在1972年就发表了著名的环境宣言，我国也于20世纪90年代提出可持续发展战略，并于最近提出著名的科学发展观和构建和谐社会的理论原则。我国学者几乎与国际同行同步早在20世纪70年代就开始了生态文化的研究，并于20世纪90年代中期以来开始了生态美学与生态文学的探索，召开了七八次学术研讨会，出版了数量可观的论著，并已成为多位博士生博士论文的论题。但我们深知，我们的这些工作与现实的要求以及生态理论本身的难度相比还有很大的差距。我们这次会议就是上述工作的继续，旨在集中国内外有关专家的智慧更加深入地探索这一重要论题。在研讨会即将开始之际，我想特别强调这样几点。一是生态问题关系到人类的长远生存发展和前途命运，是人类共同面临的重大课题；二是生态问题从根本上说是要求人类确立一种健康的生存发展态度，因此它归根结底是一个文化问题；三是生态维度是当今社会科学与自然科学不可缺少的维度，在当今缺少了生态维度的科学就是不完善的科学；四是面对如此重要而严峻的生态问题，美学工作者和文学工作者不应沉默，更不能缺席；五是生态问题非常重要，但也是非常繁难复杂的理论与现实课题，需要几代学者以科学的态度，紧密结合我国实际，通过广泛的国际交流对话和深入的研究，不畏艰难，认真探索，有所推进。如果让我们对本次研讨会的要旨作一个概括的话那就是：走向生态观、人文观与审美观的有机结合，实现人的诗意的栖居。让我们共同携手,为实现这一目标而努力。

最后,我再次衷心感谢各位的光临。预祝大会圆满成功,预祝各位会议期间健康、安全、愉快。谢谢!

中国高等教育学会美育专业委员会 2005 年年会开幕式致辞①

各位领导,各位代表,同志们:

首先,我代表美育专业委员会对各位的光临和各支持单位表示热烈的欢迎和衷心的感谢。

这次会议是美育专业委员会在新世纪召开的第二次年会。当前是中华人民共和国成立以来美育事业发展的最好时期。其标志之一是,新时期以来党和国家高度重视美育事业,广大美育工作者共同努力,确立了美育应有的地位,将美育提高到从未有过的高度。1999 年 3 月,在九届人代会上正式将美育纳入党的教育方针。1999 年 6 月,在第三次全教会上,党中央国务院颁布加强素质教育的决定,将美育同德智体一起作为素质教育的有机组成部分,提到关系国家与民族前途命运的高度。以上是对我们美育工作最重要的支撑,成为我们推进美育事业最重要的依据和保证。标志之二是,教育部《学校艺术教育规范》和《艺术教育发展规划(2001—2010 年)》的颁布,表明我国高校美育工作已由认识

---

①原载《美育通讯》2005 年第 1 期。

层面深入到以课程为主的实际建设阶段,说明我国美育事业的深入发展和大好形势。

但在这样的大好形势下,我们仍要认识到我们工作的差距。差距之一,是在理论认识上我们仍要继续提高,特别要将认识统一到第三次全教会《决定》中有关美育在素质教育中具有"不可替代"的作用这一重要论断之上。如果动摇了这一论断,我们美育事业就失去了前提与基础。我的粗浅认识是美育具有这样三个方面不可替代的功能和作用:其一,美育具有在现代化过程中不可避免的美化与非美化共存的现实形势下培养青年一代确立审美的态度,使他们学会审美的生存,具有不可替代的作用。其二,美育作为文化养成教育,是对学生进行的特有的做人的教育,人性的教育,具有不可替代的作用。其三,美育所凭借的感性与理性、科学与人文直接统一的情感形式,在德智体,各育中具有一种不可替代的综合中介作用。差距之二,是我们的美育工作到目前为止仍是高教各项工作中最为薄弱的环节,在许多方面美育仍处于起步阶段,重要的教育资源仍然没有美育的份额。这些仍需广大美育工作者通过自己勤奋的工作,推动事业发展,做到更多"有为",争取更加"有位"。

我们这次会议将深入研讨美育的理论与队伍建设,还将讨论《全国普通高校公共艺术课程方案》(讨论稿)。这是一次十分重要的会议,我相信通过与会同志的共同努力,一定会圆满完成会议任务,对我国美育事业起到应有的推动作用。

最后,预祝会议圆满成功,预祝各位代表会议期间健康愉快!

在 2006 年"美学与多元文化对话"国际学术研讨会上的发言①

　　从 20 世纪中期以来,由于环境的污染破坏所带来的严重灾难向人类的持续生存发展敲响了警钟,人类开始对工业文明的利弊进行反思,从而逐渐步入了崭新的生态文明新时代。联合国早在 1972 年就发表了著名的环境宣言,我国也于 20 世纪 90 年代提出可持续发展战略,并于最近提出著名的科学发展观和构建和谐社会的理论原则。我国学者几乎与国际同行同步早在 20 世纪 70 年代就开始了生态文化的探索,并于 20 世纪 90 年代中期以来开始了生态美学与生态文学的探索,召开 8 次学术研讨会,出版了数量可观的论著,并已成为多位博士生的博士学位论题。我们深知:生态问题关乎到人类的长远生存发展,是人类面临的关系到自身前途命运的重大课题;生态维度是当今自然科学、社会科学与人文学科的不可缺少的维度,在当今缺少了生态维度的科学就是不完整的科学;面对如此严重而严峻的生态问题,美学工作者

① 本文原题《通过中西古今交流对话途径,建设发展新的生态审美观》。"美学与多元文化对话"国际学术研讨会,中华美学学会、中国社会科学院哲学所、四川师范大学共同主办,2006 年 6 月 26—28 日在四川师范大学召开。

与文学工作者不应缺席,更不能沉默;生态理论非常重要,但也是非常繁难复杂的理论与现实课题,需要几代学者以科学的态度,紧密结合我国实际,不畏艰难,认真探索。

我们认识到当代生态美学观的产生是社会的需要和历史的必然。当代生态美学观是在后现代语境下社会历史发展的必然。我们这里所说的"后现代"是一种对"现代性"进行反思与超越的后现代,从这个角度说后现代性与现代性是相伴而生的。但从社会历史的转型来说,"后现代"则指工业文明之后的生态文明新时代。众所周知,20世纪60年代以后,工业文明对于自然与社会所产生的负面影响日渐严重,人类的生态自觉日渐成熟并将这一观念贯穿于经济社会活动之中,开始了可持续发展与绿色文明建设,社会逐步由工业文明进入生态文明。有的学者对"后现代"的提法存有疑义,认为"后现代"现象只有发达资本主义国家才会产生,而且是解构的、破坏性的。但我们认为,对于"后现代"有多重阐释,既有解构的后现代,也有建构的后现代,而且作为建构的后现代其实质是对于现代性的一种反思。中国尽管目前仍然处于现代化过程之中,但我们对于现代化的反思是完全必要的,而且早已开始。首先我们需要对于资本主义现代化进行反思,并对其弊端加以克服与超越。同时我们也在不断地反思总结我们自身在现代化过程中的经验与失误,加以必要的调整。包括我国20世纪90年代以来在现代化过程中对于生态问题的愈来愈加重视,乃至最近对于生态文明时代的提出。这些其实都属于对于现代性的反思与某种超越,也是一种"后现代"。生态美学观就是生态文明时代的理论成果。它是社会历史发展的必然,有着明显的世界文化学术背景,但却由中国学者首次明确提出,因而又具有明显的中国特色,是中国理论工作者在国际性学术交流对话中从中国现实和传统出发的一种理论的创新。我们之所以认为生态美学观是一种具有明显中国特色的美学观念，那是因为生态美学观的提出是中国当代学者以中国当代现代化建设中提出的可持续发展政策、科学发展观与和谐社会理论为其最重要的理论依据。同时，立足于中国古代以"天人合一"为其根基的生态智慧基础之上。中国古代的"天人合一"是一种迥异于西方"主客二分"的思维模式的"共生"的哲学理念。所谓"和而不同""和实生物，同则不继""太极化生""生生之谓易""道生一，一生二，二生三，三生万物"等等。当然，这种古代的生态智慧还需经过当代的改造，才能加以吸收利用。而从其适应社会历史发展的需要的角度来说，生态美学观应是符合当代先进文化发展方向的。因为，它作为当代生态文明建设的组成部分，是同当代社会经济文化发展方向一致的。当代生态美学观的产生也是当代美学学科自身发展的需要，是其适应当代社会文化发展，包含生态维度的一种理论的延伸，反映了美学学科由传统认识论发展到存在论的当代转型的必然趋势。与当代生态美学观密切相关的"有机整体""共荣共生"等当代生态哲学理念已经成为一种后现代语境下的生态文化，渗透于当代社会领域的各个方面，成为许多社会与人文学科的关键词，构成一股强劲的生态文化潮流。当代生态美学观正因为产生于后现代语境之中，所以具有后现代理论超越现代工具理性的开放性、非中心性和共创性的特点。它不以自身的学术自足性以及能否构成独立的学科为其指归，而以其理论的现实性与突破性品格为其追求。当代生态美学观与文学观的生成发展必将对我国当代美学、文艺学与文学的建设做出自己特有的贡献。

　　而当代生态美学观的发展建设必须依靠中西古今交流对话的途径。当代生态美学观就是中西古今交流对话的成果。事实证明,当代交往对话理论正是后现代理论超越现代主体性哲学走向"主体间性"与"平等共生"的一种理论转型。正是在当代国际性的有关生态理论交往对话的热潮中,我国理论工作者借鉴西方以莱切尔·卡逊为代表的生态批评理论、以海德格尔为代表的"生态的形而上学"哲学与美学以及以阿伦·奈斯的"深层生态学"理论为代表的生态哲学与伦理学等,结合我国的当代生态实践与古代的丰富生态智慧,提出生态美学观与生态文学观。而西方当代各种生态理论又在相当大的程度上是对中国古代生态智慧尤其是道家生态智慧的借鉴。特别是海德格尔与道家的对话成为"老子道论的异乡解释",以及由共同本源涌流出来的歌唱。众所周知,早期的海德格尔曾经认为真理得以显现的世界结构是世界与大地的争执,虽然在突破主客二分思维模式方面有了重大进展,但仍然具有明显的人类中心主义倾向。20 世纪 30 年代以后,海氏开始由人类中心主义转向生态整体主义,提出著名的"天地神人四方游戏说"。海氏的生态转向有充分的材料证明是他同中国道家生态智慧对话的结果。经专家考订从 20 世纪 30 年代以来海氏就能较熟练地运用老庄的思想。他曾经使用过两个有关老庄的德文译本,并曾在 1946 年与中国台湾学者萧师毅合作翻译《道德经》8 章。他曾较多地使用老庄的理论来论证自己的观点。他的"天地神人四方游戏"就与老子的"域中有四大而人为其一"一脉相承。他还用老子的"知其白,守其黑"来阐释其"由遮蔽走向澄明"的思想。用老子"三十辐共一毂,当其无,有车之用"来说明"存在者"与"存在"的区别。用老子的"道可道,非常道"来说明其"道说不同与说"的观点。用庄子的"无用之大用"来说明"人居住着"是不具功利性的。用庄子与惠子在濠梁之上有关鱼之乐的对话来说明存在论与认识论的区别等。由此说明,我国古代以儒道佛为其代表的生态智慧已经为中西当代生态理论建设贡献了极其宝贵的理论财富。当前,我们要继续发展建设当代生态美学观与文学观仍需坚持中西古今交流对话的重要途径。当然,这种交流对话是建立在"古为今用""洋为中用"方针基础之上的,立足于构建具有中国特色的生态美学观。实际上,生态美学观恰是中国学者首先提出的。因为,当代西方只有生态批评、生态文学与环境美学等,并没有生态美学。而生态批评是一种属于文化批评的批评实践形态,而生态文学是从创作的角度说的。至于环境美学,则明显地包含人居环境等人工因素。只有生态美学是一种从哲学本体着眼的美学观念,是中国美学家从中国的现实与历史传统出发提出的一种带有明显中国特色的美学观念。从现实来说,就是中国的现代化要力避西方资本主义现代化过程中掠夺自然,并对不发达国家转移污染的破坏性行径,而中国现实存在的经济社会发展的环境与资源瓶颈更使生态问题显得紧迫,为此必须要走出一条崭新的绿色发展之路。与之相应,就要建设崭新的符合中国国情的包含生态美学观与文学观的生态文化。而从中国传统来说,我国是一个有着丰富古代生态智慧的文明国家。中国古代的"天人合一"理论,是一种以"和而不同""道法自然""生生不息""共生共荣"为其内涵的古典存在论生态观,为世界特别是中国当代生态文化建设提供了丰富的滋养。当代生态美学观与文学观就是以这种丰富的古典生态智慧为其重要根基的。

当代生态美学观与文学观建设所要解决的核心问题是生态观、人文观与审美观的统一。当代生态美学观与文学观等一切生态理论所遭遇的核心问题是生态观与人文观的关系问题,也就是当代生态观对自然的"尊重"和"敬畏"是否导致"反人类"的问题。这也涉及到当代生态理论的哲学基础。经过许多生态理论家的充分论证,当代包括生态美学观与文学观在内的各种生态理论的哲学基础是当代生态存在论哲学。可以这样说,生态观与人文观的统一问题只有从存在论的哲学立场出发才可能理解,站在传统认识论的立场是不可能理解的。因为,认识论哲学是以主客二分为前提的,在这种主客二分的情况下,人与自然确实是"对立"的关系,难以统一。这是一种自然科学的哲学观念,并不适用于作为人文学科的美学。美学作为人文学科以人性与人文主义为其研究对象,应该立足于当代存在论的哲学基础之上。从当代存在论哲学立场来看,主体与客体不存在对立与否的问题,而是两者都作为存在者,只有通过"回到现象本身"的解蔽之路,作为本真的存在才得以显现。正是从这种当代存在论的哲学立场,从解蔽与澄明的视角,人与自然、生态观与人文观是完全可以统一的。这就是当代包含生态维度的存在论哲学观——当代生态存在论哲学。我们认为,当代生态存在论的源头可以追溯到马克思 1844年《巴黎手稿》中所说未来共产主义,通过对人的本质的真正占有,从而实现自然主义与人道主义的统一,及其在有关"人也按照美的规律来建造"之中所包含的承认"种的尺度和需要"的重要生态思想。而 20 世纪 30 年代后期以来则是海德格尔在荷尔德林诗的阐释中所提到的,在"天地神人四方世界"结构中实现"人的诗意地栖居"。而从历史发展的维度来说,作为人的自觉意识的人文精神则是贯穿于人类历史的始终。但"人类中心"的理论观念则只存在于现代的启蒙主义时期。在前现代时期是自然中心与上帝中心。只在到了现代的工业革命启蒙主义时期,科技高度发展,人类具有了更大改变自然的能力,此时,作为主体性的"人类中心"理论观念才占据主要位置。进入后现代的生态文明时期,由于人类自觉到"人类中心"理论观念的弊端,从而以"主体间性"与"生态整体"理念取而代之。但这绝不是对启蒙主义人文精神的否定,而是对于作为一个历史阶段理论观念的人类中心主义的扬弃。这种"扬弃"否定了唯科技主义理念,但却保留了可贵的科学精神。这是当代在后现代语境下包含生态维度的存在论人学理论,是一种新的人文精神。它具有十分丰富的内容。首先是一种由"此在"之"在世"出发的人的生态本性观。包括人类来自自然的人的生态本源性;人与自然须臾难离的生态环链性;人应自觉维护生态平衡的生态自觉性。它还遵循将过度膨胀的工具理性和极度发展的人类私欲加以"悬搁"的生态现象学方法。当然,从根本上说它是一种包含生态维度的新的生态人文精神。这种生态人文精神将人的平等扩大到人与自然的相对平等,将人的生存权扩大到环境权,将人的价值扩大到自然的价值等。它是对于"人类中心主义"的突破,但却不是对于人类的反动,而是新时期包含生态维度的、对于人类更具深度广度和终极意义的关怀。有的学者对于人的尊严与自然的尊严可否兼顾的问题存有疑义,认为两者不可兼容。其实这还是一个哲学观问题,从自然科学的认识论的角度是无法想象人与自然之尊严得以并存的,也只有从当代生态存在论的角度才能理解两者的兼容。而且,人与自然的尊严问题实质上并不完全是一个纯粹的理论问题,而是一个非常现实的问题。我们可以设想,在"非典"等与生态破坏密切相关的传染性疾病向人类袭来之时,人类还有什么尊严可言呢? 由此可见,人的尊严其实是以人对自然的尊重为其前提的。至于生态观与审美观的统一也是应该从存在论的哲学立场加以理解。因为,从当代存在论哲学的角度,美即为真理的自行显现。这样,通过人对自然社会的生态审美观之文化态度的确立,真理由遮蔽走向解蔽得以自行显现,这就是美的本真形态。因此,从根本上说,当代生态存在论美学观是一种生态观、人文观与审美观的有机的统一。这就是当代生态美学观与文学观所要着力解决的重要课题。

　　当代生态美学观是一个正在建构和发展中的理论形态，自身有诸多不成熟之处，需要在讨论切磋和批评中发展。而且，我们从来认为它不是一个具有自足性的学科，而是美学与文学理论在新时期的延伸。这种延伸不仅提供了广阔的空间，而且成为所有有兴趣的学者共商的领域。我们相信当代生态美学观的提出与发展是当代美学研究的一个新的起点，今后一定会有更多的学者参与到它的建构之中。我们将当代生态美学观建设的主题确定为"走向生态观、人文观与审美观的结合，实现人的诗意的栖居"。这是一个宏大的主题，表现了美学工作者的高度社会责任。一定会对当代中国美学的发展与中西美学的交流对话做出自己应有的贡献。

"现当代中西艺术教育比较研究暨'艺术审美教育书系'"学术研讨会致辞[①]

各位老师：

首先感谢各位在百忙中出席会议。我们这次会议主要是研讨教育部重大课题攻关项目"现当代中西艺术教育比较研究"的继续开展，与此相关研讨一下本中心最近的结题成果"艺术教育书系"。现在我将有关情况向各位报告一下。

一、关于"现当代中西艺术教育比较研究"重大攻关项目的继续开展问题

"现当代中西艺术教育比较研究"攻关项目是 2004 年 9 月经教育部批准立项的，结项时间是 2007 年 12 月。这是一个重大项目，审批与结项都是非常严格的。参加项目的老师都是长期从事

---

① 本文原题《走向生活和艺术的统一——关于美育研究逻辑起点的思考》。"现当代中西艺术教育比较研究暨'艺术审美教育书系'"学术研讨会，山东大学文艺美学研究中心主办，2006 年 4 月 22—23 日在济南召开。

美学与审美教育研究的学者,开题一年来也都有这方面的成果。但要做到结项还需进一步做好科研方面的组织工作。这次,我们将课题的论证报告印发给了各位,请大家共同商讨如何进一步做好结项工作。根据论证报告我先提出一个有关结项的初步意见。

1.成果:出版中西艺术教育比较丛书5本

第一研究方向——"现当代中西艺术教育比较基本理论研究",出版专著1部

《现当代中西艺术教育比较论》

第二研究方向——"中国现当代艺术教育研究",出版专著2部

《中国现当代艺术教育研究》《清华大学艺术教育史》

第三研究方向——"美国现当代艺术教育研究",出版专著1部

《美国现当代艺术教育研究》(含史与哈佛大学个案研究)

第四研究方向——日本现当代研究教育研究,出版专著1部

《日本现当代艺术教育研究》(含史与个案研究)

要求在写作论著的同时发表有关学术论文

2.学术会议

召开国际学术会议一次。

2007年8月于青岛召开"中西现当代艺术教育比较国际学术研讨会",四个研究方向要求提供会议论文2—3篇,会后出版会议论文集召开国内学术研讨会一次。主要内容为项目结项准备。

3.结项

2007年11月于济南山东大学召开"中西现当代艺术教育比较研究攻关项目审稿与学术研讨会",5本论著提供初稿。

2007 年 12 月初 5 部著作均要求提供完备的结项材料送审。

二、关于《艺术审美教育书系》的研讨问题

　　本中心于 2000 年 5 月承担教育部重大项目"审美教育的理论与实践"现已结项,出版"艺术审美教育书系"5 部,分别为:《现代美育理论》《知识经济时代的审美教育》《美国现代艺术教育研究》《中国古代美育思想史纲》《儒家乐教论》与《审美教育论》。这些著作现已发到与会各位老师手中,请大家提出宝贵的批评意见,也为我们重大攻关项目的继续进展提供一个基础。

　　本书系从现代社会文化与哲学转型的高度探讨了现代美育的产生、发展与基本内涵,并从现代哲学、美学、艺术教育与中西文化的交流对话等各个层面来进行研究。在研究过程中,我们也注意紧密结合我国当代美育的现实,深入思考了美育学科建设与发展过程中出现的一些争论、存在的问题与取得的经验。在现代美育理论方面,着重探讨了现代美育的产生、理论指导、作用与任务、学科建设与发展等重要问题,力图从更深广的层面对美育的基本理论作一些新的阐释。在美育的产生问题上,我们认为,尽管美育活动在人类历史上早已出现,但作为一种独立的理论形态却是 1795 年由德国著名戏剧家、美学家席勒首次提出的。在对席勒及其美育理论的评价上,我们一改长期以来流行的将席勒视为德国古典美学康德与黑格尔之间的"桥梁"的观点,而是认为席勒的美育理论作为对资本主义现代性的反思与超越,包含着超越认识论的存在论内涵,因而具有划时代的意义。在适度认可席勒的"情育观"的前提下,我们着重指出,席勒美育理论的核心内涵

主要是"自由"，包括想象力的自由、人性的自由与人的全面发展的自由等。在美育的基本理论方面，我们突出强调并系统论述了马克思主义唯物实践存在论人学理论对于现代美育的理论指导地位。在美育作用的问题上，我们不再局限于长期存在的"首位论""末位论""从属论"的争论，而是全面阐述了现代美育所具有的其他任何学科所不可能取代的"综合中介"的作用。

在我们看来，现代美育已经成为认识论美学向现代存在论美学转型之表征，因此，美育的现代作用超越了传统的情感教育、人格教育，深化、提升为现代人的审美的生存教育。因而，现代美育的任务是培养"生活的艺术家"，其终极目标是培养"学会审美的生存的一代新人"。在美育的学科建设问题上，我们认为，美育是一种以"人文主义教育"为其内涵、以人的全面发展为其宗旨的人文学科，具有不同于其他学科的非智性与智性之二律背反的学科特性。

对于现代美育的发展，我们强调了它的前沿性与现代意义，并尝试将现代脑科学的有关成果引入美育学科建设之中，探讨作为现代人文学科的美育如何更多地吸收现代科技成果，体现出现代科学精神等重要问题。我们还在中西比较交流对话的背景下探讨了西方美育的现代演进。我们将西方现代美育的发展放到西方现代社会文化与哲学转型的广阔背景之上思考，着重探讨了西方美学的"美育转向"问题。我们认为，西方美学从1830年黑格尔逝世后即已开始了由思辨的认识论美学到现代存在论美学的转型。这一转型的总体趋向在我们看来就是由思辨美学向人生美学的过渡，它使现代美学在整体上更具有美育的意义，我们将之称为"美育转向"。我们认为西方现代美育的演进除了美学的维度还有极为重要的现代教育发展的维度。西方现代教育也存在着转型问题，并且深受现代美学的"美育转向"的影响。从20世纪中期以来，西方教育开始了从知识教育向人的教育的转型，而美育在这一转型过程中发挥着非常重要的观念革命作用。其突出表现就是二战之后逐步盛行的"通识教育"以及艺术教育观念的巨大突破。从这一视角出发，我们对当代西方艺术教育的发展以及对艺术教育观念发生重要影响的若干学说进行了探讨。在中国美育的发展方面我们回顾了作为现代中国美育发展基础的中国传统美育的历史发展，指出中国传统美育以"中和论"为理论核心，并从现代视野出发比较了中国的"中和论"美育与西方古代的"和谐论"美育，阐发了中国传统美育的当代价值。对中国现代美育，我们主要探讨以王国维、蔡元培等为代表的理论形态及相关问题。新时期是中国美育全面发展的重要阶段，我们对此做了初步的梳理，着重论述了我国新时期美育的发展，特别是1999年第三次全教会提出"素质教育"这一重要教育思想及其对于美育的极为重要的意义，我们将第三次全教会卜颁布的《中共中央国务院关于深化教育改革全面推进素质教育的决定》作为整个书系的指导思想，特别强调了《决定》中有关美育"对于促进学生全面发展具有不可替代的作用"的极为重要的论述。本书系还论述了我国现代美育发展的知识经济背景，并在美育的实践等有关方面进行了初步的探索。

三、关于这次会议的召开

这次会议分三段召开，第一段是由我介绍一下项目的基本情况与进一步继续开展的初步意见，然后分四个分支方向讨论具体落实意见，下午由四个分支方向的老师介绍讨论的意见。最后由我综合一下。会议就可暂时结束,各位具体落实。参加会议的还有一些没有参加本项目的专家,我们特别请这些专家下午也对项目的进展提出宝贵的意见。我们要特别感谢这些专家的与会并提出宝贵意见。

最后再次对各位表示衷心的感谢。谢谢!

在"现当代中西艺术教育比较研究暨'艺术审美教育书系'"学术研讨会上的讲话

(首发,2007 年 8 月 25 日)

一、问题的提出:资本主义导致艺术与生活的分离

1. 在三位伟大的理论家对资本主义的批判中诞生了美育

席勒:1793 年席勒的《美育书简》首先批判资本主义所导致的人格分裂的"异化"现象,提出"人也就把自己变成一个断片了"。① 而其导致的后果即艺术与生活的分裂,艺术"消失在该世纪嘈杂的市场中"②。由此,倡导美育试图"给社会带来和谐"③。

黑格尔:1917—1829 年,黑格尔首次提出"异化"概念,并对资本主义、对工具理性的嚣张所形成的"偏重理智的文化"进行了抨

① [德]席勒:《美育书简》,徐恒醇译,中国文联出版公司 1984 年版,第 51 页。
② [德]席勒:《美育书简》,徐恒醇译,中国文联出版公司 1984 年版,第 37 页。
③ [德]席勒:《美育书简》,徐恒醇译,中国文联出版公司 1984 年版,第 51 页。

击,明确指出:"我们现时代的一般情况是不利于艺术的","艺术对于我们现代人已经是过去的事了"①,明确指出资本主义时代的生活和艺术的分类。

马克思:在《1844年经济学哲学手稿》中,有力地批判了资本主义制度下"劳动本质的异化",以及著名的"劳动创造了美,但导致工人变成畸形"②。这是典型的审美、艺术与生活的严重分裂。由此,马克思指出通过异化扬弃,讲生活与艺术统一,实行"人也按照美的规律来建造"③。

2. 由社会与艺术的分裂,导致教育与艺术的分裂

(1)1977年,日本教育家村井实在《艺术和学校教育》一文中认为,当代教育的主要问题是"把艺术和教育隔绝起来"。

(2)1981年,美国教育家格林在《普通教育中的审美素养》一文中认为,当代有一个"持续存在的二元论",那就是教育与艺术的对立,由此形成"两个互相排斥的世界"。

由此,他们一致认为,将教育和艺术统一起来是当代教育改革的出发点,当然也是美育研究的逻辑起点。

二、当代美育转向——由哲学美学走向人生美学

从19世纪之后,特别是20世纪以来,西方哲学—美学领域

---

① [德]黑格尔:《美学》第1卷,朱光潜译,商务印书馆1981年版,第14—15页。

② 《马克思恩格斯全集》第42卷,人民出版社1979年版,第93页。

③ 《马克思恩格斯全集》第42卷,人民出版社1979年版,第97页。

面临着一场哲学的改造。这场改造的根本,在于解决主观与客观、感性与理性、生活与艺术的二元论。

杜威于 1920 年在《哲学的改造》中指出:"一个哲学的改造,假如是能免得人要于穷乏的短折的经验与矫揉的无能的理性两者之中选择一个的,就要使人类努力解脱最重的理智上担负。这个改造可免却使好意的人分为相敌视的两派。"①

1924 年,他又在《经验与教育》中指出:当代哲学的任务就是克服"心灵与物质,一个物理世界和一个心理世界的二元论,这个二元论自从笛卡尔时代一致到现在都支配着哲学问题的有系统的陈述"。

这种二分或二元对立的思维模式表现在美育上就是生活和艺术的二元对立。20 世纪的西方当代美育的基本任务就是旨在克服这种二元对立,实现艺术与生活的统一;前者是一种形而上的哲学美育,后者则是一种人生美育。从广义上来说是一种美育的转向。

我将这种美育转向分成六个方面进行论述,大体是按照历史次序说的。

(1)生命意志论美学,主要借助于理性的生命意志来统一主客二分。其中,与黑格尔几乎同时代的叔本华,认为在资本主义的矛盾中,生命意志本身是痛苦的;要摆脱痛苦,途径之一就是通过艺术,进入一种物我两忘的审美境地,从而使艺术成为人生的光明、希望。他说:"艺术是人生的花朵。"(1818 年)尼采是呼唤新世纪的第一个伟大的哲学家,他在其名著《悲剧的诞生》(1870—

---

① [美]杜威:《哲学的改造》,胡适、唐黄肇译,安徽教育出版社 2006 年版,第 56 页。

1871年)以其惊世骇俗的"强力意志"以及酒神精神,彻底否定理性和传统,倡导"人生艺术"命题,试图以这种激荡奔放的艺术精神重塑美的人生。他说,艺术"是使生命成为可能的伟大手段,是求生的伟大诱因,是生命的伟大兴奋剂"。

(2)实用主义美学。以美国的杜威为代表,在1934年写的名著《艺术即经验》中,他以经验为哲学的基础,试图恢复审美经验和生活经验的连续性,力图"把艺术及审美与经验结合在一起",认为"艺术是经验作为经验而言最直接与完整的显现"。

(3)现象学美学,以德国胡塞尔、波兰的英加登、法国的杜夫海纳为其代表,试图通过现象学还原的方法,将主客之实体予以"悬搁",充分发挥主体的构成作用。例如,杜夫海纳在《审美经验现象学》(1953)中通过审美经验将审美对象与审美知觉加以统一。他说:"存在与创作之向,根本没有分界线。""艺术要求并体现相互主体性:要求别人都是自我。"

(4)精神分析美学:以奥地利的弗洛伊德为其代表,通过其原欲升华论,即通过艺术与审美的途径,提升人的本能,升华人的精神,由此打破传统理性与非理性的二元对立。

(5)存在论美学:以法国的萨特和德国的海德格尔为其代表,通过由存在者到存在,有遮蔽到澄明,真理之显现的美的过程,来达到主客体的统一。

(6)阐释学与后现代美学:以伽达默尔、福柯、德里达为其代表,通过阐释本体之视界现象,消解主客体,通过"游戏"沟通世界与自我,消解艺术与生活的分离。

三、当代任务——走向生活与艺术的高度统一

1. 审美的生活与生活的审美的统一

随着影视和网络的出现,市场经济的发展,大众文化的崛起,审美与艺术迅速地、大踏步地走向生活。艺术与生活,精英与大众,欣赏与游戏,乃至美与丑,存在与非存在,善与恶之间的界线都变得模糊起来。

这种审美的生活是否意味着美育的成功呢? 不一定。因为出现了一种媚俗和低俗,出现了金钱拜物、市场拜物的泛滥倾向,这同样暗示着人文精神的缺乏,是另一种形式的艺术与生活的脱节,即从艺术与生活之鸿沟到对真正的艺术的消解,呈现一种艺术的贫血症,会产生严重恶果。

因此,还要强调生活的审美化。在承认游戏娱乐感官、在场的同时,张扬一种超越、终极关怀、崇高之精神。将两者有机地统一起来,走向人的诗意的生存,这是当前美学和美育的重要任务。

2. 审美与教育的统一

审美不只是教育的成分,而应该成为最根本的教育理念,培养审美生存的一代新人。

审美与教育的统一。在我国,美育中仍然是所有教育环节中最薄弱的环节之一,在西方发达国家也是薄弱的。美国美育工作者韦尔森 1986 年提交给国家艺术基金会的一份报告中指出,只有 19% 的 9 年级和 10 年级学生、16% 的 11 年级和 12 年级学生注册了艺术课程,对美育的忽视由此可见一斑。

　　由此，我认为，如果仅仅把审美、美育作为教育的组成部分，则永远不可能实现两者的统一。美育应该作为一种教育观，而且是根本的教育观，也就是说，后工业时代的教育的根本任务，就是培养审美的生存的一代新人，做到审美地对待社会、他人和自身。这种观念不仅应该成为国家意识，而且应该成为全民意识。教育与艺术才能真正统一，美育才能在理论与实践方面得到高度的发展。

在"文艺学的知识状况与问题"学术研讨会上的发言①

　　在经济全球化与中华民族谋求新的民族振兴的背景下,建设具有中国特色与中国气派的美学与文艺学显得特别紧迫。新时期以来出现了有无"失语症"与"古代文论现代转换"的各种讨论,浸透着老中青几代学人的艰苦探索,取得一系列可喜的成绩。但长期以来,包括我在内的理论工作者都摆脱不了这样一种看法,那就是"五四"以后由于西学东渐与语言的现代化,中国现代文化与古代文化之间出现一种断裂的情形,古代美学文艺学与现代美学文艺学之间在具体范畴体系等各个方面有着明显的脱节。因此,尽管我们发扬古代美学文艺学传统的积极性与愿望都很强烈,但能不能以及如何具体操作仍然是一个非常现实的问题,普遍感到困难很大。2006年9月20日在上海参加"上海论坛"文化组讨论期间,听了美国奥瑞京大学古典英国文学教授斯蒂文·显克曼(Steven Shankman)所作的题为"中国和科莱特·布兰斯维格的见证艺术"的发言,使我深受启发。显克曼教授给我

---

① 本文原题《当代一次中西艺术对话所给予我们的启示》。"文艺学的知识状况与问题"学术研讨会,中国人民大学文学院、《文艺研究》杂志社主办,2006年10月13—15日在北京召开。

们举出了一个当代中西艺术对话的例证，并认为这是"中国艺术与欧洲现代主义之间的对话的一个特例"。事情发生在二战期间，法籍犹太画家科莱特·布兰斯维格家中有9人先后死于纳粹的大屠杀，她自己也因面临被迫害的危险而躲避在友人家中。她认为自己作为"目击者"，"肩负着见证大屠杀的使命"，因而在躲避期间决定创作一幅控诉纳粹大屠杀的绘画。但一个目击者"没有办法把自己目睹的事情当作主题，他说的真相并不是再现意义上的真相"。为了通过艺术来见证大屠杀的创伤，布兰斯维格不再采取再现的方法，摒弃了从开始一直到早期现代主义统治西方艺术的"模仿论"。而是从中国古代艺术"诗言志"理论与北宋画家米芾的书法与画作中受到启发，根据反法西斯画家瑟兰的诗歌创作了一系列拼贴画。这种拼贴画是某种书法，是在对于瑟兰的诗歌进行了深思之后所进行的词语声音与形状所具有的表达潜能的探索。例如通过书写暗示出空间的安排，通过特有的灰色与椭圆对于虚无与惊呆的表现，甚至借助米芾对"风"的处理方式处理某些西语音节表现出特有的情感，借此表现出布兰斯维格感受的"独特性"，使这幅拼贴画成为"关于唯一者的艺术"。

　　这样一个发生在20世纪中期的中西艺术对话的实例给了我们深刻的启示。启示之一是西方美学与文艺学界从20世纪以来对于中国古代传统美学文艺学理论的评价已经逐步发生变化，由全盘否定到看到其价值并予以借鉴。这显然与1831年黑格尔逝世后西方哲学美学由认识论到存在论、由主客二分到有机整体、由抽象本质到生活经验的转变有关。众所周知，黑格尔曾经将包括中国古代美学在内的东方艺术都称之为"象征型艺术"，"都是艺术的开始，因此，它只应看作艺术前的艺术，主要起源于东方"①。著名的美学史家鲍桑葵在他的《美学史》中论述为什么没有提到东方艺术时,直言不讳地指出"因为就我所知,这种审美意识还没有达到上升为思辨理论的地步",而且它们"对欧洲艺术意识的连续性发展没有关系"。他进一步指出,"中国和日本的艺术之所以同进步种族的生活相隔绝,之所以没有关于美的思辨理论,肯定同莫里斯先生所指出的这种艺术的非结构性有必然的基本联系"②。我们可以看到所谓"同进步种族隔绝的前艺术性""非思辨性"与"非结构性"等等正是工业革命背景下,以主客二分思维模式为指导的认识论哲学美学思想对于包括中国美学文艺学与艺术理论在内的东方理论的定评。但社会经济、哲学文化与美学的当代转型逐步地改变了这种"定评",西方的艺术家、理论家在东方的美学文艺学中重新发现了十分重要的当代价值。布兰斯维格超越了西方长期占统治地位的"再现说"与"模仿论",认为这种传统的艺术理论与方法无法表现她对纳粹残忍的大屠杀的独特体验。于是,她从东方,从中国古代寻找理论的支点,她发现了中国古代美学与艺术理论的当代价值。她说"11世纪、12世纪,以及后来的17世纪的中国文人画家,其实是我们的同代人:米芾、朱耷、王维、石涛以及其他艺术家"。那么,她对哪些中国传统理论的当代价值给予了积极的肯定性评价呢?首先是对传统的"诗言志"理论给予了肯定性的评价,认为"诗言志"不同于西方的对艺术的独特性有可能造成歪曲的"模仿论",画是"把真诚的、难以言表的感情置于言辞和意象当中",是一种具有个人独特性的"直言"。再就是对于中国传统的"诗画一体""诗中有画,

①[德]黑格尔:《美学》第2卷,商务印书馆1979年版,第9页。
②[英]鲍桑葵:《美学史》,张今译,商务印书馆1985年版,《前言》第2—3页。

画中有诗"的理论给予了积极的评价,认为有利于表现艺术的"独特性"。她以米芾为例,米芾在他的书法中书写"风"字时,在诗句的"风起"与"风转"处,笔触都不相同,表现了他的独特个性,成为"唯一性艺术"。这是对于大家都熟知的莱辛在著名的《拉奥孔》中有关空间艺术与时间艺术以及诗画有区别的理论的一种反驳。另外,她还充分肯定与运用了中国画论中的有关"虚空"与"无"的理论与实践。众所周知,西方的绘画理论与实践由于建立在"模仿"与"再现"的基础之上,以及凭借"透视法"创作,因此是一种"满"与"实"的理论与实践。这种对于"透视法"的运用,是对于"在场"的表现,对于"不在场"的遮蔽。而中国传统画论中的"虚空"与"无"则是旨在表现更为深远的"意蕴",蕴含着令人回味无穷的"不在场"。布氏认为,"虚空"与"无"是使"一个未知的世界将他自身在他们眼前展开了"①。现在,中国的美学家与文艺理论家们总在不停地讨论古代文论的现代转换如何可能的问题,并且老是要让别人拿一个古代的范畴转换给他看看,因为他们肯定人们拿不出转换的实例,这样就能说明这种转换的实际不可能。但西方的艺术家和理论家们倒反而没有这样的顾虑,不仅是布兰斯维格勇敢地运用了"诗言志""虚空""诗画一体"与"无"等古代范畴,而且海德格尔也早就勇敢地运用了"道""言"等理论范畴。当然,这种运用不是原样照搬而是经过改造,但我们不是同样可以在经过改造后运用吗?应该说人类社会文化进入"后现代"之后,给中国古代哲学美学与文艺学范畴实现其现代价值提供了新的环境和机遇,中国学人要充分认识并及时地运用好这一时代转

①以上所引布兰斯维格之语,均出自斯蒂文·显克曼教授提交于2006年上海论坛的文章《中国和科莱特·布兰斯维格的见证艺术》。

换给中国古代文化提供的新的机遇。当然,我们也绝对不能忽视中国古代哲学美学与文艺学的时代局限性,坚持批判地继承的方针,同样在这一方面需要保持自己的清醒。

这一当代中西艺术对话实例给予我们的启示之二,是中国古代美学文艺学的当代价值应该并且也只能主要由我们中国理论工作者自己去发现、继承与发扬。西方人在当代对于中国古代美学与文艺学范畴的运用固然重要,但那毕竟是西方人从他们的西方语境中对于中国理论遗产的运用,带有浓重的西方色彩。只有中国学者自己立足于中国的实际,从建设当代形态的具有中国气派与中国风格的美学文艺学理论形态出发,才能真正地更好地更加全面地继承发扬中国古代的美学文艺学遗产,这既是我们的责任也是我们的有利条件。众所周知,没有先进的文化建设就不可能有先进的社会建设,为了建设先进的有中国特色的社会主义社会,就必须要建设先进的有中国特色的社会主义文化,而美学文艺学建设就包含其中。"民族性""中国气派"与"中国特色"应该成为先进的有中国特色的社会主义文化的重要特点,是我们必须努力追求的目标。布氏对以米芾为代表的中国古代艺术理论与实践的充分肯定与实践应该成为推动我们中国理论工作者在新的时期发现、继承与发扬中国古代美学文艺学理论成果的一种契机和动力,更加坚定我们建设具有中国特色、中国气派的当代美学文艺学理论的信心。我们应该抛弃以机械认识论为指导的哲学对于中国传统美学文艺学理论"非思辨性"与"非结构性"的完全否定性的意见,站在当代社会经济与哲学文化转型的角度重新发现中国传统美学文艺学理论的当代价值,并像布兰斯维格那样大胆地对传统理论加以现代运用。上面已经介绍了布氏对中国传统画论的继承与运用。我想从总的美学与文艺学理论的继承与发扬的角度进行一点尝试。我想,在新时期我们应该倡导一种中国特有的不同于西方古典形态"和谐美"的"中和之美"。这种"中和之美"是产生于先秦时期,是所谓人类"轴心时代"的重要思想成果,反映了中国古代立足于"天人关系"的对于美与艺术的把握,带有极大的普世性的人类早期智慧特点。它更多地包含早期人文主义内涵,迥异于更多科学主义的西方古代"和谐论"美学文艺学思想。在工业革命时代,这种理论形态似乎过时了,不符合需要。但在当代"后工业革命"时代,在更加需要强调人文关怀的历史背景下,中国古代的"中和之美"的思想则进一步彰显出其重要的价值。它大体包含这样六个方面内容。首先是从哲学基础的角度,中国古代"天人之际"的观念具有超越"主客二分"在世模式的作用。所谓"主客二分"是一种主体与客体二分对立的认识与反映的人之在世模式。而"天人之际"则是指人与天之相遇。"际"者,际遇也,是指人在此时此刻与自然外物相遇相处的状态,正是在这种状态中人之本真的真善美才得以彰显。其次是从美学形态来看,中国古代的"中和美"迥异于西方古代的"和谐美"。"和谐美"是一种"对称、比例、协调"的"实体美",而"中和美"则是一种与"天人之际"密切相关的"关系之美"与"生存之美"。再次是"诗言志"的艺术观念,与西方传统的"模仿论"有别。"模仿论"强调艺术反映的逼真性,而"诗言志"则强调艺术经验的独特性。布兰斯维格从"诗言志"得到启发后对于艺术所做的界定是:"艺术是多样性沙漠中的个人孤独的最后的歌声。"其四是从创作论与欣赏论来看,中国古代的"隐秀论"不同于西方传统的"典型说"。"典型说"是反映一般与特殊、个性与共性的关系,与认识论之"再现说"密切相关。而"隐秀说"则是张世英先生在其近著《哲学导论》中借用刘勰的《文心雕龙》中"隐秀"的范畴形容存在论美学中人之本真由隐到显的逐步展开之情形。所谓"情在词外曰隐,状溢目前曰秀"。如果说"典型论"是集中对于在场之物的表现,那么"隐秀说"则是通过在场对于"不在场"的表现。其五是中国古代特有的"坤厚载物"的美学品格。中国古代讲天与地、阳与阴、刚与柔、乾与坤之相济,而更加强调地、阴、柔与坤,倡导一种"坤厚载物"的美学品格。《周易·泰卦·象》:"泰,小往大来,吉,亨"。也就是说坤上而乾下,各归本位,天地之气相交,得以通达,故曰"泰"。而《老子》则说"上善若水"(《老子·八章》),又说"柔弱胜刚强"(《老子·三十六章》),都是讲中国古代强调一种大地的阴柔之美,艺术中力倡一种"虚空""阴柔"的风格。这种美学品格虽然集中地反映了中国古代人的生存与审美之道,但它的普世性在于也同时符合以情感感受为特点的审美规律。其六是我国古代力主一种"无言"之大美。所谓"大音希声,大象无形"(《老子·四十一章》)。这是一种"大乐与天地同和"(《礼记·乐记》)的艺术作为人的根本生存方式的本休之美,不同于西方所强调的形式的语言的"小美"。以上概括比较笼统,也难免挂一漏万,但也由此可以看出中国古代美学文艺学理论在当代的重要价值。

以上只是自己的一点理解,中国特色与中国气派的美学文艺学的建设是新世纪的宏大事业,需要众多同仁长期奋斗。这种建设当然要在近百年美学文艺学建设的基础之上进行,同时我们也要充分认识到中国传统美学文艺学思想的未经工业革命洗礼的神秘性与落后性,始终坚持"古为今用,洋为中用"的方针。

"东方美学和文化产业的
当代发展"国际学术
研讨会开幕词①

尊敬的朴商焕教授,安相哲教授,老师们,同学们,朋友们:

在刘悦笛教授的促成与推动下,经过成均馆大学与山东大学文艺美学研究中心的共同努力,"东方美学和文化产业的当代发展"国际学术研讨会今天开幕了。我代表山东大学文艺美学研究中心对会议的召开,对于各位教授与朋友的光临,表示热烈的祝贺与欢迎。

"东方美学与文化产业的当代发展"是一个具有重要学术价值与社会意义的课题。众所周知,东方美学是一种具有独特风貌与特有价值的美学形态,是东方各国在悠久的历史长河中共同创造的文化成果。长期以来,由于种种原因,其应有的价值得不到必要的彰显与发展。近年来由于东方各国经济社会的迅速发展和世界逐步进入"后工业社会"的现实,愈来愈加彰显东方美学的特有价值,愈来愈加彰显东西交流对话、共建世界文化的重要性

①"东方美学和文化产业的当代发展"国际学术研讨会,山东大学文艺美学研究中心与韩国成均馆大学联合主办,2007 年 11 月 22—24 日在山东大学文艺美学研究中心召开。

与必要性。在这样的历史与机遇之前，我们东方各国更应在原有基础上加强文化方面的交流、对话与合作。中日韩三国美学界有一个相对固定的中日韩美学学术交流会，分别在三国召开了多次学术会议，取得一系列重要成果。最近我们山东大学文艺美学研究中心又在学校的支持下邀请广岛大学的青木教授到中心为研究生授课。我们这次学术研讨会实际上是中日韩三国学者的又一次学术聚会。我们不仅要沿着原来的东方美学议题继续讨论，而且适应世界经济文化发展态势，还要进一步研讨文化产业的当代发展，研讨如何将东方宝贵的文化财富转化成适应当代人审美需要的文化产品，以图通过经济的途径进一步向世界推介东方文化与美学，同时为东方各国人民创造更多的物质财富。文化产业的经济效益在许多国家已经跃居经济发展的第二位，仅次于电子信息产业，我们东方各国蕴藏着如此丰富的文化与美学资源，我们理应以其造福于各国人民的精神与物质生活。我相信，我们这次会议在各位的共同努力下一定会取得预期的效果。

韩国成均馆大学是具有 600 多年历史的著名学府，是我们山东大学的友好学校。早在两国建交之前，我们两校就建立了学术的交流关系。我本人曾经于 1989 年与 1999 年两次访问贵校，参观著名的成均馆。贵校"以儒学立校"的宗旨与"仁、义、礼、智"的校训给我留下深刻的印象。所以，今天贵校的各位东方学与文化产业学的学者来访，我感到特别的亲切，犹如又见到老朋友。我衷心地期望各位学者在华期间，特别是在山东期间健康愉快，期望通过这次研讨会进一步加深我们的友谊和学术交流。

最后，我衷心地预祝会议圆满成功，预祝各位旅途愉快。谢谢！

"现当代中西艺术教育比较研究"国际学术研讨会开幕词①

尊敬的各位领导、各位专家,朋友们:

由山东大学文艺美学研究中心与山东大学文学与新闻传播学院召开的"现当代中西艺术教育比较研究"国际学术研讨会在各个方面的有力支持下现在开幕了。我代表会议筹备组向与会的中外代表表示热烈的欢迎,向给予会议大力支持的泰安市政府、教育部社科司和泉盛酒店表示衷心的感谢。

本次会议的论题是"现当代中西艺术教育比较的理论与实践"。主要围绕 2004 年 9 月由山东大学文艺美学研究中心牵头立项的教育部重大攻关项目"现当代中西艺术教育比较研究"展开。在会议上参加项目的有关人员将向各位专家简要报告研究成果。当然,最重要的是听取各位专家的学术见解和批评意见。

大家都知道,艺术教育已经成为国际上公认的文化建设领域、教育领域与美学领域的重要课题。我国党中央与国务院于

① "现当代中西艺术教育比较研究"国际学术研讨会,山东大学文艺美学研究中心、山东大学文学与新闻传播学院主办,2007 年 8 月 24—27 日在泰安召开。

1999年6月召开了第三次全教会,发布了《关于深化教育改革全面推进素质教育的决定》,明确地将美育作为素质教育的有机组成部分,指出其"对于促进学生全面发展具有不可替代的作用"。而且要求"高等学校应要求学生选修一定学时的包括艺术在内的人文学课程"。2002年7月25日,教育部发布由部长签署的第13号令:"学校艺术教育规程",明确指出"艺术教育是学校实施美育的重要途径和内容,是素质教育的有机组成部分"。由此可见,美育及其实施手段艺术教育已经成为我国教育方针的有机组成部分。从国际上来说,从19世纪后期开始,特别是第二次世界大战之后,艺术教育已经成为逐步推行的"通识教育"的组成部分,成为健全的"人"的教育的重要手段。我国港台地区也一直实施"通识教育"与"全人教育",取得明显成效。这次盛会对于深入贯彻党的教育方针,建设新世纪和谐文化,促进国际学术交流、加强两岸三地文化教育合作必将起到推动作用。

最后,再次对诸位表示热烈的欢迎和感谢,预祝大会圆满成功,预祝各位专家在会议期间健康愉快。谢谢!

在"现当代中西艺术教育
比较研究"国际学术
研讨会上的发言^①

    "现当代中西艺术教育比较研究"是一个非常重要的课题,其目的在于通过这种比较研究探索现当代中西艺术教育的异同,最后落脚到建设具有中国特色的当代艺术教育理论。目前,随着课题的开展也遇到一些必须解决的理论问题。

一、关于中西"现当代"的时限问题

    一般来说,西方没有现代与当代的区分,将与古代相对的历史统称为"modern"(现代),只不过在现代漫长的历史过程中又根据经济与文化发展作了具体的"现代"与"后现代"的区分。从历史发展的角度来看,所谓"现代"是指农业社会的结束、工业社会的开始。那么在西方就以1769年瓦特改进蒸汽机开始大规模的工业革命为标志,开始了"现代"的历史进程。然后是20世纪初期,西方发达国家资本主义进入帝国主义阶段,历经两次世界大战,走向"西方的没落"。20世纪中期以后,随着知识经济的勃兴,

①本文原题《关于"现当代中西艺术教育比较研究"中的几个问题》。

西方社会逐步进入"后现代",包含对"现代"的"解构""颠覆"与反思、超越等丰富的内涵。

从我国的情况来说,作为"后发展国家",其"现代"的开始比西方要晚。我们可以将1911年辛亥革命作为"现代"的开始,也可以以1919年五四运动作为"现代"的开始。总之,我们总体上可以将20世纪的开始作为中国现代社会的开始。其后,历经了辛亥革命、五四运动、抗日战争、解放战争、新中国成立、大规模建设、"文化大革命"、新时期的"改革开放"以及新世纪的来临等复杂的过程。我们所说的"当代"。实际上是指1949年中华人民共和国成立后的历史时期。而20世纪90年代之后,尽管我国的主要任务仍然是现代化,但随着工业化的发展与市场化的深入以及国际间的影响,实际上我国社会也出现诸多"后现代状况"。

我们的比较研究就以中国现当代社会的历史进程为坐标,从我国现代社会艺术教育发展出发,探索现当代中西艺术教育发展的历史及其规律。比较的重点应该是20世纪以来,特别是20世纪80年代新时期以来的中西艺术教育的交流与对话。

二、关于比较研究的方法

我们采取比较研究的方法,这是符合历史事实的,也是符合包括艺术教育在内的文化艺术学科的发展规律的。从历史事实来看,我国现当代文化艺术学科就是在中西比较中发展起来的,或者说得更加明确一点,就是在吸收与借鉴西方艺术教育理论与经验的基础上发展起来的。王国维对现代中西学术在比较中的发展作了比较实事求是的论述。他说:"余谓中、西二学,盛则俱盛,衰则俱衰。风气既升,互相推动。且居今日之世,讲今日之学,未有西学不兴而有中学能兴者,亦未有中学不兴而西学能兴者。……故一学既兴,他学自从之。此由学问之事本无中西。"①朱光潜在讲到中国现代文化建设时也认为中西比较、兼收并蓄是最根本的途径。他说:"比较合理的大概是兼收并蓄,就中西两方成就截长补短,建设一种新的文化学术。"②从我国现代艺术教育发展的实际来看,从王国维、蔡元培、鲁迅到朱光潜,无一不是在结合中国实际借鉴西方美育与艺术教育理论与经验的基础上,建设发展自己的美育与艺术教育理论的。

更为重要的是,比较研究不仅是一种十分重要的研究方法,更是一种十分重要的学科建设途径。按照现代的交流对话理论,比较研究就是一种两种文化形态之间的交流对话,正是在这种平等的交流对话中才能产生一种新的文化视界与论域。诚如当代学者蒋孔阳所说,"综合比较,自创新学。"我国美学界与教育界不仅在20世纪初期与国外有着美育与艺术教育方面的交流对话及在此基础上的比较研究,而且在1978年以来这种比较研究得到进一步加强。与此同时,我们还加强了两岸三地的艺术教育方面的比较交流。可以这样说,正是在这种比较研究与交流对话中才逐步诞生了具有中国特色的现代美育与艺术教育理论。

当然,任何比较作为比较者来说都是有自己的特殊视界的,我国学者在美育与艺术教育领域所进行的比较研究当然是从中国学者的特有视界出发的。首先,中国学者都有自己特殊的文化视界,不仅有中国古代的传统文化,而且有中国特有的现代与当

---

① 王国维:《国学丛刊序》,《海宁王静安先生遗书》第 12 卷,商务印书馆 1940 年版,第 8 页。
② 朱光潜:《朱光潜全集》第 4 卷,安徽教育出版社 1988 年版,第 11 页。

代文化。其次还有自己特有的现实视界，那就是在 1840 年鸦片战争之后中国长期处于半封建与半殖民地的现实状况，这种现实必然成为比较研究的重要背景与视角。当然，还有中国学者主观动机的视界试图通过艺术教育实现民族的振兴。而每位理论家特殊的政治与文化背景又决定了他们比较研究视界的明显区别。

另外需要特别说明的是，"现当代中西艺术教育比较研究"应该包括幼教、普教与高教。但限于能力与时间，本课题只局限于现当代高校中西艺术教育比较研究。

三、关于"艺术教育"这一
概念的内涵与外延

我们的研究对象是"现当代中西艺术教育"，在这里首先要弄清楚什么是"艺术教育"，其内涵与外延是什么。关于"艺术教育"，目前有四五种说法。例如，作为美育手段的艺术教育，培养专门艺术人才的艺术教育，作为教育辅助手段的艺术教育，作为人文教育的艺术教育，等等。从目前现有的教育体制来看，当然存在一种以培养专门艺术人才为目标的艺术教育。各种音乐学院、美术学院、舞蹈学院、戏剧学院与电影学院以及各个高校成立的艺术院系就是这样的教育机构。而且，在我们的各种类型与科目的教育过程中也存在以艺术作为手段的教育形式。例如，我们的德育需要通过艺术教育的手段，放映各种爱国主义的电影，举办各种反腐倡廉的图展等。再就是各类课程中常常辅之以艺术教育手段。文史哲的课程需要借助艺术教育手段，就是数理化课程也需要借助艺术教育手段。例如，大家都熟悉的电视片《动物世界》就是生物科学的生动教材。但我们现在所说的艺术教育不在上述范围之内,而是作为美育手段的"艺术教育"。我国教育部于 2002 年 5 月 23 日颁布的《学校艺术教育工作规程》第一章"总则"第三条指出:"艺术教育是学校实施美育的重要途径和内容,是素质教育的有机组成部分。学校艺术教育工作包括:艺术类课程教学,课外、校外艺术教育活动,校园文化艺术环境建设。"这就将"艺术教育"的性质、作用与内容都作了明确的界定。而在高校美育的实施中艺术教育类课程的开设则是实施美育的"主要途径",也是"高等学校艺术教育工作的中心环节"。

　　但对于作为实施美育手段的艺术教育类课程则与培养专门艺术类人才的艺术教育课程有着明显的区别,其目的主要不是专门艺术技巧的提高,而是"高雅审美品位"与"人文素养"的培养。对于这类课程,我们将其与培养专门艺术人才的艺术类课程加以区别,称之为"普通高等学校公共艺术课程"。2006 年 3 月 8 日,教育部出台了《全国普通高等学校公共艺术课程指导方案》,对于课程性质、课程目标、课程设置与保障作了明确规定。而从作为美育手段的艺术教育的发展来看,实际包括理论与实践两个方面。在理论方面,主要是作为美学组成部分的美育理论的发展,这种理论对于艺术教育具有指导作用;而在实践方面,主要是教育领域艺术教育的实施情况,当然也离不开必要的教育理论的指导,但与上述美学理论有着明显区别。

　　另外,还有一种作为人文教育的艺术教育。这就是现代以来兴起于欧美的"通识教育"(general education)中的艺术教育,也是以人格的健全、人的培养与素质的提高为其指归,与我国当前倡导的美育中的艺术教育内涵大体相似。

四、现当代中西艺术教育
比较研究的总体内容

　　现在,我们要具体研究现当代中西艺术教育比较研究总体内容。在这个问题上也存在诸多分歧。下面,我谈一点自己的看法,以就正于大家。由于艺术教育比较具体,因此,我在谈总体内容时主要从美育的角度着眼。

　　先从西方说起。如果从工业革命开始到现在,西方美育经过了审美启蒙、审美补缺与审美本体这样几个阶段。欧洲 18 世纪开始了著名的启蒙运动,以法国"百科全书派"为代表的启蒙运动明确提出"启蒙"的口号。所谓"启蒙"(Illumination),原义是"照亮"的意思,即以科学艺术的知识照亮人们的头脑,高扬自由、平等与博爱三大口号,目标是针对封建制度的支柱——天主教会,旨在削弱封建的王权和神权。在那样的时代,审美成为"启蒙"的重要手段。他们一反传统文艺对贵族的歌颂,要求文艺歌颂普通的人民,并将之称为"最光辉、最优秀的人"。莱辛在著名的《汉堡剧评》中指出:一个有才能的作家"总是着眼于他的时代,着眼于他国家最光辉、最优秀的人"①。而温克尔曼则提出著名的"自由说"。他说:"艺术之所以优越的最重要的原因是有自由。"②而到18 世纪末期,资本主义现代化过程中社会矛盾愈来愈尖锐,资本主义制度与工具理性的弊端愈来愈明显,出现人与社会、科技与

———————————

① [德]莱辛:《汉堡剧评》,张黎译,上海译文出版社 1981 年版,第 9 页。
② [德]温克尔曼:《希腊人的艺术》,邵大箴译,广西师范大学出版社 2001 年版,第 109 页。

人文以及感性与理性日渐分裂的情形。这就是所谓"西方的没落"与"文明的危机"。在这种情况下,美学学科出现明显的"美育转向",由"审美启蒙"转到"审美补缺",由思辨的美学转到人生美学。现代"美育"理论由此出台。众所周知,第一个提出"美育"概念的是德国的席勒。他在师承康德美学的基础上于 1795 年发表著名的《美育书简》,提出"美育"的概念。他对工业革命导致的人性分裂进行了深刻的批判。他描述道:"国家与教会、法律与习俗都分裂开来,享受与劳动脱节,手段与目的脱节,努力与报酬脱节。永远束缚在整体中一个孤零零的断片上,人也就把自己变成一个断片了。"①为此,他提出通过美育的途径来将两者沟通起来,克服理性与感性的分裂。他说:"要使感性的人成为理性的人,除了首先使他成为审美的人,没有其他途径。"②美育在这里承担了对于感性与理性分裂,也就是人性的分裂进行补缺的重要作用,成为人性的教育,人的教育。这其实就是当代美育的最重要内涵。其深远含义已经远远超过了启蒙运动初期理性审美启蒙的内容,而包含着对被分割的现实进行人文补缺的崭新内涵。当然,席勒仅仅是现代美育理论的最早提出者,而真正将这种人生美学发展到成熟阶段的是 1831 年黑格尔逝世后以叔本华、尼采为代表的"生命意志论"哲学与美学家。他们张扬一种激昂澎湃的唯意志主义人性精神,力主审美是人之为人的最重要标志,是人的生存的最重要价值所在。尼采指出:"艺术是生命的最高使命。"③又说:"只有作为一种审美现象,人生和世界才显得有充

---

①[德]席勒:《美育书简》,徐恒醇译,中国文联出版社 1986 年版,第 51 页。
②[德]席勒:《美育书简》,徐恒醇译,中国文联出版社 1986 年版,第 116 页。
③[德]尼采:《悲剧的诞生》,周国平译,三联出版社 1986 年版,第 2 页。

足理由的。"①事实上,自从黑格尔逝世之后,西方哲学界就开始试图突破启蒙运动以来"主客二分"的思维模式和人与世界对立的实体性世界观,探索一种有机整体性思维模式和关系性世界观。这就从世界观的高度为美育奠定了本体的地位。海德格尔提出"此在与世界"的在世模式与人的"诗意地栖居"的审美的人生观,明确地为"审美的人生"(广义的美育)奠定了本体的地位。杜威则在《艺术即经验》中着力于哲学的改造,提出"审美是一个完整的经验"的重要思想。他说,审美的经验"与这些经验不同,我们在所经验到的物质走完其历程而达到完满时,就拥有了一个经验"。又说:"经验如果不具有审美的性质,就不可能是任何意义上的整体。"②与此同时,在教育领域也开始突破启蒙主义时期以"智商"为标志的、把人训练成机器的见物不见人的"泛智型教育",探索以新的人文精神为主导的"人的教育"。1869 年,查尔斯·W·艾略特就任哈佛大学校长,提出著名的"塑造整个学生"的教育理念。1945 年,哈佛大学提出《自由社会中的通识教育》,俗称"红皮书",将人文教育正式纳入课程体系之中,一直延续至今。2004 年,美国理查德·加纳罗与特尔玛·阿特休勒出版了《艺术:让人成为人》一书,将以艺术为基本内容的人文学教育提到"使人成为人的教育"的高度认识,意义深远。作者在表述自己的愿望时指出,他们希望通过该书的阅读,"学生们将获得更大的信心寻找自己"③。而翻译者舒予则在"译后记"中概括本书的要

①[德]尼采:《悲剧的诞生》,周国平译,三联出版社 1986 年版,第 105 页。
②[美]杜威:《艺术即经验》,高建平译,商务印书馆 2005 年版,第 37、43 页。
③[美]理查德·加纳罗、特尔玛·阿特休勒:《艺术:让人成为人》,舒予译,北京大学出版社 2007 年版,《前言》第 9 页。

旨时指出："我们学习人文学或人文艺术，最终的目的是要"成人'，'成人'即指'使人成为人'，因为人并不必然地生而为人便可以成'人'。如果一个个体在实践生命的过程中让流俗的意见、观念，让各种外在的社会现实全然操纵自己的命运而失去与自己的联系，无法聆听来自自己内心深处的声音，那么，他便不能是人文学意义上的'一个人'，而只能是古希腊哲学家第欧根尼（Diogenes）所说的'半个人'（ahalfman），布罗茨基所说的'社会化动物'，克拉科和马丁所说的'二手人'（asecond-handperson）。"又说："因此，人文学意义上的'成人'即是指，在'技术和机器成为群众生活的决定因素'的时代里，在'人类的统一意味着：所有人都在劫难逃'的时代里帮助人发现、滋养、耕犁他的独一性，也就是他的个性，进而成为人文学意义上的'人'。"①在这里，艺术教育作为"人文教育"已经具有使人摆脱"半个人""二手人"，使人成为独立个性的"人"的本体的重要作用。

我国现代以来的艺术教育无疑是在西方的影响下发展起来的，引进并借鉴了大量西方现当代的美育与艺术教育的理论与经验。但由于我国作为"后发展国家"，而且曾长期处于半封建半殖民地政治与文化背景之下，因此，我国现当代艺术教育的发展尽管与西力有许多相似之处，但其区别却是非常明显的。从时间上来说，如果欧洲的现代艺术教育开始于18世纪后半期的工业革命和启蒙主义时期，那么我国现代艺术教育则应该是开始于20世纪。我们可以王国维1903年发表第一篇美育论文作为我国艺术教育的起始。而对于中西艺术教育内涵的异同，在看法上则差

①〔美〕理查德·加纳罗、特尔玛·阿特休勒：《艺术：让人成为人》，舒予译，北京大学出版社2007年版，第584页。

异较大。目前,有学者将其概括为"审美功利主义",并认为"中国现代美育思想与西方现代性的美学的不同,它主张不排斥理性和道德,而是主张与理性和道德相包容、相协调"①。这就是说,论者认为中国现代美育思想借助的是西方现代早期审美启蒙的思想理论。还有学者将中国现代美学与美育分为功利主义与超功利主义两类。② 也有的论者认为,中国现代是"救亡压倒启蒙"。③按照这种说法,现代艺术教育在内容上审美启蒙到救亡之时必然受到阻碍。这几种看法都是论者长期研究的成果,自有其道理。但我个人却认为,我国现当代美育发展从具体路径来看,也大体历经了审美启蒙、审美补缺与审美本体这样三个阶段,但其具体内涵却与西方有着明显差异,而且救亡与启蒙并不矛盾,具有某种内在的一致性。从 20 世纪初到 20 世纪 80 年代,基本上属于审美启蒙时期。但这时由于我国处于半封建与半殖民地社会以及长期的革命时期,真正的现代化还没有开始,尽管也高喊科学与民主的口号,但当务之急则是真正完成反封建的任务与民族自觉性的唤起。因此,这时主要不是理性与道德的启蒙,而是民族自觉性的启蒙,借助的也主要不是西方早期现代理性精神而是 19世纪后期以来的意志论、生存论与俄国民主主义哲学美学以及中国化的马克思主义哲学美学——毛泽东美学思想。20 世纪 80 年代以来,随着我国现代化的逐步深入,经济与社会、科技与人文的矛盾日益尖锐,美育逐步承担起人文补缺的作用。而在新世纪开始以来,随着和谐社会与"以人为本"思想的日益深化,美育的本

①杜卫:《审美功利主义》,人民出版社 2004 年版,"中文摘要"第 5 页。
②杜卫:《审美功利主义》,人民出版社 2004 年版,第 209 页。
③李泽厚:《中国现代思想史论》,东方出版社 1987 年版,第 7—49 页。

体地位愈来愈明显。

在上述分析的基础上，现在我们进行稍微具体一点的分析。先从1903年王国维发表我国第一篇美育论文《论教育之宗旨》说起。该文力倡"教育之宗旨"，提出著名的培养"完全之人物"的路径，其中就包括美育。王国维在此运用席勒的观点将美育定位于"情感教育'。他说："要之，美育者，一面使人之感情发达，以达完美之域；一面又为德育与智育之手段。此又教育者所不能不留意也。"①而在发表于1906年的著名的揭示我国民族之疾病的《去毒篇》中，他写道：

> 今试问中国之国民，曷为而独为鸦片的国民乎？夫中国之衰弱极矣，然就国民之资格言之，固无以劣于他国民。谓知识之缺乏欤？则受新教育而罹此癖者，吾见亦多矣；谓道德之腐败欤？则有此癖者不尽恶人，而他国民之道德，亦未必大胜于我国也。要之，此事虽非与知识、道德绝不相关系，然其最终之原因，则由于国民之无希望，无慰藉。一言以蔽之，其原因存于感情上而已。②

显然，他将国民感情的衰败放到了知识与道德之上。而他要借助的理论武器并不是欧洲理性主义精神，而是以叔本华、尼采为代表的意志论哲学美学。他在1904年写成的《叔本华与尼采》中将他们两人称作"旷世之天才"而给予充分肯定。他的哲学美学思想无疑是以这种意志论哲学为基础的。③ 我国现代另一位倡导美育最有力的教育家则是曾经担任过民国教育总长与北京

①姜东赋、刘顺利编：《王国维文选》，百花文艺出版社2006年版，第210页。
②姜东赋、刘顺利编：《王国维文选》，百花文艺出版社2006年版，第229页。
③姜东赋、刘顺利编：《王国维文选》，百花文艺出版社2006年版，第36页。

大学校长的蔡元培。他在 1912 年首提美育的《对于教育方针之意见》中对美育作了一番解释。他说:"美感者,合美丽与尊严而言之,介乎现象世界与实体世界之间,而为之津梁。此为康德所创造,而嗣后哲学家未有反对者也。"①很明显,这里蔡元培运用的是康德有关审美沟通现象界与物自体的理论。众所周知,康德的美学理论尽管属于理性派范围,但其恰恰是对于理性的绝对性存有疑问,并对于被理性派所忽视的感情有所强调,这说明蔡氏在此借鉴于康德的并非其理性精神而是其"情感沟通"的理论。不仅如此,蔡氏的美育理论还包含着强烈的反封建精神。在他的著名的"以美育代宗教说"之中,就对包括"孔教"在内的宗教的"强制性、保守性与有界性"进行了激烈的批判,而对自由、进步与普及进行了大力的张扬。② 鲁迅在其对美育的倡导中,更是大力借助于西方的积极浪漫主义文学与意志论哲学美学进行他的宏大的"国民性"的改造工程。他早在 1907 年发表的《摩罗诗力说》中就力倡以拜伦、雪莱与裴多菲为代表的 8 位积极浪漫主义作家,发扬他们"不为顺世和乐之音""殊持雄丽之言""立言在反抗,指归在动作"的艺术精神。他还特别张扬尼采的意志论哲学,试图以其熏陶个人人格,重建国民精神。即便是被公认为比较强调审美超脱性的朱光潜,也是主张审美人生论的。他在早年的《论修养》一书中力主通过美育"复兴民族",并要求青年彻底地觉悟起来。他说:"现在我们要想复兴民族,必须恢复周以前歌乐舞的盛况。这就是说,必须提倡普及的美感教育。"又说:"青年们,目前只有一桩大事——觉悟——彻底地觉悟! 你们正在做梦,需要

①《蔡元培美学文选》,北京大学出版社 1983 年版,第 4 页。
②《蔡元培美学文选》,北京大学出版社 1983 年版,第 68、180 页。

一个晴天霹雳把你们震醒,把'觉悟'两字震到你们的耳里去。"①
20 世纪 30 年代以后,开始了波澜壮阔的抗日战争以及日益深入
的救亡运动,中国共产党领导的革命文化运动不断发展。这时,
审美启蒙与救亡结合,毛泽东文艺思想在斗争中产生并指导着中
国的文艺工作,文艺为工农兵服务,向工农兵普及,从工农兵提
高,成为文艺与审美的指导原则,产生了《黄河大合唱》、《义勇军
进行曲》等充分反映时代精神的审美启蒙名曲,至今有着旺盛的
艺术生命力。这种革命的审美启蒙一直延续到 20 世纪六七十年
代。1978 年,改革开放之后,中华民族开始了真正的现代化进程,
并取得巨大成绩。20 世纪 90 年代以来,随着市场经济的发展,我
国社会逐步出现美与非美的二律背反,人文精神的缺失成为人们
关注的重要问题。在这种情况下,我国的审美教育由审美启蒙进
入审美补缺阶段。教育部于 1995 年提出开展包括审美教育在内
的文化素质教育,同时建立了全国性的人文素质教育基地。1999
年 6 月又颁布《关于深化教育改革全面推行素质教育的决定》,将
美育作为素质教育的有机组成部分。特别是新世纪开始后,我国
提出科学发展观与建设和谐社会的指导原则,更是标志着"审美
本体"理念的确立。在这里,"科学发展观"是对传统经济发展观
的超越,是我国现代化发展观念与模式的重大调整。而"以人为
本"则是与之相关的对于改善人的生存状态的空前强调,"和谐社
会建设"意味着审美态度将成为新世纪大力提倡的根本人生观,
也就是提倡以审美的态度对待自然、社会、他人与自身。② 而从

①《朱光潜全集》第 4 卷,安徽教育出版社 1988 年版,第 9、11 页。
②参阅曾繁仁《培养学会审美生存的一代新人》,载 2006 年 4 月 26 日《光明
　日报》"理论与实践"专栏。

我国港台地区来说,近年来对于"通识教育"的认识与实践也有新的发展。主要是在唯科技主义和唯经济主义思潮的影响下,高等教育面临着巨大冲击,不仅学科科类面临着分割,而且德智体美等统一的"人的教育"也面临着分裂,大学变成"分裂型的大学"。在这种情况下,许多港台教育家力主"通识教育"中的"for all"理念应进一步强化,成为"全人教育",以此作为克服"分裂型大学"的一剂良方。因此力主"反映通识教育在大学教育中的角色不是辅助性的,而是体现大学理念的场所"[①]。由此可见,我国现当代艺术教育始终贯穿着人生教育的理念,是审美与人生的结合、启蒙与救亡的统一,发展到当代则是建设和谐社会所必需的"德智体美"素质全面的一代新人的培养。

总结我国近一百年艺术教育历史,我们可以看到它体现了世界美学发展人生化的趋势,体现了我国民族崛起的现实要求,体现了我国"成于乐"的"乐教"传统。这是一份十分宝贵的财富,值得我们很好地总结继承。

总之,现当代中西艺术教育比较研究意义重大。比较的目的是创新,是我国高校美育学科的新的发展,并有力地促进新的"学会审美的生存的一代新人"的成长和中华民族的伟大复兴。

[①] 张灿辉:《通识教育作为体现大学理念的场所:香港中文大学的实践模式》,载香港中文大学通识教育研究中心编《大学通识报》(2007年3月)总第2期第41页。

在中国高等教育学会美育专业委员会 2008 年学术年会上的总结发言①

一、会议的基本情况

本届年会共有107人与会，仇会长与谷秘书长在会上作了重要讲话，有26位代表在会上作了发言，从回顾与前瞻、美育与和谐社会建设、美育的实施与美育的拓展等四个方面进行了比较深入的研讨，取得重要共识。本次会议各位代表还提供了许多学术成果，给我们大家以学术的享受。

本届年会是在改革开放30年，党的十七大胜利召开，我国取得战胜汶川地震与北京奥运成功举办的特殊形势下召开的，因而给我们会议以精神支持与启发。

本届年会最重要的收获是总结回顾了改革开放30年和学会成立18年所取得的重大成绩。我国新时期的美育事业是从无到有，再到蓬勃发展，展现了更美好的前景；而我们学会则在这样的

①本文原题《高校美育30年的回顾与前瞻》。中国高等教育学会美育专业委员会2008年学术年会，中国高等教育学会美育专业委员会主办，2008年10月31日—11月2日在天津城建学院召开。

好的形势下也取得重大成绩,具有四大鲜明的特色:一是学术活动的经常性;二是与教育部体卫艺司艺术处的高度紧密的联系,得到艺术处与艺教委一贯的大力支持;三是与我国美育实践的紧密结合;四是老中青三代美育工作者的积极参与和无私奉献。

因而,从总的方面来说,我们这次年会是非常成功的。

二、年会的主要收获与自己的体会

(一)进一步深切地感受到党的改革开放政策的伟大作用

对于我国新时期从什么时候开始,有 1976 年、1977 年与 1978 年三种说法,我们认为应该从 1978 年党的十一届三中全会召开确立改革开放路线为新时期的真正起点。新时期在改革开放路线的推动下,各项事业蓬勃发展取得重大成绩,美育事业也不例外,取得重大突破。主要反映在四个方面:一是拨乱反正,批判"四人帮"推行"左"的路线对于美育的全盘否定,恢复美育事业,其重要标志就是 20 世纪 80 年代初期成立教育部艺术教育委员会;二是 1999 年党中央、国务院召开的第三次全教会上明确地将美育写进党的教育方针;三是 2002 年教育部颁布了《学校艺术教育规程》的部长令,使得作为美育主要内容的艺术教育具有了法规的性质;四是 2007 年 10 月党的十七大胜利召开,明确提出建设和谐社会的奋斗目标,使得美育与党和国家的发展战略进一步衔接。

(二)美育的发展必须牢牢坚持"人文教育"的方向

美育从其一开始提出就与人文教育紧密相关。1795 年德国诗人席勒发表著名的《美育书简》,第一次提出"美育"观念。其背景就是对于现代性人性异化弊端的反思,力图通过美育对于人性缺失进行补缺。席勒《美育书简》的副题就是"对于作为整个人的感性教育",将"人"的教育作为美育的主旨。最近美国理论家加纳罗写了一本名为《艺术:让人成为人》的书,将缺少美育的人称为"半个人""社会活动物"与"二手人"等等。也就是说,他认为缺乏美育的人是不完整的人。中国古代也将诗教、乐教与人的教育紧密联系在一起。《论语》在谈到君子的教育途径时说道"兴于诗,立于礼,成于乐",也就是说在孔子看来一个人即使接受了文化知识和行为规范教育,但只有在接受了艺术教育之后才能够称得上是一个真正的"君子"。将作为美育的乐教提到"成人"的高度,非常有价值和远见。

那么,"人文教育"的内涵是什么呢?目前有着各种阐释,我个人将其归纳为四个层次:第一是人的最基本的文明素养教育,各种文明礼貌生活规范的养成等等,将人与动物区别开来;第二是人的尊严、权利与平等的教育,使人活得像人;第三是对于他人的关怀的教育,表明人的社会属性,确立人应有的品质;第四是对于人类的终极关怀的教育,这是更高的要求。由此可见美育作为人文教育的极端重要与任务的艰巨,也说明我们美育工作者的责任重大。

那么,美育在我国当代具有什么特殊作用呢? 美育是20世纪初期由蔡元培与王国维介绍到我国的,发挥了巨大的作用。首先是在20世纪初期以来,我国在民族危亡的紧急关头,美育承担了审美启蒙的重大作用。至今,《义勇军进行曲》与《黄河大合唱》仍然激励着我们。新时期以来,由于市场经济的发展和现代化的深入,我国在经济社会大发展的同时出现人文精神缺失的问题,美育承担了人文精神补缺的重要作用。当然,美育在当代最根本的是承担着培养"学会审美的生存的一代新人,建设和谐社会"的历史重任。可以说是任重而道远,光荣而艰巨。

(三)美育的发展必须坚持国家意识与全民意识、理论性与实践性的统一

对于美育发展的上述要求是由美育的性质决定的。因为美育首先属于教育,而教育有其特性,它不是一般的上层建筑,而是一种特殊的上层建筑,包括制度、机构、场所与实施等等。在这种情况下,对于从属于教育的美育来说,"国家意识"就非常重要,需要使美育进入国家决策,成为国家行为,这样美育才得以推行。蔡元培 1912 年就任临时政府教育总长,马上提出"五育并举",将美育写进教育方针,美育事业开始兴盛。但随着他的卸任,美育立即被从教育方针中拿掉,美育事业受到重挫。我国 1999 年将美育列入教育方针后,美育事业的发展是显而易见的,成为我国百年来美育发展的最好时期。目前,即便是教育事业具有高度开放性与自由度的美国等西方国家,也是通过国家艺术教育标准与教育法等途径推行其国家关于艺术教育的意图。当然,艺术教育的情感性特点又决定了美育的实施还需要凭借广大人民特别是青年一代接受美育的自觉意识。两者的结合才能推动美育事业的健康发展。

同时,美育的发展又需要理论性与实践性的高度统一。理论性意味着美育事业的导向、水平与深入,而美育的情感体验与课程实施特点又决定了它的强烈的实践性。这就意味着美育事业不能仅仅停留在空谈和理论研究之上,而且还需要落实,需要进入高校的课程,当然也需要投入。

(四)今后美育的发展必须坚持党的科学发展观的指导,很好地应对经济全球化以及消费文化、视觉文化与网络文化的新形势

今后我国美育事业的发展必须坚持科学发展观的指导,并主动地将美育事业与和谐社会建设的目标相衔接。这个衔接点就是落脚在通过美育培养学会审美的生存的一代新人这样一个目标上来。因为,这样的"新人"能够做到以审美的态度对待自然、社会、他人与自身。也就是说,这样的"新人"具有较高的文化素养、较为丰富的知识、较强的能力与审美的态度。

同时,我们的美育事业在新世纪还要正确面对经济全球化的新形势。在当前迅速的经济全球化的新形势下,我们面临着西方文化价值的严峻挑战。我们是在一种新的西方经济、科技与语言优势的语境中与西方文化艺术进行着并不平等的对话。在这种情况下,如何在美育工作中既坚持对外开放,又坚持中国的价值立场,是一种非常艰难而又必需的努力。我们应该坚持从中国实际出发,继承优秀的中国传统文化,积极发扬中国元素,使美育事业始终走在健康的道路之上。

当前,我们还应解决如何面对消费文化、大众文化与网络文化日渐勃兴的新形势问题,正确处理好精英与大众、经典与通俗、城市与乡村的关系,既尊重经典又面向大众,努力坚持教育的大众立场与超越品格。

三、我国美育事业的今后发展

对于我国美育事业的今后发展,我想从总结过去与开创未来两个角度加以论述。

从总结过去来说，首先要充分地肯定成绩，这对于我们今后的发展充满信心是非常重要的，而且可以为我们找到一个进一步发展的立足点。在这一方面，我们在第二部分已经用"四个突破"进行了比较充分的论述。在这里，我们着重讲一下应该清醒地看到我们的差距。这种差距我们从三个方面论述：从外部来看，还存在着诸多制约，例如陈旧的教育观念、落后的教育制度与还在继续盛行的应试教育的制约等；从教育内部来看，目前美育是教育领域最薄弱的环节之一，明显地表现为三个不到位，即领导认识、课程师资与教育管理等不到位；而从美育学科自身来看，目前我们还处于较低的水平，在理论方面具有原创性的成果很少，在实践方面对于教育部已经出台的有关美育和艺术教育工作的各项规定都还没有落到实处。

在开创未来方面，我想有这样几个方面：一是更加自觉地将我们的美育工作与党和国家建设和谐社会的目标进一步相衔接，以便在人才培养与社会发展中起到更大的作用；二是更好地贯彻落实国务院与教育部已经出台的有关美育与艺术教育的文件，将其落到实处，并为美育与艺术教育争取更多的建设资源，例如在本科教学评估中明确提出美育与艺术教育的指标要求等；三是更好地建设好我们的美育研究会，使其成为我们广大美育工作者的学术家园、精神家园与友谊的家园。

在"2008 中国艺术学学科建设" 学术研讨会的发言①

　　与当前艺术迅速走向日常生活、与经济紧密联系以及全国高等艺术院系蓬勃发展的现实情况相比,我国当前艺术学学科建设显得非常不相适应。本文试图紧密结合实际对当前艺术学学科建设的紧迫性与有关措施发表几点不成熟的看法。

　　首先,我想从学科建设的角度来看艺术学学科建设的紧迫性。从历史上来看,艺术学本来是包含在美学之内的,但学科的发展决定了艺术学必然地要从美学中独立出来。艺术学的独立是从 1906 年德国理论家德索出版《美学与一般艺术学》一书为其标志的。他说:"因艺术进步随各时代而不同也,故必须独立始可,其出发点注重于艺术普遍的问题,最后目的则在得到包括一切艺术的科学,故此为普通的,而非特别的(如音乐图画等专门一事者)。"②在这里,德索已经提出了艺术学的提出与时代的进步发展相关,以及艺术学着重于艺术的普遍问题等重要观点。宗白

---

①本文原题《关于当前我国加强艺术学学科建设的紧迫性与有关措施》。
　"2008 中国艺术学学科建设"学术研讨会,北京大学主办,2008 年 4 月
　12—13 日在北京召开。
②参见《宗白华全集》第 1 集,安徽教育出版社 1994 年版,第 511 页。

华留学德国期间受到德索影响,于 1926—1928 年在中国开设"艺术学"课程,并先后写作了《艺术学》与《艺术学讲演》等文,成为我国首先开设"艺术学"并写出论著的美学家。他在讲课过程中借鉴德索的有关理论对于什么是艺术学、艺术的范围、艺术的起源与进化、艺术形式与内涵、艺术在空间时间上的造型观、艺术的形式美、艺术内容、美感范畴、艺术品之本质、艺术之欣赏以及各个艺术门类等都作了比较全面的阐述。这些论述即便在今天仍有其重要的借鉴意义。1942 年,我国当代美学家蔡仪出版《新艺术论》,力图以马克思主义认识论为指导阐释"艺术学"的有关问题,提出艺术是认识的表现、艺术的核心是典型以及社会主义现实主义是无产阶级世界观在艺术思想方面的表现等重要学术观点。①该书成为我国学者自觉地以马克思主义为指导写作的一本颇富特点的艺术学论著,对于我们在艺术学教学与研究中自觉地坚持马克思主义具有重要的启发意义。如上可见,"艺术学"的学科建设在我国已经有着宝贵的历史资源,这正是我们今天进行学科建设的重要出发点。改革开放以来,特别是近年来,以北京大学与东南大学为代表,我国艺术学学科发展取得明显进展,出版了多种"艺术学"的教材与论著。其中具有代表性的教材是彭吉象的《艺术学概论》与万书元的《艺术美学》,潘必新教授的《艺术学概论》也即将出版。以上教材与论著继承历史成果,总结当代经验,在艺术学学科建设上做出了自己的贡献。

但由于种种原因,目前在艺术学的学科建设上仍然存在一些困难与问题。

一是从学科定位来说,教育部 1997 年颁布的《授予博士、硕

①参见《蔡仪全集》第 1 集,中国文联出版社 2002 年版,第 3—171 页。

士学位和培养研究生的学科、专业目录》将"艺术学"作为 12 个学科门类之一的"文学"之下的一个一级学科。① 这样形成艺术类毕业生只能授予文学类学位,而且在重点学科建设、人文学科基地建设以及资金投入等方面都受到较大影响,在一定程度上对于艺术学学科的进一步发展不利。为此,曾经有十几位高校学者联名给教育部打报告,要求将"艺术学"增加为与文学并列的第 13 个学科门类。教育部有关领导作了认真的批复,表示要认真考虑这一建议,但直到现在仍然没有落实。

二是随着市场经济的发展和艺术的发展,艺术与日常生活之间的区别愈来愈模糊,而"艺术终极论""艺术制度论"等理论观点也不断出现,使得"艺术学"的研究对象、学科范围等基本理论问题也变得模糊不清,使得艺术学学科的发展遇到前所未有的现实的与理论的挑战。

三是作为"艺术学"学科本身,尽管有着很好的学科建设资源,但总的来说还是缺乏更加深入的研究,像今天这样的专门就艺术学学科建设进行研讨的学术会议也不是很多。这种情况与蓬勃发展的艺术学学科以及现实的需要非常不相称,目前到了尽快改变的时候了。

其次,我想再从现实需要的角度来看艺术学学科建设的紧迫性。当前,人类社会已经进入 21 世纪,我国社会主义现代化取得巨大进展。在这种情况下现实社会经济与文化的发展对于艺术提出了更多而且是更高的要求。

---

① 教育部已于 2012 年 10 月在新颁布的专业目录中将艺术列为门类,下分艺术理论、音乐与舞蹈学、戏剧与影视学、美术学与艺术设计学五个专业。参见《学位与研究生教育文件汇编》,高等教育出版社 1999 年版,第 64 页。

一是我国提出的在21世纪中期实现中华民族伟大复兴的目标对于艺术以及与之相关的艺术学发展提出非常高的要求。众所周知,中华民族的伟大复兴必然包含着中华文化与中华艺术的伟大复兴。文化艺术作为国家与民族发展的软实力,已经在国家与社会发展中占据极为重要的位置,因此愈来愈引起重视。事实证明,中华文化艺术的复兴意味着民族素质的提高,代表了国家的形象。事实证明,没有文化艺术的复兴,也就不会有中华民族的伟大复兴。这就不仅在一般的意义上要求文化艺术的繁荣,而且需要具有民族特色的中华文化艺术的当代振兴。如果从这样的高度来要求我们的艺术学学科建设,那我们的差距还是非常明显的,还有许多事情要做。

二是文化产业的发展对于艺术以及相关的艺术学提出新的要求。在新的时代,经济发展的结构发生巨大变化,包括文化艺术产业在内的第三产业在国民生产总值中所占比重愈来愈大。三产在发达国家差不多占到了60%的比例,而我国目前所占比例在30%左右。这就说明,我国目前的产业结构还有待于进一步调整优化,这就要继续加强文化艺术产业的发展,使之在国民生产总值中的比例不断上升。特别需要在艺术领域大力发展创意产业,多出好的动漫产品、影视产品,多创建几个中国的"好莱坞"与"宝莱坞"。我国当代艺术学应该将文化艺术产业的发展作为自己的重要课题。

三是经济全球化对于文化艺术与艺术学学科建设提出了新的要求。经济全球化迅速发展,并对文化的多元化形成极大的冲击。发达资本主义国家凭借经济、科技与语言的优势,试图借助经济的全球化推行其文化艺术一体化的政策,对于我国当代文化的发展造成极大压力,在其文化产品的输出中必然包含着价值观念的输出甚至是某种意识形态的渗透。而目前我国在文化的交流中尽管做了许多努力，也取得某些成绩，但总体上我们仍然处于弱势地位。从文化艺术产品的进出口来看，目前我国与西方的比例大体是9：1。要迅速改变这种不利的形势，就需要进一步加强包括艺术在内的文化建设工作，在艺术学中加强对于提高我国文化艺术产品竞争力的研究，逐步改变文化产品进出口的不正常比例。

四是市场经济的发展使得大众文化中积极与消极的因素共存，艺术学承担着研究艺术品如何更好地提高全民族人文素养的重任。市场经济的发展使得大众文化迅速发展，日常生活迅速艺术化，广告、影视、网络以及各种行为艺术，眼花缭乱地出现在人们面前。大众文化一方面使文化艺术的受众空前增加，打破了精英艺术的状况；但另一方面大众文化也使文化艺术的低俗化成为难以扼制的趋势。许多黄色、腐朽甚至封建迷信的文化形态死灰复燃，使得我国当代艺术领域出现空前严重的"人文精神缺失"现象。这就要求艺术和艺术学加强理论评判、健康导向与人文精神补缺的功能，使得大众文化发挥其长处，克服其短处，向着更加健康的方向发展。而市场经济的冲击与社会运转步伐的加快也使许多传统艺术，包括十分宝贵的传统戏剧等大量非物质文化遗产迅速消失。这是中华民族文化记忆的消失，情况非常严重，当代艺术学理应承当起对于非物质文化遗产保护的研究与实践的工作，为民族文化的保存与发扬做一点工作。

面对以上形势，应该采取有力措施加强艺术学学科的建设。

一是提高认识。要进一步认识到，在当代，艺术已经不仅仅局限于艺术本身，艺术的发展也不仅仅是艺术本身的事情，更为重要的是，艺术还是一种社会文化经济的重要元素，艺术的发展关系到一个国家的文化形象，关系到经济的发展和经济结构的优化。艺术还是一种非常重要的社会的元素，与和谐社会的建设息息相关。因为，在当代，艺术以及与之有关的艺术教育已经关系到人的生活态度与生存方式。马克思不仅强调了人应该"按照美的规律建造"，而且还讲到共产主义社会"人人都应该是艺术家"，也就是人人都不仅能有艺术创作与欣赏的时间与条件，而且人人都能够以艺术的审美的态度生活，以之对待自然、社会、他人与自我。这正是实现和谐社会的最重要的条件之一。

二是要强化艺术学的学科建设。应该尽快在目前艺术学一级学科的基础上将艺术学作为一个独立的艺术门类，成为 12 个学科门类之外的第 13 个学科门类。而且，要采取切实措施在师资、经费、对外交流与课程建设等方面加强艺术学的学科建设。对于目前成立的艺术学专业与院系进行必要的评价与规范，使之不断提高生源和教学的质量，改变目前功课不好的学生才去考艺术类的不正常现象。

三是强化艺术学的学科研究。为了适应学科与现实对于艺术学学科建设的要求，非常重要的是加强艺术学学科本身的理论研究。从大的学科门类来说，艺术学应该包含艺术学基本理论、各个艺术门类、艺术的生产管理、当代设计艺术以及民间艺术等内涵。但最基本的应该是艺术学基本理论的建设，使之成为不同于文艺学与美学的独立的理论学科。按照当代学科建设的要求，所谓一个独立的学科必须具备相对独立的理论范畴、相对独立的研究方法与相对独立的学者群体这样三个方面的条件。从相对独立的理论范畴的角度来看，艺术学的特有范畴应该就是"艺术学"，需要将其与文艺学、美学划清界限。文艺学实际上就是文学学，它与艺术学之间的界限是清楚的。只是美学与艺术学之间的界限需要进一步划清,这也是当年宗白华先生所着力做的工作。我想从范围上来看,两者之间的界限有交叉也有明显的区别。美学是研究人与对象之间的审美关系的,人与艺术之间的审美关系只是美学研究的一个方面,尽管是最重要的方面,但不是全部,不能取代人与自然、社会、人生的审美关系。我认为,艺术学包含了两个部分,一个就是与美学有交叉的艺术美学部分。审美应该是艺术的最重要特性,是艺术作为人文学科的主要标志,是其重要价值取向所在。但艺术学还应包含人与艺术之审美关系之外的艺术品、艺术创造、艺术欣赏、艺术生产、艺术管理等方面的内容。这是艺术学的另一个部分。在研究方法上,当然艺术学应该坚持马克思主义历史唯物主义的指导,继承蔡仪《新艺术论》坚持马克思主义理论立场的精神。目前,最主要的是坚持中国当代马克思主义创新理论的指导,将当代艺术学学科的建设放到中华民族文化艺术新的伟大复兴的大背景下来思考,放到实现我国建设"和谐社会"目标的经济社会发展的前提下来思考。但在具体方法上应该是开放的,有自己相对独立的特点的,应该强调德索与宗白华所论述的"对于普遍规律的探讨"的基本精神,在美学研究之外着重于研究艺术发展的普遍规律,特别是我国当代艺术发展的普遍规律,研究各个艺术门类之间的普遍性等。当然,还应坚持我国当代社会主义核心价值体系与"以人为本"的原则,加强艺术学学科建设中人文精神的指导,使得我国当代艺术学学科具有强烈的社会主义人文精神,在我国当代艺术的发展中起到指导与引领的作用。

"天、地、人生生之德——重写环境、生态、美学"国际学术研讨会的致辞①

尊敬的副校长先生,王建元教授,各位专家:

非常荣幸能在 18 年之后再次到树仁大学学习。1991 年我随教育部代表团曾经到树仁大学参观学习有关高等教育的经验,得到钟校长的热情接待,印象深刻。这次又来树仁大学参加有关生态美学的会议,一定会有很多收获。衷心感谢学校与王教授的邀请。

这次会议的论题是"天、地、人生生之德——重写环境、生态、美学"。我个人认为论题非常有意义。

其一,生态美学属于生态文化建设的有机组成部分,关系到人类、民族与国家的前途命运,关系到广大人民的福祉,本次会议的召开反映了树仁大学在文化建设方面的高瞻远瞩;

其二,会议的论题反映了古今与中西交流对话的精神,这正

---

① "天、地、人生生之德——重写环境、生态、美学"国际学术研讨会,香港树仁大学英国语言及文学系主办,2009 年 10 月 14—19 日在香港树仁大学召开,原载曾繁仁、阿诺德·伯林特主编《全球视野中的生态美学与环境美学》,长春出版社 2011 年 5 月版。

是当代包括生态美学在内的文化建设的根本途径；

其三,会议论题表现了会议组织者在全球化的形势下进一步弘扬中国传统文化的良好愿望与富有实效的行动。

众所周知,中国古代在"天人之际"文化背景下的"中和论"美学思想是一种相异于西方"逻各斯主义"背景下的"和谐论"美学思想的。"中和论"美学的要义就是"天地位焉,万物育焉""和实相生,同则不继""生生为易""天地大德曰生"的"生命论"与"生存论"美学,就是古典形态的生态审美智慧。具有非常丰富的内涵与当代价值,早就引起国际学者的注意与重视,但这种注意与重视还远远不够,需要进一步发掘与弘扬。这次会议就是一个良好的起点。

最后,再次感谢树仁大学与王建元教授,预祝会议圆满成功,预祝各位专家健康愉快。谢谢!

"全球视野中的生态美学与
环境美学"国际学术
研讨会致辞①

尊敬的各位代表,朋友们,同学们:

大家上午好!

由山东大学文艺美学研究中心主办的"全球视野中的生态美
学与环境美学国际学术研讨会"在学校与在座各位代表的支持下
如期召开了,我代表会议筹备组与山东大学文艺美学研究中心向
各位与会的海内外代表表示热烈的欢迎与衷心的感谢。

我们这次会议是山东大学文艺美学研究中心继 2005 年 8 月
19 日至 22 日在青岛召开的"人与自然:当代生态文明视野中美学
与文学国际学术研讨会"之后召开的又一次非常重要的、有关生
态美学问题的学术会议。它是在国际社会对于生态环境问题愈
来愈加重视、特别是我国于 2007 年 10 月正式将"生态文明"作为
有中国特色的社会主义建设目标的新的形势下召开的,会议的主

---

① "全球视野中的生态美学与环境美学"国际学术研讨会,山东大学文艺美
学研究中心主办,2009 年 10 月 24—26 日在济南召开。本文原载曾繁仁、
阿诺德·伯林特主编的《全球视野中的生态美学与环境美学》,长春出版
社 2011 年 5 月版。

题是中国学者与西方学者有关生态美学与环境美学的一次友好而富有建设性的交流与对话。众所周知，生态环境问题是全人类共同面临的关系着人类前途命运的极为重要的课题，而包括生态美学与环境美学在内的生态文化建设在生态环境问题中担负着举足轻重的作用，我们作为人文学者有责任在生态环境问题的解决中贡献自己的力量，尽到自己的义务。在包括生态美学在内的生态文化建设方面，我国与西方国家同行相比起步较晚，我们在西方同行的理论贡献中吸取了大量的营养，在座的许多西方学者的理论著作都对我们有所助益。但中国毕竟是一个有着自己特殊国情和文化传统的、正在进行现代化建设并有着13亿人口的国家。我们在包括生态美学在内的生态文化建设中，与西方同行既有相通性也有相异性。我们这次学术会议正是力图在这种相通性与相异性方面进行比较深入的交流。再就是从20世纪90年代以来，已经有愈来愈多的中国学者在进行生态哲学、生态美学、生态文艺学与生态文学的研究与实践，而且呈愈来愈加繁荣之势，出版和发表了相当数量的论著。我们期望在更多了解西方学者研究成果的同时，也期望西方学者能够更多了解我们。只有在双方加深了解、取长补短的前提下，国际上包括生态美学与环境美学在内的生态文化研究才能得到进一步的发展。中西交流对话是中国、也是国际文化建设的必由之路。我们相信，在与会海内外代表的共同努力下，这次会议定能够达到预期的目标。

我们这次会议尽管规模不大，但却是一次层次较高的学术会议，国内外从事生态哲学、生态美学、环境美学与生态文学研究的许多重要学者都在百忙中与会，并为会议准备了高水平的论文，许多中青年学者也都是这方面的后起之秀，许多与会代表也同时参加了2005年的青岛会议，大家都是我们的学界好友。在金秋十月我们聚会在美丽的济南南部山区,在聆听高水平学术发言的同时,也享受到没有污染的环境所带给我们的愉快,我们这次会议一定会是一次极为成功的学术之旅与生态之旅。

再次对各位表示感谢并预祝会议圆满成功,预祝各位会议期间健康愉快。

谢谢!

"全球视野中的生态美学与环境美学"国际学术研讨会总结发言

（首发，2009 年 10 月 26 日完成）

各位代表：

由山东大学文艺美学研究中心主办的"全球视野中的生态美学与环境美学国际学术研讨会"于 2009 年 10 月 24 日至 26 日在中国济南锦绣山庄召开。由来自中、日、韩、美、加、芬兰、葡萄牙六国与香港地区的 70 余位学者参加会议，围绕"全球视野中的生态美学与环境美学"这一论题，先后共有 62 位学者作了发言。这次会议是本中心继 2005 年 8 月青岛国际生态美学研讨会之后召开的又一次有关生态美学的重要学术研讨会。这次会议的主要收获是：第一，这是一次高层次的生态美学与环境美学学者的学术聚会。这次会议尽管规模不大，但是国际与国内生态美学、环境美学与生态文学方面的众多重要研究专家都参加了会议，具有重要的意义。第二，会议呈现中外学者交流对话的良好趋势。由于历史与国情的原因，中西方学者在自然生态美学研究方面既具有共通性，又有着差异性，本次会议围绕着这种共通性与差异性进行了比较深入的交流，促进了相互了解。第三，在生态美学、环境美学与生态文学一系列理论问题的探索上取得重要进展。包括生态美学与环境美学的关系、生态美学的元问题、生态美学在当代生态文化建设中的地位、人类生态文化研究所具有的哥白尼式的革命意义、生态审美学的内涵、自然美学的意义与价值、生态足迹与美学足迹问题、环境文学中赞美颂扬与纠正改良的张力、马克思"实践本体论"的生态关怀与"自然人化论"的新阐释、环境美学与超人类立场、生态审美场、都市文化与低碳文明等问题均有新的阐释与进展。第四,在生态美学的东西方资源的发掘上有新的拓展。在东方资源发掘上对"物感说""天机说"以及中国古代山水诗、日本风景画中的生态审美智慧有新的探索;在西方资源的探索上对于德勒兹差异论哲学、阿多诺非统一性哲学以及华斯华兹等作家作品中的生态审美内涵有新的发掘。第五,在生态美学的研究领域上有新的拓展。主要表现在将生态美学研究拓展到语言诗学与女性主义领域,还探讨了生态女性主义与赛博女性主义的关系、大地艺术与生态美学的关系以及包括素食主义在内的生态美学实践维度等。总之,这是一次收获丰硕的学术会议。

再就是,十分重要的是通过这次会议进一步明确了中国生态美学进一步建设发展之路,将其概括为三句话就是:全球视野、世界资源与中国经验。所谓全球视野就是说明生态问题向来都是全球性的共同课题。我们只有一个地球,全人类与地球共同构成须臾难分的整体。正如伯林特教授在开幕式致辞中所说,"目前世界正处在这样一个令人关注的境地,科技发展、人口增长和政治演变这些不可阻挡的力量联合起来左右着这个世界,没有哪个国家可以置身事外"。因此,作为生态文化组成部分的生态美学研究必须从全球的视野出发才能够使研究工作具有足够的高度与胸襟。所谓世界资源,主要在于在生态美学研究方面我国是一个后起的国家,需要借鉴吸收其他国家特别是西方发达国家的有关资源。从目前看,西方生态文学与环境美学大体发轫于20世纪60年代,比我国早了大约三十多年。我国直到20世纪80年代后期才有了相关的研究,而且是在吸收西方理论的前提下发展起来的。因此,继续借鉴世界资源仍然是我国生态美学发展的必由之路。所谓中国经验,这也是非常重要的。因为,生态美学作为人文学科是一种特殊的人的审美经验的结晶,而作为经验都是既具有共通性,更具有差异性。中国在生态美学建设上既要重视共通性更要重视差距性。这种差异性就是中国自己的特殊经验。首先,中国有着不同于西方的生态文化建设的国情,我国是一个具有13亿人口的大国,但我国又是一个资源紧缺型国家。我国以占世界9％的土地养活了占世界22％的人口。我国人均淡水资源只有世界人均的四分之一。而我国的森林覆盖率则只有14％,是世界平均水平的一半。而中国又是一个正在进行现代化建设中的后发展国家,人均国民生产总值2000美元,工业现代化与科技现代化是民族振兴的必由之路。因此,在中国只能按照科学发展观与生态文明建设理论,走发展与环保、科技与生态双赢之路。在这种情况下"生态中心主义"与"人类中心主义"都是不适合中国国情的,我们在"以人为本"思想指导下力主"生态整体论"以及与之相关的"生态人文主义"。我们坚信,中国如果在自己这样的具有13亿人口的国度,在资源和环境压力如此巨大的情况下,使得我们的人民能够做到以审美的态度对待生态与环境并得到发展与环保的双赢,这样的成绩不仅是对于世界的巨大贡献,而且其经验也具有空前的价值与意义。中国经验的另一方面是,中国具有空前丰富的古代生态智慧,儒释道各家都在"天人之际"的维度上审视人与自然的关系,力主人与自然的和谐协调,具有重要的当代价值,完全可以通过现代的改造贡献于人类。这正是新世纪中国传统文化的价值所在,是中国古代经验在当代发出的新的作用。

总之,我们的会议在与会海内外代表的共同努力下是一次成功的会议,我代表会议的主办单位山东大学文艺美学研究中心,向各位代表表示衷心的感谢,同时也向锦绣山庄的良好优质服务表示衷心的感谢,向参加会议服务工作的各位老师与同学表示衷心的感谢。祝大家文化考察顺利、旅途愉快,也祝生态美学、环境美学与生态文学研究取得更大进展。

现在我宣布,会议圆满成功,胜利闭幕! 谢谢大家,再见!

"2011 中国武义·国际养生旅游高峰论坛"总结发言①

  2011 年 10 月 23—25 日,由浙江大学、国际养生学会主办,杭州世界休闲博览会组委会办公室、中国生态学学会旅游生态专业委员会、国际养生旅游文化研究院承办,浙江省休闲学会、浙江大学亚太休闲教育研究中心、浙江省生态学学会旅游专业委员会协办的"2011 中国武义·国际养生旅游高峰论坛——乡村生态休闲养生文化研讨会"在武义牛头山国家森林公园举行。会议就乡村生态休闲养生的理论传承与实践创新等课题,进行了深入讨论与交流。

  与会者认识到,乡村生态休闲养生是以乡村独特的自然风光和村落风貌、民俗风情、农耕习俗等人文景观为依托,通过观光度假、休养、娱乐和农事体验等活动,达到修身养性的一种休闲养生形式。乡村休闲养生的文化特征,是生态性、人文性、超越性、本然性的统一,是一种回归自然、暂离尘嚣、摆脱功利、忘却烦恼的

---

① 本文原题《乡村生态休闲养生——武义共识》。"2011 中国武义·国际养生旅游高峰论坛——乡村生态休闲养生文化研讨会",2011 年 10 月 24 日在浙江武义牛头山国家森林公园召开。

身心修养活动。

　　会议指出,工业文明以来,人类在过度膨胀的工具理性的驱使下,走向了唯工具主义和人类中心主义,摒弃了对自然的应有敬畏,盲目追求极端功利主义和极端科技主义,导致了全球性的自然生态、社会生态和精神生态的严重危机。在危机面前,世人从中国古代"天人合一""道法自然""返璞归真"与"众生平等"的哲学思想中发现了拯救地球、构筑家园的生态智慧,提出在人与自然共生共荣的基础上,构筑美好物质家园与精神家园的新的生态人文主义理念,使生态休闲养生成为普遍认同的生活方式,人的生存本质与意义受到深度关注。

　　会议认为,生态休闲养生作为使人从当代过度紧张的物质与精神压力中解脱出来的有效方式,是人的一种本然性的精神放松和愉悦体验,使人的生存质量得到关注,精神境界得以提升,心灵得以陶冶,并获得某种终极追求的幸福感。

　　乡村生态休闲养生的兴起,是当代人生活质量提高的风向标,是人们向往自由、尊重生命、回归自然的生活新追求。加强生态休闲文化建设,提升休闲养生活动的文化品格,引导大众形成积极、健康、文明的现代休闲生活方式,有利于建设环境友好型与生态现代化社会。武义县利用"绿色生态"的效应,率先对乡村生态休闲养生理论、模式和方法做出了有益的探索,提出"生态立县""旅游富县"战略思想和"打造温泉名城,构建养生胜地"的总体目标,对丰富当代生态休闲养生理论的内涵,以及生态休闲养生实践具有重要的理论与现实意义。

　　会议倡导:在发展生态休闲养生事业中,要真正做到人与自然生态的共生共荣,通过逐步探索创造一种旅游与环保双赢的新模式;大力倡导一种积极健康的生存方式,将生态休闲养生、适度敬畏与回归自然作为生活必不可少的内容:通过乡村生态休闲养生体验活动,创建人与自然和谐相处的美好家园,建构一种绿色的人生范式,为世俗生活注入超然的生态情趣和生命情怀,以提升人生的幸福感;在发展乡村生态休闲养生事业中实施可持续发展战略,切实利用和保护好自然生态和人文生态资源,科学规划,立足建设,强化管理,要以鲜明的主题特色、合理的市场定位、严格的质量标准、先进的管理模式、规范的经营手段,积极推进形成生态休闲养生产业的健康、有序、可持续发展;发展乡村生态休闲养生事业要做到产业发展与落实生态补偿机制相结合,严格实施自然资源有偿使用,采取严格措施,依法杜绝环境污染。乡村生态休闲养生发展要注重村落风貌、民俗民情、农耕习俗、生活方式等人文生态的保护与建设。

　　让我们携起手来,使乡村生态休闲养生真正做到经济富裕与环境保护的统一,人类的健康幸福与地球母亲的健康幸福的统一,当代人的美好生存与子孙后代的美好生存的统一。

"首届海峡两岸生态文学学术研讨会"总结发言①

尊敬的各位代表、各位专家:

本次会议从 10 月 29—30 日,包括 10 月 31 日的生态考察,历时 3 天,共有 59 名两岸学者参加会议,43 名学者就"生态理论与生态文学""中华生态思想与世界生态文学"以及"生态文学作品评论"等论题在大会上作了发言,会后又进行了切磋交流,增进了友谊,取得圆满成功。会议的收获是多方面的,许多学者的精彩发言我还需要进一步消化,现在我仅就个人的理解作一个总结发言,供各位参考。我发言的题目是《携手共建新世纪中华生态文化,使之进　步走向世界》。

一、中华传统生态智慧是拯救世界生态危机的良方

会议中各位学者站在新世纪的高度回顾总结了中国传统生

①本文原题《携手共建新世纪中华生态文化,使之进一步走向世界》。"首届海峡两岸生态文学学术研讨会",厦门大学生态文学研究团队等主办,2011 年 10 月 29—30 日在厦门召开。

态智慧及其重要的当代价值。大家一致认识到,目前由于极端工具理性、人类中心主义的泛滥,与只顾发展不顾环境的错误发展模式的继续蔓延,世界范围的生态危机极为严重,直接威胁到人类的生存,特别是威胁到我们子孙后代的生存发展,而生态危机解决的根本途径则是人们的文化态度与生活态度的转变。由对于自然的漠视压榨到适度敬畏,由对利益的无限追逐到够了就行,由只着眼于个人利益到对于人类前途命运的终极关怀。西方自工业革命以来不断泛滥的极端工具理性主义、人类中心主义理念以及无限制追逐利润的经济模式,使人类无法确立正确的文化态度,更无法解决当代的生态危机,反而会使之发展并更加严重。因此,人们将眼光转向"轴心时代"的东方,特别是中国古代的生态哲学智慧,儒家的"天人合一"、道家的"道法自然"与"返璞归真"、佛家的"众生平等"等均成为当代人类确立正确文化态度,解决生态危机的良方,逐步被世人所重视。继承发扬这些传统生态智慧是当代社会解决生态危机的现实需要,也是所有中华人文学者的历史责任。

二、总结继承现代以来中国生态文化建设成果,建设新世纪崭新的中华生态文化形态

我国自鸦片战争以来即已开始了中西文化对撞中的现代文化建设进程,这个进程以民族图强为其主旨,包含着中国传统文化的当代发扬的重要内容,因为没有中华文化的当代建设与发扬就不可能有中华民族的伟大复兴。在此过程中许多人文学者进行了非常可贵的探索,包括对中国传统生态智慧的探索,成为当

代生态文化建设的宝贵财富。众所周知,冯友兰先生关于中国古代农耕文化特点的论述及其对于"天人之和"的特别重视,以及他提出的著名的"为宇宙做各种事"的"天地境界"论的生态文化观,曾被朱光潜、张世英先生进一步发挥;梁漱溟与钱穆先生关于中西文化相对独立发展及中华农业文明的论述,特别是钱穆先生晚年所写最后一篇文章《天人合一论——中国文化对人类未来的贡献》,认为"天人合一"论是中国文化对人类最大贡献,从来世界人类最初碰到的困难问题便是有关天的问题,等等。还有许多先哲在生态文化建设中的杰出贡献,都是中国当代人文学者需要继承的宝贵财富,使之在新世纪得以发扬,建设新的中华生态文化以贡献于世界。

三、通过交流对话、借鉴改造途径　将中华生文化推向世界

21世纪是生态文明的世纪,也是中国传统生态文化得以发扬光大的世纪。如果说中国古代"天人合一"生态文化的宏阔思路与西方工业革命工具理性思路不符,而被西方学术界称作"不科学的非逻辑性"而加以排斥的话,那么这种宏阔的非逻辑性恰恰成为当代解构过分主客二分的僵化科技思维,并将人类从生态灾难中拯救出来的良方。中国传统生态文化在生态文明的新世纪成为世界生态文化建设的极为重要的宝贵资源,这一点愈来愈被世人所认同,我们中国学者更应具有这样的文化自觉性。中国古代"天人合"哲学思维、"中和之美"的美学智慧、"比德""比兴"的文学智慧、"气韵生动"的艺术智慧等无不渗透着浓浓的生态意识,成为建设新世纪生态文化的重要理论支撑。中国人文学者应

该顺应时代潮流，抓住机遇，通过交流对话与借鉴改造途径建设新的具有时代内涵的生态文化。据我所知，台湾学者在这方面比大陆学者做得更早更好，早就召开过淡江与台北生态文化会议等。大陆学者也从1994年以来，特别是新世纪以来开始关注生态文化建设，先后在青岛、苏州与济南等地召开过重要学术会议。这次又由厦门大学召开"海峡两岸首届生态文学研讨会"，并取得了圆满成功。这是一个良好的开端，期望以此为契机，两岸人文学者共同携手，交流对话，一起谱写中华生态文化的新篇章。

本次会议得到海峡两岸各位学者的大力支持与积极参与，得到厦门大学各位领导的大力支持，得到参加会议工作的会务组的各位朋友与同学的辛勤服务，得到会议宾馆的大力合作，我们要对所有对会议做出贡献的同仁与朋友表示衷心的感谢，并预祝各位代表旅途愉快，身体健康，万事如意。谢谢！

关于我国海洋生态文明
建设的思考①

最近,我国政府明确将生态文明建设列入我国总体发展目标,并提出"建设美丽中国实现永续发展"的重要构想;同时,提出建设海洋强国与保护海洋环境的重要指导原则,意义深远。下面,我围绕海洋生态文明建设问题谈几点自己的粗浅思考。

一、实施海洋生态文明
建设的必要性

(一)海洋是人类生存与发展的第二空间

海洋在人类的生存发展中具有极为重要的价值意义,是人类生存发展的必不可少的第二空间。海洋覆盖了地球表面的71%,它是云雨的故乡,是生命的摇篮、资源的宝库,被称为"第六大洲",也是世界各国可持续发展的最后空间。一个国家的领海也是经济、社会与军事发展的重要疆土,关系着国家未来的经济、社会发展与安全。世界上的强国也同时是海洋强国,中华民族的伟

---

① 本文系为"2013年中国海洋发展论坛"所撰写。

大复兴必然伴随着中国对于海洋的充分保护和合理开发利用。

(二)在未来的海洋世纪,中国应由内陆大国同时成为海洋大国

21世纪是海洋的世纪,海洋的合理开发利用与海洋科研的发展是21世纪的发展趋势,它决定了人类的未来与发展,决定了一个国家的发展方向。中国是著名的内陆大国,素以农业立国,但也必须充分认识自己作为海洋大国的可能性与现实性,因为中国不仅有着广袤的陆地,而且有着绵延而漫长的海岸线。中国的海岸线有3.2万公里之长,其中大陆海岸线有1.85万公里,岛屿海岸线有1.4万公里。中国在21世纪必须充分利用海洋资源,在已经是内陆大国、农业大国的同时成为海洋大国。

(三)根治海洋环境的污染与破坏是十分紧迫的任务

1.部分海洋近岸海域污染严重

国家海洋局发布的《2012年中国海洋环境状况公报》指出,海洋环境状况总体较好,部分近岸海域污染严重。报告指出,未达到第一类水质标准的海域面积为17.0万平方公里,海水水质为劣四类的近岸海域面积约为6.8万平方公里,近岸约6.9万平方公里的海域呈重度富营养化状态。严重污染区域主要分布于大中型河口、海湾和部分大中城市近岸海域。

2.部分海洋近岸生态系统健康状况不佳

由于海洋生物多样性受到一定程度的破坏,造成一定程度的海洋生物结构异常与近岸海洋生态系统健康状况不佳。81%实施监测的近岸河口、海湾等典型海洋生态系统处于亚健康和不健康状态。其中长江口、苏北浅滩等典型的海洋生态系统和关键生态区域生物多样性水平呈下降趋势。

3.陆源排污对海洋环境影响严重

《公报》显示,江河入海污染物海量上升,陆源排污对海洋环境影响显著。2012年,72条主要江河携带入海污染物总量约1705万吨,较上年有所增加。辽河口、黄河口、长江口和珠江口等主要河口区环境状况受到明显影响。入海排污口邻近海域环境质量状况总体较差,排污口邻近海域75%水质、30%沉积物质量不能达到环境质量要求。

4.海洋赤潮灾害多发,海洋环境突发事件风险加剧

2012年,全海域发现赤潮73次,累计面积7971公里。赤潮发现次数为近五年最多。赤潮多发区仍集中于东海岸海域。渤海滨海平原地区海水入侵和土壤盐渍化严重,沙质海岸和粉砂淤泥质海岸侵蚀严重。广东、福建和长江口发生多起突发海洋污染事件。蓬莱19—3油田溢油事故和大连新港“7·16”油污染事件对邻近海域生态环境造成的污染损害依然存在。

5.海洋渔业资源大幅衰减

海洋污染与过度捕捞使得渔业种群几近崩溃,近海海洋渔业资源严重衰退。大小黄鱼双双登上“红色名单”,被列为“易危物种”。渔产品越捕越少,越捕越小,60%以上都是低龄鱼,造成海洋正常生物链的断裂,渔业资源难以为继。大型围填海工程对相当大范围内的鱼卵、仔稚鱼造成伤害,使得渔业资源难以补充。

6.近十年的大规模围海造田、造城,导致湿地面积锐减,海岸线自然状态严重消失

近十年来我国兴起了一股围海造田与造城的热潮,平均每年新增围填海面积285平方公里,多数海岸线已被围垦。使得我国滨海湿地面积锐减57%,所造成的功能损失达到每年1888亿元,

湿地生态服务价值大幅降低，鸟类栖息地与觅食地消失，海岸保扩功能降低。

二、认真贯彻国家有关方针，
实施海洋生态文明建设

（一）牢牢树立崭新的海洋自然观

最近我国政府指出："必须树立尊重自然、顺应自然、保护自然的生态文明理念。"这是生态文明时代的崭新的自然观，是海洋生态文明建设的根本理论指导，非常重要。要以此为指导树立新的海洋自然观并与传统的人类中心主义海洋自然观划清界限。要尊重并敬畏海洋将之看作人类的生存之基，而不是漠视海洋将之玩弄于手掌；要顺应海洋努力保持其自然原貌，而不是随意地改变海洋围海造地造城；要保护海洋，避免对其任何的破坏与污染。

（二）牢牢树立海洋国土观念、人与海洋共生观念，维护并建设美丽海洋

我国政府最近提出建设"美丽中国"构想，成为生态文明建设的指导与目标。同样，我们也要建设"美丽海洋"，使之成为建设美丽中国"的有机组成部分。为此，我们要树立"海洋国土"观念，我们的祖国不仅是 960 万平方公里的陆地，而且包括 300 多万平方公里的辽阔海洋国土。它们同样是祖国母亲的血肉机体，需要我们的精心呵护与保卫。同时，我们要牢牢树立人与海洋共生的观念，而不是什么"人定胜天""战海斗地"，以致无度地掠取海洋，

破坏海洋。

（三）牢牢树立地球生理学的观念，建设富有生命力的健康海洋

地球生理学是 1968 年由英国科学家拉伍洛克首次提出。他运用大气分析方法发现，地球是不同于火星与金星等其他星球的具有强大生命力的球体。地球利用太阳能进行新陈代谢，并在其内部也有物质交换的生命活动。所以地球是有生命的，是有健康与不健康的区别的。拉伍洛克认为，由于环境污染，目前地球生病了，不健康了。人类必须改变生存方式，建设健康地球。以这一理论为指导，我们看到我们的海洋也因为环境的污染与自然生态的破坏而生病了，不健康了，我们理应改变我们对待海洋的态度，努力建设健康海洋。

（四）牢牢树立开发与保护双赢、保护优先以及可持续发展观念，努力维护自然海洋

我国政府最近明确提出"开发与保护双赢，保护优先"的可持续建设发展方针，意义深远。我们在海洋开发建设中要认真贯彻执行这一方针，尽最大力量遵循自然规律与科学规律，保护我国海洋与海岸的生态平衡与可持续发展。要在国家海洋局规定的未来中国 35％海岸线保持自然状态的要求上有更多的自然状态，使我国的海洋与海岸线是自然的、生态平衡的。

（五）牢牢树立仁爱精神，杜绝任何对于海洋生物的非人道行为，建设生物多样性的海洋

生态文明建设中需要一种"民胞物与""己所不欲，勿施于人"

的仁爱精神,杜绝任何对于海洋生物的无情掠取屠杀的非人道行为,包括猎杀鲸鱼、消费鱼翅等等不道德行为,使得海洋生物的多样性得以保持。可以说保护海洋生物多样性是人类保护地球生物多样性的最后一块领地,关系到整个地球与人类的前途命运。

(六)牢牢树立海陆一体化的总体生态观念,建设一个稳定的海洋

2007 年 11 月 9 日联合国秘书长潘基文指出,世界正处于巨大灾难边缘,由于温室效应导致的海平面上升会使包括纽约、孟买和上海在内的城市被淹没。这并非是无稽之谈,而是有着科学根据。事实证明,温室效应导致海平面每上升 1 米,就将有 1/3 的耕地被淹没,5600 万发展中国家人民沦为难民。因此,我们必须树立海陆一体的整体生态观,减少二氧化碳排放,克服温室效应,避免海平面上升导致的生态灾难,建设一个稳定的海洋,以保持生态的平衡。

(七)牢牢树立法制观念,依法保护海洋,严惩肆意污染海洋的行为,建设法制海洋

我国在海洋保护与开发方面制定了一系列法律法规,我们要依法护海,严惩肆意污染破坏海洋和海岸线的行为,建设法制海洋。